“十四五”普通高等教育本科部委级规划教材

化学纤维加工工艺学

王琛　主编

中国纺织出版社有限公司

内 容 提 要

本书以化学纤维纺丝方法为主线,介绍了化学纤维加工工艺的基本知识及原理。包括化学纤维的基本概念及原理,熔体纺丝方法生产的聚酯纤维、聚酰胺纤维、聚丙烯纤维,溶液纺丝方法生产的聚丙烯腈纤维及聚丙烯腈基碳纤维、再生纤维素纤维等,同时简要介绍了聚乙烯醇纤维、聚氨酯弹性纤维、聚乳酸纤维、芳纶、超高分子量聚乙烯纤维等。本书重点介绍代表性化学纤维品种,以点盖面,举一反三,内容包括这些大型产业化纤维的原料、生产工艺、性能及应用。

本书可作为高等院校纺织科学与工程、材料科学与工程专业的教学用书,也可供化纤行业的工程技术人员、研究开发人员参考。

图书在版编目(CIP)数据

化学纤维加工工艺学 / 王琛主编 . -- 北京:中国纺织出版社有限公司,2022. 9（2025.1重印）
“十四五”普通高等教育本科部委级规划教材
ISBN 978 - 7 - 5180 - 9646 - 6

Ⅰ. ①化… Ⅱ. ①王… Ⅲ. ①化学纤维—加工—工艺学—高等学校—教材 Ⅳ. ①TQ340. 6

中国版本图书馆 CIP 数据核字(2022)第 111712 号

责任编辑:孔会云　朱利锋　　特约编辑:周真佳
责任校对:寇晨晨　　责任印制:王艳丽

中国纺织出版社有限公司出版发行
地址:北京市朝阳区百子湾东里 A407 号楼　邮政编码:100124
销售电话:010—67004422　传真:010—87155801
http://www. c-textilep. com
中国纺织出版社天猫旗舰店
官方微博 http://weibo. com/2119887771
三河市宏盛印务有限公司印刷　各地新华书店经销
2025 年 1 月第 1 版第 2 次印刷
开本: 787×1092　1/16　印张: 17
字数: 380 千字　定价: 68. 00 元

前言

在现代工业生产的众多领域中，化学纤维制造业是一个非常重要的工业生产领域，纤维材料关系国计民生和国家战略，对于国民经济的发展具有非常重要的意义。当今，化学纤维的发展方兴未艾，纤维老品种不断改性，精益求精，如何赋予其功能性、舒适性、智能性成为产业关注的焦点。化学纤维工业是我国具有国际竞争优势的产业，是纺织工业整体竞争力提升的重要支柱产业，也是战略性新兴产业的重要组成部分。从常规化学纤维到差别化纤维，从服用纤维到高科技纤维，化学纤维的生产工艺和设备性能都有了跨越式提升。为使教材适应新形势下的科研和生产实际需要，系统学习和掌握化学纤维的基本生产加工工艺非常重要。

本书内容涵盖面较广，建议教学时数为48学时。另外，建议第一章至第三章、第六章、第七章必讲，其他章的内容可根据各校情况选讲或供课外自学。

本书由西安工程大学王琛担任主编，负责全书的统稿及修改。全书共八章，第一、第四章由西安工程大学杨杰编写；第二、第三、第六章由王琛编写；第五章由西安工程大学马建华编写；第七章由西安工程大学樊威编写；第八章由西安工程大学田光明编写。此外，对关心和支持本教材编写的有关人士表示最诚挚的谢意。

由于作者水平所限，书中不足或不妥之处在所难免，恳请专家和读者批评指正。

王琛

2022年4月

目录

第一章　绪论 ………………………………………………………… 1
第一节　化学纤维的基本概念与分类 ………………………………… 1
一、化学纤维的分类 ………………………………………………… 2
二、化学纤维的命名 ………………………………………………… 4
三、常见化学纤维 …………………………………………………… 4
四、新型化学纤维 …………………………………………………… 6
第二节　化学纤维工业的发展概况 …………………………………… 10
一、世界化学纤维工业的发展概况 ………………………………… 10
二、我国化学纤维工业的发展概况 ………………………………… 12
思考题 …………………………………………………………………… 14
参考文献 ………………………………………………………………… 15

第二章　化学纤维基本原理 ………………………………………… 16
第一节　成纤聚合物的性质及基本结构 ……………………………… 16
一、成纤聚合物的性质 ……………………………………………… 16
二、大分子主链的化学组成 ………………………………………… 17
三、侧基与端基 ……………………………………………………… 17
四、大分子链的柔性 ………………………………………………… 17
五、相对分子质量及其分布 ………………………………………… 18
第二节　化学纤维的生产概述 ………………………………………… 18
一、原料制备 ………………………………………………………… 18
二、纺丝熔体或纺丝溶液的制备 …………………………………… 19
三、纺丝成型 ………………………………………………………… 20
四、后加工 …………………………………………………………… 23
第三节　化学纤维的主要性能指标 …………………………………… 24
一、细度 ……………………………………………………………… 25
二、吸湿性 …………………………………………………………… 25
三、拉伸性能 ………………………………………………………… 26
四、耐疲劳性 ………………………………………………………… 29
五、耐磨性 …………………………………………………………… 29

六、耐热性和热稳定性……29
七、热收缩性……30
八、阻燃性……30
九、对化学试剂及微生物作用的稳定性……31
十、耐光性和对大气作用的稳定性……31
十一、染色性……32
十二、导电性……32
十三、导热性……33
十四、卷曲度……33
思考题……34
参考文献……34

第三章　聚酯纤维……35
第一节　概述……35
第二节　聚酯纤维原料……36
一、聚对苯二甲酸乙二酯的制备方法……36
二、聚对苯二甲酸乙二酯的生产工艺流程……40
三、聚对苯二甲酸乙二酯的结构与性能……44
第三节　聚酯切片的干燥……46
一、切片干燥的目的和要求……46
二、切片干燥机理……46
三、切片干燥工艺……48
四、聚酯切片的质量指标……48
五、切片干燥设备……49
第四节　聚酯纤维的纺丝原料、设备及工艺参数……52
一、纺丝熔体的制备……52
二、纺丝设备……52
三、纺丝工艺参数……58
第五节　聚酯短纤维的纺丝……61
一、聚酯短纤维的纺丝工艺……61
二、常规纺丝工艺特点及参数……61
三、聚酯短纤维的高速纺丝……63
第六节　聚酯长丝的纺丝……64
一、聚酯长丝的纺丝工艺……65
二、聚酯长丝的常规纺丝……66
三、聚酯长丝的高速纺丝……67

四、聚酯复合纤维…… 74
第七节　聚酯纤维的后加工…… 77
一、聚酯短纤维的后加工…… 78
二、聚酯长丝的后加工…… 80
第八节　聚酯纤维的性能及用途…… 87
一、聚酯纤维的性能…… 87
二、聚酯纤维的用途…… 89
第九节　聚酯纤维的改性和新型聚酯纤维…… 89
一、易染色聚酯纤维…… 90
二、抗静电、导电聚酯纤维…… 90
三、阻燃聚酯纤维…… 91
四、仿真丝聚酯纤维…… 91
五、仿毛型聚酯纤维…… 91
六、仿麻型聚酯纤维…… 91
七、新型聚酯纤维…… 92
思考题…… 93
参考文献…… 94

第四章　脂肪族聚酰胺纤维…… 95
第一节　概述…… 95
一、聚酰胺纤维的发展概况…… 95
二、脂肪族聚酰胺纤维的命名及主要品种…… 96
第二节　聚酰胺原料的制备…… 97
一、聚己内酰胺的制备…… 97
二、聚己二酰己二胺的制备…… 101
第三节　聚酰胺纤维的纺丝成型…… 102
一、概述…… 102
二、聚酰胺纤维高速纺丝的要求…… 103
三、聚酰胺纤维高速纺丝工艺与质量控制…… 104
四、聚酰胺纤维高速纺丝拉伸一步法工艺…… 107
五、聚酰胺纤维消光和纺前着色…… 110
第四节　聚酰胺纤维的后加工…… 111
一、预取向丝（POY）存放（平衡）…… 111
二、聚酰胺长丝的后加工…… 111
三、聚酰胺弹力丝的后加工…… 116
四、聚酰胺帘子线的后加工…… 118

五、聚酰胺膨体长丝的后加工 …… 121
六、聚酰胺短纤维的后加工 …… 122
第五节 聚酰胺纤维的性能、用途及其改性 …… 122
一、聚酰胺纤维的性能 …… 122
二、聚酰胺纤维的用途 …… 124
三、聚酰胺纤维的改性 …… 124
思考题 …… 126
参考文献 …… 126

第五章 聚丙烯纤维 …… 127
第一节 概述 …… 127
一、聚丙烯纤维的发展概况 …… 127
二、等规聚丙烯的合成 …… 128
三、等规聚丙烯的结构与性质 …… 129
四、成纤聚丙烯的质量要求 …… 131
五、聚丙烯纤维的性能和用途 …… 132
第二节 聚丙烯纤维的纺丝成型 …… 133
一、熔体纺丝 …… 133
二、膜裂纺丝 …… 137
三、聚丙烯纤维短程纺丝 …… 138
四、聚丙烯膨体长丝的生产 …… 140
第三节 新型聚丙烯纤维 …… 141
一、可染聚丙烯纤维 …… 141
二、工业用丙纶长丝及高强聚丙烯纤维 …… 142
三、细特及超细特聚丙烯纤维 …… 142
四、阻燃聚丙烯纤维 …… 143
五、抗静电、抗菌及远红外聚丙烯纤维 …… 143
思考题 …… 144
参考文献 …… 144

第六章 聚丙烯腈纤维 …… 145
第一节 概述 …… 145
一、聚丙烯腈纤维的发展概况 …… 146
二、聚丙烯腈纤维的发展趋势 …… 146
三、聚丙烯腈纤维的主要性能和用途 …… 146
第二节 聚丙烯腈纤维的生产流程及原料 …… 147

一、聚丙烯腈纤维的生产流程 …… 147
二、丙烯腈的合成及性质 …… 147
三、丙烯腈的聚合 …… 148
四、聚丙烯腈的性质 …… 153
第三节 聚丙烯腈纤维的纺丝 …… 155
一、湿法纺丝 …… 155
二、干法纺丝 …… 158
三、干湿法纺丝 …… 160
四、冻胶法纺丝 …… 161
第四节 聚丙烯腈纤维的后加工 …… 161
一、聚丙烯腈短纤维的后加工 …… 161
二、聚丙烯腈高收缩纤维的后加工 …… 165
三、聚丙烯腈膨体纱的后加工 …… 166
第五节 聚丙烯腈纤维的主要改性品种 …… 167
一、阻燃聚丙烯腈纤维 …… 167
二、抗静电（导电）聚丙烯腈纤维 …… 168
三、服用亲和性改善的聚丙烯腈纤维 …… 169
四、抗菌消臭聚丙烯腈纤维 …… 169
五、智能凝胶聚丙烯腈纤维 …… 169
六、腈氯纶 …… 170
第六节 聚丙烯腈基碳纤维的原丝生产 …… 170
一、概述 …… 170
二、碳纤维的定义和分类 …… 171
三、碳纤维的生产原理 …… 173
四、聚丙烯腈基碳纤维的生产流程 …… 173
五、聚丙烯腈基碳纤维的原丝生产工艺 …… 174
第七节 聚丙烯腈原丝的碳化工艺 …… 176
一、聚丙烯腈原丝的预氧化工艺 …… 176
二、预氧化丝的碳化和石墨化工艺 …… 178
三、碳纤维的质量指标 …… 179
四、碳纤维的后整理工艺 …… 179
五、碳纤维的表面处理工艺 …… 180
思考题 …… 180
参考文献 …… 181

第七章　再生纤维素纤维 …… 182
第一节　概述 …… 182
第二节　再生纤维素纤维的原料 …… 183
　一、纤维素的结构、分类及性能 …… 183
　二、纤维素浆粕的制造及质量要求 …… 185
第三节　黏胶纤维纺丝原液的制备 …… 186
　一、碱纤维素的制备 …… 186
　二、纤维素黄酸酯 …… 187
　三、黏胶的熟成 …… 188
　四、过滤和脱泡 …… 189
第四节　普通黏胶纤维的纺丝成型 …… 189
　一、普通黏胶短纤维 …… 190
　二、普通黏胶长丝 …… 193
第五节　高性能黏胶纤维 …… 195
　一、富强纤维 …… 195
　二、变化型高湿模量纤维 …… 197
　三、高湿模量永久卷曲黏胶短纤维 …… 200
第六节　环境友好型纤维素纤维 …… 201
　一、NMMO 溶剂法生产莱赛尔（Lyocell）纤维 …… 201
　二、纤维素氨基甲酸酯（CC）法生产纤维素纤维 …… 206
　三、LiCl/DMAC 体系法生产纤维素纤维 …… 208
　四、蒸汽闪爆法生产纤维素纤维 …… 209
　五、离子液体增塑纺丝法生产纤维素纤维 …… 210
　六、碱/尿素溶液溶解纤维素制备再生纤维 …… 212
思考题 …… 214
参考文献 …… 215

第八章　其他化学纤维 …… 216
第一节　聚乙烯醇纤维 …… 216
　一、PVA 纤维的发展概况 …… 216
　二、PVA 纤维的结构与性能 …… 217
　三、PVA 纤维的生产工艺 …… 217
　四、PVA 纤维的主要用途 …… 226
第二节　聚氨酯弹性纤维 …… 226
　一、聚氨酯弹性纤维的发展概况 …… 226
　二、聚氨酯弹性纤维的结构与性能 …… 227

三、聚氨酯弹性纤维的生产工艺 …… 228
四、聚氨酯弹性纤维的产品类型 …… 233
第三节 聚乳酸纤维 …… 235
一、聚乳酸纤维的发展概况 …… 235
二、聚乳酸纤维的结构与性能 …… 235
三、聚乳酸纤维的生产工艺 …… 237
四、聚乳酸纤维的主要用途 …… 241
第四节 芳香族聚酰胺纤维 …… 241
一、芳香族聚酰胺纤维的发展概况 …… 242
二、PPTA 和 PMIA 纤维的结构与性能 …… 243
三、PPTA 和 PMIA 纤维的生产工艺 …… 246
四、PPTA 和 PMIA 纤维的主要用途 …… 254
第五节 超高分子量聚乙烯纤维 …… 256
一、UHMWPE 纤维的发展概况 …… 256
二、UHMWPE 纤维的结构与性能 …… 256
三、UHMWPE 纤维的生产工艺 …… 257
四、UHMWPE 纤维的主要用途 …… 258
思考题 …… 259
参考文献 …… 259

第一章　绪论

本章知识点

1. 掌握化学纤维的基本概念。
2. 了解化学纤维的分类及种类。
3. 熟记化学纤维主要品种的学名、商品名以及英文缩写。
4. 了解化学纤维的发展历史及发展趋势。

第一节　化学纤维的基本概念与分类

纤维是一种柔软而细长的物质，其长度与直径之比至少为10∶1，截面面积小于0.05mm^2。对于纺织用的纤维，其长度与直径之比大于1000∶1。在纺织纤维（图1-1）中，一类是天然纤维，如棉、麻、羊毛、蚕丝等；另一类为化学纤维（chemical fiber）。化学纤维是指用天然或合成的高聚物为原料，经化学处理和机械加工而制成的纤维。化学纤维的问世使纺织工业出现了突飞猛进的发展，经过100多年的发展，今天的化学纤维无论是产量、品种，还是性能与使用领域都已超过了天然纤维，而且化学纤维生产的新技术、新设备、新工艺、新材料、新品种、新性能不断涌现，呈现出蓬勃发展的趋势。常用纺织纤维的分类见表1-1。

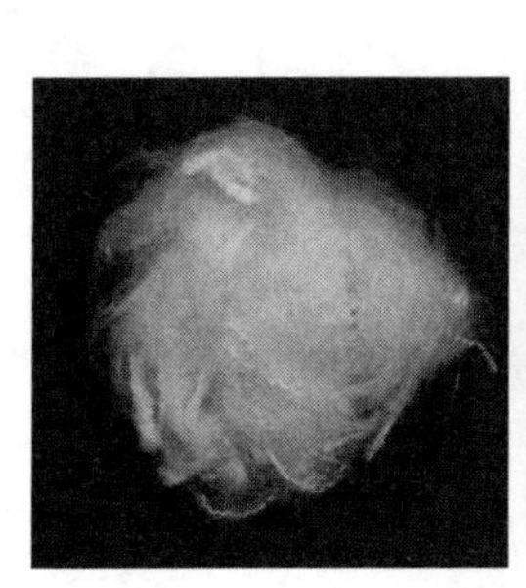

短纤维

长纤维

图1-1　各种纺织纤维

表 1-1　纺织纤维的分类

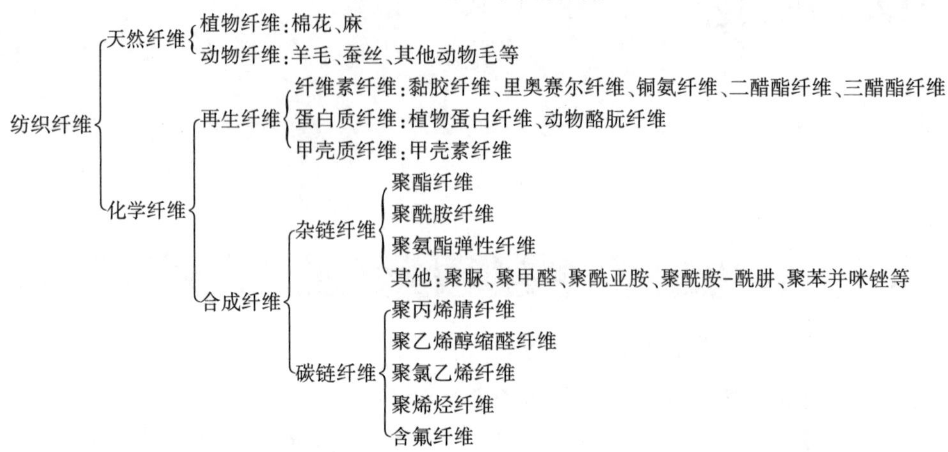

一、化学纤维的分类

化学纤维的种类繁多,形态多样,性能各异,分类方法也有很多种。一般按以下五种方法分类。

(一)按原料来源分类

化学纤维按原料来源可分为再生纤维和合成纤维两大类。

1. 再生纤维

再生纤维又称人造纤维,是以天然高分子化合物为原料,经化学处理与机械加工制成。天然高聚物(天然原料)种类很多,包括一些含纤维素的植物、牛奶、花生、大豆等。此类纤维包括再生纤维素纤维(如黏胶纤维、铜氨纤维等)、再生蛋白质纤维(如大豆蛋白纤维、牛奶蛋白纤维等)以及再生甲壳质纤维等。

2. 合成纤维

合成纤维是指以石油、煤和天然气等材料中的小分子物质为原料,经人工合成得到高聚物,再经纺丝加工而制成的纤维。随着纺织工业的发展,合成纤维的种类越来越多,性能也得到了提高。常见的合成纤维有七大类:聚酯纤维(涤纶)、聚酰胺纤维(锦纶)、聚丙烯腈纤维(腈纶)、聚丙烯纤维(丙纶)、聚乙烯醇缩甲醛纤维(维纶)、聚氯乙烯纤维(氯纶)和聚氨酯弹性纤维(氨纶)等。

半合成纤维是以天然高分子化合物为骨架,通过与其他化学物质反应,改变其组成成分,再生形成天然高分子的衍生物而制成的一类纤维。主要包括醋酯纤维(即纤维素醋酯纤维)、聚乳酸纤维(俗称玉米纤维)等。

(二)按化学组成分类

化学纤维按化学组成可分为有机纤维、无机纤维。有机纤维是主要成分为有机高聚物的纤维,其又分为碳链纤维和杂链纤维等。

1. 碳链纤维

碳链纤维是主链由碳原子以 C—C 键相连的纤维,如丙纶、腈纶、维纶和氯纶等。

2. 杂链纤维

杂链纤维是主链上除碳原子外,还有氧和氮等原子的纤维,如涤纶、锦纶和芳纶等。

3. 无机纤维

无机纤维是指主要成分为无机物的纤维，分为人造无机纤维和天然无机纤维。如碳纤维、玻璃纤维、金属纤维和陶瓷纤维等是人造无机纤维，石棉是天然无机纤维。

（三）按形态结构分类

化学纤维按形态结构可分为长丝、短纤维和异形纤维等。

1. 长丝

化学纤维的制造过程中，纺丝流体（熔体或溶液）经纺丝成型和后加工，得到长度以千米计的纤维，称为化学纤维长丝，简称化纤长丝。化纤长丝又分为单丝、复丝、帘线丝和变形丝。

（1）单丝。指长度很长的单根连续纤维。

（2）复丝。由两根或两根以上的单丝并合在一起形成的丝条。

（3）帘线丝。也称帘子线丝，是由 100 多根至数百根单纤维组成，用于加工制造汽车轮胎帘子布的丝条。

（4）变形丝。是指化学纤维原丝在热和机械的作用下，经变形加工形成的具有卷曲、螺旋、环圈等外观特性而呈现蓬松性、伸缩性、弹性的长丝，包括弹力丝、空气变形丝、网络变形丝等。

2. 短纤维

化学纤维在纺丝后加工中被切成各种长度（几厘米至十几厘米）的纤维，称为短纤维。根据切断长度的不同，短纤维可分为棉型、毛型和中长型短纤维。

（1）棉型短纤维。纤维长度为 30～40mm，线密度为 1.67dtex 左右，纤维较细，类似于棉花，可与棉混纺，在棉纺设备上进行纺纱加工。

（2）毛型短纤维。纤维长度为 70～150mm，线密度为 3.3～7.7dtex，纤维较粗，类似于羊毛，可与羊毛混纺加工成各种产品。

（3）中长型短纤维。介于棉型与毛型之间，纤维长度为 51～65mm，线密度为 2.2～3.3dtex，可在棉纺设备或中长纤维专用设备上加工形成纱线。

3. 异形纤维

异形纤维也称异形截面纤维，是指用非圆形喷丝孔纺制的非圆形或中空截面的纤维，如三叶形、五叶形和中空型的纤维。

（四）按性能分类

化学纤维按性能可分为常规纤维、差别化纤维、特种纤维。

1. 常规纤维

常规化学纤维一般指圆形截面和光滑表面的传统品种，如黏胶和六大纶（涤纶、维纶、锦纶、腈纶、丙纶和氯纶）。

2. 差别化纤维

差别化纤维是指经化学或物理改性，其性能优于常规纤维的服用化学纤维。如复合纤维、超细纤维、阻燃纤维、易染纤维和抗起球纤维等。

3. 特种纤维

特种纤维是指具有特殊物理化学结构、特种性能和用途的高科技化学纤维，又可称高性能纤维、高功能纤维和高感性纤维等。特种纤维可用于产业用、生物卫生及尖端科技领域。

(五)按用途分类

化学纤维按用途可分为服用纤维、装饰用纤维和产业用纤维。

1. 服用纤维

服用纤维指下游产品主要为服装面料的纤维,其对纤维的柔弹性和吸湿透气性等有一定的要求,以舒适卫生为主,对强度和模量等力学性能要求不太高。

2. 装饰用纤维

装饰用纤维指下游产品主要为装饰材料的纤维,如用于织造贴墙布、地毯等装饰品的纤维。

3. 产业用纤维

产业用纤维又称技术纤维,指织造生产纺织品的纤维,或与其他材料组合或复合在一起供各行各业使用的纤维,也指专门设计的、用于结构材料的纤维。

二、化学纤维的命名

(一)再生纤维命名

再生纤维素纤维是以纤维素的溶解方法命名,如黏胶纤维、铜氨纤维等;再生蛋白质纤维是按蛋白质的来源命名的,如花生纤维、乳酪纤维、大豆纤维等。

(二)合成纤维命名

合成纤维的学名是在单体名称前加"聚",在成纤聚合物名称后加"纤维",如聚酯纤维、聚酰胺纤维、聚丙烯腈纤维、聚丙烯纤维、聚氯乙烯纤维、聚乙烯醇缩甲醛纤维、超高分子量聚乙烯纤维等。合成纤维的国内商品名通常以"纶"为后缀,如涤纶、腈纶、丙纶、氯纶、维纶等。半合成纤维是按纤维的分子结构进行命名,如醋酯纤维、聚乳酸纤维等。

三、常见化学纤维

单体是生产合成纤维的主要原料,单体决定了合成纤维的化学结构。再生纤维的主要生产原料是天然高分子化合物。不同化学纤维的本质区别是化学结构不同,表 1-2 概括了常见化学纤维主要品种的学名、常用商品名、重复单元化学结构式和单体。

表 1-2 常见化学纤维一览表

类别	学名	单体	主要重复单元的化学结构式	商品名	英文缩写
聚酯纤维	聚对苯二甲酸乙二酯纤维	对苯二甲酸或对苯二甲酸二甲酯、乙二醇或环氧乙烷	$-\underset{\underset{O}{\parallel}}{C}-C_6H_4-\underset{\underset{O}{\parallel}}{C}-O\leftarrow CH_2 \rightarrow_2 O-$	涤纶 Terylene	PET
	聚对苯二甲酸丙二酯纤维	对苯二甲酸或对苯二甲酸二甲酯、1,3-丙二醇	$-\underset{\underset{O}{\parallel}}{C}-C_6H_4-\underset{\underset{O}{\parallel}}{C}-O\leftarrow CH_2 \rightarrow_3 O-$	Corterra	PTT

续表

类别	学名	单体	主要重复单元的化学结构式	商品名	英文缩写
聚酯纤维	聚对苯二甲酸丁二酯纤维	对苯二甲酸或对苯二甲酸二甲酯、1,4-丁二醇	$-\overset{O}{\overset{\|\|}{C}}-C_6H_4-\overset{O}{\overset{\|\|}{C}}-O-(CH_2)_4-O-$	Finecell Sumola	PBT
脂肪族聚酰胺纤维	聚己内酰胺纤维	己内酰胺	$-\underset{H}{\underset{\|}{N}}-(CH_2)_5-\overset{O}{\overset{\|\|}{C}}-$	锦纶 6 尼龙 6 Kapron Perlon	PA6
	聚己二酰己二胺纤维	己二胺、己二酸	$-\underset{H}{\underset{\|}{N}}-(CH_2)_6-\underset{H}{\underset{\|}{N}}-\overset{O}{\overset{\|\|}{C}}-(CH_2)_4-\overset{O}{\overset{\|\|}{C}}-$	锦纶 66 尼龙 66 Nylon	PA66
芳香族聚酰胺纤维	聚间苯二甲酰间苯二胺纤维	间苯二胺、间苯二甲酸	$-\overset{O}{\overset{\|\|}{C}}-C_6H_4-\overset{O}{\overset{\|\|}{C}}-\underset{H}{\underset{\|}{N}}-C_6H_4-\underset{H}{\underset{\|}{N}}-$	芳纶 1313 Nomex	PMIA
	聚对苯二甲酰对苯二胺纤维	对苯二胺、对苯二甲酸	$-\overset{O}{\overset{\|\|}{C}}-C_6H_4-\overset{O}{\overset{\|\|}{C}}-\underset{H}{\underset{\|}{N}}-C_6H_4-\underset{H}{\underset{\|}{N}}-$	芳纶 1414 Kevlar	PPTA
聚丙烯腈纤维	聚丙烯腈纤维(系丙烯腈与 15% 以下其他单体的共聚物纤维)	除丙烯腈外，第二、第三单体有：丙烯酸甲酯、醋酸乙烯、苯乙烯硫酸钠、次甲基丁二酸等	$-CH_2-\underset{CN}{\underset{\|}{CH}}-$ (共聚结构未表明)	腈纶 Cash-milan Orlon Courtelle	PAN
聚烯烃纤维	聚丙烯纤维	丙烯	$-CH_2-\underset{CH_3}{\underset{\|}{CH}}-$	丙纶 Pylen Meraklon	PP
	聚乙烯纤维	乙烯	$-CH_2-CH_2-$	乙纶 Soectra900 Dyneema	PE
聚乙烯醇纤维	聚乙烯醇缩甲醛纤维	乙烯醇	$-CH_2-\underset{OH}{\underset{\|}{CH}}-$ (缩醛未表明)	维纶、 维尼纶(日) Kuraloo Mewlon	PVA
聚氯乙烯纤维	聚氯乙烯纤维	氯乙烯	$-CH_2-\underset{Cl}{\underset{\|}{CH}}-$	氯纶 Leavil Rhovyl	PVC
弹性纤维	聚氨酯弹性纤维	聚酯、聚醚、芳香族二异氰酸酯、脂肪族二胺	$-NH(CH_2)_2NHOCNH-R-NH-$ $COO-X-OOCNH-R-NHCHO-$	氨纶 Lycra Dorlustan Vairdal	PU

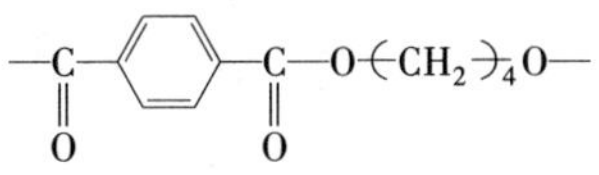

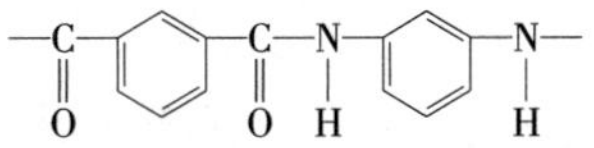

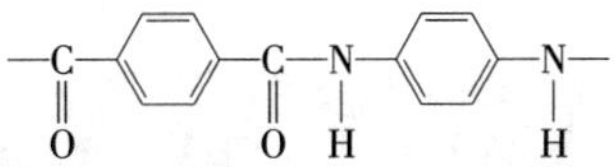

续表

类别	学名	单体	主要重复单元的化学结构式	商品名	英文缩写
再生纤维	黏胶纤维	天然高分子化合物	CH_2OH O H H —O— OH H H H OH	黏胶纤维 Courtaulds Modal	—

四、新型化学纤维

化学纤维种类繁多，一些新品种层出不穷，主要种类如下。

1. 异形纤维

异形纤维也称异形截面纤维，是指用非圆形喷丝孔制得的非圆形截面或中空的化学纤维，如图1-2、图1-3所示。虽然采用圆形喷丝孔经过湿法纺丝得到的纤维（如腈纶）的横截面也不是圆形的，而是呈哑铃形或腰子形，但它不属于异形纤维。

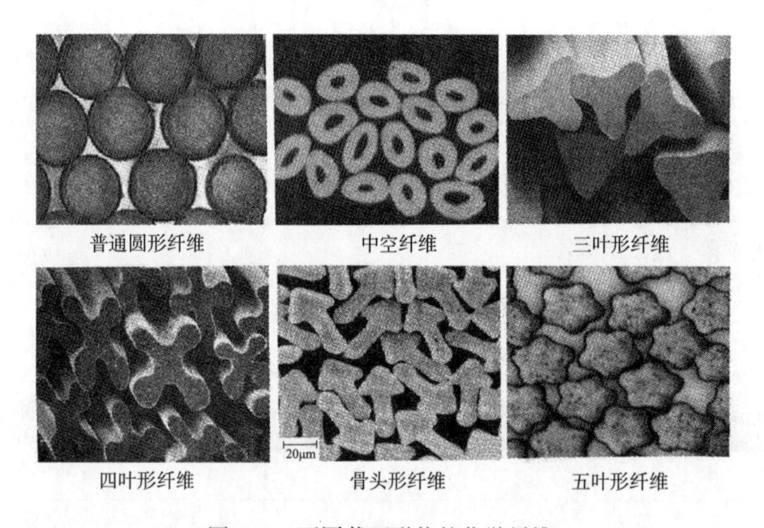

图1-2　不同截面形状的化学纤维

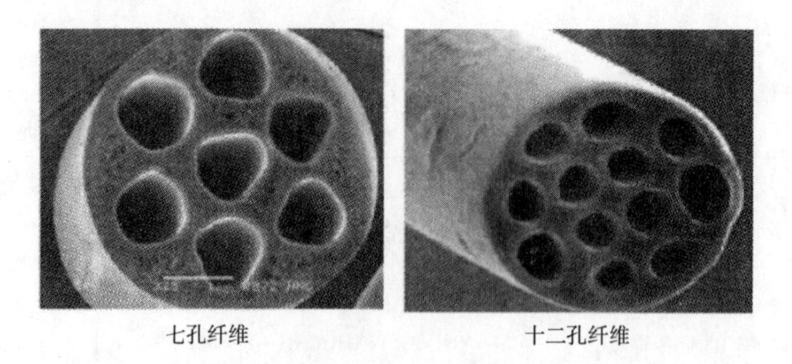

图1-3　不同孔数的中空化学纤维

异形截面纤维与常规纤维比较,具有以下特点。

(1)具有优良的光学性能,如涤纶仿真丝织物,采用三角形截面纤维后,织物表面光泽滑腻;锦纶三角形截面纤维使织物具有钻石般的光泽;多叶形丝可使织物表面消光,光泽柔和。

(2)能增加纤维的覆盖能力,提高织物的抗起球能力。

(3)能增加纤维间抱合力,使纤维的蓬松性、透气性及保暖性均有所提高。如中空纤维可改善产品的保暖性。

(4)表面沟槽可起到导汗、透湿的作用,同时还可增大纤维比表面积,有利于水分蒸发,从而使织物具有速干的性能。

异形纤维与圆形纤维性能的差异,取决于其截面形状及异形度的大小。异形度是偏离圆形的程度,一般用同样线密度的异形截面面积与圆形截面面积的比值表示异形度。

2. 变形丝

变形丝指化学纤维原丝在热和机械的作用下,经过变形加工形成的具有卷曲、螺旋、环圈等外观特性而呈现蓬松性、伸缩性、弹性的长丝。包括弹力丝、空气变形丝、网络变形丝、腈纶膨体丝(纱)等。常见变形丝的外观如图 1-4 所示。

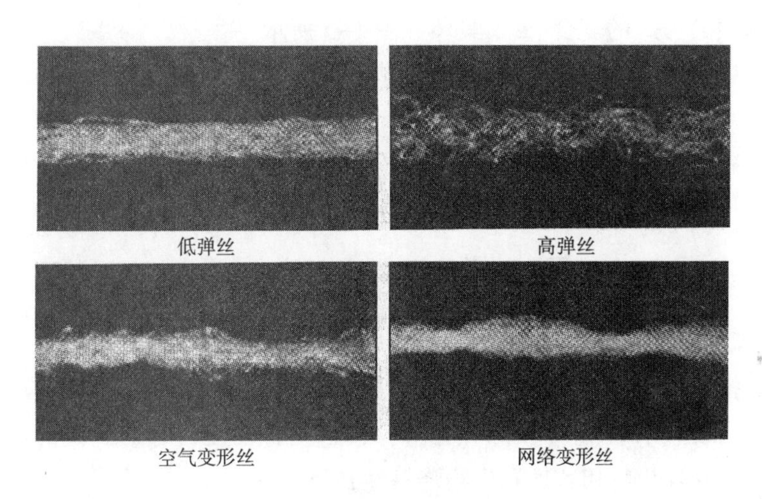

图 1-4 几种变形丝的外观形貌

(1)弹力丝。弹力丝即变形长丝,可分为低弹变形丝(简称低弹丝)、中弹变形丝和高弹变形丝(简称高弹丝)。主要是利用合成纤维的热塑性加工,赋予纤维一定的伸长率。通过变形加工,高弹丝的伸长率最高可达 300%,而低弹丝的伸长率一般控制在 35%左右。

(2)膨体丝(纱)。膨体丝是利用聚合物的热收缩性,将两种收缩性能不同的合成纤维按一定比例混合,经热处理后,高收缩纤维收缩形成纱芯,低收缩纤维收缩被挤压在表面形成圈形,从而制成蓬松、柔软、保暖,具有一定毛型感的膨体纱,类似于毛线。目前腈纶膨体纱的产量最大,其常用于制作针织外衣、内衣、毛线和毛毯等。

(3)空气变形丝。空气变形丝简称空变丝,是指将丝条通过一个特殊的喷嘴,在空气喷射的作用下,单丝弯曲形成圈状结构,环圈和绒圈缠结在一起,从而形成具有高度蓬松性的环圈丝。这种丝表面有许多可见环圈,具有类似短纤纱的某些特征,因此由它织成的织物,外观和手感接近于用短纤维织成的织物,还有一定的吸湿性。此外,它还可以用来生产仿绢丝、仿棉或仿毛型织物,分别用作衣料、家具布、毡毯或汽车用布等。

(4)网络变形丝。网络变形丝简称网络丝,它是空气变形丝的发展,是指丝条在网络喷嘴中,将高速气流垂直间歇地射向喂入的长丝,使单丝之间互相纠缠和缠绕,从而增加丝束的抱合性。网络变形丝除具有空气变形丝的一般特点外,还具有周期性网络结的特征。

3. 差别化纤维

差别化纤维是指经过化学或物理变化而不同于常规纤维的化学纤维,如复合纤维、超细纤维、阻燃纤维、易染纤维、高收缩纤维和抗起球纤维等。差别化纤维以改进织物的服用性能为主,主要用于服装和装饰织物。采用这种纤维不仅可提高生产效率、缩短生产工序,而且可节约能源、减少污染、增加纺织新产品。

差别化纤维主要通过对化学纤维进行化学改性或物理变形制得,它包括在聚合及纺丝工序中进行改性以及在纺丝、拉伸、变形工序中进行变形的加工方法。如复合纤维,是将两种或两种以上的聚合体,以熔体或溶液的方式分别输入同一喷丝头,从同一纺丝孔中喷出而形成的纤维,又称双组分或多组分纤维。通过复合,可获得纤维横截面为并列型、皮芯型、海岛型、裂离型(橘瓣型)等各种复合方式的复合纤维,具体如图 1-5 所示。

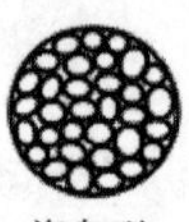

图 1-5　典型复合纤维的结构示意图

4. 功能纤维

功能纤维是指除具有一般纤维所具有的力学性能以外,还具有某种特殊功能的新型纤维。如卫生保健功能(抗菌、杀螨、理疗及除异味等)纤维、防护功能(防辐射、抗静电、抗紫外线等)纤维、医疗和环保功能(生物相容性和生物降解性)纤维等。

功能纤维受到外部作用时,这些作用发生质的转变或最大的变化,使纤维产生导电、储存、光电及生物相容性等方面的能力。

5. 高性能纤维

高性能纤维是指具有特殊的物理化学结构、性能和用途,或具有特殊功能的化学纤维,一般指强度大于 17. 6cN/dtex、弹性模量在 440cN/dtex 以上的纤维。如高强高模纤维、耐高温纤维、阻燃纤维、耐强腐蚀纤维,主要包括碳纤维、芳纶、高强高模聚乙烯纤维、聚苯硫醚纤维、玄武岩纤维等。这些纤维大多应用于工业、国防、医疗、环境保护和尖端科学等领域。

6. 智能纤维

智能纤维是指感知环境的变化或刺激(机械、热、化学、光、湿度、电磁等)后,纤维的长度、形状、温度、颜色和渗透速率等随之发生敏锐响应,并能迅速做出变化的纤维。如形状记忆纤维、智能变色纤维、智能调温纤维、智能凝胶纤维等。

7. 绿色纤维

绿色纤维是指采用可再生资源为原料,不会破坏生态平衡和导致资源枯竭;生产过程中不会对环境造成污染,符合节能和环保的要求,其产品穿着健康舒适;制成品废弃后可回收利用或可在自然条件下完全降解的纤维。其特点可概括为:原料可再生、生产无污染、对人体无毒害、生物可降解。

在生产过程中无污染的天丝纤维属于绿色纤维。黏胶纤维在生产过程中有污染,若能很好地进行“三废”处理,也能成为绿色纤维。符合绿色纤维标准的合成纤维则称为合成绿色纤维。

(1)莱赛尔(Lyocell)纤维。不经化学反应而生产的纤维素纤维——天丝纤维一经面世,就引起了纺织工业界和学术界的广泛关注,并且被誉为“21 世纪纤维”“绿色纤维”“革命性纤维”。在天丝纤维的生产过程中,由于省去了黏胶纤维中因加入二硫化碳等各种化学试剂而产生的大量废液、废气和废渣这一步骤,而以安全的化学品 *N*-甲基吗啉-*N*-氧化物(NMMO)为溶剂,直接溶解纤维素制成纤维素溶液,再经凝固浴析出制成天丝纤维,并回收 NMMO 溶剂(国外最高回收率可达 99.5%以上),因此生产天丝纤维的新工艺非常环保。因为它来于自然、归于自然,取之不尽、用之不竭。

(2)合成绿色纤维。合成绿色纤维是选用无污染且可再生的绿色资源为原材料,在加工过程中能实现节能降耗、清洁减污,是一种符合环保排放标准的绿色纤维。其纤维制品对人体友好、无毒害,且废旧的纤维制品可生物降解,回归自然。合成绿色纤维包括可降解合成纤维和可回收合成纤维。

①可降解合成纤维。在合成纤维中,可降解的脂肪族聚酯类纤维被认为是绿色纤维。其中较为典型的是聚己内酯(PCL)纤维和聚丙交酯(PLA)纤维,都已经开发成功。PLA 又称聚乳酸纤维,也称玉米纤维。聚乳酸的单体原料乳酸是由玉米、土豆淀粉发酵制得的,在土壤和海水中均能生物降解。另外,聚乳酸纤维作为一种人工合成的绿色纤维,如能在合成过程中提高绿色化水平,将有利于进一步提高聚乳酸绿色纤维的层次。

②可回收合成纤维。国内外对聚酯的大规模工业化回收利用非常重视。比如将聚酯饮料瓶进行回收、清洁、压碎后重新制造成母料,再纺成高质量的纤维。涤纶短纤维中约 30%就是利用再生原料生产的。锦纶织物的回收是先用机械方法处理后,再进行解聚,得到单体己内酰胺,单体纯化后再缩聚、纺丝。回收后的己内酰胺质量非常接近原来的己内酰胺原料。总之,涤纶、锦纶等合成纤维的回收利用,既可解决“白色污染”问题,又可节约资源,具有很大的现实意义。

8. 甲壳素与壳聚糖纤维

甲壳素广泛存在于虾、蟹、昆虫等甲壳动物的壳内,是一种天然的高聚物。将虾、蟹甲壳粉碎、干燥后,经脱灰、去蛋白质等提纯和化学处理,得到甲壳素粉末,然后将其经过浓碱处理脱去乙酰基,就可得到以 *N*-乙酰基-D-葡萄糖胺为基本单元的氨基多糖类高分子——壳聚糖。将制备的甲壳质或壳聚糖溶解在适当的溶剂中制成纺丝溶液,经过滤、脱泡工序后采用湿法纺丝,再经拉伸、洗涤、干燥后即可得到甲壳素或壳聚糖纤维。

甲壳素与壳聚糖纤维的分子结构与纤维素较为相似,因此具有良好的吸湿性、染色性。最主要的是甲壳素和壳聚糖纤维具有优异的生物医学性能,与人体组织具有极好的生物相容性,且具有抗菌、消炎止痛、促进伤口愈合等保健功能，适用于做内衣、医用手术缝合线和医用敷料等。

9. 变色纤维

变色纤维是一种具有特殊组成或结构的，在受到光、热、水分或辐射等外界条件刺激后可自动改变颜色的纤维。

变色纤维目前的主要品种有光致变色和温致变色两种。前者指某些物质在一定波长的光线照射下可以产生变色现象，而在另外一种波长的光线照射（或热的作用）下，又会发生可逆变化而回到原来的颜色；后者则是指通过在织物表面黏附特殊微胶囊，利用这种微胶囊的颜色可随温度变化而变化的功能，使纤维产生相应的色彩变化，并且这种变化也是可逆的。

第二节　化学纤维工业的发展概况

一、世界化学纤维工业的发展概况

（一）世界化学纤维的发展简史

1884 年，法国的沙尔童（Selden）将硝酸纤维素溶液通过近似蚕嘴大的小孔喷出，制得了世界上第一根化学纤维——硝化纤维素纤维，因其特别容易燃烧，几近被淘汰。

1891 年，英国的克罗斯（Cross）等成功研制了黏胶纤维，并于 1905 年开始工业化生产。相继有醋酯纤维、牛奶纤维的问世，其原料都是天然的纤维素或蛋白质，统称为再生纤维。20 世纪 30 年代前主要是再生纤维的发展期，称为化学纤维发展的第一阶段。

合成纤维的起步较晚，其发展始于 20 世纪 30 年代。这个阶段是合成纤维从无到有的重要发展期，称为化学纤维发展的第二阶段。

1931 年，德国的胡彼特（Hubert）纺制出聚氯乙烯纤维，1946 年，德国首先实现了工业化生产；1935 年，美国的卡罗瑟斯（Carothers）成功合成了聚酰胺 66，1940 年开始工业化生产，聚酰胺 66 是世界上最早工业化生产的合成纤维，因此卡罗瑟斯被誉为“合成纤维之父”。同年，杜邦公司又开始研究聚丙烯腈纤维，并于 1950 年实现工业化生产；1941 年，德国的施莱克（Schlack）发明聚酰胺 6，温菲尔德（Whinfieid）和迪克松（Dickson）发明聚对苯二甲酸乙二醇酯纤维，1953 年美国杜邦公司购买了德国专利，开始工业化生产；聚乙烯醇纤维是由日本的樱田一郎和朝鲜的李升基在 1939 年发明的，并于 1950 年在日本开始工业化生产；1955 年，意大利蒙特卡梯尼公司（Montecatini）发表关于聚丙烯纤维的专利，并于 1958 年开始工业化生产。从 20 世纪 30 年代初到 50 年代末，合成纤维六大纶（即涤纶、锦纶、腈纶、丙纶、维纶和氯纶）已发展齐全。

20 世纪 60 年代进入化学纤维发展的第三阶段。重点转向差别化纤维、功能纤维和高性能纤维的开发和生产。如抗菌、抗辐射、反渗透、高效过滤、吸附、离子交换、导光、保暖和阻燃等功能纤维，以及耐腐蚀、耐高温、高强度和高模量等高性能纤维。

1962 年开发的新品种有芳纶和聚苯硫醚纤维等。美国杜邦公司首先开发了聚间苯二甲酰间苯二胺纤维，并实现工业化生产，其商品名为诺梅克斯（nomex）；1966 年，杜邦公司又生产出聚对苯二甲酰对苯二胺纤维,其商品名为凯夫拉(Kevlar);1967 年美国菲利普公司(Phillips)成功研发塑料级聚苯硫醚纤维,1979 年该公司研制出纤维级聚苯硫醚纤维,并于 1983 年实现工业化生产,其商品名为赖顿(Ryton)。

高科技纤维产品层出不穷,极大地丰富了人们的生活,同时也促进了各行各业的发展。如我国运用高性能纤维作为水泥增强材料,建成了 468m 高的上海东方明珠塔和 36km 长的杭州湾跨海大桥等。没有高性能纤维的发展,就不可能有超高、超长的现代化建筑。

现阶段主要发展具有实用功能的纤维,如变色纤维。变色纤维是在越南战争时期研发出来的,用于美军作战服装。现在,我国采用淡黄绿色的三甲基螺呃嗪为光敏剂,制成的光敏纤维经过紫外线照射后能迅速由无色变为蓝色,光照停止后又迅速变为无色。

综上所述,世界化学纤维的发展史是常规化学纤维、差别化纤维、高性能纤维、高功能纤维和智能纤维相继问世、生产和应用的历历。

(二)世界主要化学纤维的生产现状

2011~2020 年,世界化学纤维产量逐年增加(图 1-6)。2011 年,世界化学纤维产量为 5030 万吨;至 2019 年,世界化学纤维产量首次突破 8000 万吨大关,连续九年保持平稳增加,创历史最高纪录。从各主要生产国家和地区看世界化学纤维生产,除产量最大的中国扩大生产外,2010 年以后,一直处于停滞或微增趋势的西欧,由于聚酯纤维被看好,产量也有所增加。

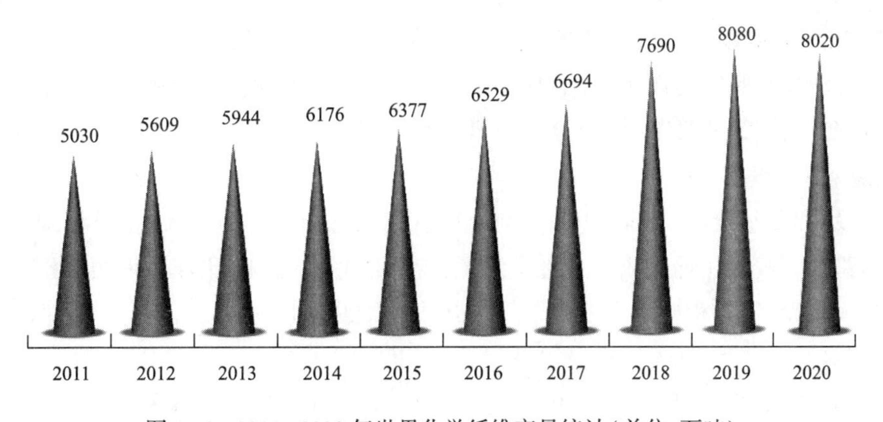

图 1-6 2011~2020 年世界化学纤维产量统计(单位:万吨)

根据 2021 年《纤维年鉴》,2020 年世界化学纤维分品种产量结构数据如图 1-7 所示。从各主要品种看,涤纶仍是主要品种。其中,涤纶长丝产量 4530 万吨,创历史新高;涤纶短纤维产量 1700 万吨;锦纶产量 540 万吨;腈纶产量 130 万吨。纤维素纤维产量为 680 万吨,占化纤总产量的 8.5%。

在《2022 纤维年》报告中(图 1-8),2021 年合成纤维占最大份额(64%)。其中,主流类型涤纶和锦纶均增长近 10%,丙纶微升 1%,腈纶连续 10 年收缩 2%。天然纤维占第二份额(24%)。纤维素纤维是最古老的主要来源于木材的人造纤维,正处于增长阶段,并创下历史新高,目前占据 6%的份额。它们经历了全面的增长,增长最快的纤维是莫代尔和莱赛尔纤维。最后是纺粘非织造布,占 7%的份额。

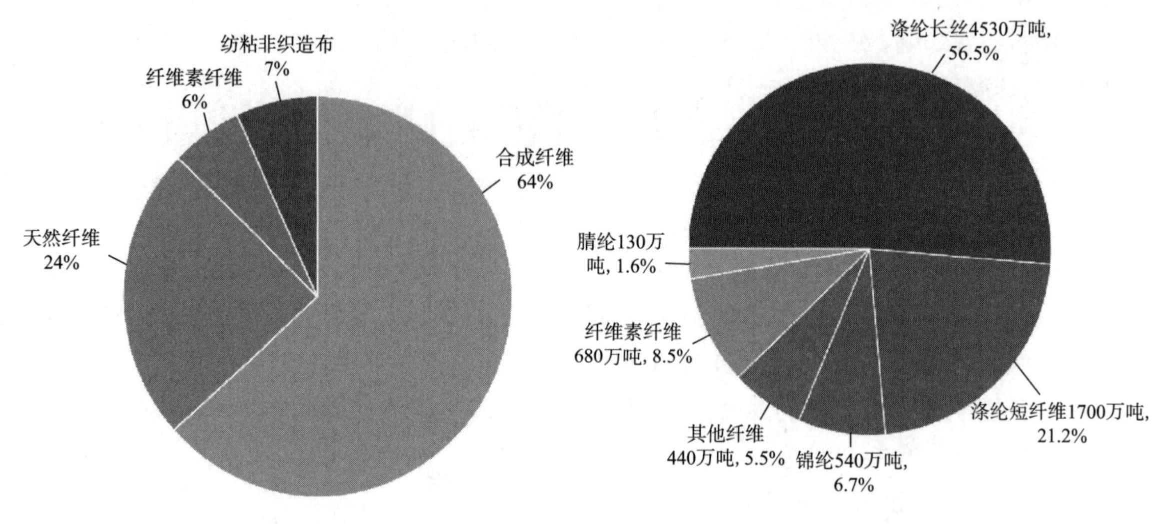

图 1-7　2020 年世界化学纤维分品种产量结构

图 1-8　2021 年世界纤维所占份额分布

二、我国化学纤维工业的发展概况

我国的化学纤维工业是新中国成立后发展起来的，其发展历程大致可分为四个阶段：

第一阶段，即起步阶段（1956~1965 年）。从黏胶纤维起步，我国引进东欧国家的技术和设备，同时，通过消化和吸收建设了一批黏胶纤维生产厂，这为发展化学纤维工业打下了基础。20 世纪 60 年代初，我国又从日本、英国分别引进了聚乙烯醇缩甲醛纤维（维纶）和聚丙烯腈纤维（腈纶）的成套生产设备。

第二阶段，即奠基阶段（1966~1980 年）。随着我国石油工业的发展，化学纤维原料开始转向石油化工路线。我国相继建成了一批维纶厂，特别是上海、辽阳、天津和四川分别引进四套大型化纤生产成套设备，并相应配套发展了一批合成纤维纺丝厂，这为我国化学纤维工业的更大发展奠定了基础。

第三阶段，即发展阶段（1981~1995 年）。20 世纪 80 年代，我国建设了特大型化纤企业——江苏仪征化纤，完成了上海石化公司的二期工程，并在广东新会、佛山和河南平顶山以及辽宁抚顺等地建成多个技术先进的涤纶、锦纶和腈纶厂。20 世纪 90 年代又完成了仪征化纤三期工程和辽化二期工程建设。

第四阶段，即持续增长阶段（1996 年至今）。自 20 世纪 90 年代中期以来，我国化学纤维产量持续大幅度增长，特别是近年来，我国化纤的发展更是突飞猛进，其产量已占世界化学纤维总产量的 60% 以上，远远高于其他主要化纤生产国，成为世界上化学纤维第一生产大国。

目前，我国化纤工业的生产规模、产品质量及生产成本具有越来越强的竞争力，化纤的出口量已远大于进口量，在世界化纤工业领域中的地位越来越重要。

为适应我国纺织工业发展的需要，在化纤工业迅速发展的同时，我国也十分重视差别化纤维的研究与开发，化纤新品种不断出现。如有色纤维、网络丝、低线密度丝、高强低伸缝纫线等；

还有高收缩纤维、异形纤维、涤纶阳离子可染改性纤维、三维立体卷曲涤纶、空气变形丝、远红外纤维、中空仿羽绒纤维、超细纤维、抗静电纤维等;以及高强高模维纶、高吸水涤纶、PBT 弹性聚酯纤维、PTT 新型聚酯纤维、阻燃纤维、复合腈纶、导电纤维、水溶性纤维、低熔点纤维、抗起毛起球纤维、莱赛尔(Lyocell)纤维、大豆蛋白改性纤维、甲壳素纤维等。总之,今后我国化纤业将不断由产量快速增长向高技术、高质量和多品种方向转变,从而进一步提高集约化程度,迈向国际先进水平。

1. 我国化学纤维制造业发展现状

进入 21 世纪之后,随着化学纤维制造业的市场发展日臻成熟,我国的化学纤维制造业进入了一个结构化和产业化转型升级的时代,化学纤维制造的自主技术含量不断增加,各种尖端技术取得了重大突破。并且随着产业结构和规模的不断提升。我国的化学纤维制造行业根据国家的相关政策和方针以及自身发展现状,对目前化学纤维制造业的产业结构进行了调整,因此,我国化学纤维制造业又迎来了一个新的发展高峰。

由图 1-9 所示 2014~2019 年中国化学纤维产量情况可以发现,我国化学纤维行业的整体产量呈增长趋势,尤其是 2019 年化学纤维的产量上升幅度较大,产量也为六年来最高。而从增幅比例上来看,2014~2017 年的增长速度呈下降趋势,甚至在 2017 年出现了负增长,而从 2018 年开始又呈现大幅度上涨的趋势,说明当前我国化学纤维制造业的产能和产量虽然在提升,但是受市场影响比较大。2018 年之后的大幅度增加与我国提倡生态环保的生产方式有着直接的关系,这让化学纤维的市场得到了进一步扩大。

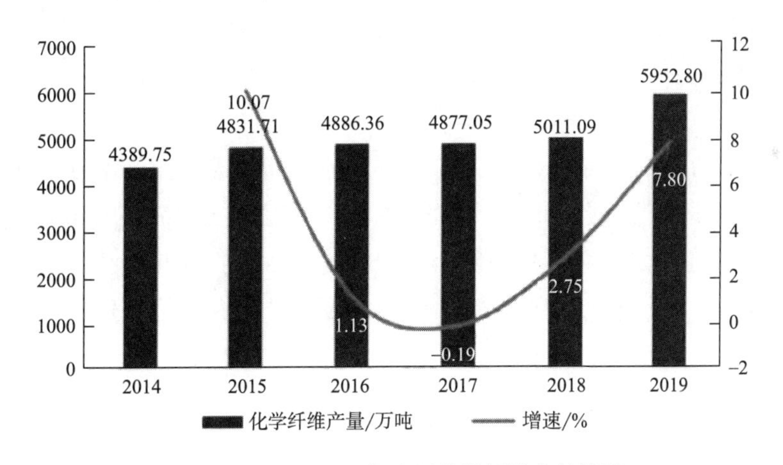

图 1-9 2014~2019 年中国化学纤维产量情况

2. 我国化学纤维制造业发展趋势和前景

(1)依靠"一带一路"政策优势,积极扩展国际市场和贸易。2020 年 11 月 16 日,经过长时间的艰难谈判,我国加入了全球最大的贸易集团 RCEP 协定中,这加强和促进了我国多边贸易的发展,更极大地促进了我国化学纤维制造业的"双向流通"。从国际化纤会议到 RCEP 协定的签署,以及在中美贸易关系紧张的非常时期,我国化学纤维的对外出口,尤其是对东盟国家的出口得到了大幅度提升,由此可以看出,我国化学纤维制造业在国际贸易中的地位与影响正在不断地扩大和提升。所以我国化学纤维制造业在未来的发展中,应依靠“一带一路”的政策优势,在扩大内需的同时,积极扩展和开展国际市场和贸易,鼓励化学纤维产品的出口,继续加强对化学纤维制品退税政策的执行力度,正确引导国外投资企业和投资者的投资方向,从而实现和加强我国化学纤维制造业的规模化经营和发展,促进和推动我国化学纤维制造业的结构调整,扩大我国化学纤维行业在国际市场的影响力。

(2)加强自主创新能力,提升核心竞争力。我国化学纤维制造业要想取得更加长远的发展,在市场中获得更加广阔的发展空间,占领更多的市场份额,最重要的还是要加大对化纤制造的科技投入和加强自身的自主创新能力,提升自身的核心技术,从而提高化纤制造企业的核心竞争力。随着我国对碳纤维的研究和制造,我国化学纤维的研究和创新已达到一个比较先进的水平,但是对比经济发达的国家来说,我国化学纤维制造业的自主创新能力仍然不高。所以,要加大对化学纤维制造业在未来发展中的技术创新、材料创新、生产创新等各方面的资金投入,持续引进化学纤维制造方面的人才,建设化学纤维制造的技术研究和新材料开发的人才梯队,从而加强我国化学纤维制造业的自主创新能力。

(3)促进和优化产业结构调整。当前,我国化学纤维制造业的产业结构相对来说还存在着一定的问题。随着全球经济一体化的不断加深、市场的迅速发展及急剧变化,我国化学纤维制造业要想得到更好的发展,除加强自身的自主创新能力外,更重要的是要加强对当前的产业结构以及产品结构的优化和调整,从而推动整个行业的进步与升级。首先,要始终贯彻和坚持产品的高质量,开发更多主流产品的衍生品,从而形成系列产品;其次,要积极地吸收和学习国外先进的化学纤维技术,引进新产品,始终贯彻以技术带动产业发展的道路;最后,化学纤维行业要向着集中化、规模化、产业化的方向发展,从而形成大企业、大市场,最终将化学纤维制造企业做大做强。

当前,我国在聚酯瓶片、废旧纺织物、竹纤维提取制造等综合利用技术方面有了一定的发展和突破,在2008年奥运会上,所有礼仪小姐的衣服均来自废旧聚酯瓶的循环再利用,这充分体现了我国化学纤维制造业循环再利用的理念。在未来的发展中,在化学纤维制造业的规模和实力不断扩大的基础上,我国化学纤维制造业必将会在循环再利用和生态发展的道路上取得更高的成就。

思考题

1. 化学纤维是如何进行分类的?
2. 什么是化学纤维、合成纤维、再生纤维、长丝、短纤维、差别化纤维和特种纤维?
3. 写出合成纤维六大纶的学名、商品名、重复单元化学式和英文缩写。
4. 简述化学纤维的起源。
5. 简述化学纤维的发展趋势。
6. 什么是异形纤维、复合纤维、高性能纤维、功能纤维、绿色纤维?

参考文献

[1]李光. 高分子材料加工工艺学[M].3版. 北京:中国纺织出版社有限公司,2020.

[2]闫承花,王利娜. 化学纤维生产工艺学[M].上海:东华大学出版社,2018.

[3]肖长发,尹翠玉. 化学纤维概论[M].3版. 北京:中国纺织出版社,2015.

[4]祖立武. 化学纤维成型工艺学[M].哈尔滨:哈尔滨工业大学出版社,2014.

[5]王琛,严玉蓉. 聚合物改性方法与技术[M].北京:中国纺织出版社有限公司,2020.

[6]蔡凯杰. 我国化学纤维制造的发展趋势和前景探讨[J].当代化工研究,2021(8):9-10.

[7]赵永霞. 中国化纤科技大会(青岛大学2020)暨26届中国国际化纤会议召开[J].纺织导报,2020(10):20-21.

[8]前瞻产业研究院.2018—2023年中国纤维素纤维原料及纤维制造行业产销需求与投资预测分析报告[R].2018-07-04.

[9]安德烈亚斯·W. 恩格尔哈特.2022纤维年[R/OL].https://fiberjournal.com/world-supply-highlights-in-upstream-business/[2022-8-8].

[10]2021年纤维年鉴[R].

第二章　化学纤维基本原理

本章知识点

1. 掌握化学纤维的基本概念。
2. 了解成纤聚合物的结构与基本性质。
3. 了解化学纤维的生产方法及一般的加工工艺流程。
4. 熟悉化学纤维的主要性能指标。
5. 了解相对分子质量及其分布对纤维性能的影响。

第一节　成纤聚合物的性质及基本结构

成纤聚合物是指能加工制成具有实用价值纤维的高分子化合物。纤维的性能是由成纤聚合物的结构和生产工艺决定的,因此,首先要介绍成纤聚合物的基本结构。成纤聚合物在制备纤维前要制成聚合物熔体或浓溶液,前者称为熔体纺丝,后者称为溶液纺丝。两者的区别主要在于聚合物的热解温度和熔点的差异。对于熔融纺丝,成纤聚合物应在升温下熔融转化为黏流态而不发生分解;而溶液纺丝,成纤聚合物不仅应具有形成纤维的能力,还必须在合适的溶剂中完全溶解,形成黏稠的浓溶液,以便进行纺丝。

一、成纤聚合物的性质

作为化学纤维的生产原料,成纤聚合物的性质不仅在一定程度上决定了纤维的性质,而且对纺丝、后加工工艺有一定的影响。因此,成纤聚合物必须具备以下基本性质:

(1)成纤聚合物大分子必须是线性的、能伸直的,大分子上的支链尽可能少,且没有庞大的侧基,大分子间没有化学键。

(2)聚合物分子之间有适当的相互作用力,或具有一定规律性的化学结构和空间结构。

(3)聚合物应具有适当的相对分子质量和较窄的相对分子质量分布,过高和过低的相对分子质量都会给聚合物的加工和产品性质带来不利影响。

(4)聚合物应具有一定的热稳定性,且具有可溶性或可熔性,其熔点或软化点应比允许使用的温度高得多。

二、大分子主链的化学组成

成纤聚合物的大分子主链是由某个结构单元(链节)以化学键的方式重复连接而成的线型长链分子。链结构主要是由碳和氢两种元素构成,还有氧、氮、硫、氯、硅、铝、硼等元素。按照主链的化学组成,成纤聚合物的大分子可分为以下三种。

1. 均链大分子

均链大分子是指主链均由一种原子以共价键形式组合的大分子链。通常情况下,是以 C—C 键相连,如聚丙烯纤维、聚氯乙烯纤维等。

2. 杂链大分子

杂链大分子是指主链由两种或两种以上的原子组成的大分子链。其通常由 C—O、C—N、C—S 等以共价键相连接而成,如聚酰胺纤维、聚酯纤维、聚苯硫醚纤维等,其特点是成纤聚合物大分子链的刚性较大,力学性能和耐热性较好,但由于大分子主链中含有极性基团,所以容易发生水解、醇解和酸解。

3. 元素有机大分子

元素有机大分子是指大分子主链上含有磷、硼、铝、硅、钛等元素,并在其侧链上含有有机基团。该类纤维有碳化硅纤维、氧化铝纤维、硼纤维、陶瓷纤维等。此类纤维具有有机物的弹性和塑性,也具有无机物的高耐热性,属于高性能纤维。

三、侧基与端基

1. 侧基

侧基是指分布在大分子主链两侧并通过化学键与大分子主链连接的基团。侧基的性能、体积、极性等会对大分子链的柔性和凝聚态结构等产生影响,进而影响纤维的加工工艺,也影响纤维的力学性能等。可采用接枝或共聚在大分子主链上引入特定的侧基,来改善纤维大分子主链结构,进而实现纤维的功能化。

2. 端基

端基是指成纤聚合物大分子链末端的结构单元,其与主链重复结构单元有不同的化学组成。它对纤维的光、热稳定性有较大的影响。通常可利用端基上的活性官能团,对纤维进行改性处理(如扩链、嵌段等),也可通过准确测定端基的结构和数量来研究大分子的相对分子质量。

四、大分子链的柔性

分子链的柔性是指能改变分子构象的性质。成纤聚合物的大分子链必须是线性的,无支链或尽可能少支链。在大分子主链上含有较多可旋转的 σ 键,以赋予纤维一定的柔弹性。影响大分子链柔性的因素有以下几种:

(1)一般情况下,主链结构中含有 C—C、Si—O、C—O 键的大分子链具有较好的柔性,制得的纤维也具有较好的柔韧性,如聚乙烯纤维。

(2)如果主链结构中含有共轭双键大分子(—C ═C—C ═C—),它的柔性会显著降低,相应制得的纤维的柔韧性也较低,如聚乙炔纤维。

(3)当大分子链中含有芳杂环时,大分子链的柔性较差,如聚苯硫醚纤维。

(4)当大分子链含有侧基时,侧基极性越大,体积越大,大分子链越僵硬。

(5)若在大分子链之间形成氢键,则大分子链的刚性增加。

此外,成纤聚合物所处的环境因素(湿度、温度、应力等)和制造加工或改性处理过程中的添加剂(如增塑剂)也会对大分子链的柔性产生影响。

五、相对分子质量及其分布

成纤聚合物大分子相对分子质量的大小,对最终成品纤维的拉伸、弯曲、冲击强度和模量、热学及热稳定性能、光学性能、透通性能、耐化学药品性能等具有较大影响,也影响纤维的加工性能。如超高分子量聚乙烯纤维与普通聚乙烯纤维相比,拉伸强度相差2~3倍。

大分子的相对分子质量一般可通过化学法(端基分析法)、热力学法(蒸气压法、渗透压法、沸点升高和冰点下降法)、光学法(光散射法)、动力学法(黏度法)、凝胶渗透色谱法测量。据不同的测试统计方式,纤维平均分子质量有如下四种:

(1)数均分子量法。按分子数加权平均的相对分子质量,表示为 M_N。

(2)重均分子量法。按分子质量加权平均的相对分子质量,表示为 M_W。

(3)黏均分子量法。用溶液黏度法测出的平均相对分子质量,表示为 M_V。

(4)Z 均分子量法。按 Z 值统计的平均相对分子质量,表示为 M_Z。

由于成纤聚合物是由一系列分子质量(或聚合度)不等的同系高分子组成,具有多分散性,单一一种平均分子质量往往不能表征聚合物的性能,因此,需要了解分子质量的分布情况。分子质量分布是指聚合物试样中各个组分的含量和相对分子质量之间的关系。

第二节　化学纤维的生产概述

化学纤维的生产过程可分为四个步骤。一是原料的制备,指高分子化合物的合成(聚合)或天然高分子化合物的化学处理和机械加工;二是纺丝熔体或纺丝溶液的制备;三是化学纤维的纺丝成型;四是化学纤维的后加工,也叫后处理。

一、原料制备

成纤聚合物作为化学纤维生产所必需的原料,主要分为两大类:一类为天然高分子化合物,用于生产再生纤维;另一类为合成高分子化合物,用于生产合成纤维。

再生纤维的原料制备过程,是将天然高分子化合物经一系列化学处理和机械加工,除去杂质,并使其满足再生纤维生产的物理和化学性能。例如,黏胶纤维的基本原料是浆粕(纤维素),它是将棉短绒、木材或甘蔗渣等富含纤维素的物质,经备料、蒸煮、精选、脱水和烘干等一系列工序制备而成的。

合成纤维的原料制备过程，是将石油、煤、天然气及一些农副产品等低分子原料制成单体后，通过一系列化学反应聚合成具有一定官能团、一定平均相对分子质量及其分布的线型成纤聚合物。

二、纺丝熔体或纺丝溶液的制备

制备好的成纤聚合物在纺丝前要制成聚合物纺丝液。纺丝液有两种制备方法：熔融法和溶解法，分别对应聚合物熔体和浓溶液，前者称为熔体纺丝，后者称为溶液纺丝。两者的区别主要在于聚合物的热分解温度和熔点的差异。对于具有良好热性能的成纤聚合物，其熔点低于热分解温度，则可将常温下呈固体的聚合物加热成具有良好流动性的熔融体，以供纺丝用；对于热稳定性不好的聚合物，加热后没有熔融态，而是直接产生热分解，则可将固态的聚合物加工成粉末，用溶剂将粉末状聚合物调制成溶液，作为纺丝用溶液。因此，成纤聚合物必须保证在熔融时不分解，或能在普通溶剂中溶解形成浓溶液，并具有充分的成纤能力和随后使纤维性能强化的能力，最终所得纤维具有良好的综合性能。几种主要成纤聚合物的热分解温度和熔点见表 2-1。

表 2-1 几种主要成纤聚合物的热分解温度和熔点

聚合物	热分解温度/℃	熔点/℃
聚乙烯	350～400	138
等规聚乙烯	350～380	176
聚丙烯腈	200～250	320
聚氯乙烯	150～200	170～220
聚乙烯醇	200～220	225～ 230
聚己内酰胺	300～350	215
聚对苯二甲酸乙二酯	300～350	265
纤维素	180～220	—
醋酸纤维素酯	200～230	—

由表 2-1 可见，聚乙烯、等规聚乙烯、聚己内酰胺和聚对苯二甲酸乙二酯的熔点低于热分解温度，可进行熔体纺丝；聚丙烯腈、聚氯乙烯和聚乙烯醇的熔点与热分解温度接近，甚至高于热分解温度；而纤维素及其衍生物则观察不到熔点，这类成纤聚合物只能采用溶液纺丝法成型。

此外，在化学纤维原料制备的过程中，可采用共聚、共混、接枝和添加助剂等方法改性化学纤维。

（一）纺丝熔体的制备

纺丝熔体的制备主要有两种方法：一种是将聚合物熔体直接进行纺丝，这种方法称为直接纺丝法；另一种是将聚合物熔体经铸带、切粒等工序制成切片，再以切片为原料，加热熔融成熔体进行纺丝，这种方法称为切片纺丝法。直接纺丝法和切片纺丝法目前在工业中都有应用。

与切片纺丝法相比，直接纺丝法省去了铸带、切粒、干燥切片及再熔融等工序，可大大简化生产流程，减小车间面积，节省投资，且有利于提高劳动生产效率和降低成本。熔体直接纺丝法是发展方向，国外大多数均采用此方法，我国从20世纪90年代末开始，已经建成多家大规模的涤纶直接纺丝设备。

切片纺丝法的工序较多，但具有较强的灵活性，产品质量也较高。另外，还可使切片进行固相聚合，进一步提高聚合物的相对分子质量，生产高黏度切片，以制取高强度纤维。目前，生产帘子线或长丝以及无聚合生产线的小企业常采用切片纺丝法。

（二）纺丝溶液的制备

聚合后的聚合物溶液直接送去纺丝，称为一步法；先将聚合得到的溶液分离制成颗粒状或粉末状的成纤聚合物，然后溶解制成纺丝溶液，称为二步法。

目前，在采用溶液纺丝法生产的主要化学纤维品种中，只有腈纶既可采用一步法又可采用二步法纺丝，其他品种的成纤聚合物无法采用一步法生产工艺。虽然采用一步法省去了聚合物的分离、干燥和溶解等工序，可简化工艺流程，提高劳动生产率，但制得的纤维质量不稳定。

采用二步法时，需要选择合适的溶剂将成纤聚合物溶解，所得溶液在送去纺丝前还要经混合、过滤和脱泡等工序，这些工序总称为纺前准备。

三、纺丝成型

将成纤聚合物熔体或浓溶液用纺丝泵（或称计量泵）连续、定量且均匀地从喷丝头（或喷丝板）的毛细孔中挤出，称为液态细流，再在空气、水或特定凝固浴中固化成初生纤维的过程，称作“纤维成型”或“纺丝”。

化学纤维的纺丝方法主要有两大类：熔体纺丝法和溶液纺丝。在溶液纺丝中，根据凝固方式不同又分为湿法纺丝和干法纺丝。化学纤维生产绝大部分采用上述三种纺丝法。此外，还有一些特殊的纺丝法，如乳液纺丝、悬浮纺丝、干湿法纺丝、冻胶纺丝、液晶纺丝、相分离纺丝和反应纺丝等。

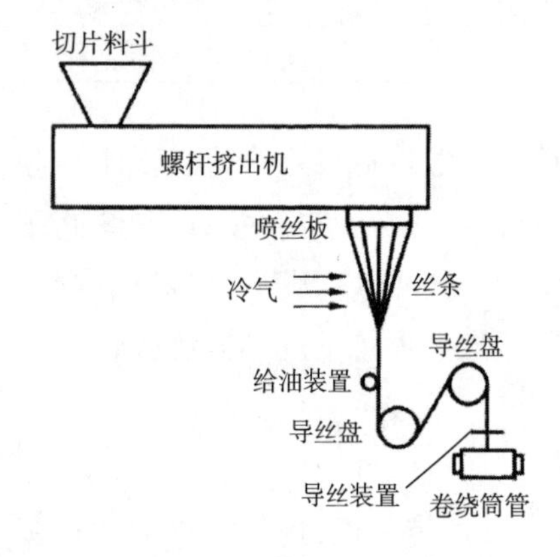

图2-1　熔体纺丝示意图

（一）熔体纺丝

熔体纺丝是指成纤聚合物切片由料斗进入聚合物熔融装置——螺杆挤出机进行熔融，聚合物熔体从喷丝板的毛细孔中压出而成为熔体细流，在周围空气（或水）中冷却凝固成型的工艺过程，如图2-1所示。如涤纶、锦纶、丙纶等采用熔体纺丝法制得。

此法流程短，由于熔体细流在空气介质中冷却，传热和丝条固化速度快，且丝条运动所受阻力很小，所以纺丝速度高。目前熔体纺丝一般纺丝速度为1000～3500m/min。采用高速纺丝时，可达4000～6000m/min。喷丝板孔数：长丝为1～150孔，短纤维少的为400～800孔，多的可达1000～4000孔，甚至更多。喷丝板的孔径一般为0.2～0.4mm。若用常规圆形喷丝孔，则纺得的纤维截面大多为圆形；采用异形喷丝孔，则纺得的纤维截面为异形。该法适用于能熔化、易流动、不易分解的高聚物。

(二)溶液纺丝

1. 湿法纺丝

湿法纺丝是将高聚物在溶剂(无机或有机)中配成纺丝溶液后,经纺丝泵计量再经喷丝头喷出,从喷丝头毛细孔中挤出的溶液细流进入凝固浴中凝固成型的方法,如图 2-2 所示。目前腈纶、维纶、氯纶、黏胶纤维以及某些由刚性大分子构成的成纤聚合物都需要采用湿法纺丝。此法喷丝板孔数较多,一般为 4000~20000 孔,高的可达 50000 孔以上,但纺丝速度低,为 50~100m/min。由于液体凝固剂的固化作用,虽然是常规圆形喷丝孔,但纤维截面大多不呈圆形,且有较明显的皮芯结构。该法适用于不耐热、不熔化但能溶于某一种溶剂的高聚物。

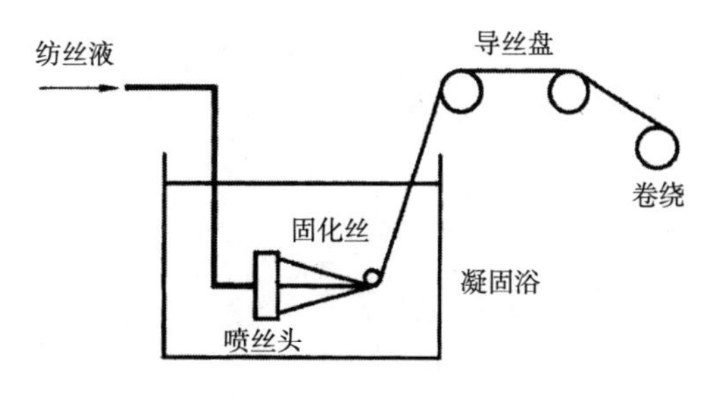

图 2-2　湿法纺丝示意图

2. 干法纺丝

干法纺丝是将纺丝溶液从喷丝孔中挤出形成溶液细流,溶液细流中的溶剂被加热介质(空气或氮气)快速挥发带走的同时,溶液细流发生浓缩和固化,使得高聚物凝固而成为初生纤维的工艺过程,图 2-3 是干法纺丝示意图。干法纺丝要求采用易挥发且使溶液中聚合物的浓度尽可能高的溶剂。目前,干法纺丝速度一般为 200~500m/min,高者可达 1000~1500m/min。但受溶剂挥发速度的限制,纺丝速度还是比熔体纺丝低,而且需要设置溶剂回收等工序,故辅助设备比熔体纺丝多,成本高。干法纺丝成品质量好,但喷丝孔数较少,一般为 300~600 孔。干法纺丝一般适宜纺制化学纤维长丝,主要生产品种有腈纶、维纶、氯纶、氨纶、醋酯纤维等。

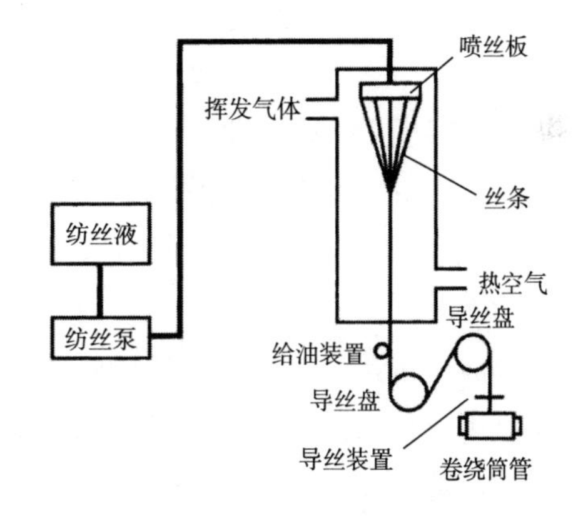

图 2-3　干法纺丝示意图

(三)熔体纺丝与干法、湿法纺丝的区别

熔体纺丝是一元体系,只涉及聚合物熔体丝条与冷却介质间的传热,纺丝体系没有组成的变化;而干法纺丝和湿法纺丝分别为二元体系(聚合物+溶剂)和三元体系(聚合物+溶剂+沉淀剂)。表 2-2 列出了三种纺丝成型法的特征。

表 2-2　三种基本纺丝成型法的特征

纺丝方法 特征	熔体纺丝	干法纺丝	湿法纺丝
纺丝液状态	熔体	溶液	溶液或乳液
纺丝液的质量分数/%	100	18~25	12~16

续表

纺丝方法 特征	熔体纺丝	干法纺丝	湿法纺丝
纺丝液黏度/(Pa·s)	100~1000	20~400	2~200
喷丝孔直径/mm	0.2~0.8	0.03~0.2	0.07~0.1
凝固介质	冷却空气,不回收	热空气或氮气,再生	凝固浴,回收、再生
凝固机理	冷却	溶剂挥发	脱溶剂(或伴有化学反应)

(四)其他纺丝方法

1. 干湿法纺丝

干湿法纺丝又称干喷湿法纺丝,它是将干法纺丝与湿法纺丝相结合,先将纺丝液从喷丝头挤出,经过一段空间,然后进入凝固浴槽,从凝固浴槽导出初生纤维(图2-4)。与一般湿法纺丝相比,干喷湿法纺丝的纺丝速度要高若干倍,还可采用孔径较大(0.5~0.3mm)的喷丝头,同时采用浓度较高、黏度较大的纺丝溶液,显著提高了纺丝机的生产能力。目前,这种纺丝方法已在聚丙烯腈纤维、芳香族聚酰胺纤维等生产中得到应用,聚丙烯腈长丝的纺丝速度达到40~150m/min。

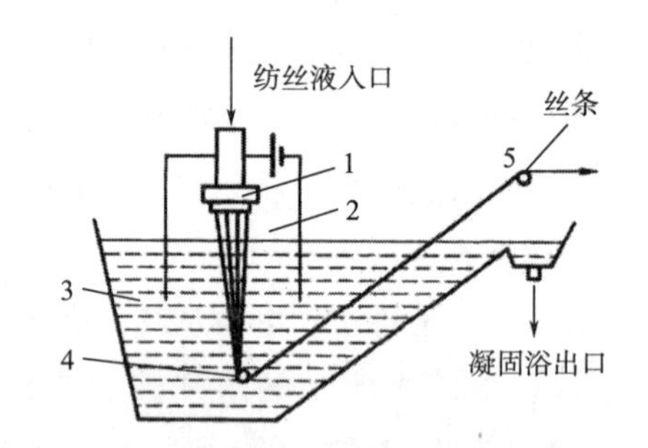

图2-4 干湿法纺丝示意图

1—喷丝头 2—空气 3—凝固浴 4,5—导丝辊

2. 乳液纺丝

乳液纺丝又称载体纺丝,是将聚合物分散于某种可纺性较好的物质(载体)中呈乳液状态,然后按载体常用的方法纺丝。载体常用黏胶或聚乙烯醇水溶液,所以乳液纺丝工艺类似于湿法纺丝。得到的初生纤维经拉伸后在高温下烧结,载体炭化,聚合物颗粒在接近黏流温度下被粘连形成纤维。适宜于乳液纺丝的成纤聚合物应具有高于分解温度的熔点,且没有合适的溶剂使其溶解或塑化,因而无法制成熔体和纺丝溶液,只能采用乳液纺丝。目前,该法在聚四氟乙烯纤维等的生产中已得到应用。

3. 膜裂纺丝

膜裂纺丝是将聚合物先制成薄膜,然后经机械加工制成纤维。根据机械加工方式不同,所得纤维又分为割裂纤维和撕裂纤维两种。割裂纤维又称扁丝,其加工方式是将薄膜切割成一定宽度的条带,再拉伸数倍,并卷绕在筒子上得到成品;撕裂纤维的加工方式是将薄膜沿纵向高度拉伸,使大分子沿轴向充分取向,同时产生结晶,再用化学和物理方法使结构松弛,并以机械作用撕裂成丝状,然后加捻和卷曲获得成品。前者纤维较粗,用于代替麻类作包装材料;后者纤维稍细,用于制作地毯和绳索。目前,膜裂纺丝法主要应用于聚丙烯纤维等的生产。

4. 冻胶纺丝

冻胶纺丝又称半熔体纺丝、凝胶纺丝,是将聚合物浓溶液或塑化的冻胶从喷丝头细孔挤出到某气体介质中,细流冷却,伴随溶剂挥发,聚合物最终固化得到高强度纤维的一种纺丝方法。冻胶纺丝的所有技术要点都是为了减少宏观和微观的缺陷,使结晶结构接近理想的纤维,使分子链几乎完全沿纤维轴取向。因此,冻胶纺丝的原料使用超高相对分子质量的聚合体,以减少链造成的缺陷,从而提高纤维强度。如冻胶纺丝工业化生产的高强高模聚乙烯纤维。超高分子量聚丙烯腈和聚乙烯醇等的冻胶纺丝也已开发成功。

5. 液晶纺丝

液晶纺丝是制得高强度纤维的另一种新型纺丝方法,具有刚性分子结构的聚合物在适当的溶液浓度和温度下,可形成各向异性溶液或熔体。在纤维制造过程中,各向异性溶液或熔体的液晶区在剪切和拉伸流动下易于取向,同时各向异性聚合物在冷却过程中会发生相变形成高结晶性的固体,从而得到高取向度和高结晶度的高强纤维。

溶致性聚合物的液晶纺丝通常采用干湿法纺丝工艺。热致性聚合物的液晶纺丝可采用熔融纺丝工艺,也可采用溶液纺丝工艺。芳香族聚酰胺的液晶纺丝早已实现工业化生产,其中美国杜邦公司的聚对苯二甲酰对苯二胺纤维在 1972 年以 Kevlar 的商品名问世。热致性液晶高分子最重要的一类是芳香族共聚酯,芳香族共聚酯 Vectran 纤维也已在 1986 年开发成功。

6. 闪蒸纺丝

闪蒸纺丝又称溶液闪蒸纺丝,它是将聚合物在高温高压下溶解于特殊溶剂中,然后将高聚物溶液在其溶剂沸点以上高压挤出,原液细流出喷丝头时,溶剂闪蒸导致聚合物冷却固化形成纤维的纺丝方法。这种纺丝方法要求高聚物和溶剂在溶剂沸点以上不分解,溶剂容易蒸发,而且挤出的溶液细流在压力突然降低时,能够引起溶剂闪蒸,使高聚物固化成纤维。

7. 反应纺丝

反应纺丝又称化学纺丝,即由单体或低聚体变成高聚物过程和成纤过程合二为一的纺丝方法。当低聚体(预聚体)溶液细流挤入凝固浴时,与凝固浴中的扩链剂(偶联剂)迅速反应,形成高聚物而固化成纤维。美国橡胶公司是最早应用反应纺丝法的公司,其氨纶产品命名为韦纶。

8. 静电纺丝

“静电纺丝”一词源于“electrospinning”或更早一些的“electrostatic spinning”,国内一般简称为“静电纺”或“电纺”等。它是指聚合物熔体或其在挥发性溶剂中的溶液在静电场中喷射形成纤维。静电纺丝以其制造装置简单、纺丝成本低廉、可纺物质种类繁多、工艺可控等优点,已成为有效制备纳米纤维材料的主要途径之一。目前,静电纺丝技术已制备了种类丰富的纳米纤维,包括有机、有机/无机复合和无机纳米纤维等。此外,为纺制具有特殊性能的纤维,还有若干其他纺丝方法,如相分离纺丝法、喷雾凝固纺丝法等。

四、后加工

纺丝流体从喷丝孔中喷出刚固化的丝称为初生纤维。初生纤维结构还不完善,力学性能较差,如断裂伸长率过大、断裂强度过低、尺寸稳定性差,不能直接用于纺织加工,必须经过一系列的后加工。后加工因化学纤维的品种、纺丝方法和产品要求而不同,其中主要的工序是拉伸和热定型。

(一)拉伸

拉伸的目的是提高纤维的断裂强度,降低断裂伸长率,提高耐磨性和对各种形变的疲劳强度。拉伸的方式有多种,按拉伸次数分,有一道拉伸和多道拉伸;按拉伸介质分,有干拉伸、蒸气拉伸和湿拉伸,相应的拉伸介质分别是空气、水蒸气和水浴、油浴或其他溶液;按拉伸温度分,有冷拉伸和热拉伸。总拉伸倍数是各道拉伸倍数的乘积,一般熔体纺丝的总拉伸倍数为 3~7 倍;湿法纺丝纤维可达到 8~12 倍;生产高强度纤维时,拉伸倍数更高,甚至高达数十倍。

(二)热定型

热定型的目的是消除纤维的内应力,提高纤维的尺寸稳定性,并且进一步改善其力学性能。热定型可在张力下进行,也可在无张力下进行,前者称为紧张热定型,后者称为松弛热定型。热定型的方式和工艺条件不同,所得纤维的结构和性能也不同。

(三)上油

上油的目的是提高纤维的平滑性、柔软性和抱合力,减少摩擦和静电的产生,改善化学纤维的纺织加工性能。不同的油剂其组分和含量不同,一般都包括平滑剂、乳化剂、抗静电剂、调整剂等,此外还有抗氧剂、防霉剂和消泡剂。

不同纤维需要的含油率范围有差异:短纤维为 0.1%~0.5%,长丝为 0.4%~1.2%。纤维的含油率通常以四氯化碳、乙酰等为溶剂用萃取法测定。

(四)卷曲

卷曲是赋予纤维一定的卷曲数,从而改善纤维间的抱合力,使纺纱正常进行,并改善织物的服用性能。卷曲的方法有填塞箱法、齿轮卷曲法、刀边卷曲法等,常采用填塞箱法,即将纤维送入具有一定温度的卷曲箱中,经挤压后形成卷曲。

除上述工序外,某些纤维还有其特有的工序。如锦纶的压洗,以除去附着在纤维中的单体及低聚物;黏胶纤维的脱硫、漂白和酸洗工序;短纤维的切断和打包工序等。为赋予纤维某些性能,还可在后加工中进行某些特殊处理,如提高纤维的抗皱性、耐热水性和阻燃性等。

随着技术的进步,纺丝和后加工技术发展为连续、高速和联合的工艺,如聚酯全拉伸(FDY)可在纺丝—牵伸联合机上生产;超高速纺丝(纺丝速度达 5500m/min 以上)生产的全取向丝(FOY),则不需进行后加工便可直接用作纺织原料。

第三节 化学纤维的主要性能指标

化学纤维的性能是指对纤维制品的使用价值有决定意义的指标。反映纤维性能的主要指标有物理性能指标,包括纤维的长度、线密度、密度、光泽、吸湿性、热性能、电性能等;力学性能指标,包括断裂强度、断裂伸长、初始模量、回弹性、耐多次变形性等;稳定性能指标,包括对高温、低温、光、大气、化学试剂的稳定性以及对微生物作用的稳定性等;加工性能指标,包括纤维抱合性、起静电性和染色性等;短纤维的附加品质指标,包括纤维长度、卷曲度、纤维疵点等。

一、细度

细度是指纤维沿长度方向的粗细程度。纤维的粗细可用纤维的直径和截面面积直接表示,但由于纤维截面不规则,且不易测量,通常不这样表示。一般采用间接方法,用线密度表示。

(一)细度表示方法

1. 线密度

线密度单位为特克斯(tex)或分特克斯(dtex),简称特或分特,是我国法定计量单位。特指在公定回潮率时,1000m 长的纤维所具有的质量克数,用 Tt 来表示。当纤维线密度较小时,用特数表示线密度其数值较小,此时通常以分特表示纤维的线密度,它是指 10000m 长纤维的质量克数。对同一种纤维来讲,特数越小,单纤维越细,手感越柔软,光泽柔和且易变形加工。

2. 旦尼尔(denier)

旦尼尔简称旦,指在公定回潮率时,9000m 长的纤维所具有的质量克数,用 N_d 表示。对同一种纤维来讲,旦数越小,单纤维越细。旦为线密度的非法定计量单位。

3. 公制支数

公制支数简称公支(N_m),指在公定回潮率时,单位质量(g)的纤维所具有的长度(m)。对同一种纤维而言,支数越高,表示纤维越细。公制支数为线密度的非法定计量单位。

特或分特、旦数和支数的数值可相互换算:

旦数×支数=9000;特数×支数=1000;旦数=9×特数;分特数=10×特数。

(二)细度测定方法

化学纤维细度的测定方法有直接法和间接法两种。直接法中,常用中段切取称量法。间接法是利用振动仪或气流仪测定纤维的细度。国际上推荐采用振动法来测量单根化学纤维的细度。由于振动法是在单根纤维上施加规定张力,使其在伸直的情况下测量其细度的,故测量结果比较准确,特别是卷曲较大的纤维以及需要测试单纤维相对强度时,采用振动法更具优越性。

在化学纤维生产中,因原材料、设备运转状态和工艺条件的波动,都会使未拉伸丝、拉伸条干不均匀。因此,测定纤维沿长度方向的条干均匀度是衡最纤维质量变化的重要指标,它影响纤维的力学性能与染色性能,还影响纤维的纺织加工性能及织物外观。一般采用乌斯特(Uster)条干均匀度测试仪进行测定,测定结果以平均差系数 $U(\%)$、均方差系数 $CV(\%)$、极差系数 R 表示。

二、吸湿性

吸湿性(moisture absorption)是纤维的物理性能指标之一,通常把纤维材料从气态环境中吸收水分的能力称为吸湿性。

(一)吸湿性指标

1. 含水率

含水率(moisture content)是指纤维材料中的水分含量,即纤维所含水分的质量与干燥前纤维质量(湿基)的百分比。

2. 回潮率

回潮率(moisture regain)是指纤维所含水分质量与绝干纤维(干基)质量的百分比。化纤领域多用回潮率来表示纤维的吸湿性能。

(二)标准回潮率与公定回潮率

我国规定,在标准大气条件(即温度 20℃、相对湿度 65%)下测得的回潮率称为标准回潮率。

在贸易和成本计算中,纤维材料往往并不处于标准状态。为了方便计重核价,各国依据各自的条件,对纺织纤维的回潮率作统一规定,称为公定回潮率。几种纤维的标准回潮率和我国的公定回潮率见表 2-3。

表 2-3 几种纤维的标准回潮率和我国的公定回潮率

纤维	标准回潮率/%	公定回潮率/%	纤维	标准回潮率/%	公定回潮率/%
蚕丝	9	11.0	维纶	3.5~5.0	5.0
棉	7	8.5	锦纶	3.5~5.0	1.5
羊毛	16	16.0	腈纶	1.2~2.0	2.0
亚麻	7~10	12.0	涤纶	0.4~0.5	0.1
苎麻	7~10	12.0	氯纶	0	0
黏胶纤维	12~14	13.0	丙纶	0	0
醋酯纤维	6~7	7.0	乙纶	0	0

三、拉伸性能

纤维材料在使用中会受到拉伸、弯曲、压缩、摩擦和扭转作用,产生不同的变形。化学纤维在使用过程中主要受到的外力是张力,纤维的弯曲性能也与其拉伸性能有关,因此拉伸性能(tensile property)是纤维最重要的力学性能。它包括强力和伸长两个方面,因此又称强伸性能。表示材料在拉伸过程中受力与变形的关系曲线称为拉伸曲线,可用负荷—伸长(load-elongation curve)曲线表示,也可用应力-应变曲线(stress-strain curve)表示。图 2-5 为几种常见纤维的应力—应变曲线。

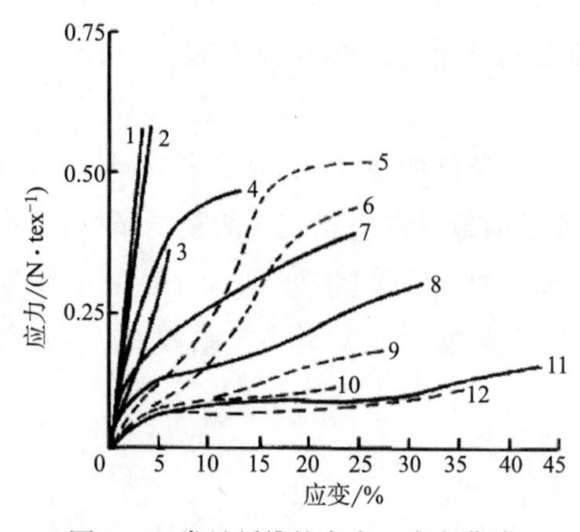

图 2-5 常见纤维的应力—应变曲线

1—亚麻 2—苎麻 3—棉 4—涤纶 5,6—锦纶 7—蚕丝 8—腈纶 9—黏胶纤维 10,12—醋酯纤维 11—羊毛

(一)断裂强度

断裂强度(breaking strength)是表征纤维品质的主要指标,通常有以下几种表示方法。

1. 断裂强力

断裂强力也称绝对强力或断裂负荷,简称强力。即纤维材料受外界直接拉伸到断裂时所需的力,单位为牛顿(N),衍生单位有厘牛顿(cN)、毫牛顿(mN)、千牛顿(kN)等。

2. 相对强度

扯断单位线密度纤维所需的强力称为相对强度,即纤维的断裂强力与线密度之比,是用于比较不同粗细的纤维拉伸断裂性能的指标,单位为牛每特(N/tex)。

3. 强度极限

强度极限即纤维单位截面面积上能承受的最大强力,单位为帕斯卡(Pa)。

4. 断裂长度

断裂长度是指以自身重量拉断纤维所具有的长度,单位为千米(km)。

(二)断裂伸长

纤维拉伸时产生的伸长占原来长度的百分率称为伸长率。纤维拉伸至断裂时的伸长率称断裂伸长率(elongation at break),它表示纤维承受拉伸变形的能力。断裂伸长率大的纤维手感较柔软,在纺织加工时可缓冲所受到的力,毛丝、断头较少;但断裂伸长率也不宜过大,否则织物容易变形。普通纺织纤维的断裂伸长率在10%~30%比较合适。但对于工业用强力丝,则一般要求断裂强度高、断裂伸长率低,其产品不易变形。

(三)初始模量

初始模量(initial modulus)也称弹性模量或杨氏模量(Young's modulus),为纤维受拉伸而当伸长为原长的1%时所受的应力,即应力—应变曲线(或称负荷—伸长曲线)起始段直线部分的斜率,单位为N/tex,如图2-6中直线*OY*的斜率。初始模量表示试样在小负荷下变形的难易程度,反映了材料的刚性。

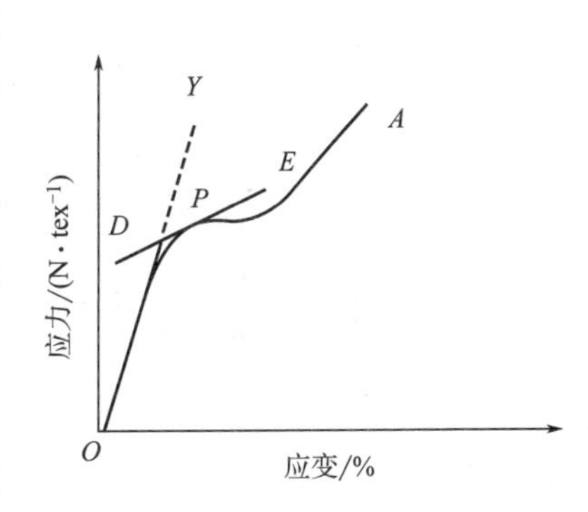

图2-6 纤维初始模量与屈服点

纤维的初始模量取决于高聚物的化学结构以及分子间相互作用力的大小。大分子柔性越强,纤维的初始模量就越小。同一种高聚物制得的纤维,取向度和结晶度越高,初始模量就越大,六大纶中涤纶的初始模量最大,织物挺括,不易起皱;而锦纶的模量小,易起皱,保形性差。

(四)屈服应力与屈服应变

在应力—应变曲线上,当曲线的坡度由较大转向较小时,表示材料对于变形的抵抗能力逐渐减弱,这一转折点称为屈服点(yield),如图2-6中的*P*点。屈服点处所对应的应力和伸长就是它的屈服应力和屈服应变。屈服点是纤维开始明显产生塑性变形的转变点。屈服应力高的纤维,不易产生塑性变形。

(五)断裂功、断裂比功和功系数

断裂功(work of rupture)是指拉断纤维时外力所做的功,也就是纤维受拉伸到断裂时所吸收的能量。如图2-7所示,断裂功就是曲线下所包含的面积(阴影部分)。目前的电子强力仪

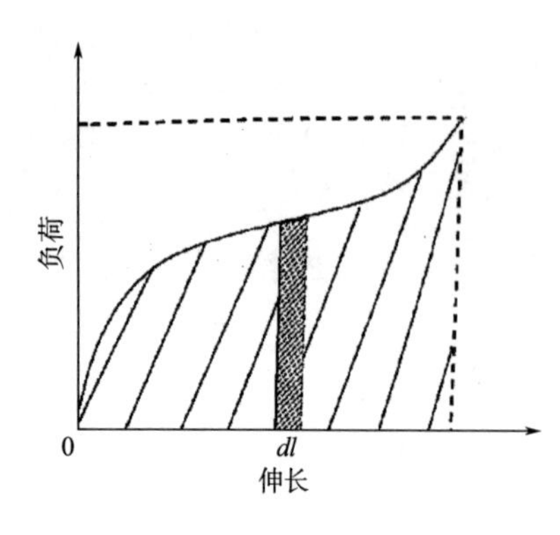

图 2-7　纤维断裂功的求法

即是根据积分原理计算出了断裂功。断裂功的大小与试样的粗细和长度有关,为了能相互比较,常采用断裂比功来比较不同粗细和长度的纤维断裂功大小。

断裂比功(specific work of rupture)是指拉断单位线密度、单位长度纤维材料所需的能量,单位常用 N/tex 来表示。

负荷—伸长曲线下面积与断裂强力和断裂伸长乘积之比称为功系数。功系数越大,外力拉伸纤维所做的功越多,表明这种材料抵抗拉伸断裂的能力越强,其制品的使用寿命也就越长。各种纤维的功系数为 0.36~0.65。

断裂功、断裂比功和功系数反映了纤维的韧性,可用来表征纤维及其制品耐冲击和耐磨的能力。其他条件不变时,断裂功或断裂比功越大,纤维的韧性及其制品的耐磨和耐冲击的能力越好。当断裂强力、断裂伸长相同时,功系数大表示拉断时外力做功大,纤维坚韧。几种常见化学纤维的拉伸指标见表 2-4。

表 2-4　几种常见化学纤维的拉伸指标

纤维品种		断裂强度/($N \cdot tex^{-1}$)		钩接强度/($N \cdot tex^{-1}$)	断裂伸长率/%		初始模量/($N \cdot tex^{-1}$)	定伸长回弹率(伸长 3%)/%
		干态	湿态		干态	湿态		
涤纶	高强低伸型	0.53~0.62	0.53~0.62	0.35~0.44	18~28	18~28	6.17~7.94	97
	普通型	0.42~0.52	0.42~0.52	0.35~0.44	30~45	30~45	4.41~6.17	
锦纶 6		0.32~0.62	0.33~0.53	0.31~0.49	25~55	27~58	0.71~2.65	100
腈纶		0.25~0.40	0.22~0.35	0.16~0.22	25~50	25~60	2.65~5.29	89~95
维纶		0.44~0.51	0.35~0.43	0.28~0.35	15~20	17~23	2.21~4.41	70~80
丙纶		0.40~0.62	0.40~0.62	0.35~0.62	30~60	30~60	1.76~4.85	96~100
氯纶		0.22~0.35	0.22~0.35	0.16~0.22	20~40	20~40	1.32~2.21	70~85
黏胶纤维		0.18~0.26	0.07~0.09	0.06~0.13	16~22	21~29	3.53~5.29	55~80
富强纤维		0.31~0.46	0.53~0.62	0.05~0.06	9~10	11~13	7.06~7.94	60~85
醋酯纤维		0.11~0.14	0.53~0.62	0.09~0.12	25~35	35~50	2.21~3.53	70~90

(六)回弹性

材料在外力作用下(拉伸或压缩)产生的形变,在外力除去后恢复原来状态的能力称为回弹性。纤维在负荷作用下所发生的形变包括三部分:普弹形变、高弹形变和塑性形变。这三种形变不是逐个依次出现而是同时发展的,只是各自的速度不同。因此,当外力撤除后,可回复的普弹形变和松弛时间较短的那一部分高弹形变(急回弹形变)将很快回缩,并留下一部分形变,即剩余形变,其中包括松弛时间长的高弹形变(缓回弹形变)和不可回复的塑性形变。剩余形变值越小,纤维的回弹性越好。

四、耐疲劳性

耐疲劳性(fatigue durability)通常是指纤维在反复负荷作用下,或在静负荷的长时间作用下引起的损伤或破坏。疲劳破坏有两种形式:一种是纤维材料在一恒定的拉伸力作用下,开始时纤维迅速拉长,然后逐步缓行,最后趋于不明显,到达一定时间后,纤维在最薄弱的地方发生断裂,称为静态疲劳;另一种是纤维经受多次加、去负荷的反复作用,塑性变形逐渐积累,纤维内部逐渐形成裂痕,最后被破坏的现象,叫动态疲劳。不同的疲劳形式,纤维将表现出不同的疲劳破坏形态,即纤维的断口形态与一次性测试失效有明显不同的特征。常采用单纤维强力仪来测定纤维的耐疲劳性。

五、耐磨性

磨损一般指材料由于机械作用从固体表面不断失去少量物质的现象,即两个固体表面接触做相对运动,伴随着摩擦引起的减量过程。影响纤维耐磨性能的因素非常复杂,首先是纤维的分子结构和微观结构。一般情况下,分子主链键能强,分子链柔性好,取向度高,结晶度适当,结晶颗粒较细较匀,纤维的玻璃化转变温度在使用温度附近时,其耐磨损性能较好。其次,外界的温湿度、试样张力以及磨料的种类、形状、硬度等都对耐磨性能有影响。纤维耐磨性的测定方法有很多,一般以纤维在耐磨试验仪器上摩擦前后的强度或质量损失程度来表征纤维耐磨性的好坏。化学纤维六大纶(涤纶、锦纶、腈纶、丙纶、维纶、氯纶)中,锦纶的耐磨性最好。

六、耐热性和热稳定性

纤维及其制品在加工过程中,要经受高温的作用(如染整、烘干),在使用过程中,也常接触到高温(如洗涤、熨烫),具有特殊要求的纤维更要受到高温的长时间处理,因此,对高温作用的稳定性是衡量材料稳定性能的重要指标之一。

耐热性(heat tolerance)表征纤维在升高温度时,其力学性能的变化,这种变化在温度降至常温时往往能够恢复(属于可恢复变化),因此也称物理耐热性。

热稳定性(thermal stability)表征纤维受热后,力学性能的不可恢复性,这种变化是将纤维加热并冷却至常温后测得的,是聚合物发生了降解或化学变化所致,因此也称化学耐热性。影响纤维对高温作用稳定性的因素包括:高聚物分子链的化学结构;大分子之间是否存在交联;分子间相互作用的强弱;纤维受热时所处的介质(是否有氧和水分存在);抗氧剂和稳定剂的性质和含量。

高聚物的化学结构是影响纤维耐热性(包括热稳定性)的主要因素之一。天然的纤维素纤维和再生的水化纤维素纤维的耐热性很好,这类纤维不是热塑性的,因而在升温时它们不会发生软化或黏结。常规化学纤维中,黏胶纤维的耐热性最好,而涤纶的热稳定性较好。高聚物分子中形成交联结构可提高纤维的耐热性,如聚乙烯醇的缩醛化。借助于加入少量抗氧剂或链裂解过程的阻滞剂,可使纤维的热裂解和热氧化裂解程度大为减小,提高纤维的稳定性,但不能提高纤维的耐热性。

七、热收缩性

热收缩(thermal shrinkage)是纤维热性能之一,受热条件下纤维形态尺寸收缩,温度降低后不可逆。纤维产生热收缩是由于纤维存在内应力,热收缩的大小用热收缩率(heat-shrinkage)表示,它是指加热后纤维缩短的长度占原长度的百分率。

根据加热介质不同,有沸水收缩率、热空气收缩率和饱和蒸汽收缩率等。对纤维进行热收缩处理,种类不同采取的热处理条件也不同,详见表 2-5。

表 2-5 不同纤维的热收缩处理条件

纤维种类	加热介质	处理时间/min
涤纶、锦纶	180℃干热空气	30
腈纶	沸水或 120℃蒸汽	30
维纶	沸水	30

用纤维热收缩测定仪测量纤维热收缩前后的长度。纤维热收缩率的大小与热处理的方式、处理温度和时间等因素有关,一般情况下,纤维的收缩在饱和蒸汽中最大,在沸水中次之,在热空气中最小。如氯纶在 100℃热空气中的收缩率达 50% 以上,维纶的沸水收缩率约为 5%,涤纶短纤维的沸水收缩率约为 1%。

八、阻燃性

纤维燃烧是纤维物质在遇到明火高温时发生快速热降解和剧烈化学反应的结果。阻燃性(flame resistance)是纤维的稳定性能指标之一,也称防燃性。描述纤维燃烧性能的指标有极限氧指数(limiting oxygen index,LOI)、着火点温度 T、燃烧时间 t、火焰温度 T_B 等。其中应用较为广泛的为极限氧指数。

极限氧指数,又称限氧指数或氧指数,可定量地区分纤维的燃烧性。所谓极限氧指数,是指试样在氧气和氮气的混合气体中,维持完全燃烧所需的最低氧气体积分数。其计算方法见式(2-1)。

$$\mathrm{LOI}=\frac{V(\mathrm{O_2})}{V(\mathrm{O_2})+V(\mathrm{N_2})}\times 100\% \tag{2-1}$$

式中:$V(\mathrm{O_2})$ 和 $V(\mathrm{N_2})$ 分别为氧气和氮气的体积。

极限氧指数越高,说明燃烧时所需氧气的浓度越高,常态下纤维越难燃烧。根据 LOI 数值的大小,可将纤维的燃烧性能分为四类,见表 2-6。部分化学纤维的极限氧指数见表 2-7。

表 2-6 根据 LOI 值对纤维燃烧性能的分类

分类	LOI/%	燃烧状态	纤维种类
不燃	≥35	常态环境及火源作用后短时间不燃烧	多数金属纤维、碳纤维、石棉、硼纤维、玻璃纤维及 PBO 纤维、氟纶、PPS 纤维

续表

分类	LOI/%	燃烧状态	纤维种类
难燃	26~34	接触火焰燃烧，离火自熄	芳纶、氯纶、酚醛纤维、改性腈纶、改性涤纶、改性丙纶等
可燃	20~26	可点燃及续燃，但燃烧速度慢	涤纶、锦纶、维纶、羊毛、蚕丝、醋酯纤维等
易燃	≤20	易点燃，燃烧速度快	丙纶、腈纶、棉、麻、黏胶纤维等

表 2-7　部分化学纤维的极限氧指数

纤维名称	LOI/%	纤维名称	LOI/%
黏胶纤维	17~19	氯纶	35~37
丙纶	19~20	涤纶	20~22
腈纶	18~20	氟纶	95
锦纶	20~22	酚醛纤维	32~34

测试燃烧性能常用的仪器是极限氧指数测试仪。要获得阻燃纤维，一种是在纺丝原液中加入阻燃剂，混合纺丝制成；另一种是由合成的难燃聚合物纺制而成。由于主要化学纤维品种都属于易燃或可燃纤维，因此耐燃烧性能的测试与研究已成为当前国内外关注的问题。

九、对化学试剂及微生物作用的稳定性

对化学试剂作用的稳定性是材料的稳定性能之一，也称耐化学性（chermical resistance）。它是纤维抵抗化学试剂作用的能力的量度。对微生物作用的稳定性是指纤维抵抗蛀虫、霉菌作用的能力，也称耐微生物性（antimicrobial resistance）。

化学纤维对化学试剂作用的稳定性主要取决于其聚合物的结构。一般碳链化学纤维比杂链化学纤维对酸碱的稳定性好，但与侧基也有关系，例如，腈纶的大分子链上有氰基，因此不耐强碱。涤纶的化学稳定性主要取决于分子结构，涤纶除耐碱性差以外，耐其他化学试剂性能均比较优良，且耐微生物作用，不受虫蛀、霉菌等作用；锦纶耐碱性、耐还原剂作用的性能很好，但耐酸性和耐氧化剂作用性能比较差。锦纶耐微生物作用的性能较好，在淤泥水或碱中，耐微生物作用的能力仅次于氯纶，但有油剂或上浆剂的锦纶，耐微生物作用的能力降低；腈纶耐酸碱性好，35% 盐酸、65% 硫酸、45% 硝酸对其强度无影响，在 50% 苛性钠和 28% 氨水中，其强度几乎不下降。腈纶的耐虫蛀、耐霉菌性能好。

十、耐光性和对大气作用的稳定性

对日光和大气作用的稳定性是纤维的稳定性指标之一，也称耐候性（weather resistance）。

耐光性（light fastness）是指纤维受光照后其力学性能保持不变的性能。对大气作用的稳定性是指纤维受光照射及空气中氧气、热和水分的长时间作用后，不发生降解或光氧化，不产生色

泽变化的性能。

化学纤维的耐光性与纤维分子链节的组成、主链键和交联键的形成、分子的振动能量和转换、纤维的聚集态结构、光辐射强度及照射时间和波长有关。

在化学纤维中,腈纶的耐光性和对大气作用的稳定性最好,因为在腈纶的大分子中有氰基,能吸收紫外线并把光能转化为热能,可有效地保持分子化学结构的完整性和分子间结构的稳定,保护聚合物不受破坏;锦纶的耐光性和对大气作用的稳定性差,其裂解过程是一个氧化反应过程,锦纶分子上的酰胺键具有促进氧化的作用,其裂解速度随氧浓度的增大和温度的升高而增大。如果在锦纶的分子中引入氰基,抑制高聚物的化学裂解过程,就可使纤维的耐光性显著改善。表 2-8 是几种常用纤维日晒后的强力损失率,纤维耐光性的排序大致为黏胶纤维>腈纶>涤纶>锦纶。

表 2-8　几种常用纤维日晒后强力损失率

纤维名称	日晒时间/h	强力损失/%
黏胶纤维	900	50
腈纶	800	10~25
锦纶	200	36
涤纶	600	60

十一、染色性

纤维的染色性(dyeability)与三方面的因素有关:染色亲和力、染色速度及纤维—着色剂的性质。染料与纤维的结合可通过离子键、氢键、偶极的相互作用,对于活性染料的染色,还有共价键的相互作用。纤维的分子结构和超分子结构对纤维与染料的亲和力有很大影响,采用适当的共聚、共混等改性方法可改进染色性,既可增大无序程度和可及性,又可引入亲染料的基团。

染料从溶液中进入纤维是一个打散过程,它取决于染浴中的染料向纤维表面扩散、染料被纤维表面吸附以及染料从纤维表面向纤维内部扩散的程度。纤维—染料复合体的稳定性是决定染色牢度的结构因素,各种染色牢度主要与纤维—染料复合体的性质有关。染色均匀性是化纤长丝的重要质量指标。

十二、导电性

在电场作用下,电荷在纤维材料中定向移动而产生电流的特征称为纤维材料的导电性(electric conductivity)。材料的导电性可用电导率、电阻率(电导率的倒数)、体积比电阻、质量比电阻等来表示。电导率越大,则电阻率越小,材料的导电性能越强。

对于纤维材料来说,由于截面的面积不易测量,用体积比电阻不如用质量比电阻方便,所以在实际应用中,经常用质量比电阻来表征纤维材料的导电性能,其数值越大,纤维的导电性能越差。纤维的质量比电阻值通常用 YG321 型纤维比电阻仪测定。表 2-9 为几种常用化学纤维的质量比电阻。

表 2-9　几种常用化学纤维的质量比电阻

纤维种类	质量比电阻/($\Omega \cdot g^{-1} \cdot cm^{-2}$)
黏胶纤维	107
涤纶、锦纶(去油)	1013~1014
腈纶(去油)	1012~1013

十三、导热性

纤维的导热性(thermal conductivity)用导热系数 λ 表示,导热系数也称热导率,它表示材料在一定温度梯度条件下,热能通过物质本身扩散的速度,单位为 W/(m · K)。λ 值越小,表示材料的导热性越差,保暖性或其热绝缘性越好。表 2-10 是几种纺织材料及空气和水的导热系数。

表 2-10　几种纺织材料及空气和水的导热系数(在 20℃条件下测量)

材料	λ/[W · (m · K)$^{-1}$]	材料	λ/[W · (m · K)$^{-1}$]
棉	0.071~0.073	涤纶	0.084
羊毛	0.052~0.055	腈纶	0.051
蚕丝	0.050~0.055	丙纶	0.221~0.302
黏胶纤维	0.055~0.071	氯纶	0.042
醋酯纤维	0.050	空气	0.026
锦纶	0.244~0.337	水	0.697

由表 2-10 可知,水的导热系数最大,静止空气的导热系数最小,所以空气是最好的热绝缘体。因此,纺织品的保暖性主要取决于纤维间保持的静止空气和水分的数量,即静止空气越多,保暖性就越好,水分越多,保暖性就越差。此外,温度不同,纤维的导热系数也不同,温度高时,导热系数稍大。

十四、卷曲度

通常采用单位长度纤维上的卷曲数来表示卷曲度(crimp degree)。一般供棉纺用的化学纤维要求高卷曲度(4~5.5 个/cm),供精梳毛纺的化学纤维及制膨体毛条的长纤维要求中卷曲度(3.5~5 个/cm)。为了全面表征化学纤维的卷曲度,可采用下列指标。

1. 卷曲数 J_n

卷曲数是表示卷曲多少的指标,指单位长度(10mm 或 25mm)内纤维的卷曲个数,其公式见式(2-2):

$$J_n = \frac{J_a}{2L_0} \times 25 \text{ 或 } J_n = \frac{J_a}{2L_0} \times 10 \quad (2-2)$$

式中:J_n 为纤维卷曲数;J_a 为纤维在 25mm 内全部卷曲的波峰数和波谷数;L_0 为纤维在轻负荷下测得的长度(mm)。

卷曲数太少,纤维难以承受多道工序的牵伸,纤维易伸直,粘卷严重,可纺性不好;卷曲数过高,则不利于纤维开松和牵伸的顺利进行,影响成纱质量。

2. 卷曲率 J

卷曲率表示卷曲程度,其计算公式见式(2-3)。卷曲率越大,表示卷曲波纹越深,卷曲数多的卷曲率也大。一般化学纤维的卷曲率为10%~15%。

$$J = \frac{L_1 - L_0}{L_1} \times 100\% \tag{2-3}$$

式中:L_1 为纤维在重负荷下测得的长度(mm)。

3. 卷曲回复率 J_w

卷曲回复率表示卷曲的牢度,其计算公式见式(2-4)。卷曲回复率越小,表示回缩后剩余的波纹越深,波纹不易消失,卷曲耐久。一般化学纤维的卷曲回复率在10%左右。

$$J_w = \frac{L_1 - L_2}{L_1} \times 100\% \tag{2-4}$$

式中:L_2 为纤维在重负荷下保持30s后卸载,回复2min,再在轻负荷下测得的长度(mm)。

思考题

1. 简述化学纤维的分类及主要品种。
2. 什么是成纤聚合物?它应具备哪些基本性质?
3. 试写出纺织品的一般加工工艺流程。
4. 何为熔融纺丝?何为溶液纺丝?两者的区别是什么?
5. 化学纤维后加工有哪些主要工序?各工序的加工目的是什么?
6. 纤维的初始模量有什么物理意义?与纤维的性能有什么关系?

参考文献

[1]李光. 高分子材料加工工艺学[M].3版. 北京:中国纺织出版社有限公司,2020.
[2]闫承花,王利娜. 化学纤维生产工艺学[M].上海:东华大学出版社,2018.
[3]肖长发,尹翠玉. 化学纤维概论[M].3版. 北京:中国纺织出版社,2015.
[4]祖立武. 化学纤维成型工艺学[M].哈尔滨:哈尔滨工业大学出版社,2014.
[5]王琛,严玉蓉. 聚合物改性方法与技术[M].北京:中国纺织出版社有限公司,2020.

第三章　聚酯纤维

本章知识点

1. 掌握聚酯纤维的定义及范畴。
2. 熟悉对苯二甲酸乙二酯的三种制备方法，掌握相关的化学反应式。
3. 掌握聚酯切片进行干燥的目的和要求。
4. 掌握熔融纺丝纤维成形的原理、工艺及其控制。
5. 掌握聚酯纤维按照纺丝速度的高低的分类方法？
6. 熟悉聚酯纤维后加工的目的、原理、工艺及控制条件。

第一节　概述

聚酯纤维是由大分子链中的各链节通过酯基相连的成纤聚合物纺制的纤维。它是一大类纤维。聚对苯二甲酸乙二酯(polyethylene terephthalate,PET)纤维是产量最大的聚酯纤维。除PET纤维外,还有高伸缩弹性的聚对苯二甲酸丁二酯(polybutylene therephthalate,PBT)纤维及聚对苯二甲酸丙二酯(polytrimethylene terephthalate,PTT)纤维,具有超高强度、高模量的全芳香族聚酯纤维等。一般“聚酯纤维”特指聚对苯二甲酸乙二酯纤维。我国将聚对苯二甲酸乙二酯含量大于85%以上的纤维称为涤纶。国外的商品名称很多,如美国的达克纶(Dacron)、日本的特托纶(Tetoron)、英国的特恩卡(Ter-lenka)等。

1894年,沃尔兰德(Vorlander)用丁二酰氯和乙二醇制得低相对分子质量的聚酯;1941年,英国的温菲尔德(Whinfield)和迪克松(Dickson)用对苯二甲酸二甲酯(DMT)和乙二醇(EG)合成了聚对苯二甲酸乙二酯;1953年,美国首先建厂生产聚对苯二甲酸乙二酯纤维。

涤纶具有断裂强度高、弹性模量高、回弹性适中、热定型优异等优点,但它也有染色性差、吸湿性低、易积聚静电荷和织物易起球等缺点。例如,将其用作轮胎帘子线时,与橡胶的黏结性差。为了克服聚酯纤维的缺点,1980年以来,人类不断开发聚酯纤维改性品种,生产出了具有良好舒适性和独特风格的差别化及功能化聚酯纤维。

聚酯短纤维可纯纺,也可与其他纤维混纺,如与棉、麻、羊毛、黏胶纤维、腈纶等混纺;聚酯加捻长丝(DT)主要用于织造各种仿真丝绸织物;聚酯变形纱(主要是低弹丝DTY)与普通长丝不同之处是高蓬松、大卷曲度、毛型感强、柔软,且具有高度的弹性伸长率(达400%),适于织造仿毛呢、哔叽等西装、外衣、沙发面料等;聚酯空气变形纱(ATY)和网络丝的抱合性、平滑性良好,可以筒丝形式直接用于喷水织机,适合织造仿真丝绸及薄型织物,也可织造中厚型织物。

聚酯纤维是合成纤维中的第一大品种,我国先后在上海金山、辽宁辽阳、天津、江苏仪征、广东佛山、福建厦门等地建成了大中型涤纶生产基地。随着大型化、连续化、高速化和自动化工艺技术的采用,聚酯纤维不断改性,我国聚酯纤维工业前景广阔。

第二节　聚酯纤维原料

一、聚对苯二甲酸乙二酯的制备方法

作为聚酯纤维的原料,聚对苯二甲酸乙二酯(PET)的制备首先必须从单体制备开始。早期,对苯二甲酸(PTA)或对苯二甲酸二甲酯(DMT)从煤开始,经炼焦、分离等一系列过程而制得。但随着石油化学工业的发展,对苯二甲酸的生产早已改为石油路线为主。由图3-1可知,PET工艺路线有间接法(酯交换法,又称DMT法)、直接酯化法(PTA法)和环氧乙烷直接加成法(EO法)。

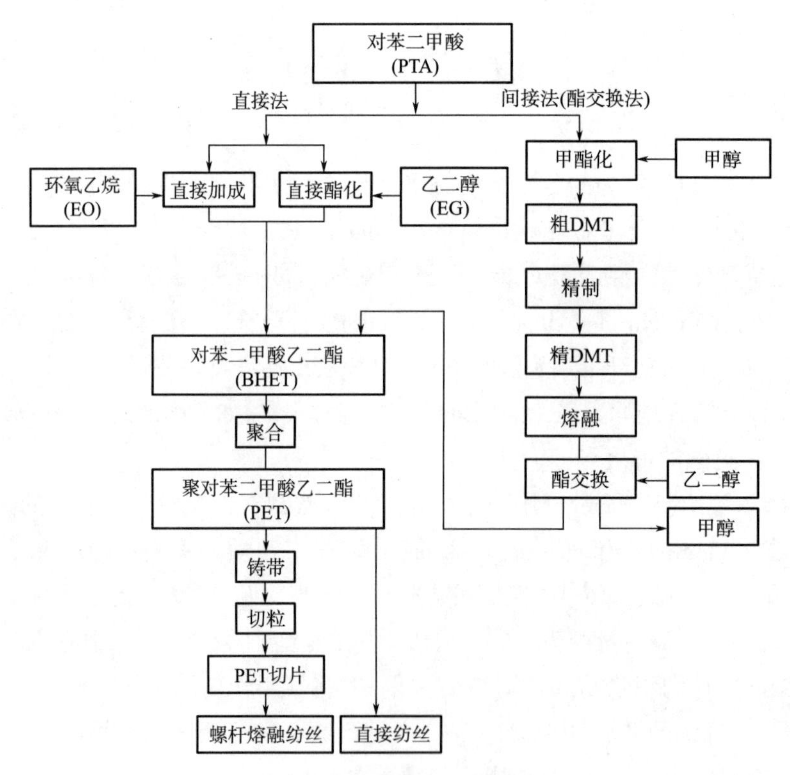

图3-1　PET生产工艺路线

在工业生产中PET的制备是以对苯二甲酸乙二酯(BHET)为原料,经缩聚反应脱除乙二醇

来实现的。其反应式如下：

$$nHOCH_2CH_2OOC-C_6H_4-COOHCH_2CH_2OH \rightleftharpoons$$

$$HOCH_2CH_2OOC-C_6H_4-CO\left[OCH_2CH_2OOC-C_6H_4-CO\right]_{n-1}OCH_2CH_2OH+(n-1)HOCH_2CH_2OH$$

(一)酯交换法(DMT 法)

DMT 法的酯交换反应是在催化剂(锰、锌、钴、镁等的醋酸盐)存在下，在 150～220℃ 进行的均相反应。乙二醇与对苯二甲酸中的甲氧基($—OCH_3$)进行交换，生成对苯二甲酸乙二酯(BHET)，被取代的甲氧基和乙二醇中的氢结合生成甲醇，其反应式如下：

$$COOCH_3-C_6H_4-COOCH_3+2HOCH_2CH_2OH \rightleftharpoons$$

$$HOCH_2CH_2OOC-C_6H_4-COOCH_2CH_2OH+2CH_3OH$$

上述反应本质上相似于酯化反应或皂解反应，是一个可逆平衡反应。为使正反应程度尽量完全，生产上通常采用增加反应物浓度和减小生成物浓度两种方法。因此，在酯交换反应的配比中加入过量的乙二醇，一般 DMT 与 EG 的物质的量之比为 1∶(2.0～2.5)；或者把所生成的甲醇从体系中排除，从而抑制逆反应。生产中为了增加对苯二甲酸乙二酯的收率，通常同时采用以上两种方法。

在上述酯交换反应过程中，伴随着主反应可发生许多副反应。例如，生成低聚物，它们可能是二聚体、三聚体或四聚体，利用其熔点不同，可将这些低聚体分离；生成对苯二甲酸甲乙酯(缩聚反应的链转移剂)，会使 BHET 缩聚反应终止，致使 PET 的聚合度下降；生成环状低聚物，会影响 BHET 的缩聚反应，使 PET 相对分子质量下降，熔点波动；生成二甘醇，使 PET 熔点下降，切片颜色发黄，树脂质量下降，纺丝困难；生成乙醛(缩聚反应的链终止剂)，使 PET 相对分子质量下降，而醛类又是发色基团，会使切片颜色变黄。

酯交换法具体又可分为间歇式酯交换法和连续式酯交换法。

1. 间歇式酯交换法

在 PET 纤维生产初期，由于间歇式酯交换生产操作简单，对于改性 PET 或变换生产品种较为方便，故基本上都采用间歇式进行酯交换。待酯交换反应结束后，再将反应生成物对苯二甲酸乙二酯转入缩聚釜中进行缩聚反应。间歇式酯交换一般是与间歇缩聚相配套，工艺流程比较简单，主机只有一台酯交换釜和一台缩聚釜，具体工艺流程如图 3-2 所示。

在间歇式酯交换缩聚中，原料对苯二甲酸二甲酯、乙二醇以及配制好的催化剂等经计量后加入酯交换釜，然后升温到 200℃，酯交换反应生成的甲醇经酯交换釜上部的蒸馏塔馏出(称甲醇相阶段)，当甲醇馏出量达到理论生成量(按理论计算，每吨 DMT 生成甲醇约 417 L)的 90% 时，认为酯交换反应结束。酯交换反应通常在常压下进行。酯交换结束后，加入缩聚催化剂二氧化锑和热稳定剂亚磷酸三苯酯，可直接将物料放入缩聚釜中进行缩聚反应，也可在酯交换结束后，物料继续升温，蒸出多余的乙二醇，并进行初期缩聚反应(称乙二醇相阶段)，反应程度根据蒸出的乙二醇量来确定。酯交换过程蒸出的甲醇或乙二醇蒸气，先后经蒸馏塔和冷凝器冷

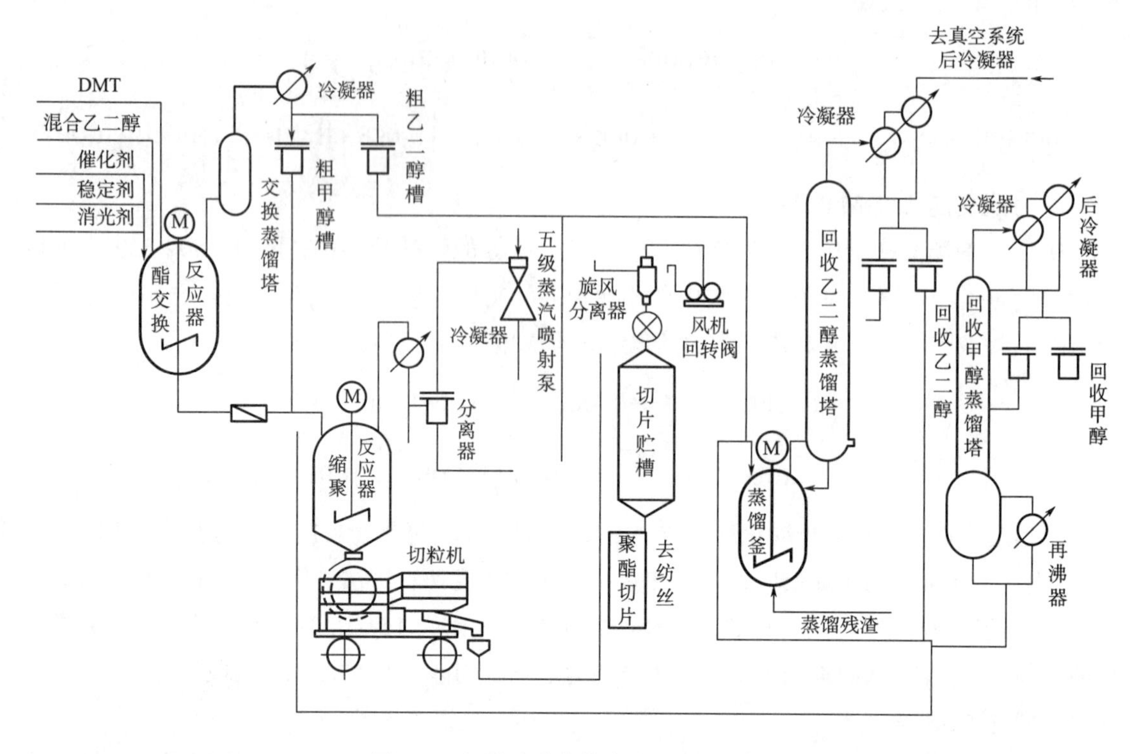

图 3-2　间歇式酯交换缩聚工艺流程图

凝，收集的粗甲醇、粗乙二醇蒸馏提纯后回收再用。

2. 连续式酯交换法

连续式酯交换反应中，进料和出料同时进行，物料在连续流动和搅拌过程中完成酯交换反应。连续式酯交换装置有多种形式，如多个带搅拌的立式反应釜串联式，多个带搅拌的卧式反应釜串联式和多层泡罩式，但这些装置都是根据反应物浓度的变化分成几个反应器串联而成的。

图 3-3 是 3 个立式反应釜串联装置的连续式酯交换流程。DMT 由甲酯化工段送来，与乙二醇分别被预热到 190℃，在常压下与催化剂一起定量连续加入第一酯交换釜，进行酯交换反应，酯交换率为 70%。并利用物料位差，连续流经第二、第三酯交换釜，继续进行反应（酯交换率分别提高到 91. 3%和 97. 8%）。然后送 BHET 储槽，在槽内最终完成酯交换反应过程（酯交换率>99%），并被连续定量地抽出，进行缩聚。

连续式酯交换工艺除了要控制好酯交换率外，还需严格控制反应物料的配比（摩尔比）、反应温度和反应时间。物料配比通常为 DMT ∶ EG=1 ∶ 2. 15 左右。由于连续酯交换时有低聚物生成，反应釜内总有一定量乙二醇，因此在配料时 EG 的用量比间歇酯交换时的用量小。反应温度按反应釜顺序依次升高，分别为 190℃、210℃、215℃，BHET 储槽的温度提高到 215℃。升高温度有利于加快最终反应的完成。物料在每个反应釜内平均停留时间为 2～3h，在 BHET 储槽内平均停留时间为 1. 5h，总反应时间为 8～10h，各釜（槽）内均为常压。

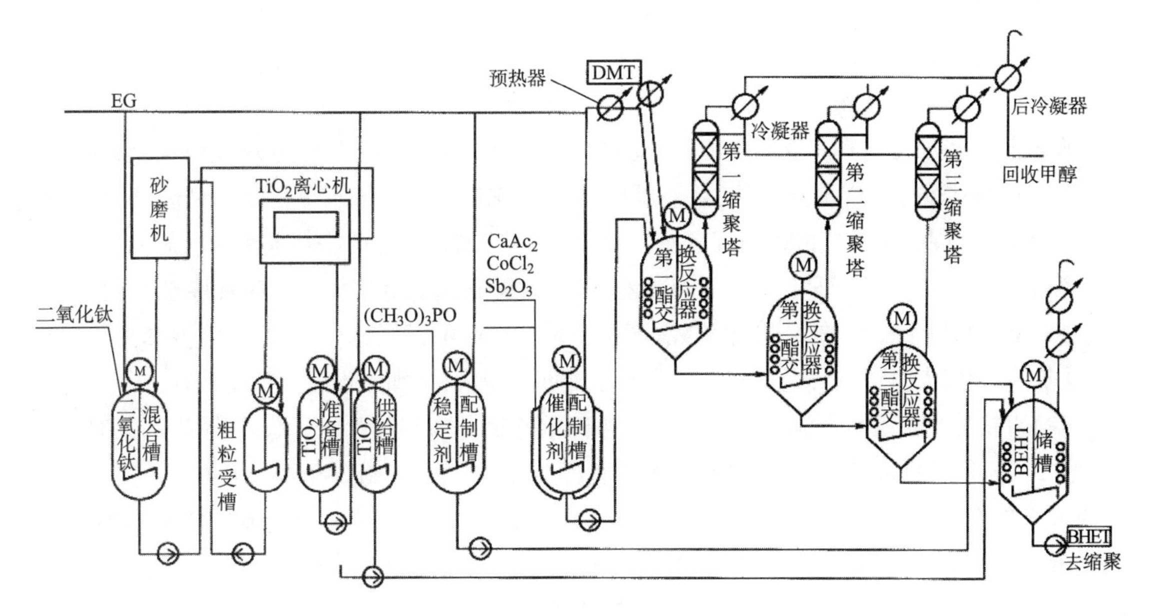

图 3-3 连续式酯交换流程图

就酯交换反应过程而言,连续式和间歇式无本质差异,它们所要求的反应工艺条件也大体一致,只是间歇式反应过程随反应时间而变化,而连续式的反应过程则随体系中质点空间位置而变化。

(二)直接酯化法(PTA 法)

直接酯化法为对苯二甲酸(PTA)与乙二醇直接进行酯化反应,一步法制得对苯二甲酸乙二酯。由于 PTA 在常态下为无色针状结晶或无定形粉末,其熔点(425℃)高于升华温度(300℃),而乙二醇的沸点(197℃)又低于 PTA 的升华温度,因此直接酯化体系为固相 PTA 与液相乙二醇共存的多相体系,酯化反应只发生在已溶解 PTA 和乙二醇之间,溶液中反应消耗的 PTA 由随后溶解的 PTA 补充。其反应式如下:

$$HOOC-C_6H_4-COOH + 2HOCH_2CH_2OH \underset{K''}{\overset{K'}{\rightleftharpoons}}$$

$$HOCH_2CH_2OOC-C_6H_4-COOCH_2CH_2OH + 2H_2O + 4.187kJ/mol$$

由于 PTA 在乙二醇中的溶解度不大,所以在 PTA 全部溶解前,体系中的液相为 PTA 的饱和溶液,故酯化反应速率与 PTA 浓度无关,平衡向生成 BHET 方向进行,此时酯化反应为零级反应。

直接酯化反应为吸热反应,但热效应较小,为 4.187kJ/mol。因此升高温度,反应速率略有增加。与酯交换法一样,直接酯化法也有两种:一种为间歇式,另一种为连续式。目前工业生产多用连续式。

(三)直接加成法(EO 法)

乙二醇是由环氧乙烷制成的,由环氧乙烷与 PTA 直接合成 BHET 的方法称为直接加成法。

其反应过程如下：

$$HOOC-C_6H_4-COOH + H_2C\overset{O}{—}CH_2 \longrightarrow HOCH_2CH_2OOC-C_6H_4-COOCH_2CH_2OH$$

此法较直接酯化法具有成本更低、反应更快的优点。但因 EO 易于开环生成聚醚，反应热大（约为 100kJ/mol），EO 易热分解，且该反应产物 BHET 的双分子缩合物是一种胶状物，会影响精制与过滤，因而必须严格控制反应条件，减少副反应的发生。此法目前尚未大规模采用。

综上所述，BHET 的三种生产工艺酯交换法、直接酯化法和直接加成法各有特点。

（1）酯交换法。历史悠久，技术成熟，产品质量好且稳定，目前仍广泛采用。但其工艺过程长、设备多、投资大，且需要大量甲醇，甲醇和乙醇回收量大，增加了设备和能量消耗。

（2）直接酯化法。生产流程短，投资少，生产效率高，生产过程无须使用甲醇，乙二醇的耗用量少，可简化回收过程和设备，并能减少环境污染，特别适合于制造高聚合度 PET。直接酯化法的缺点是 PTA 和乙二醇在多相体系中反应，反应不易均匀，容易生成较多二甘醇，影响 PET 的质量。近年来，研究开发的中纯度 PTA 与乙二醇酯化制取 BHET 的工艺方法，省去了 PTA 的精制，缩短了生产过程，大大降低了生产成本，经济效益显著。

（3）直接加成法。此法在理论上最为合理，因为上述两种方法所用原料乙二醇均由环氧乙烷加水合成。直接加成法的优点是生产过程短，原料低廉，产品纯度高。但由于环氧乙烷沸点低（10.7℃），常温下为气体，容易着火、爆炸，贮存和使用都不方便，因而目前采用此法的不多。

二、聚对苯二甲酸乙二酯的生产工艺流程

通过酯交换反应制备 BHET 之后，进行 BHET 的缩聚反应，制成成纤 PET。在此过程中对苯二甲酸乙二酯分子间彼此多次缩合，不断释出乙二醇。单体很快消失而转变成各种不同聚合度的缩聚物，产物的聚合度随时间延长而逐渐增加。缩聚反应是可逆平衡的逐步反应，反应式如下：

$$\text{BHET+BHET} \rightleftharpoons \text{二聚体+EG}$$
$$\text{BHET+二聚体} \rightleftharpoons \text{三聚体+EG}$$
$$\text{BHET+三聚体} \rightleftharpoons \text{四聚体+EG}$$
$$\text{二聚体+四聚体} \rightleftharpoons \text{六聚体+EG}$$

除 BHET 分子的羟乙基酯和聚合体分子的羟乙基酯反应外，羟乙基酯还可相互进行缩合反应，其通式如下：

$$H\left[OCH_2CH_2OOC-C_6H_4-CO\right]_m OCH_2CH_2OH + H\left[OCH_2CH_2OOC-C_6H_4-CO\right]_{n-m} OCH_2CH_2OH \rightleftharpoons H\left[OCH_2CH_2OOC-C_6H_4-CO\right]_n OCH_2CH_2OH + HOCH_2CH_2OH$$

PET 生产可采用间歇法缩聚和连续法缩聚。

（一）间歇法缩聚工艺

1. 工艺流程

间歇法缩聚通常与间歇法酯交换流程相配合（图 3-2）。在间歇酯交换生成的 BHET 中加

入缩聚催化剂和热稳定剂，并经高温（230～240℃）常压蒸出乙二醇（实际是常压缩聚）后，用 N_2 气压送入缩聚釜进行缩聚反应。

物料在缩聚釜内的反应分两阶段控制，前段是低真空（余压约 5.3kPa）缩聚，后段是高真空（余压小于 6.6kPa）缩聚。两段反应的温度均需严格控制，通常前段为 250～260℃，后段为 270～280℃。当缩聚釜内搅拌器电流增至一定数值（表示反应物料的表观黏度达到一定值），或经取样测定聚合物特性黏数达到一定值（通常为 0.64～0.66dL/g）时，即可打开缩聚釜出料，熔体经铸带头铸条、冷却后由切粒机切成一定规格的 PET 粒子，即切片，供纺丝用。

2. 主要工艺参数

（1）反应温度。从化学平衡考虑，缩聚是放热反应，升高温度使反应平衡常数略降，对提高 PET 的平均聚合度（$\overline{DP}$）不利，但在一定温度范围内升高温度能降低物料的表观黏度，易于排除体系中的乙二醇，有利于提高 $\overline{DP}$。根据反应动力学原理，升高温度使链增长的反应速率加快，但大分子链热降解的反应速率随温度升高而加快的速度更大，使所得 PET 的 $\overline{DP}$ 最大值变小。

从副反应考虑，温度过高，除了使大分子裂解反应加速外，还可生成环状低聚物以及使端羧基、端醛基、乙二醇醚等反应加快，使最终产物 PET 的熔点降低，色泽变黄，可纺性变差。

综上所述，随着反应温度升高，PET 的 $\overline{DP}$ 达到最大值的时间缩短，但所得 $\overline{DP}$ 数值变小，产物杂质含量增加。温度过低，不仅缩聚反应速率变慢，且体系中乙二醇的排除也会变困难，不能获得高相对分子质量的 PET。故通常控制缩聚温度在低真空阶段为 250～260℃，高真空阶段为 270～280℃。

（2）反应真空度。缩聚真空度直接影响生成物的相对分子质量。BHET 缩聚反应的平衡体系中，必须抽真空将缩聚体系中生成的乙二醇不断排除。真空度越高，残存的乙二醇越少，PET 的 $\overline{DP}$ 值越高。若缩聚过程真空度达不到规定值，则缩聚时间再长，相对分子质量也不会提高，且会使色泽泛黄。缩聚反应初期，物料黏度低，乙二醇排出量也多，这时真空度不必过高（通常余压 5.3kPa）；反应后期，反应体系的黏度很大，乙二醇生成量少，难以排出，故要求体系真空度高（余压小于 6.6Pa）。

（3）催化剂及稳定剂。BHET 缩聚通常用金属催化剂，其催化活性与金属离子和 BHET 羰基氧的配位能力有关。目前，普遍使用的是 Sb_2O_3，用量是 DMT 质量（酯交换法）的 0.03%～0.04%，与酯交换时加入的酯交换反应催化剂，如锰、钴、锌的醋酸盐同时起催化缩聚作用。为提高 PET 的热稳定性，减少热降解，改善制品的色泽，在缩聚过程中常加入热稳定剂亚磷酸三苯酯，用量为 DMT 质量的 0.015%～0.03%。

（4）反应时间。缩聚反应的时间与真空度、温度和催化剂有关，当这些因素不变时，主要取决于聚合物相对分子质量的大小。在缩聚过程中，聚合物熔点、熔体黏度随反应时间增加而不断升高，搅拌电动机功率也逐渐增加，但达到一定时间后黏度不再增加，此时搅拌功率达到极大值，即为缩聚终点，此时应及时出料，否则黏度会因热降解而下降。一般缩聚反应时间为 4～6h。出料时间应尽可能缩短，以免釜内高聚物熔体受热时间过长而使相对分子质量下降。

(二)连续法缩聚工艺

连续法与间歇法相比,在产品质量和成本方面均有优越之处。间歇法生产 PET 因熔体停留时间不一致,聚合度不均匀,熔融后纺丝易发生热降解。而连续法可避免聚合物热降解,因为连续缩聚是物料在连续流动过程中完成缩聚反应的,而且物料的性质和状态随反应进行的程度而连续变化,所以连续缩聚易获得高相对分子质量的 PET,可用于生产轮胎帘子线及其他工业用纤维。连续法缩聚工艺生产率较高,产品成本低,且产品质量均匀、稳定,有利于生产过程的自动控制。但由于连续生产规模大,不易更换品种,而且需用反馈控制装置等,因此连续法生产投资较高。

1. 工艺流程

在实际生产中,连续法缩聚工艺流程因设备选型以及缩聚分段方法和相互衔接方式等不同,差异很大,但各连续缩聚流程都有其共同特点。

物料在连续进料和出料的流动过程中完成缩聚反应,物料的输送根据其性质和状态可采用位差或机械泵等方法。进入缩聚工序的物料酯交换率要求大于 99%,随着缩聚反应的进行,物料的性质和状态发生连续变化,需分段进行工艺控制,采用多个反应器串联设备。生产通常分三段进行,在初期缩聚阶段,由于物料黏度小,可用釜式、塔式等设备,而且设备容量可比后缩聚设备大些。但需注意,后缩聚必须独立出来,以适应高黏度、高真空的要求。图 3-4 为连续缩聚装置与连续酯交换相衔接,物料在该装置内进行脱乙二醇、预缩聚、前缩聚和后缩聚。

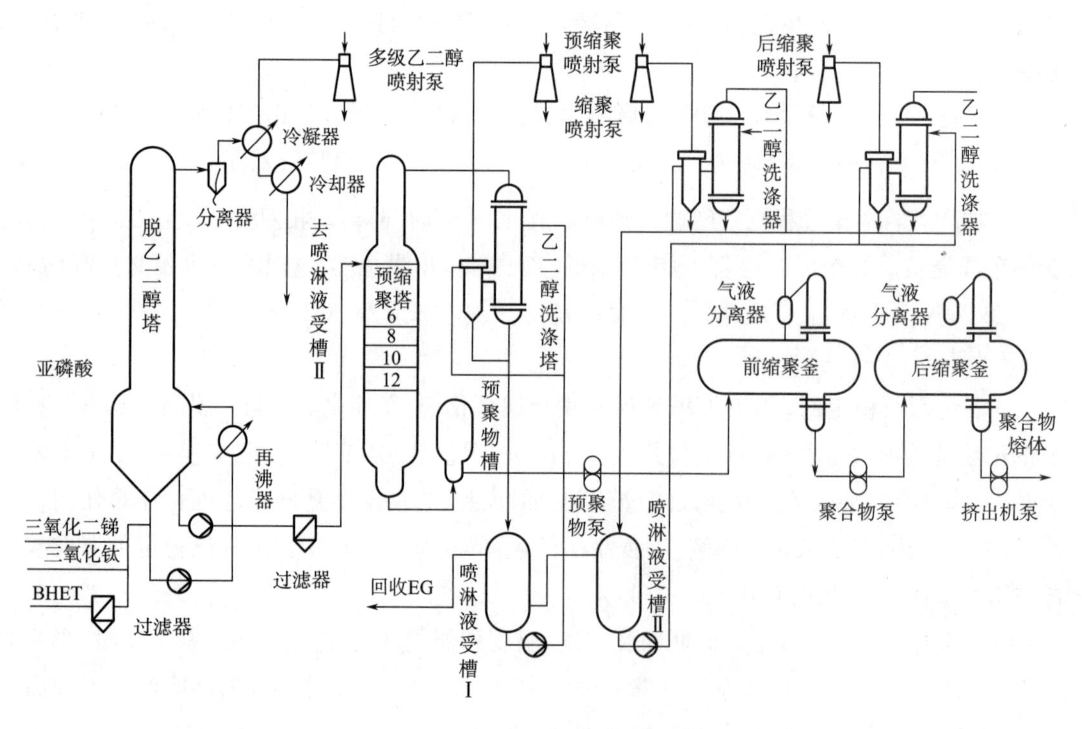

图 3-4 连续法缩聚工艺流程图

图 3-4 中,从脱乙二醇塔至后缩聚釜出料,均用机械泵强制输送。各反应器均用多级蒸气

喷射泵抽真空。脱乙二醇塔抽出的乙二醇蒸气由两个串联的冷凝器回收，其余反应器抽出的乙二醇蒸气分别由相应的乙二醇洗涤塔喷淋冷凝。

2. 主要工艺参数

连续缩聚过程和间歇缩聚一样，也需严格控制反应温度、真空度、反应时间、催化剂和稳定剂的种类和数量等。但连续缩聚的进行方式不同于间歇缩聚，它的工艺通常是根据物料性质和状态分三段控制。

(1)乙二醇的脱除。由酯交换或直接酯化工段制得 BHET 过程中过量的乙二醇，以及在脱乙二醇塔(或釜)内 BHET 生成低聚物时释放出的乙二醇，被大量蒸发除去。乙二醇脱除塔内物料黏度较低，余压 20kPa 即可，反应温度通常控制在 235~250℃。

(2)预缩聚和(或)前缩聚。此为缩聚反应进行的主要阶段，乙二醇逸出量比前段相应减少，物料的表观黏度增大，乙二醇不易逸出。因此要升高温度，提高真空度和加强物料翻动或形成薄的料层，以促使乙二醇蒸发，加速缩聚反应。通常控制预缩聚时间为 1~1.5h，温度为 273~280℃，余压小于 6.6kPa；前缩聚时间为 1.5~3h，温度为 275~282℃，余压小于 400kPa。不同的装置流程，其控制也不尽相同，有些装置有前缩聚但无预缩聚，有些装置既有预缩聚，又有前缩聚。

(3)后缩聚。此为最终完成缩聚反应的阶段，此时物料黏度高，乙二醇气泡难以形成和排除，故要求真空度很高。通常控制温度为 275~285℃，余压为 100~300Pa，物料平均停留 1.5~5h。

(三)典型的工艺流程和装置简介

一些世界知名企业根据自己的经验和研究成果，设计了不同的工艺流程和装置，其中最有代表性的是美国杜邦公司的杜邦工艺和瑞士伊文达公司的伊文达工艺。

1. 杜邦工艺

杜邦公司采用三釜连续流程，即酯化反应釜、预缩聚反应釜和终缩聚反应釜串联工艺。该工艺流程短、反应时间短、效率高，对反应条件和设备装置提出了很高的要求。

三釜连续流程中，物料连续从一个釜到另一个釜，生产线上每个点的物料不堆积，温度、压力、特性黏数都不能随时间变化而变化。因此，需严格控制前后反应釜的参数，包括温度、压力、物料流量，特别是调整某个位置的工艺参数时，其他地方需要联动，否则会发生物料堆积、停留时间不匀等现象。杜邦公司采用了先进的集散型数据控制系统(DCS)。DCS 能远程操控各个仪器的参数，一是具备替代人员到现场查看的功能，能安全操作；二是能快速纵观全局，对整个系统的每个环节快速排查，大大提高效率。

2. 伊文达工艺

伊文达公司采用五釜流程生产 PET，以精对苯二甲酸(PTA)和乙二醇为原料直接聚合成 PET。整个反应体系采用五个釜：第一酯化釜、第二酯化釜、第一缩聚釜、第二缩聚釜和终缩聚釜。每个反应釜之间串联，物料连续流动。由于酯化反应和预缩聚都采用两个反应釜，能够更加精准控制反应进程，使反应平缓进行，有效控制副反应，提高产品质量。但是物料从进入第一酯化釜到出料，总共经历 10 h，反应效率没有三釜流程高，单位产品的能耗比三釜流程高。同样，需要严格控制反应釜的温度、压力和反应时间。

五釜反应流程中，第一酯化釜、第二酯化釜和第一预缩聚釜中，都有大量未反应的乙二醇单体，也有生成的水蒸气，还有低聚物和齐聚物，需要分离，从第一缩聚釜开始采用抽真空的方式将能够汽化的小分子除去，再利用它们之间沸点不同，逐一冷却回流。

终缩聚反应决定了 PET 产品的最终质量指标，严格控制熔体的停留时间是整个工艺的关键，且五釜流程与三釜流程不同，采用盘式搅拌器。

我国 1980 年开始引进美国杜邦、瑞士伊文达、德国吉玛三家公司的工艺技术，到 20 世纪 90 年代末，研发了我国自主知识产权的聚酯生产技术。

三、聚对苯二甲酸乙二酯的结构与性能

(一) 分子结构

聚对苯二甲酸乙二酯的化学结构式如下：

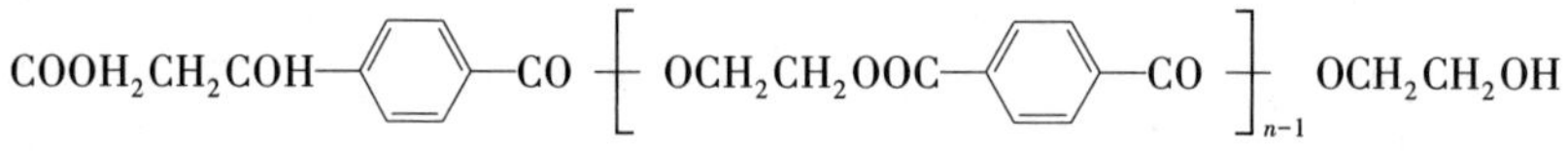

$$COOH_2CH_2COH-C_6H_4-CO\left[OCH_2CH_2OOC-C_6H_4-CO\right]_{n-1}OCH_2CH_2OH$$

PET 是具有对称性芳环结构的线型大分子，没有大的支链，因此分子线型好，易于沿着纤维拉伸方向取向而平行排列；PET 分子链中的 $C_6H_5-\overset{O}{\overset{\|}{C}}-O-$ 基团刚性较大，因此纯净的 PET 熔点较高（约 267℃）；由于分子内链的内旋转，故分子存在两种空间构象。

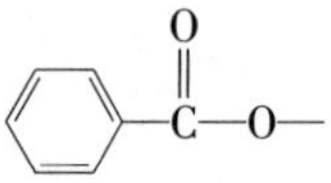

无定形 PET 为顺式构象：

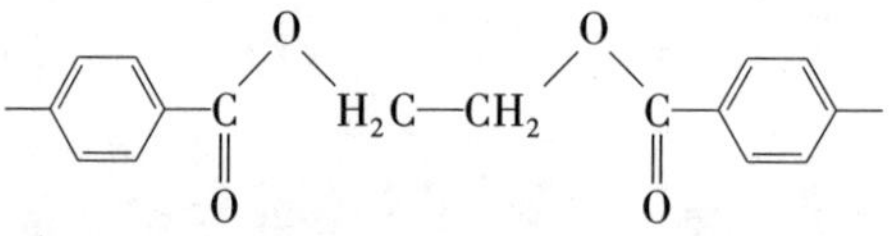

$$-C_6H_4-\underset{\underset{O}{\|}}{C}-O-H_2C-CH_2-O-\underset{\underset{O}{\|}}{C}-C_6H_4-$$

结晶时，即转变为反式构象：

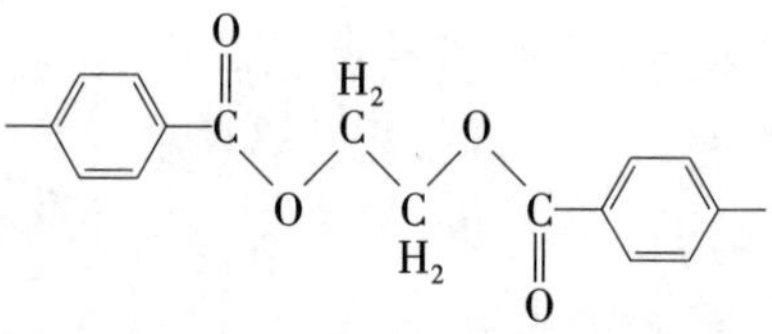

$$-C_6H_4-\overset{O}{\overset{\|}{C}}-O-\underset{H_2}{C}-\overset{H_2}{C}-O-\underset{\underset{O}{\|}}{C}-C_6H_4-$$

PET 分子链的结构具有高度的立体规整性，所有的芳香环几乎处在一个平面上，因此使相邻大分子上的凹凸部分便于彼此镶嵌，从而具有紧密敛集能力与结晶倾向；PET 分子间没有特别强大的定向作用力，相邻分子的原子间距均是正常的范德华距离，其单元晶格属三斜晶系，大分子几乎呈平面构型；PET 的分子链节是通过酯基（ $-\overset{O}{\overset{\|}{C}}-O-$ ）相互连接起来的，故其许多重要性质均与酯键的存在有关，如在高温和水分存在下，PET 大分子内的酯键易发生水解，使聚合度降低，因此纺丝时必须对切片含水量严加控制。

由于缩聚反应过程中的副反应，如热氧化裂解、热裂解和水解作用等都可产生羧基，还可能

存在醚键($\left[O \leftarrow CH_2 \rightarrow_2 O \right]$),以致破坏 PET 结构的规整性,减弱分子间力,使熔点降低。

(二)相对分子质量及其分布

1. 相对分子质量

高聚物相对分子质量的大小直接影响其加工性能和纤维质量。PET 的耐热、耐光、化学稳定等性质及纤维的强度均与相对分子质量有关。例如,PET 相对分子质量小于 1 万时,就不能正常加工为高强力纤维。工业控制通常采用相对黏度和特性黏数作为衡量相对分子质量大小的尺度。特性黏数[η]与相对分子质量 M 的关系见式(3-1)。

$$[\eta] = KM^{\alpha} \tag{3-1}$$

民用成纤 PET 切片的相对黏度 η_r 至少为 1.3~1.36,相当于[η]=0.55~0.65dL/g,或相当于 $\overline{M}_w$(重均分子量)= 22000~27000,$\overline{M}_n$(数均分子量)= 16000~20000。

2. 相对分子质量分布

缩聚反应制得的 PET 树脂是从低相对分子质量到高相对分子质量的分子集合体,因此,各种方法所测定的相对分子质量仅具有平均统计意义。对于每一种 PET 切片,均存在相对分子质量分布问题。

PET 相对分子质量分布对纤维结构的均匀性有很大影响。在相同的纺丝和后加工条件下所制得的纤维,用电子显微镜观察纤维表面可见,相对分子质量分布宽的纤维,其表面有大的裂痕,在初生纤维和拉伸丝内,裂痕的排列是紊乱的;而相对分子质量分布窄的纤维,无论是未拉伸丝还是拉伸丝,其表面基本是均一的,裂痕极微。因此,相对分子质量分布宽会使纤维加工性能变坏,拉伸断头率急剧增加,影响成品纤维的性能。

PET 相对分子质量分布常采用凝胶渗透色谱(GPC)测定,可用相对分子质量分布指数 α 来表征,见式(3-2)。

$$\alpha = \frac{M_w}{M_n} \tag{3-2}$$

式中的 α 值越小,表示相对分子质量分布越窄。有资料表明,对于高速纺丝,PET 的 $\alpha \leq 2.02$ 时,其可纺性较好。

(三)流变性质

1. 熔点

PET 的熔点为 267℃,工业 PET 熔点略低,一般为 255~264℃。熔点是 PET 切片的一项重要指标,如果切片熔点波动较大,则需对熔融纺丝温度做适当调整,但熔点对成型过程的影响不如特性黏数(相对分子质量)的影响大。

2. 熔体黏度

熔体纺丝时,聚合物熔体在一定压力下被挤出喷丝孔,成为熔体细流并冷却成型。熔体黏度是熔体流变性能的表征,与纺丝成型密切相关。影响熔体黏度的因素有温度、压力、聚合度和切变速率等。随着温度的升高,熔体黏度以指数函数关系降低。

(四)物理性质和化学性质

表 3-1 为纤维级 PET 的物理性质和化学性质。

表 3-1　纤维级 PET 的物理性质和化学性质

相对分子质量		15000~22000
玻璃化转变温度/℃	无定形	67
	晶态	81
	取向态结晶	125
熔点/℃		264
熔体密度/($g \cdot cm^{-3}$)		1.22(270℃)
		1.117(295℃)
熔融热/($J \cdot g^{-1}$)		130~134
导热系数/[$W \cdot (cm \cdot K)^{-1}$]		1.407×10^{-3}
25℃,RH 65%条件下体积电阻/($\Omega \cdot cm^{-1}$)		1.2×10^{19}

第三节　聚酯切片的干燥

一、切片干燥的目的和要求

由于 PET 分子结构中存在酯基,在熔融时极易水解,使相对分子质量下降,影响纺丝质量。因此切片在熔融纺丝之前必须进行干燥。干燥的目的是降低切片中的含水率且提高切片含水的均匀性,并提高切片的结晶度和软化点。PET 可能发生的降解有三种:热降解、热氧化降解和水解。即使切片中含有微量水分,在纺丝时也会汽化形成气泡丝,造成纺丝断头或毛丝,甚至使纺丝无法进行,因此在纺丝前必须先将湿切片进行干燥,使其含水率从 0.4% 下降到 0.01% 以下。PET 熔体铸带是在水中急剧冷却,所得到的切片具有无定形结构,软化点较低。这种切片如不经干燥,进入螺杆挤出机后,会很快软化黏结,造成环结阻料。

经干燥的 PET 切片,因发生结晶其软化点大大提高,切片也变得坚硬,且熔程狭窄,熔体质量均匀,不再发生环结阻料现象。因此,提高切片干燥质量,使其含水量尽可能低并力求均匀,以减少纺丝过程中相对分子质量下降,从而可使纺丝、拉伸等过程顺利进行。

二、切片干燥机理

1. 切片中的水分

PET 大分子缺少亲水性基团,吸湿能力差,通常湿切片含水率小于 0.5%,其水分分为两部分:一是黏附在切片表面的非结合水,这种水分的存在使物料表面上的蒸汽压等于水的饱和蒸汽压;二是与 PET 大分子上的羰基及极少量的端羟基等以氢键结合的结合水,其在切片表面上的平衡蒸汽压小于同温度下的饱和蒸汽压。在干燥过程中,通常非结合水较易除去,而结合水则较难除去。

2. 切片的干燥曲线

切片干燥包含两个基本过程:加热介质传热给切片,使水分吸热并从切片表面蒸发;水分从切片内部迁移至切片表面,再进入干燥介质中。这两个过程同时进行,因此切片干燥实质是一个同时进行的传质和传热过程。

在干燥过程中,测定切片在不同温度热风中经不同时间干燥后的含水率,可得一组干燥曲线。在各干燥曲线温度下,切片的含水率均随干燥时间延长而逐步降低。干燥前期为恒速干燥阶段,这时除去的主要是切片中的非结合水,切片含水率随干燥时间增加几乎呈直线下降。温度越高,恒速干燥的速率越高。干燥后期为降速干燥阶段,水与大分子结合的氢键被破坏,结合水慢慢向切片表面扩散并被除去,直至达到某一干燥条件下的平衡水分。此后,再延长时间,含水率变化甚微。干燥温度越高,切片达到平衡水分的干燥时间越短,切片中平衡水分含量也越少。切片经不同温度热风干燥时的干燥曲线如图 3-5 所示。

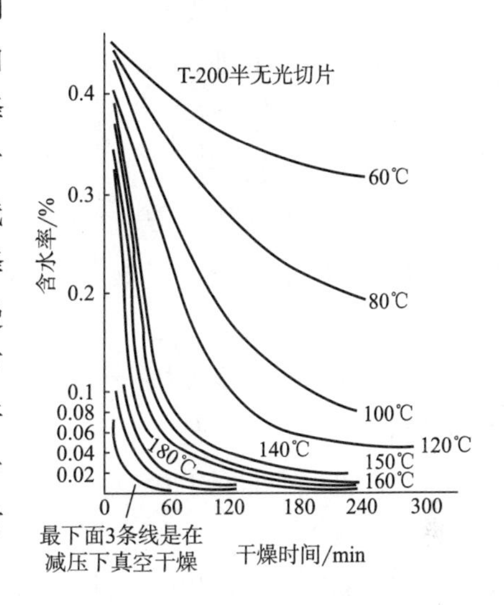

图 3-5　切片经不同温度热风干燥时的干燥曲线

干燥温度从 120℃ 升高到 140℃ 时,干燥速率有一突然升高过程(提高 2.2 倍),140℃ 以后,干燥速率的提高又转向平缓,这一现象与切片干燥过程的结晶有关。

3. 切片干燥过程的结晶

由于 PET 分子链的结构具有高度立构规整性,所有芳香环几乎在同一平面上,因而具有紧密敛集能力与结晶倾向。图 3-6 为切片在不同温度下达到 50%结晶时所需的时间(半结晶化时间)。在 170~190℃时,聚酯结晶速率最高。在 190℃时,半结晶时间约为 1min,但超过 190℃,结晶速率反而随温度升高而下降,这是由于高温下晶核生成太少。由此可以设想,在 170℃下短时间干燥,由于切片表面温度高于内部温度,切片表面的结晶度往往大于内部的结晶度;反之,如在 190℃下短时间干燥,则内部结晶度大于表面结晶度。

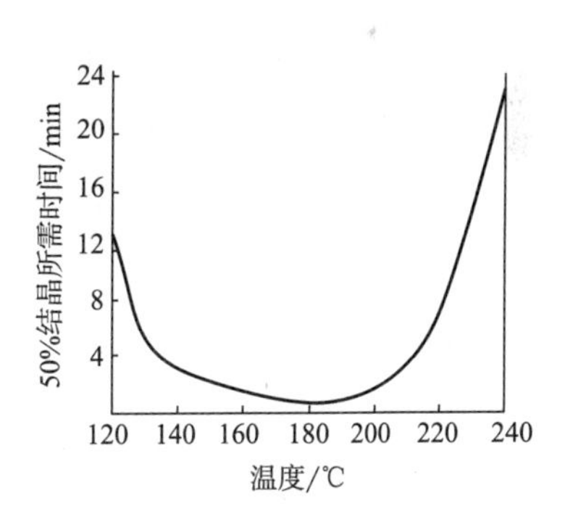

图 3-6　PET 切片的结晶速率

结晶对切片干燥速率有很大影响。一方面,结晶时由于体积收缩的挤压和空穴的消失,把一部分水挤压到切片表面,有利于提高干燥速率;另一方面,又将一部分水挤压到切片内部,加大了扩散距离,且由于外加热式(170℃)干燥时,切片表面温度往往高于内部温度,因切片表面结晶度较大而形成的致密化层使水分扩散阻力大增。因而在通常情况下,结晶会使干燥速率迅速大幅度下降。

采用高频电微波加热结晶，由于切片内外温度均匀，结晶对提高干燥速率十分有利。圆柱体切片的干燥优于平板切片。因圆柱体切片的表面由里向外随半径增大而增大，使切片外表面的传质面积大于内部的传质面积，以补偿由于外表面结晶度较大而形成的扩散阻力。使用圆柱体切片可缩短干燥时间，并达到更低的含水率，还可减少粉尘的产生。

在干燥过程中，PET在高温作用下伴随着部分化学反应，主要是高温水解反应。水解速率与切片中水分含量及温度有关。水分含量越高，水解越快。在过激条件下也会发生热裂解、热氧化降解等反应。此外，在某些条件下，还伴随着大分子的缩聚反应（固相缩聚）。

三、切片干燥工艺

切片干燥过程实质上是一个同时进行的传热和传质过程，并伴随着高聚物结构（结晶）与性质（软化点等）的变化。影响切片干燥的因素有以下几点

1. 温度

温度高则干燥速度加快，干燥时间缩短，干燥后切片的平衡含水率降低。但温度过高，则切片易黏结，大分子降解，色泽变黄。在180℃以上易引起固相缩聚反应，影响熔体均匀性，因此通常预结晶温度控制在170℃以下，干燥温度控制在180℃以下。

2. 时间

干燥时间取决于采用的干燥方式和设备。对于同一设备，干燥时间则取决于干燥温度。在同一温度下，干燥时间延长则切片含水率下降，均匀性也佳；但时间过长，则PET降解严重，色泽变黄。

3. 风速

提高风速，切片与气流相对速度大，干燥时间可缩短；但风速太大，则切片粉尘增多。风速选择还与干燥方式有关。例如，沸腾干燥，需风速大，否则切片沸腾不起来，可用20m/s以上的风速；而充填干燥风速不能太大，否则把料床吹乱，不能保证切片在干燥器内以均匀的柱塞式下降，通常风速为8～10m/s。风速的选择也与所用设备尺寸、料柱高度、生产能力等有关。

4. 风湿度

热风含湿率越低，则干燥速度越快，切片平衡水分越少。因此必须不断排除循环热风中的部分含湿空气，并不断补充经除湿的低露点空气。如BM型干燥机所补充的新鲜空气含湿量小于8g/kg。

四、聚酯切片的质量指标

PET切片的质量对纺丝、拉伸工艺和纤维质量有很大影响。切片的相对分子质量及其分布、熔点、灰分、DEG含量、羧基及粉尘含量等直接影响PET熔体的流变性、均匀性和细流强度。对PET切片质量的要求，因纤维品种、纺丝方法和设备而异。通常生产长丝，特别是高速纺长丝，要求切片含杂少，熔体均匀性高。纤维级PET切片的主要质量指标见表3-2。

表 3-2　纤维级 PET 切片的主要质量指标（测试标准：GB/T 14189—2015）

项目		有光、半消光			全消光		
		优等品	一等品	合格品	优等品	一等品	合格品
特性黏数/($dL \cdot g^{-1}$)		$M_1^a \pm 0.010$	$M_1 \pm 0.013$	$M_1 \pm 0.025$	$M_1 \pm 0.010$	$M_1 \pm 0.013$	$M_1 \pm 0.025$
熔点/℃		$M_2^b \pm 2$	$M_2 \pm 2$	$M_2 \pm 3$	$M_2 \pm 2$	$M_2 \pm 2$	$M_2 \pm 3$
端羧基含量/($mol \cdot t^{-1}$)		$M_3^c \pm 4$	$M_3 \pm 4$	$M_3 \pm 5$	$M_3 \pm 4$	$M_3 \pm 4$	$M_3 \pm 5$
色度	L 值	报告值	报告值	报告值	报告值	报告值	报告值
	b 值	$M_4^d \pm 2.0$	$M_4 \pm 3.0$	$M_4 \pm 4.0$	$M_4 \pm 2.0$	$M_4 \pm 3.0$	$M_4 \pm 4.0$
水分/%（质量分数）		≤0.4	≤0.4	≤0.5	≤0.4	≤0.4	≤0.5
凝集粒子/(个·mg^{-1})		≤1.0	≤3.0	≤6.0	≤1.0	≤3.0	≤6.0
二甘醇含量/%（质量分数）		$M_5^e \pm 0.15$	$M_5 \pm 0.20$	$M_5 \pm 0.30$	$M_5 \pm 0.15$	$M_5 \pm 0.20$	$M_5 \pm 0.30$
铁分/($mg \cdot kg^{-1}$)		≤2	≤4	≤6	≤2	≤4	≤6
粉末/($mg \cdot kg^{-1}$)		100	100	100	100	100	100
异状切片（质量分数）/%		≤0.4	≤0.5	≤0.6	≤0.4	≤0.5	≤0.6
二氧化钛含量/%（质量分数）		$M_6^f \pm 0.03$	$M_6 \pm 0.03$	$M_6 \pm 0.06$	$M_6 \pm 0.20$	$M_6 \pm 0.20$	$M_6 \pm 0.30$
灰分含量/%（质量分数）		≤0.06	≤0.07	≤0.08	≤0.07	≤0.08	≤0.09

注　a M_1 为特性黏数中心值，由供需双方协商确定，确定后不得任意更改。
b M_2 为熔点中心值，由供需双方在 252～262℃范围内确定，确定后不得任意更改。
c M_3 为端羧基含量中心值，由供需双方在 18～40mol/t 范围内确定，确定后不得任意更改。
d M_4 为色度 b 值中心值，由供需双方在≤8.0 范围内确定，确定后不得更改。
e M_5 为二甘醇含量中心值，由供需双方在 0.80%～2.00%范围内确定，确定后不得更改。
f M_6 为二氧化钛含量中心值，确定后不得任意更改。有光聚酯切片可以不测二氧化钛含量。

切片质量指标是保证纺丝、拉伸等加工性能及成品纤维力学性能所必需的。切片中的凝聚粒子对纺丝、纤维后加工等过程及成品纤维质量影响很大。在纺丝时，凝聚粒子沉积于熔体过滤器的滤网或喷丝头组件的滤层，阻碍熔体通过，缩短滤网或喷丝头组件的更换周期；或因熔体过滤反压太大而击穿滤网；此外，保留在纤维中的凝聚粒子，会造成纤维结瘤，使纤维拉伸断头或拉伸不匀，降低成品纤维的品质。

五、切片干燥设备

PET 切片干燥设备分为间歇式和连续式两大类。间歇式设备有真空转鼓干燥机，连续式设备有回转式、沸腾式和充填式等干燥机。也有用多种形式组合而成的联合干燥装置，如德国的 KF 式、BM 式干燥设备，日本的钟纺、奈良等干燥设备。

（一）间歇式干燥设备

真空转鼓干燥机是应用已久的间歇式干燥设备，如图 3-7 所示。设备主要由转鼓、真空系统和加热系统组成。

转鼓具有夹套结构，可通入蒸汽、汽缸油等进行加热，转鼓内与真空系统连接。切片由进料口加入，转鼓由电动机并通过减速齿轮箱传动而回转。由于倾角的存在，转鼓运转时切片翻动良好，不需搅拌也能达到均匀干燥的目的。

真空转鼓干燥机能较充分地排除水分，且在真空下可防止氧化降解和加快干燥速度。但这

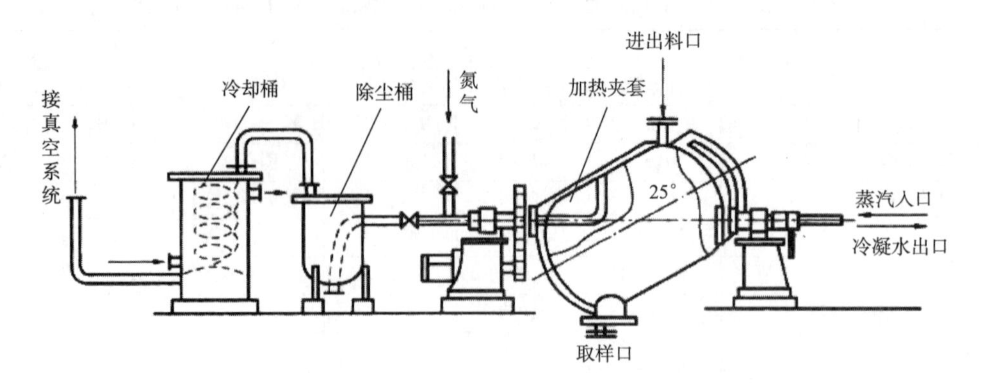

图 3-7 VC353 真空转鼓干燥设备

种干燥形式不适合连续生产,单机生产能力小,适合中、小型企业使用。

采用真空转鼓干燥时,干燥温度一般选择 115~150℃,真空转鼓干燥工作周期一般为 8~12h,其中包括进出料 1.5~2h,升温 2.3~3.5h,保温 3~4h,冷却 1h。

(二)连续式干燥设备

自 20 世纪 80 年代以来,我国从国外引进了几种 PET 切片干燥设备及技术,现简单介绍如下。

1. KF 式干燥设备

KF 式干燥设备的工艺流程如图 3-8 所示,主要由干燥塔和热风系统组成。

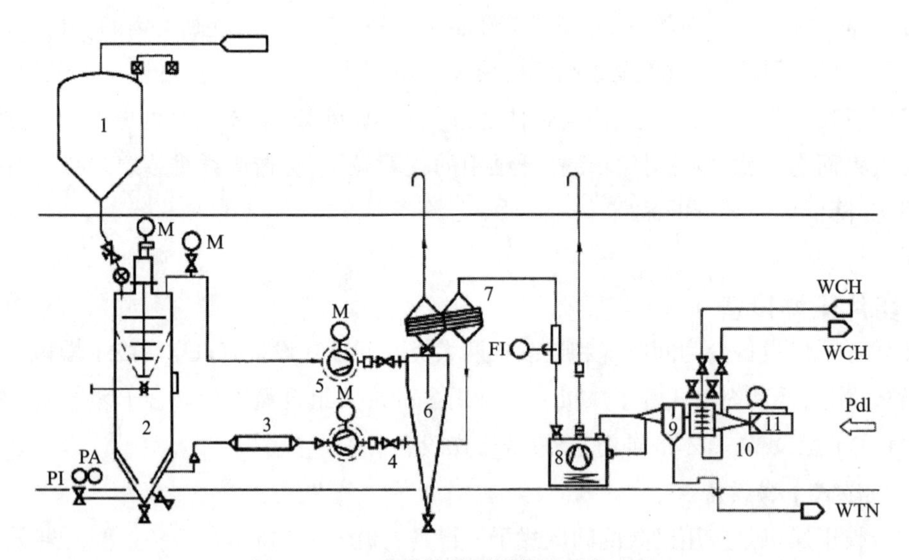

图 3-8 KF 式预结晶干燥装置工艺流程

1—料仓 2—干燥塔 3—干空气加热器 4—进风风机 5—吸风风机 6—旋风分离器 7—热交换器 8—脱湿器 9—水分离器 10—空气冷冻器 11—空气过滤器

干燥塔的特点是预结晶器与干燥器均为充填式,安装在一座塔上,设备简单、管道少,占地和空间小。干燥塔内操作压力很低,有利于螺杆排气。预结晶器接近负压操作,搅拌产生的粉末可被吸出。

热风系统均采用新鲜风,设备简单。预结晶直接采用干燥器的回风,流程短。干燥热风经干燥、预结晶、热交换器内预热三次利用后,排出温度为60~70℃,热能利用充分。

2. BM式干燥设备

预结晶有间歇式和连续式两种,结晶器与干燥器分开安装。间歇式预结晶和BM式干燥工艺流程如图3-9所示。

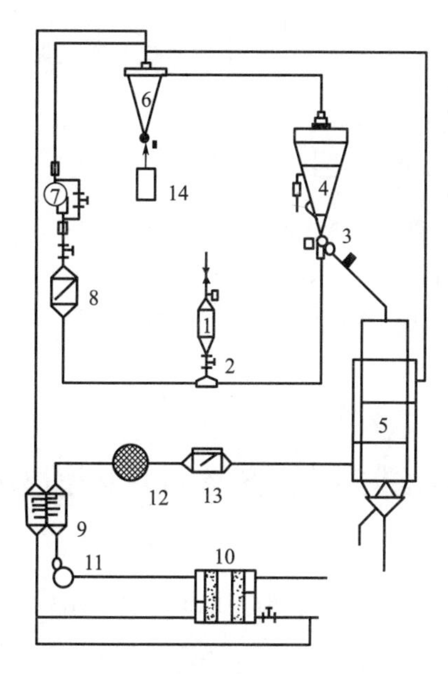

图3-9 间歇式预结晶和BM式干燥工艺流程

1—批量槽 2—进料阀 3—换向阀 4—预结晶器 5—干燥塔 6—旋风分离器 7—预结晶风机 8—预结晶加热器 9—热交换器 10—脱湿器 11—干燥风机 12—过滤器 13—干燥加热器 14—粉末收集桶

BM式干燥装置的优点:

①预结晶温度高(切片140~150℃),速度快(10~15min),切片表层坚硬;

②气缝式充填干燥器设计合理,切片干燥均匀,热风阻力小,可用中低压热风;

③热气流循环使用,热能回收率较高。

缺点是热风中粉尘较多,易在加热器上结焦,增加能耗。

3. Zimmer公司预结晶—干燥设备

该装置采用卧式连续沸腾床预结晶机和充填干燥机组合,如图3-10所示。该预结晶—干燥设备中,结晶机内有一块装于振动弹簧上的卧式不锈钢多孔板,板面具有一定倾斜度,170℃热气自下部通过多孔板向上吹,使切片翻动呈沸腾状以防止黏结。预结晶切片通过振动器,不断被送到充填干燥机中。充填干燥机主体为圆柱体,底部为锥形,热气流分别从底部和中上部进入,通过气流分配在塔内均匀分布。

此外,还有日本钟纺公司的预结晶—干燥装置、帝人公司的预结晶—干燥装置、奈良切片公司的干燥装置等,这些装置技术较先进,可大大缩短干燥周期,但也都存在不足之处。

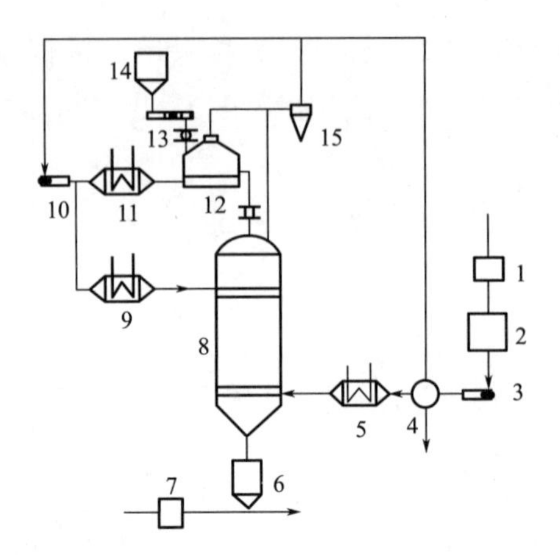

图 3-10　沸腾床式预结晶和充填干燥工艺流程(Zimmer 公司)

1—空气冷却器　2—氯化锂去湿机　3—干燥风机　4—外部加热器　5—电加热器　6—干料仓　7—空气脱湿器　8—充填干燥机　9,11—电加热器　10—预结晶风机　12—预结晶机　13—振动管　14—料斗　15—旋风分离器

第四节　聚酯纤维的纺丝原料、设备及工艺参数

聚对苯二甲酸乙二酯属于结晶性高聚物,其熔点 T_m(265℃)低于分解温度 T_d(350℃),因此可采用熔体纺丝方法。

熔体纺丝的基本过程包括:熔体制备、熔体自喷丝孔挤出、熔体细流的拉长变细,同时冷却固化,以及纺出丝条的上油和卷绕。

一、纺丝熔体的制备

由缩聚釜或用连续缩聚制得的 PET 熔体可直接用于纺丝,也可经铸带、切粒后再熔融以制备纺丝熔体。采用熔体直接纺丝省去了铸带、切粒、包装运输等工序,大大降低了生产成本,但对生产系统的稳定性要求十分严格,生产灵活性也较差;而切片纺丝生产流程较长,但灵活性大,更换品种方便,生产过程较直接纺丝易于控制。在质量要求较高的场合,多用切片纺丝法,如长丝生产目前均采用切片纺丝法,丙纶的纺丝也采用切片纺丝法。

二、纺丝设备

(一)螺杆挤出机

PET 纤维熔融纺丝广泛采用螺杆挤出纺丝机进行纺丝。螺杆挤出机是高聚物熔融装置,具有三个显著优点:一是螺杆不断旋转,推料前进,使传热面不断更新,大大提高了传热系数,使切片熔融过程强化,从而提高了劳动生产率;二是螺杆挤出机能将各种黏度较高的熔体强制输送;三是螺杆旋转输送熔体,熔体被塑化搅拌均匀,在机内停留时间较短,一般为 5~10min,大大减少了热分解的可能性。按照螺杆数目,挤出机可分为三种,即单螺杆挤出机、双螺杆挤出机和多螺杆挤出机,常用于合成纤维熔体纺丝的主要是单螺杆挤出机,其结构如图 3-11 所示。

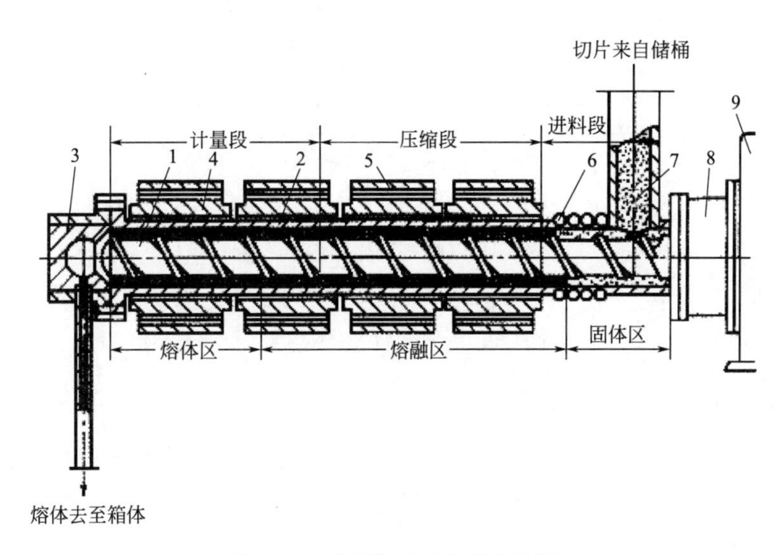

图 3-11 单螺杆挤出机结构简图

1—螺杆 2—套筒 3—弯头 4—铸铝加热圈 5—电热棒 6—冷却水管
7—进料管 8—密封部分 9—传动及变速机构

根据螺杆中物料前移的变化和螺杆各段所起的作用,通常把螺杆的工作部分分为三段:进料段、压缩段和计量段。螺杆的各段长度比例与被加工物料的性质有关,可根据生产实践确定。固体切片从料筒进入螺杆后,首先在进料段被输送和预热,继而经压缩段压实、排气并逐渐熔融,然后在计量段内进一步混合塑化,并达到一定的温度,以一定的压力定量输送至计量泵进行纺丝。切片在螺杆挤出机中经历温度、压力、黏度、物理结构与化学结构等一系列复杂的变化。

在整个挤出过程中螺杆完成以下三项操作:切片的供给、切片的熔融、熔体的计量挤出,同时使物料起到混匀和塑化作用。按物料在挤出机中的状态,可将螺杆挤出机分为三个区域:固体输送区、熔融区和熔体输送区。在固体输送区和熔体输送区物料是单相的,在熔融区两相并存。这和螺杆的几何分段——进料段、压缩段和计量段在一定程度上相一致。

事实上,物料在螺杆挤出机中的状态是连续变化的,不能机械地认为某种变化仅限于在某段发生。如进料段物料主要处于固体状态,但在其末端已开始软化并部分熔融;而在计量段主要是熔融状态,但在开始的几节螺距内还可能继续完成熔融作用。

螺杆挤出机的特征集中反映于螺杆的结构,如图 3-12 所示。螺杆的结构特征主要有螺杆直径 D_s、长径比 D_s/L、压缩比 I、螺距 L_s、螺杆与套筒的间隙 δ、套筒及材质要求等。这些因素互相联系、互相影响。

(1)螺杆直径 D_s。螺杆直径通常指螺杆的外径。直径加大,产量上升,目前设计提高产量的挤出机都采用放大直径的方法。然而直径太大会引起其他方面的问题,如导致单位加热面积

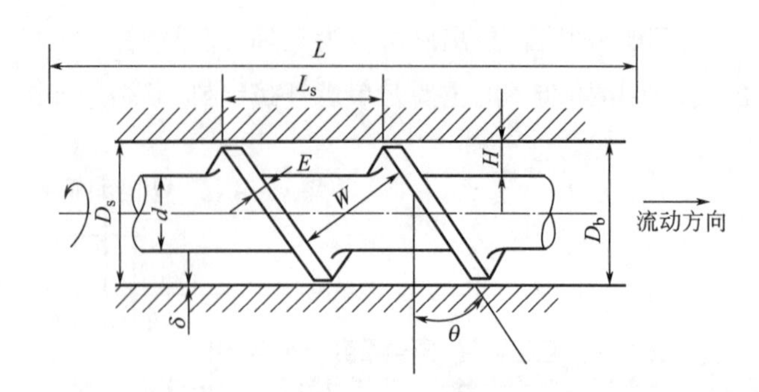

图 3-12　螺杆结构的主要参数

D_s—螺杆外径　D_b—料筒内径　L_s—螺距　H—螺槽深度　W—螺槽宽度　θ—螺旋角

H—螺纹棱部宽度　δ—间隙　L—螺杆长度　d—螺杆根径

所需加热的物料增加，传热变差，功率消耗大等。

（2）长径比 D_s/L。长径比是指螺杆工作长度（不包括鱼雷头及附件）与外径之比。长径比大，有利于物料的混合塑化，提高熔体压力，减少逆流及漏流损失。目前一般采用长径比为 20~23 的螺杆，也有采用长径比为 28~33 的，但是螺杆太长，物料在高温下的停留时间增加，对一些热稳定性较差的高聚物就会引起热分解。

（3）压缩比 I。螺杆的压缩作用以压缩比 I 表示，指螺杆加料段第一个螺槽的容积与均化段最后一个螺槽的容积之比。I 越大，物料受到挤压的作用也就越大，排除物料中所含空气的能力就大。压缩比主要决定于物料熔融后密度的变化，不同形态（粉状、粒状或片状）的物料其堆砌密度不同，压实和熔融后体积的变化也不同，螺杆的压缩比应与此相适应。熔体纺丝用螺杆常用压缩比为 3~4。对于聚酯取 3.5~3.7，尼龙 6 取 3.5，尼龙 66 取 3.7，聚丙烯取 3.7~4。压缩比可用改变螺距或改变根径来实现，变螺距螺杆不易加工，纺丝机用的都是等螺距螺杆，可通过螺纹沟槽深度的变化来实现压缩作用，几种常用的螺杆构型如图 3-13 所示。

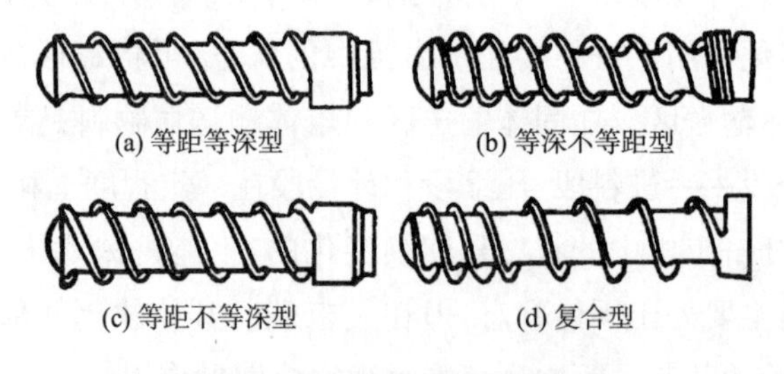

图 3-13　几种常用的螺杆构型

（4）螺距 L_s。螺杆直径决定以后，螺距 L_s 决定于螺旋角 θ，其计算式为 $L_s=\pi D_s\tan\theta$。螺旋角不同，送料能力也不同，不同形状的物料，对螺旋角 θ 的要求也不同。通常螺杆挤出机均匀供给固体物料，又要兼具熔融物料的功能。螺旋角 θ 的取值为 17°38′，螺距等于直径，此时螺旋角的正切为 $\tan\theta=L_s/\pi D_s=1/\pi$，在螺杆制造时较为方便。

(5)螺杆与套筒的间隙 δ。这是螺杆挤出机的一个重要结构参数,特别在计量段,对产量影响很大,漏流流量与间隙的三次方成正比,当间隙 $\delta=0.15D_s$ 时,漏流流量可达总流量的1/3,故在保证螺杆与套筒不产生刮磨的条件下,间隙应尽可能取小。一般小螺杆间隙 δ 应小于 $0.002D_s$,大螺杆间隙应小于 $0.005D_s$。

(6)套筒。套筒是挤出机中仅次于螺杆的重要部件,它和螺杆组成了挤出机的基本结构。套筒实质上相当于一个压力容器和加热室,因此除考虑套筒的材质、结构、强度等外,还应考虑其热传导和热容量,以及工作时的熔体压力、螺杆转动时的机械磨损及熔体的化学腐蚀作用等。大多数套筒是整体结构,长度太大也可分段制作,但不易保证较高的制造精度和装配精度,影响螺杆和套筒的同心度。

(7)材质要求。螺杆的材质要求较高,必须具有高强度、耐磨、耐腐蚀、热变形小等特性,才能满足工艺要求。螺杆常用的材料有45钢、40Cr、38CrMoAlA、38CrWVAlA、1Cr18Ni9Ti等,尤以前三者应用较多。

套筒的材料要求与螺杆相同。由于套筒的加工比螺杆更为困难,尤其是长螺杆的套筒,所以应在热处理或材质选择时,使其内表面硬度比螺杆高。

(二)纺丝机的基本结构

我国熔体纺丝采用的是螺杆挤出纺丝机,有多种型号,如VC型为长丝纺丝机、VD型为短纤维纺丝机,这是根据纺制纤维的类别来编制的。还有从国外引进的纺丝机。

纺丝机的种类及型号虽然很多,但其基本结构相似,均包括以下构成部分:高聚物熔融装置,即螺杆挤出机;熔体输送、分配、纺丝及保温装置,包括弯管、熔体分配管、计量泵、纺丝头组件及纺丝箱体部件;丝条冷却装置,包括纺丝窗及冷却套筒;丝条收集装置,即卷绕机或受丝机构;上油装置,包括上油部件及油浴分配循环机构。

1. 纺丝箱体及纺丝组件

熔体自螺杆挤出后,经熔体管路分配至各纺丝位的计量泵和纺丝组件。为进行熔体的保温和温度控制,一般采用4~6位(即一根螺杆所供给的位数)合用一个矩形的载热体加热箱进行集中保温,这个加热箱通常被称为纺丝箱体。箱体内装有送至各部位的熔体分配管、计量泵与纺丝组件安置的保温座以及电热棒等,通过加热联苯—联苯醚混合热载体气液两相保温,箱体外包覆有绝热材料。

纺丝箱一般有2、4、6、8个纺丝位,国内多为6位。纺长丝时,一个纺丝位可有2、4、6、16个纺丝头;纺短纤维时,一个纺丝位只有1个纺丝头。

纺丝头组件是喷丝板、熔体分配板、熔体过滤材料及组装套的结合件。其基本结构包括两部分:一是喷丝板、熔体分配板和熔体过滤材料等零件;二是容纳和固定上述零件的组装套。纺丝组件是纺丝熔体最后通过的一组构件,除确保熔体过滤、分配和纺丝成型的要求外,还应满足高度密封、拆装方便和固定可靠的要求。长丝组件与短纤维高压纺丝组件如图3-14所示。

纺丝组件的作用:一是将熔体过滤,去除熔体中可能夹带的杂质与凝胶粒子,防止堵塞喷丝孔,延长喷丝板的使用周期;二是使熔体能充分混合,防止熔体产生黏度的差异;三是将熔体均匀地分配到喷丝板的每一小孔,形成熔体细流。PET短纤维有常压纺丝和高压纺丝两种,故纺

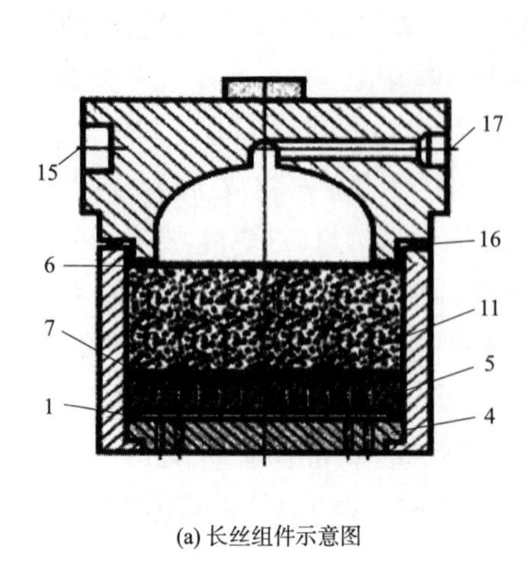

(a) 长丝组件示意图

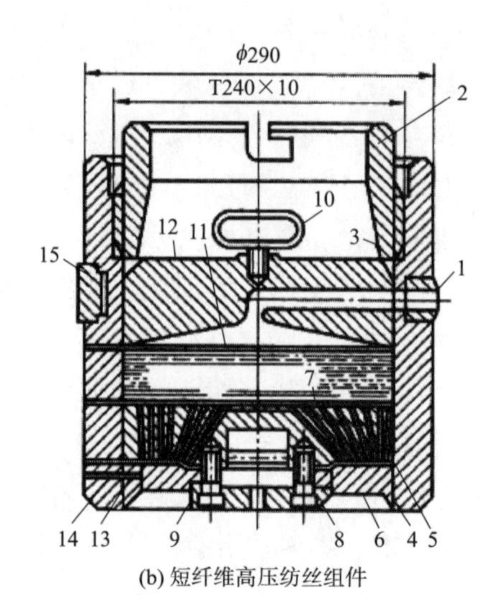

(b) 短纤维高压纺丝组件

图 3-14　长丝组件和短纤维高压纺丝组件

1—垫圈　2—压帽　3—O 形圈　4—喷丝板　5—承压板　6,7—包边滤网　8—螺钉　9—压板　10—吊环　11—过滤网　12—分配板　13—垫圈　14—外壳　15—定位块　16—密封圈　17—熔体进口

丝组件也有两种组装形式。

2. 计量泵

计量泵的作用是精确计量、连续输送成纤高聚物熔体或溶液,并与喷丝头组件结合产生预定的压力,保证纺丝流体通过过滤层到达喷丝板,以精确的流量从喷丝孔喷出。

计量泵是纺丝过程中的高精度部件,它属于高温齿轮泵类型,由一对相等齿数的齿轮、三块泵板、两根轴和一副联轴器构成。其工作原理是:当齿轮啮合运转时,在吸入孔造成负压,流体被吸入泵内并填满两个齿轮的齿谷,熔体在齿轮的带动下紧贴着孔内壁回转一周后送至出口,如图 3-15 所示。

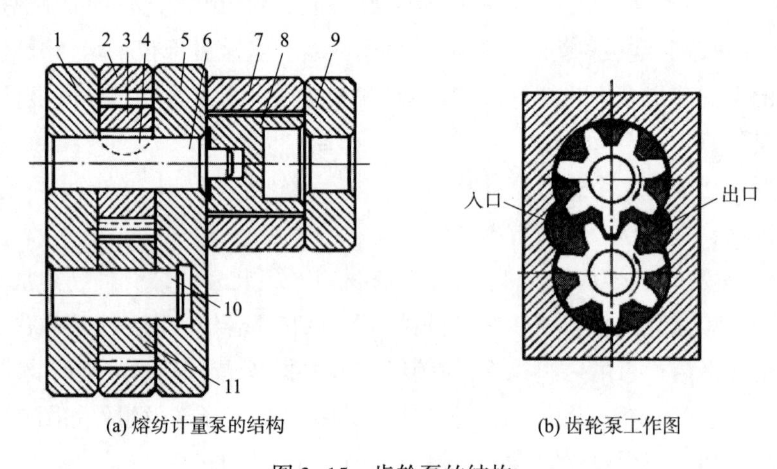

(a) 熔纺计量泵的结构　　(b) 齿轮泵工作图

图 3-15　齿轮泵的结构

1—下泵板　2—中泵板　3—主动齿轮　4—键　5—上泵板　6—主动轴　7—轴套　8—联接轴　9—端盖　10—从动轴　11—从动齿轮

3. 喷丝板

喷丝板的主要作用是将成纤高聚物熔体或溶液通过微孔转变成具有特定截面的细流，经风冷却或凝固浴固化而形成细条。喷丝板的形状有圆形和矩形两种，圆形喷丝板加工方便，使用比较广泛，矩形喷丝板主要用于纺制短纤维。

喷丝孔的几何形状直接影响熔体的流动特性，从而影响纤维成型。喷丝孔通常由导孔和毛细孔构成，除了纺制异形丝的喷丝孔外，其他毛细孔都是圆柱形的，导孔则有圆柱形、圆锥形、平底圆柱形和双曲线形等，如图 3-16 所示。

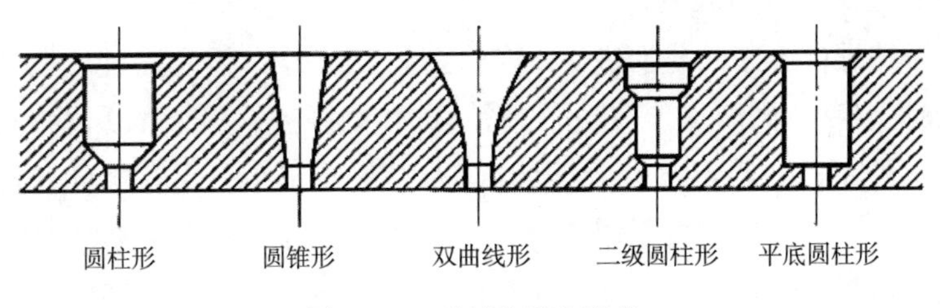

图 3-16　喷丝孔导孔形状

喷丝板的孔数与纺丝的品种有关，纺长丝一般采用 1～80 孔，广泛采用的有 20、24、32、36、68、72、74、96 孔等；纺帘子线采用 100～400 孔；纺短纤维则采用 400 孔以上，有的高达 150000 孔。

4. 丝条冷却装置

丝条冷却吹风的形式有两种，即侧吹风和环形吹风。

(1)侧吹风。目前，聚酯长丝在纺丝成型过程中常采用侧吹风。采用侧吹风时，空气直接吹在纤维还未完全凝固的区域，并与纤维呈垂直方向，故传热系数高，但往往不够均匀，尤其是单纤维根数较多时，位于侧吹风的迎风侧和背风侧的冷却条件差异较大。

侧吹风的风速分布与导流板形式有关，按照丝条的温度变化规律，要求紧靠喷丝板下方处风速为零，随着喷丝板距离的增加，风速逐渐增大。在离喷丝板 100～500mm 处，风速最大，待丝条固化后风速再逐渐减小。

(2)环形吹风。环形吹风是从丝束的周围吹向丝条，可克服凝固的丝条偏离垂直位置而产生弯曲甚至互相碰撞黏结与并丝等缺点。环形吹风装置用于生产短纤维，它在结构上有密闭式和开放式两种，密闭式环形吹风装置安装在喷丝头下方，而开放式环形吹风装置与喷丝头之间留有一定的间隙。

5. 丝条卷绕装置

成型的丝条经纺丝室和甬道冷却固化后是完全干燥的，目的是避免产生静电，并能进行正常的卷绕，一般在卷绕前先进行上油、给湿，才能按照一定规律紧密卷绕。卷绕机一般由上油机构、导丝机构和卷绕机构三部分组成，国产的纺丝机有两个油盘，可分别给丝条上油和给湿，也可将上油和给湿结合起来。

三、纺丝工艺参数

熔法纺丝过程中有许多参数,这些参数决定了纤维成型的历程和纺出纤维的结构和性能,生产中就是通过控制这些参数来制得所要求性能的纤维。

为方便起见,按工艺过程把生产中控制的主要纺丝参数归纳为熔融条件、喷丝条件、丝条冷却固化条件、卷绕工艺条件等进行讨论。

(一)熔融条件

这里主要指高聚物切片熔融及熔体输送过程的条件。

1. 螺杆各区温度的选择与控制

切片自进料后被螺杆不断向前推进,经冷却区进入预热段,被套筒壁逐渐加热到达预热段末端紧靠压缩段时,温度达到熔点。在整个进料段内,物料有一较大的升温梯度,一般从 50℃上升至 265℃。在预热段内,料温基本低于熔点,即物料应基本上保持固体状态。进入压缩段后,随着温度的升高,以及螺杆的挤压作用,切片逐渐熔融,由固态转变为黏流态的熔体,其温度基本上等于熔点或略高于熔点。在压缩段还没有结束以前,切片已全部转化为流体,而在计量段内的物料,则全部为温度高于熔点的熔体。

(1)预热段温度。为保证螺杆的正常运转,在预热段内切片不应过早熔化,但同时又要使切片在达到压缩段时温度不致过低而应达到熔融温度,因此预热段套筒壁就必须保持一个合适的温度。若预热段温度过高,切片在达到压缩段前就过早熔化,使原来固体颗粒间的孔隙消失,熔化后的熔体由于在螺槽等深的预热段无法压缩,从而失去了往前推进的能力,造成了“环结”阻料;反之,若预热段温度过低,以致切片在进入压缩段后还不能畅通地熔融,也必然造成切片在压缩段阻塞。对于某一给定的熔体挤出量,必然有其相应的套筒壁温度。

(2)螺杆其他各加热区的温度。螺杆的另一重要加热区在压缩段。切片在该区内要吸收熔融热并提高熔体温度,故该区温度可高一些,根据生产实践经验,实际加热温度 T 可按式(3-3)确定:

$$T=T_m+(27\sim33)℃ \tag{3-3}$$

实际上加热温度的确定除需依据切片的熔点 T_m 及螺杆的挤出量外,还应考虑切片的特性黏数与切片尺寸等因素。对于计量段的温度控制,是使切片进一步熔化,使其保持一定的熔体温度和黏度,并确保在稳定的压力下输送熔体。对熔点在 255℃以上的 PET 切片,该区温度为 285℃左右。切片特性黏数较大时,温度要相应提高。

2. 熔体输送过程中温度的选择与控制

螺杆通过法兰与弯管相连,由于法兰区本身较短,对熔体温度影响不大,但法兰散热较大,故该区温度不宜过低,一般法兰区温度可与计量段温度相等或略低一些。弯管则起输送熔体及保温作用。由于弯管较长,对 PET 降解影响较大。一般弯管区温度可接近或略低于纺丝熔体温度。

箱体是对熔体、纺丝泵、纺丝组件保温及输送并分配熔体至每个纺丝部位的部件,此区温度直接影响熔体纺丝成型,是纺丝工艺温度中的重要参数。适当提高箱体温度,有利于纺丝成型,并改善初生纤维的拉伸性能,但也不宜过高,以免特性黏数明显下降。箱体温度通常为 285~288℃，并依纺丝成型情况而定。

（二）喷丝条件

1. 泵供量

泵供量的精确度和稳定性直接影响成丝的线密度及其均匀性。熔体计量泵的泵供量除与泵的转速有关外，还与熔体黏度、泵的进出口熔体压力有关。当螺杆与纺丝泵间的熔体压力达到 2MPa 以上时，泵供量与转速呈线性关系。而在一定的转速下，泵供量为恒定值，不随熔体压力而改变。

2. 喷丝头组件结构

喷丝头的组件结构是否合理以及喷丝板清洗和检查工作的优劣，均对纺丝成型过程及纤维质量有很大影响。要使纤维成型良好，就应使熔体均匀稳定地分配到每一个喷丝孔中，这个任务由喷丝头组件内的耐压板、分配板及粗滤网、滤砂来完成，且尽可能使组件内储存的空腔加大，保证喷丝头组件内熔体压力均匀，喷丝良好。

3. 喷丝头孔数与孔径

众所周知，对线密度相同的长丝，其单丝根数越多，手感越柔软，纤维的品质越好。高速纺丝喷丝板有 12、24、36、48、72、96、144、216 等不同孔数，依生产而选择。

高速纺丝喷丝板的孔径一般为 0.15~0.3mm，对于 1dtex 以下的细旦丝，喷丝板孔径更小。为了保持熔体有一定的喷出速度，一般纺单丝线密度较低的预取向丝（POY）时，孔径稍小；而纺单丝线密度较高的 POY 时，孔径稍大。选择依据是控制聚酯熔体出喷丝孔的剪切速率在 10^4 数量级内，一般为 $(1\sim3)\times10^4 s^{-1}$ 时较好；同时其喷丝头拉伸倍数（熔体喷出速度与纺丝速度的差值）在 80~180 范围内较为适宜。

喷丝板的剪切速率 λ 可由式（3-4）求得：

$$\lambda = \frac{32Q}{\pi \times d^3 \times \rho} \tag{3-4}$$

熔体喷出速度 v_0 由式（3-5）求得：

$$v_0 = \frac{4Q}{N \times \pi \times d^3 \times \rho} \tag{3-5}$$

喷丝头拉伸倍数 ε 可用式（3-6）进行计算：

$$\varepsilon = \frac{v - v_0}{v_0} \tag{3-6}$$

式中：N 为喷丝板孔数；ρ 为熔体密度（g/cm^3）；d 为喷丝板孔直径（cm）；λ 为剪切速率（s^{-1}）；v 为纺丝速度（cm/s）；v_0 为熔体喷出速度（cm/s）；Q 为单孔喷出量（g/s）。

4. 取向度

纤维中的大分子链在外力作用下，沿着作用方向（丝条的轴向）有规则排列的程度称为取向度，用双折射率 Δn 的大小来衡量取向度的大小，Δn 大表示取向度大。

（三）丝条冷却固化条件

冷却固化条件对纤维的结构与性能有决定性影响，控制 PET 熔体细流的冷却速度及其均匀性。生产中普遍采用冷却吹风，冷却吹风可加速熔体细流冷却，有利于提高纺丝速度；也可加强丝条周围的空气对流，使内外层丝条冷却均匀，为采用多孔喷丝板创造条件；冷却吹风时初生纤维质量提高，拉伸性能好，有利于提高设备的生产能力。冷却吹风工艺条件主要包括风温、风湿、风速(风量)等。

1. 风温

风温的选择与成纤聚合物的玻璃化转变温度、纺丝速度、产品线密度、设备特征等因素有关。在采用单面侧吹风时，适当提高送风温度(22~32℃)，有利于提高卷绕丝的断裂强度。在较高的纺丝速度下，热交换量增加，应加大丝条冷却速度，此时风温可适当降低。风温的高低直接影响初生纤维的预取向度，卷绕丝的双折射率总是随着风温的升高而降低，而在某一温度以上，随着风温的升高而增大。

2. 风湿

风湿是指冷却介质的空气湿度。一定的湿度可防止丝束在纺丝甬道中摩擦带电，减少丝的抖动；空气含湿可提高介质的比热容和热导率，有利于丝室温度恒定和丝条及时冷却；此外，温度对初生纤维的结晶速度和回潮伸长均有一定的影响。一般在纺制短纤维时，对卷绕成型要求稍低，送风可采用70%~80%的相对湿度，也可采用相对湿度为100%的露点风。

3. 风速及其分布

风速和风速分布是影响纺丝成型的重要因素。风速的分布形式多样，在采用不同孔径的均匀分布环形吹风装置时，纺丝成型效果良好。对于侧吹风而言，风速分布一般有均匀直形分布、弧形分布及S形分布三种形式。

(四)卷绕工艺条件

1. 纺丝速度

纺丝速度又称卷绕速度，纺丝速度越高，纺丝线上速度梯度也越大，且丝束与冷却空气的摩擦阻力提高，致使卷绕丝分子取向度高，双折射率增加，后拉伸倍数降低。当卷绕速度为1000~1600m/min时，卷绕丝的双折射率和卷绕速度呈线性关系；若卷绕速度达到5000m/min以上时，就可能得到接近于完全取向的纤维。

2. 上油、给湿

上油、给湿的目的是增加丝束的集束性、抗静电性和平滑性，以满足纺丝、拉伸和后加工的要求。上油方式一般可采用齿轮泵剂量的喷嘴上油，或油盘，或喷嘴和油盘兼用三种形式。纺丝油剂由多种组分复配而成，其主要成分有润滑剂、抗静电剂、集束剂、乳化剂和调整剂等。高速纺丝对上油的均匀性要求高于常规纺丝。此外，对于高速纺丝的纺丝油剂还要求具有良好的热稳定性。

3. 卷绕车间的温湿度

为确保初生纤维吸湿均匀和卷绕成型良好，卷绕车间的温湿度应控制在一定范围内。一般生产厂温度冬季为20℃左右，夏季为25~27℃；相对湿度控制在60%~75%。

第五节　聚酯短纤维的纺丝

一、聚酯短纤维的纺丝工艺

PET 短纤维的纺丝，按其使用原料状态不同，可分为切片纺丝和直接纺丝两类，这也是熔体纺丝法用于工业生产的两种实施方法。

切片纺丝工艺流程为：PET 切片→干燥→熔融→纺丝→后处理→成品纤维。

直接纺丝工艺流程为：PET 熔体→纺丝→后处理→成品纤维。

一般切片纺丝使用的是间歇酯交换缩聚后的原料，而直接纺丝使用的是连续酯交换缩聚得到的聚合物熔体原料。

切片纺丝需将聚合物熔体冷却、铸带、切粒成切片后包装出厂，到纺丝厂又需拆包干燥再熔成熔体。熔体直接纺丝是将聚合物熔体通过熔体管道输送到纺丝机直接纺丝，节省投资，降低能耗，且不易带入水分。目前大型涤纶企业几乎都采用直接纺丝。

直接纺丝的缺点主要是灵活性差。一是生产平衡不易解决，更换纺丝组件或纺丝出现故障时，影响后缩聚釜内熔体液面的稳定，而液面的波动易产生凝胶、焦化物等，影响纤维的质量；二是在生产管理方面要求更加严格，更换品种也不方便。

切片纺丝灵活性大，更换品种方便，在必要时还可使切片在一定温度下进行固相补充缩聚，进一步提高其相对分子质量。对于质量要求较高的产品，多采用切片纺丝法，如长丝生产。

二、常规纺丝工艺特点及参数

PET 短纤维在我国产量较大，约占 PET 纤维总量的 60%，其技术路线仍以常规纺丝法为主。现代 PET 短纤维生产技术的特点是大容量化、高速化、连续化。

(一)常规纺丝工艺特点

1. 直接纺丝

大型 PET 短纤维厂几乎全部采用连续聚合、直接纺丝工艺，大大提高了过程的连续化和自动化程度。

2. 纺丝设备大型化

现代 PET 短纤维生产线的生产能力大多为 200～600t/d，最大规模为 1200t/d，甚至可达 2000t/d 以上；纺丝采用大型喷丝板，其孔数达 5000～50000 孔；纺丝集束线密度达 30000dtex 以上；短纤维常规纺丝速度为 1500～2000m/min，高速纺丝已实现工业化生产，纺丝直接制条技术也得到推广应用。

3. 品种多样化

PET 短纤维品种繁多，除棉型、毛型、中长型、高强低伸型外，还有异形纤维、有色纤维、超细纤维、三维卷曲纤维等，纺织原料多样化，产品高档化，提高了短纤维产品的附加值。

(二)常规纺丝工艺流程及参数

PET 短纤维多采用卧式螺杆挤出熔融纺丝，其常规纺丝工艺流程如图 3-17 所示。短纤维的卷绕不像长丝一样每个喷丝板喷出的丝单独卷绕在一个筒管上，而是将喷丝板喷出的 12 束、18 束或 24 束丝集中经喂入辊落到大桶中。短纤维常规纺丝的工艺参数主要如下。

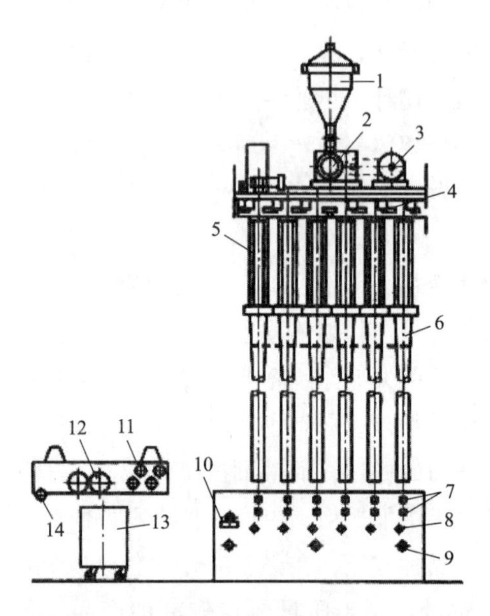

图 3-17　聚酯短纤维常规纺丝工艺流程

1—切片料桶　2—螺杆挤出机　3—螺杆挤出机和计量泵传动装置　4—纺丝箱体　5—吹风窗　6—甬道　7—上油轮　8—导丝器　9—绕丝辊　10—总上油轮　11—牵引辊　12—喂入辊　13—受丝桶　14—总绕丝辊

1. 纺丝温度

纺丝时螺杆各区温度控制在 290～300℃，纺丝箱体温度控制在 285～310℃。纺丝温度过高会导致热降解，熔体黏度下降，造成气泡丝；温度过低，则使熔体黏度增大，造成熔体输送困难而出现漏浆现象。纺丝温度过高或过低均会导致成型时产生异常丝。生产要求纺丝温度波动范围越小越好，一般不超过±2℃。

2. 纺丝压力

PET 短纤维熔体纺丝压力为 0.5～0.9MPa 时称为低压纺丝，15MPa 以上时称为高压纺丝。采用低压纺丝时，一般需升高纺丝温度，以改善熔体的流变性能，但易引起热降解；采用高压纺丝时，由于组件内滤层厚而密，熔体在高压下强制通过滤层会产生大的压力降，使熔体温度升高。压力每升高 10MPa，熔体温度升高 3～4℃，因此采用高压纺丝可降低纺丝箱体的温度。在纺丝过程中，必须建立稳定的压力，若组件阻力随时间延长而增加较大时，则可相应调低纺丝箱体温度，以保证纺丝温度恒定。

3. 丝条冷却固化条件

冷却吹风有利于丝条均匀冷却，使丝条横截面结构均匀。吹风温度的选定与纺丝速度、产品线密度、设备特征等因素有关。PET短纤维生产中，环形吹风的温度一般为(30±2)℃，风的相对湿度为70%~80%。

吹风速度对纤维成型的影响比风温和风湿更大。随着纺丝速度的提高或孔数增加，吹风速度应相应增大，生产上一般为0.3~0.4m/s。吹风速度可为弧形或直形分布，均能达到良好的冷却效果。一般在喷丝板下10cm处开始吹风，其目的是使熔体细流在其上一段距离内保持静止状态，同时避免冷却气流影响喷丝板面的温度。

4. 纺丝速度

PET短纤维的纺丝速度为1000m/min时，后拉伸倍数约为4倍；当纺丝速度增加到1700m/min时，后拉伸倍数只有3.5倍。后拉伸倍数的选择一般根据纺织加工的需要来确定，而其可拉伸倍数取决于纺丝速度。为保证卷绕丝具有良好的后加工性能，常规的短纤维纺丝速度为不超过2000m/min。

三、聚酯短纤维的高速纺丝

随着高速纺丝技术的出现和发展，短纤维的高速纺丝已实现工业化。以往的短纤维生产是采用一对喂入辊将纤维束贮于受丝桶中。但当纺丝速度高于2500m/min时，喂入辊会使丝束产生毛丝，且由于两只喂入辊高速旋转产生的空气涡流，使丝束缠绕在喂入辊上。短纤维的高速纺丝，由于缺少完善的圈条装置而发展缓慢，最高的纺丝速度也只有2000m/min左右。

近年来，丝束落入受丝桶的沉降速度问题已通过采用螺旋圈状沉降式布丝器而得到解决，促进了短纤维高速纺丝的工业化。

（一）聚酯短纤维高速纺丝的特殊要求

短纤维的高速纺丝工艺原理与长丝高速纺丝相同，也有POY工艺、FOY工艺或纺丝—拉伸—卷曲连续化工艺。但由于短纤维在纺丝机上进行多位集束并喂入受丝机构，因此高速化必须解决丝束喂入问题。此外，由于短纤维纺丝的泵供量大，纤维凝固时散热量也大，为了使丝条凝固均匀，一般采用环形吹风或径向吹风，以提高冷却的均匀性，同时还要控制吹风速度、吹风温度、吹风湿度以及吹过丝条后的出风温度。例如，PET短纤维高速纺丝常采用密闭式的吹风形式，即环形吹风筒与甬道连接处是密闭的，风从环形吹风筒吹出后，由甬道下端的侧面排出。此外，短纤维高速纺丝比常规纺丝工艺要复杂得多，其单丝线密度以较低为宜，一般选择2.8dtex以下。短纤维高速纺丝工艺与POY性质有密切关系。

（二）高速条筒布丝器

高速条筒布丝器有螺旋圈状沉降式、帘子缓冲式、圆网缓冲式等。高速纺丝的丝束以螺旋线圈的形式盘卷在条筒内，要使丝束在条筒内充填密度均匀，需将圈条按心形曲线在条筒内盘卷，或圈条按偏心圆运动，这不仅可简化传动装置，而且可节省设备投资。

（三）PET短纤维高速短程纺丝工艺

PET短纤维高速短程纺丝工艺是20世纪80年代出现的先进纺丝技术之一，其特点是高速、多孔、短程、连续和自动化。我国引进的一步法短程纺丝工艺，纺丝速度可达2000~

3000m/min，喷丝板孔数为2860孔。采用热辊拉伸、中压蒸气卷曲和高速切断，产品呈立体卷曲，其工艺流程如图3-18所示。

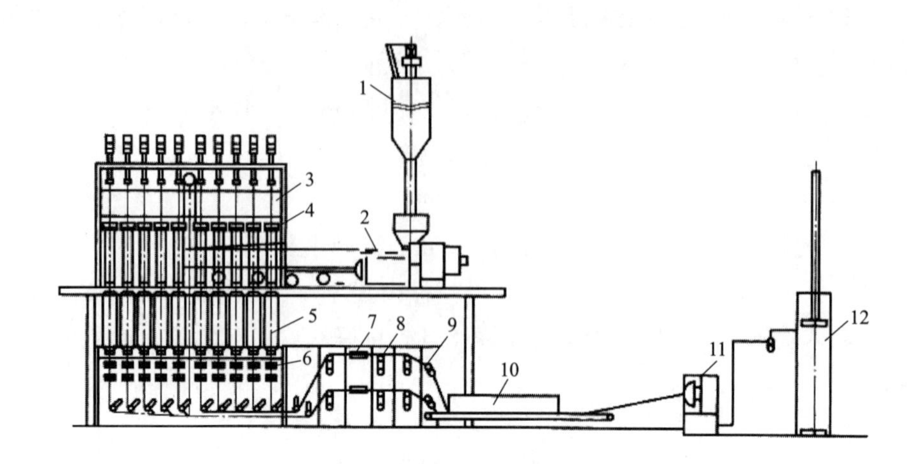

图3-18 聚酯短纤维高速短程纺丝工艺流程

1—切片干燥机 2—螺杆挤出机 3—纺丝箱 4—环吹风套 5—纺丝甬道 6—上油轮 7—蒸汽加热器 8—拉伸辊 9—卷曲器 10—定型装置 11—切断机 12—打包机

在高速短程纺丝工艺中，凝固丝条在纺丝机上经二道油轮上油后，立即进行二级热辊拉伸和中压蒸气卷曲、松弛热定型、喷油，并连续切断成为三维立体卷曲的短纤维，从原料切片到短纤维的生产过程一步完成。纺丝速度为2000~3000m/min，具有高速高效的优点。

第六节 聚酯长丝的纺丝

PET长丝一般以纺丝速度的高低来划分纺丝技术路线的类型，如常规纺丝技术、中速纺丝技术、高速纺丝技术和超高速纺丝技术等。

(1)常规纺丝。纺丝速度为1000~1500m/min，其卷绕丝为未拉伸丝，通称UDY(un-draw yarn)。

(2)中速纺丝。纺丝速度为1500~3000m/min，其卷绕丝具有中等取向度，为中取向丝，通称MOY(medium oriented yarn)。

(3)高速纺丝。纺丝速度为3000~6000m/min。纺丝速度为4000m/min以下的卷绕丝具有较高的取向度，称为预取向丝POY(pre-oriented yarn)。纺丝过程中引入拉伸作用，可获得具有高取向度和中等结晶度的卷绕丝，称为全拉伸丝FDY(full draw yarn)。

(4)超高速纺丝。纺丝速度为6000~8000m/min。卷绕丝具有高取向和中等结晶结构，称为全取向丝，通称FOY(fully oriented yarn)。

20世纪70年代以来，高速纺丝技术发展很快，不仅大大提高了生产效率和过程的自动化程度，而且进一步将纺丝和后加工结合起来，可从纺丝过程中直接制得有使用价值的产品。

今后将沿着高速、高效、大容量、短流程、自动化的方向发展，并将加强差别化、功能化纤维纺制技术的开发。

一、聚酯长丝的纺丝工艺

(一)聚酯长丝的特点及分类

1. 特点

目前在PET纤维中，长丝产量占42%。与PET短纤维相比，PET长丝的优点如下。

(1)长丝不用纺纱，可直接用于织造。

(2)长丝的基建投资虽高于短纤维，但可省去纺织加工的投资。

(3)长丝的纺丝速度已由1000m/min提高到3500m/min以上。工业路线已由“低速纺—拉伸加捻—变形加工”的三步法，简化为“高速纺丝—拉伸变形”的二步法，进而又发展到“纺丝—拉伸”一步法，从而降低成本，提高了产品质量和生产效率。

(4)长丝的品种繁多，易于生产差别化纤维。

长丝的各种优异性能决定了它的广泛用途，这是短纤维无法比拟的。

2. 分类

PET长丝的生产工艺发展很快，种类很多。按其纺丝速度可分为常规纺丝、中速纺丝和高速纺丝；按其工艺流程可分为三步法、二步法和一步法；按其加工方法可分类如下。

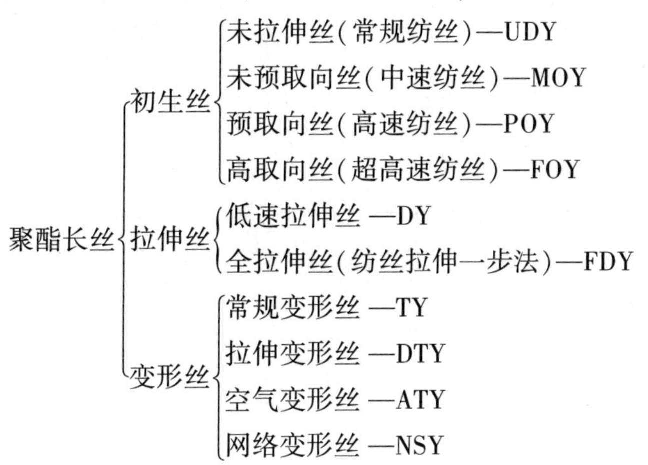

(二)聚酯长丝的纺丝工艺要求

1. 对原料的质量要求高

原料切片(或熔体)的质量和可纺性与产品质量密切相关。由于长丝纺丝温度高，熔体在高温下停留时间长，因此要求切片含水率低。常规纺长丝切片的含水率不大于0.008%(纺短纤维时切片含水率为0.02%)。此外，还要求干切片中粉末和黏结粒子少，干燥过程中的黏度降低，干燥均匀性好。

2. 工艺控制要求严格

长丝生产中，为了保证纺丝的连续性和均一性，工艺参数需严格控制。如熔体温度波动为±1℃，侧吹风风速差异不大于0.1m/s，纺丝张力要求稳定等。

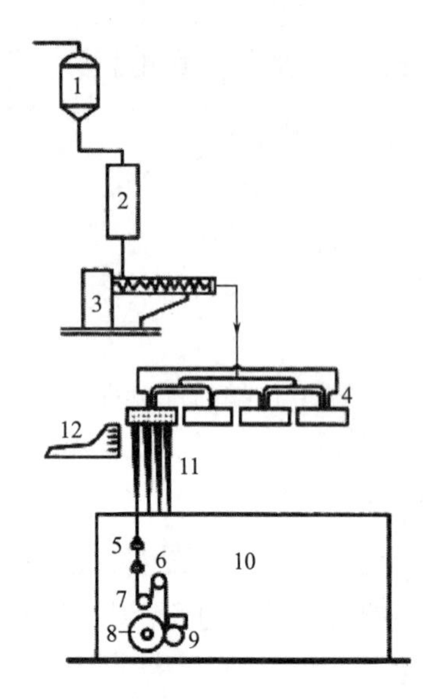

图 3-19 聚酯长丝常规纺丝工艺流程
1—切片料仓 2—切片干燥机 3—螺杆挤出机 4—箱体 5—上油轮 6—上导丝盘 7—下导丝盘 8—卷绕筒子 9—摩擦辊 10—卷绕机 11—纺丝甬道 12—冷却吹风

3. 高速度、大卷装

PET 长丝的纺丝卷绕速度为 1000~8000m/min。在不同卷绕速度下制得的卷绕丝具有不同的性能，目前长丝的纺丝速度趋向高速化，工业生产中普遍采用 5500m/min 的纺速。随着纺丝速度的提高，长丝筒子的卷装质量越来越大，卷绕丝筒子净质量从 3~4kg 增至 15kg。卷装质量增加后，对高速卷绕辊的材质、精度和运转性能要求也大大提高，对筒子内外层质量的均一性、原丝的退卷、筒子的装箱运输等也有较高的要求。

二、聚酯长丝的常规纺丝

常规纺丝又称低速纺丝，与高速纺丝、纺丝—拉伸一步法技术相比，常规纺丝的纺丝速度较低。其卷绕丝 UDY 生产变形丝时，拉伸与变形要分两步进行，工艺流程长，生产效率较低。但常规纺丝的设备制造要求低，一次性投资少，生产技术易于掌握，尤其是在拉伸丝的生产上更显示出其优越性，故其在 PET 长丝生产中仍占有相当重要的地位。常规纺丝工艺流程如图 3-19 所示。

生产中主要控制的工艺参数如下。

1. 纺丝温度

长丝纺丝可采用低温或高温进料的纺丝工艺。熔体纺丝温度一般控制在 280~290℃，根据切片黏度和挤出量进行调节。随着纺丝温度升高，熔体的流动黏度逐渐降低，熔体的均匀性和流变性能变好，可纺性提高。但熔体温度不能过高，否则会加剧熔体的降解，影响纺丝的正常进行及产品质量。

2. 螺杆挤出压力

螺杆挤出压力用于克服熔体在管道和混合器等设备内的阻力，以保证计量泵有一定的入口压力。实际生产中螺杆挤出压力控制在 6.5~7.5MPa，而纺丝组件的压力则控制在 9.8~24.5MPa。

3. 冷却条件

长丝纺丝一般采用侧吹风的冷却形式。冷却吹风温度一般控制在 20~30℃，常采用 28℃。冷却风湿通常控制为 70%左右。风速对卷绕丝的结构和性能有较大影响，不同线密度的丝条，对冷却风速有不同的要求。一般情况下，吹风速度随着丝条线密度增大而提高。常规纺丝冷却风速采用 0.3~0.5m/min。

4. 卷绕速度

卷绕速度是影响卷绕丝预取向度的重要因素。卷绕速度越高，卷绕丝预取向度越高，后拉伸倍数越低。常规纺长丝的最佳卷绕速度为 900~1200m/min。

5. 上油量

卷绕丝的上油量直接决定成品丝的含油量。油剂浓度越高，卷绕丝的上油量越高。上油量视丝的最终用途而定，机织用丝为 0.6%~0.7%，针织用丝为 0.7%~0.9%，加弹用丝为 0.5%~0.6%。油轮转速为 10~20r/min，油剂质量分数为 10%~16%。

三、聚酯长丝的高速纺丝

在常规纺丝生产中，由于纺丝速度低，生产能力的提高受到限制，且得到的初生丝取向度低，结构不稳定，性质随放置时间的长短差异很大，不能直接用于变形加工。因此，人们试图用提高纺丝速度来提高初生丝的取向度及其稳定性。高速纺丝是利用纺丝过程中，大变形和大应力使从喷丝孔挤出的高聚物熔体冷却、固化的同时，发生取向、结晶而得到合成纤维的新方法。

PET 长丝的高速纺丝是 20 世纪 70 年代初发展起来的，由于高速纺丝具有很多优越性，这项技术得到了迅猛发展，国外至今已有 90%以上的长丝采用高速纺丝技术生产。

(一)高速纺丝的主要特点

(1)提高单机产量。高速纺丝比普通纺丝的纺速高 2~4 倍，因而喷丝孔的喷出量大，单机生产能力高。PET 长丝随着纺速增加，产量的递增率见表 3-3。

由表 3-3 中数据可知，纺速从 1000m/min 提高到 3500m/min 产量可增加 47%。显然产量并不是随纺速的提高呈线性增长，尤其当纺速超过 3000m/min 时，产量的增加相当微小，在纺速超过 3600m/min 后，产量几乎不随纺速的提高而增大。这是因为随着纺速的提高，虽然卷绕丝的长度按比例增加，但卷绕丝的后拉伸倍数却随纺速的提高而下降。为了得到一定线密度的成品丝，就必须降低卷绕丝的线密度，使其变细，因此产量不呈线性增长。

表 3-3 纺丝速度与产量递增率

纺丝速度/($m \cdot min^{-1}$)	后拉伸倍数/倍	产量递增率/%
1000	3.6	—
1500	3.0	25
2000	2.5	11
2500	2.1	5
3000	1.8	3
3500	1.6	3
4000	1.4	—

(2)预取向丝的结构稳定性好。常规纺的 UDY 随着放置时间的增加,纤维的性质发生很大变化,而 POY 由于有一定的取向度,结构比较稳定。

(3)纺丝中抗外界干扰性强。随着纺速的提高,纺丝张力增大,纺丝过程受外来干扰相对减小,有利于提高成品纤维的均匀性,从而改进纤维的力学性能和染色性能。

(4)POY 适合用内拉伸法生产 DTY。由于 POY 的预取向度比较高,后拉伸倍数较小,因此可省去投资多、占地大、用人多的拉伸加捻工序。可将拉伸和变形在拉伸变形机上一步完成得到 DTY。由于减少了半成品丝的卷绕和退卷,不但降低了生产成本,而且提高了产品质量。因此,POY—DTY 技术是生产 PET 低弹丝的方向。

目前,PET 预取向丝、全拉伸丝、全取向丝的生产成为 PET 长丝生产的主流。

(二)聚酯预取向丝的生产工艺

预取向丝或部分取向丝(POY),是在纺丝速度为 3000~4000m/min 条件下获得的卷绕丝,其结构与常规未拉伸丝(UDY)不同,与全拉伸(FDY)的结构也不同。POY 是高取向、低结晶结构的卷绕丝,这种结构是由于纺丝速度提高,出喷丝孔后的熔体细流受到高拉伸应力和较大的冷却温度梯度的作用,发生快速形变所致。高速纺丝时所观察到的局部最大形变速率达 $600s^{-1}$。在如此高的形变速率下大分子受拉伸而整齐排列,形成高取向度。形变取向使 POY 的双折射率达到 0.02~0.03。支配这一拉伸形变的动力学因素主要是惯性力和空气摩擦阻力。根据计算,纤维单位面积上所承受的张力可达 100MPa,这与纤维冷却拉伸时所需的应力相差不远。在纺程中,对熔体流变部分的形变和内部结构演变起支配作用的主要是惯性力。而空气摩擦阻力沿纺程的增加,可能导致纤维塑性形变。纤维中的大分子链受到高拉伸张力的作用,其形变不仅发生在熔体未凝固的流动状态区域,而且在固化后还发生细颈拉伸现象,从而大大提高了卷绕丝的取向度,并使其结构稳定。纺丝速度为 3000m/min 以上时,取向度的变化十分明显,这也正是 POY 与 UDY 纺丝技术的区别所在。

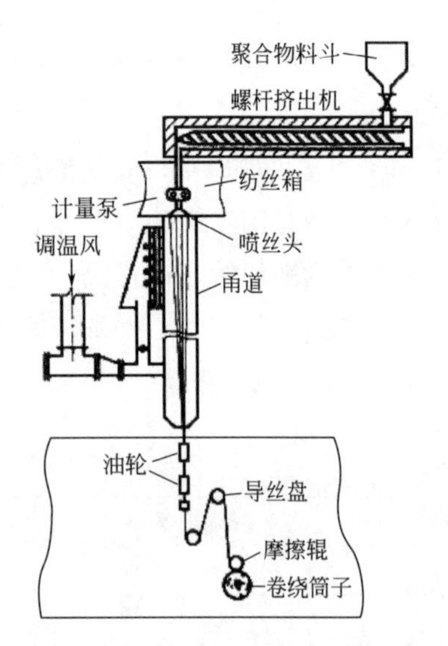

图 3-20 POY 纺丝生产工艺流程

1. 生产工艺流程

高速纺丝生产 POY 一般有切片纺丝和直接纺丝两种生产工艺。其工艺流程与常规纺丝基本相同,如图 3-20 所示。

2. 生产工艺控制

(1)切片的质量要求。POY 纺丝对切片的特性黏数[η]和含水率要求较严格。要求切片的特性黏数在 0.65dL/g 以上,波动值小于 0.01dL/g。切片的含水率一般控制在 0.005%以下。聚酯切片的含水率对高速纺丝可纺性的影响见表 3-4。熔体中不允许含有直径大于 6μm 的杂质或 TiO_2 凝聚粒子。

表 3-4 聚酯切片的含水率对高速纺丝可纺性的影响

可纺性和纤维性质	切片含水率/%	
	0.005	0.014
纺丝时热降解/%	3.1	7.6
纺丝速度/($m \cdot min^{-1}$)	3500	3500
毛丝	无	少量

续表

可纺性和纤维性质	切片含水率/%	
	0.005	0.014
断头	无	少量
最高纺丝速度/（$m \cdot min^{-1}$）	6000	5000
可纺性	良好	欠佳
纤维断裂强度/（$cN \cdot dtex^{-1}$）	2.33	2.30
纤维断裂伸长率/%	118.4	124.0

(2)纺丝温度和压力。高速纺丝螺杆各区温度的控制与常规纺丝基本相同。但由于纺丝速度的提高，要求熔体有较好的流变性，故 POY 纺丝温度比常规纺丝高 5～10℃，一般为 290～300℃。纺丝温度需根据切片的黏度、熔点、纺丝压力及切片含水率进行调整。当切片的特性黏数较高时，应将螺杆前几区的温度调至接近甚至等于后面各区的温度。对于特性黏数和含水率一定的切片，纺丝箱体的温度需随纺丝压力的升高而相应降低。纺丝箱体温度随切片含水率的增高而相应下降。

高速纺丝常采用高压纺丝或中压纺丝。高压纺丝组件压力在 40MPa 以上，中压纺丝组件压力为 15～30MPa。实践证明，聚酯熔体在 30MPa 以上的压力下纺丝时，熔体在短时间内通过滤层后将上升 10～12℃。压力引起的熔体温度升高比由箱体加热升温更均匀，这有利于改善熔体的纺丝性能。

(3)冷却吹风条件。冷却固化条件对纺程上熔体细流的流变特性，如拉伸流动黏度、拉伸应力等物理参数有很大影响。在高速纺丝时，冷却吹风条件对丝条凝固动力学的影响明显减弱。但吹风速度对 POY 的条干均匀性影响较大。风速过大时，空气流动的湍动会引起丝条的振动或飘动，则丝条凝固速度减缓，也会使凝固丝条飘忽、振动的因素增加而引起条干不匀。

POY 很少时，丝条的运动速度比常规纺丝高 3～4 倍，故相应的冷却吹风速度也需提高，一般选择 0.3～0.7m/s。吹风温度为 20℃，相对湿度为 70%～80%。

(4)卷绕速度。POY 的纺丝速度影响丝条的结构和性能，随着纺丝速度的提高，密度、双折射率和屈服应力增大。

当纺丝速度为 3000～3600m/min 时，其双折射率随纺速增加的速率基本达到最大值，而其密度增大的最高速率要稍落后于双折射率，约在 4000m/min 附近，这是由于大分子诱导结晶所致。

POY 的纺丝速度应尽可能选择在不发生取向诱导结晶作用的范围内。若纺速太高，则丝条后加工性能变差；若纺速偏低，则丝条张力过小，达不到要求的预取向度。

POY 的纺丝速度与产量有一定的关系。机台产量可随纺丝速度的提高而增加，在最终成品纤维线密度一定的条件下，纺丝机的产量依赖于纺丝速度和后拉伸倍数的乘积，当纺丝速度提高时，后拉伸倍数下降。因此，POY 纺丝速度的提高有其最适宜值。影响 POY 结构和性能的工艺参数还有上油集束位置、纺丝机上有无导丝盘等因素。

3. 预取向丝的性能

（1）取向度。POY 的双折射率（Δn）为 $0.025<\Delta n\leqslant 0.6$。若 Δn 过高，则会导致大分子间的超分子结构加强，使后加工性能变差；若 Δn 过低，则纤维结构不稳定。

（2）结晶度。POY 的结晶度越低越好，一般为 1%～2%。后拉伸性能与原丝的初级结构有关，初级结构越完整，拉伸时对原有结晶结构的破坏就越大，新结构形成就越不完整。且原丝结晶度高，使后拉伸应力增加，容易产生毛丝。

（3）断裂伸长率。POY 的断裂伸长率应为 70%～180%，最好为 100%～150%，这样的 POY 才具有良好的可加工性，且所需拉伸倍数又不太高。

（4）结构一体性参数和沸水收缩率。表征 POY 拉伸加工性能的指标有结构一体性参数（$E_{0.2}$）和沸水收缩率，这两项指标可间接度量纤维的结晶和取向程度。一般要求 POY 的 $E_{0.2}$ 为 0.3～1，沸水收缩率为 40%～70%。若 $E_{0.2}>1$，说明纤维的取向度和结晶度过低，断裂伸长率大；若 $E_{0.2}<0.3$，则纤维取向度过高，并有准晶结构形成，这样断裂伸长率小，纤维后拉伸性能较差。

（5）摩擦系数与含油率。POY 的摩擦系数要求在 0.37 以下，最好为 0.2～0.34，含油率要求为 0.3%～0.4%。这两项指标可保证 POY 具有良好的后加工性能。含油率太高会使 POY 在后加工中白粉增多。

（6）乌斯特条干不匀率。要求乌斯特条干不匀率在 1.2%以下（正常值）。乌斯特条干不匀率太高，会使成品丝的不匀率增加。乌斯特条干不匀率是 POY 质量的重要指标之一。

此外，还要求 POY 的卷装成型良好，德氏硬度适中（60%～70%），并易于退绕。

（三）聚酯全拉伸丝的生产工艺

1. 生产工艺流程

此处所说的全拉伸丝（FDY）是生产不同于 UDY-DT 工艺所生产的全拉伸丝，它是在 POY 高速纺丝过程中引入有效拉伸，当卷绕速度达到 5000m/min 以上时，便可获得具有取向结构的拉伸丝。故 FDY 的生产工艺是纺丝、拉伸、卷绕一步法连续工艺，如图 3-21 所示。

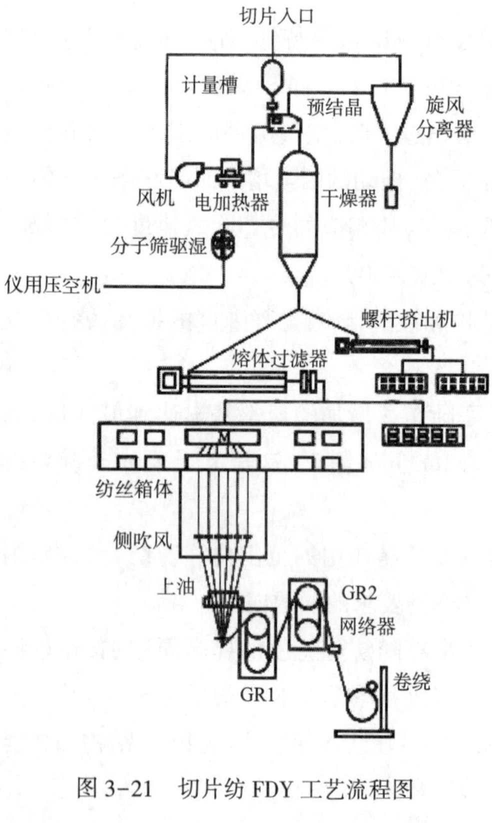

图 3-21　切片纺 FDY 工艺流程图

在一般高速纺丝条件下，丝条中全部分子的取向是在熔融态或部分熔融态中发生的，纺丝过程中形成的大分子和微晶仍能非常自由地运动，因此不能像未取向丝在固态下拉伸那样使大分子沿纤维轴完全取向。因此，一般高速纺丝虽然纺丝张力很大，但所得纤维的强力不能达到最高值。只有当纺丝速度达到

7000~8000m/min以上，才能获得未拉伸丝经受拉伸后所具有的强度，而如此高的纺丝速度对生产设备要求高，难度较大。因此，可考虑在纺丝线上建立有效的拉伸阶段，即先以一定的速度（如3000m/min）纺出预取向丝，随后对此固化丝条进行一次热拉伸，便可获得拉伸取向效果。基于此，在POY纺丝过程中配置一组热拉伸辊，使丝条在离开第一导辊之后，连续喂入拉伸—卷绕机，丝条在第一辊上已达到POY的纺丝速度3000m/min，在第二辊上达到5000m/min以上的速度，在两辊之间获得稳定的张力和伸长，从而获得与纺丝、拉伸二步法相近的丝条结构。

2. 生产工艺控制

（1）纺丝条件。FDY的纺丝特征是大喷出量和高倍率的喷丝头拉伸，且纺丝速度高，因而纺丝工艺要求比POY纺丝严格。如切片的含水率要求比纺POY更低，有些生产厂控制在0.0018%以下，且要求熔体中的凝聚粒子和杂质含量更少。

由于FDY纺丝速度高，要求熔体有良好的流变性能，故纺丝温度要比纺POY高，通常控制在295~300℃。冷却条件与纺POY相同，吹风速度采用0.5~0.7m/s。

（2）拉伸条件。FDY的拉伸借助于拉伸卷绕机上的一对拉伸辊。丝条在第一拉伸辊上的速度必须达到POY的纺丝速度，即3000m/min，其剩余拉伸比只有2。因此，第二拉伸辊的速度需控制在拉伸比小于2的范围内，一般为5200m/min。

FDY需进行热拉伸，拉伸温度在POY的玻璃化转变温度T_g以上，通常采用一对热辊，第一热辊的温度为60~80℃，第二热辊的温度为150~195℃。为了使丝条在热辊上均匀受热，要求辊筒表面温度均匀一致，并使丝束在热辊上的接触位置不变。

FDY的生产采用高速纺丝并紧接高速拉伸，故丝条所受张力较难松弛。为了使拉伸后的丝条得到一定程度的低张力收缩，故卷绕速度一般应低于第二拉伸辊的速度，使大分子在卷绕前略有松弛，同时也可获得较好的成丝质量和卷装。聚酯FDY的卷绕速度在5000m/min以上。

（3）网络度。FDY是以一步法连续工艺生产的全拉伸丝。由于在高速卷绕过程中无法加捻，因此在拉伸辊之后装有空气网络喷嘴，使丝束中各单丝抱合缠结。比较适宜的网络度大于20个/m。FDY经网络后还可省去织造时的并丝、加捻、上浆等纺织加工工序。

3. 全拉伸丝的性能

FDY是经一步法制取的具有全取向结构的拉伸丝。其密度约为1.379g/cm^3，取向度接近常规纺丝法的全拉伸丝。FDY的双折射率（Δn）在0.1以上。由于分子取向高，有利于结晶，在纺丝的高应力下，结晶起始温度较高，结晶时间缩短。FDY的结晶度达0.2（结晶体积分数）以上。

由于取向和晶相结构的形成，FDY的断裂强度在3.5cN/dtex以上，断裂伸长率为35%~40%。FDY质量比较均匀，强度和伸度不匀率比常规拉伸丝小得多，但其初始模量相对较低，这一特性是丝条在热辊上经历了低张力热定型的效果。FDY力学性能已达到纺织加工的要求，并具有较好的染色性能。全拉伸丝的质量指标见表3-5。

表 3-5　全拉伸丝(FDY)的质量指标

质量指标	A 级	B 级
拉伸丝线密度变异系数(筒子间)/%	≤0.5	≤0.65
拉伸丝条干均匀度/%	≤0.6	≤0.75
断裂强度/(cN·dtex^{-1})	≥3.96	≥3.83
断裂强度变异系数/%	≤4	≤6
断裂伸长率/%	23~30	23~30
断裂伸长率变异系数/%	≤8	≤9
染色均匀率/级	≥4	≥3
沸水收缩率/级	≤5	≤7

(四)聚酯全取向丝的生产工艺

全取向丝(fully oriented yarn,FOY)是采用6000m/min以上的纺丝速度而获得的具有高度取向结构的长丝。全取向丝(FOY)所得卷绕丝具有普通拉伸加工成品丝的取向度和结晶度。实践证明,6000m/min纺速得到的是高取向丝(HOY),其断裂伸长率仍较大,高达40%左右,结构与FDY相差较大,只有在7000m/min以上得到的全取向丝(FOY)的结构才与FDY基本相同。现在纺速在7000m/min以上的超高速纺丝工艺路线已实现工业化生产。超高速纺丝工艺具有以下特点。

(1)纺程上凝固点位置随纺丝速度变化。纺程上凝固点的位置与纺丝速度有关,当纺丝速度为3000m/min时,丝条的冷却长度L_k为80cm,相应的冷却时间约为10ms;当纺丝速度为5000m/min时,L_k为60cm,冷却时间为10ms;当纺丝速度为9000m/min时,L_k仅为10cm,冷却时间只有1ms。由此可见,纺丝速度提高,凝固点位置移向喷丝板,与此同时,丝条在凝固点的温度也随之提高。当纺丝速度为1500m/min时,冷却固化后丝条的温度为80℃;纺丝速度为3200m/min时,冷却固化后丝条的温度为100℃。这是由于随着纺丝速度的提高,拉伸应力增大以及冷却条件的强化,提前限制了大分子链段的运动,从而提高了纤维的冷却固化温度。

(2)纤维截面上径向温度梯度增大。随着纺丝速度的提高,丝条表面和中心的温差增大,丝条表面的取向度比中心的取向度也大得多,这导致内外层结构产生差异,形成皮芯结构。

(3)具有微原纤结构。纺丝速度为6000~10000m/min制取的FOY具有微原纤结构。这是由于晶区和无定形区相互连接并呈周期分布的结果。在超高速纺丝条件下,由于高拉伸应力的作用使大分子链产生取向和热结晶而形成微原纤结构。

(4)细颈现象明显。在涤纶高速纺丝过程中,丝条的直径沿纺丝线发生变化。当纺丝速度达到4000m/min以上时,在纺丝线上某一狭小区域内,开始出现颈状变化;当纺丝速度达到5500~6000m/min时,丝条直径急剧变细,细颈现象十分明显。纺丝速度越高或在相同的纺速下,质量流量越小,细颈点的位置越向喷丝头的方向上移,但细颈开始点的温度则大致相同。丝条出现细颈现象变形后,其直径不再变细。关于颈状变形的原因现在尚无确切的解释。可能是达到足够高的纺丝速度时,纤维的结构性质处于某一状态,由于结晶或其他原因使成纤聚合物在细颈点屈服。

(五)高速纺纤维的结构与性能

高速纺丝条件下制取的卷绕丝,与低速纺卷绕丝的性质相比有明显区别,其力学性能见表3-6。

表3-6 全拉伸丝(FDY)的质量指标

分类	双折射率 $\Delta n/(\times 10^3)$	结晶度/%	密度/($g \cdot m^{-3}$)	强度/($cN \cdot dtex^{-1}$)	伸长/%	热收缩率/%	初始模量/($cN \cdot dtex^{-1}$)
常规纺丝 900~1500m/min 的卷绕丝(UDY)	5~15	2~4	1.340	1.3	450	40~50	13.2
高速纺丝 2500~4000m/min 的预取向丝(UDY)	30~60(当为62~68时,结晶开始急剧进行)	6~10	1.342~1.346	1.9~2.8	120~220	60~70(3000m/min时达到最大值)	17.6
超高速纺丝 5000m/min 以上的全取向丝(FOY)	120	30~45	1.360~1.390	3.5~4.1	40	<6	70.6

随着纺丝速度的提高,纤维的取向度和结晶度也相应提高。因此,高速纺丝得到的预取向丝比常规卷绕丝有较高的强度和模量,同时断裂伸长率较低。通常涤纶拉伸丝的强度为3.5~5.3cN/dtex,伸长率约为30%,而超高速纺丝获得的全取向丝也具有类似的性质。

1. 强度

高速卷绕丝随着纺丝速度的提高,纤维强度增大,伸长减小。这种变化在纺丝速度达6000m/min时出现极限值。这是由于冷却速率随卷绕速度提高而增加;结晶速率增至纺速为6000m/min左右时趋于不变;而随着纺速提高,结晶起始温度提高,结晶时间缩短。但当纺丝速度超过7000m/min时,强度稍有下降。这可能是丝条内部形成微孔或表面损伤形成裂纹所致。

2. 延伸度

高速纺丝过程的取向和结晶对纤维拉伸性能也有显著影响。随着纺丝速度的提高,纤维延伸度减小,屈服应力升高,自然拉伸比降低。

当纺速为1000~2000m/min时,初生纤维屈服应力与常规法生产的未拉伸丝相似;在纺速为3000~4000m/min时,反映非晶区分子间作用力的初始屈服应力上升,且在拉伸曲线上的弯曲消失;当纺速达5000m/min以上时,就显示出所谓的二次屈服点这种与完全取向丝相似的性质,卷绕丝应变行为接近于拉伸丝的性质。

3. 热性能

纺丝速度不同,卷绕丝热性能也不同。在较低纺丝速度时,卷绕丝在低温侧(130℃)附近仍有冷结晶峰出现(结晶放热峰),在高温侧(250℃)附近有结晶熔融吸热峰,只有在卷绕丝进行拉伸热处理后,低温侧的冷结晶峰才消失。但随着纺丝速度的提高,DTA 曲线上的冷结晶峰逐渐减少并向低温方向移动,纺速达 5000m/min 以上时,冷结晶峰消失,而熔融峰随纺速提高逐渐变得尖锐,并略向高温方向移动。这说明随着纺丝速度的提高,聚酯卷绕丝从非晶态逐渐变化至半结晶态,结晶度在提高,其变化过程与纺丝速度呈正比,因而引起物理性能的改变。

4. 密度和沸水收缩率

沸水收缩率随纺丝速度提高而下降,到 5000m/min 左右开始趋于稳定。卷绕丝的密度则随纺丝速度的提高而增加。

综上所述,高速纺卷绕丝的力学性能不同于常规纺卷绕丝,而且在不同纺速范围,性能也不同。因此,生产上可根据产品的性能要求选择合适的纺丝速度。

四、聚酯复合纤维

复合纤维是指由两种或两种以上组分纺制而成的纤维,每一根纤维中两组分有明显的界面。PET 复合纤维是将 PET 与其他种类的成纤高聚物熔体利用其组分、配比、黏度不同,分别通过各自的熔体管道,输送到由多块分配板组合而成的复合纺丝组件,在组件适当部位汇合,从同一喷丝孔喷出成为一根纤维。一些复合纤维品种如图 3-22 所示。

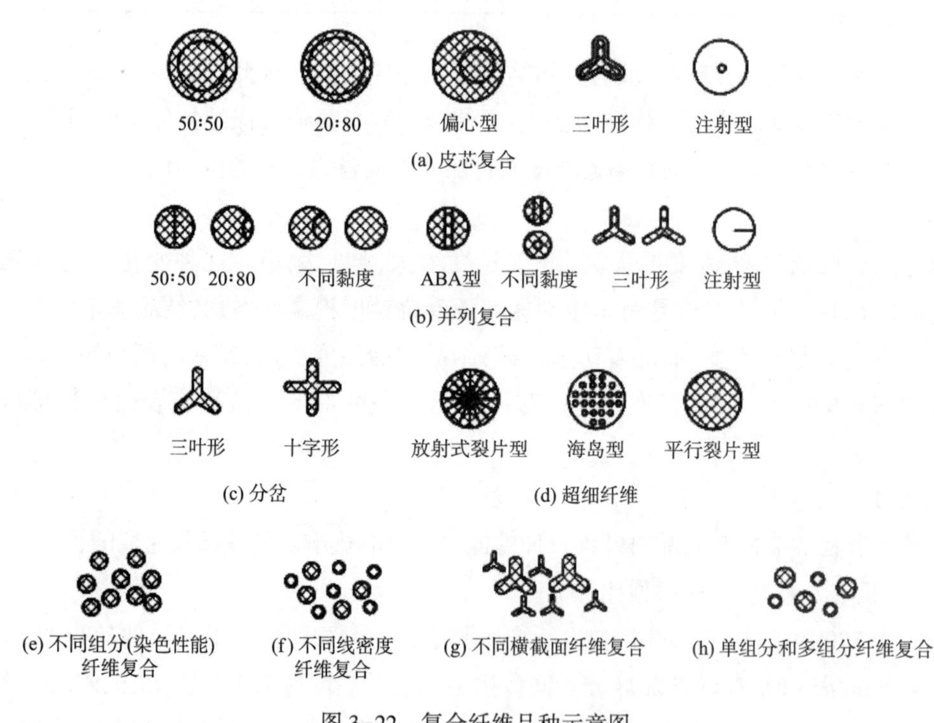

图 3-22 复合纤维品种示意图

(一)复合纺丝组件

熔融法复合纺丝组件由喷丝板座、分配板、喷丝板和套筒等组成,如图 3-23 所示。

熔体进入组件被套筒分隔成A、B两室，两种物理性能不同的熔体分别通过两室的过滤层，进入分配板中相应的A、B孔中。板的一面是平的，内外两圈的喷孔以a、b表示；另一面有凸出的环状隔板c，在隔板上开有连通A、B的沟槽，它将两种熔体导入喷丝孔。喷丝板中有一凹形环状槽与分配板的环状隔板相对应，槽底开有若干个微孔，微孔形状与纤维截面如图3-24所示。熔体在喷丝孔的微孔中合并成一股细流喷出，凝固后形成双组分复合丝，其外观与普通丝完全一样。

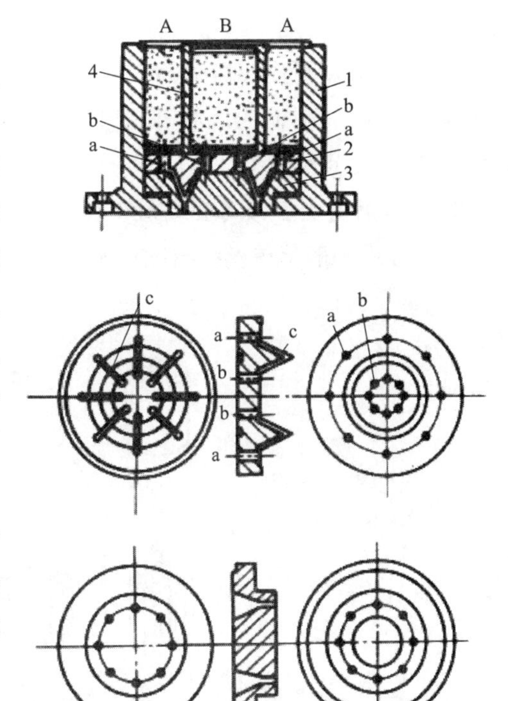

图3-23　熔融法复合纺丝组件

1—喷丝板座　2—分配板

3—喷丝板　4—套管

（二）聚酯复合纤维的主要品种

PET复合纤维有自发卷曲型纤维、热黏合复合纤维、裂离型超细纤维和海岛型超细纤维等多个品种。PET复合纤维纺丝工艺流程基本上与常规熔融纺丝工艺流程相似。

1. 自发卷曲型纤维

自发卷曲型纤维又称三维卷曲或立体卷曲纤维。为了使织物具有优良的蓬松性、丰富的手感、高的伸缩性以及优越的覆盖性，可选择两种具有不同收缩性能的聚合物，纺制成并列型或皮芯型复合纤维，这种纤维具有与天然羊毛相似的永久三维卷曲结构。

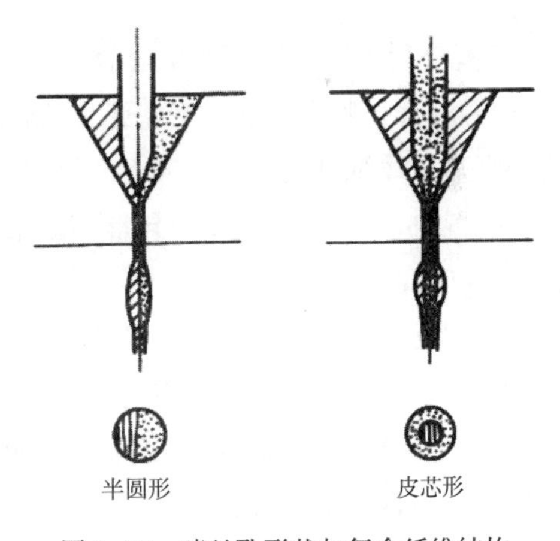

图3-24　喷丝孔形状与复合纤维结构

自发卷曲型复合纤维的复合组分一般选择同一类型，但在物理—化学性质上又有一定差异的聚合物，例如，有一种由常规聚酯与改性共聚酯复合而成的并列型复合纤维，其中一种组分为对苯二甲酸乙二醇酯的均聚酯，另一组分为对苯二甲酸乙二醇酯和间苯二甲酸乙二醇酯以摩尔比(8~9)：1共聚而成的共聚酯。两者进行复合纺丝的比例为(40：60)~(60：40)，由于均聚酯与共聚酯属同一类型的聚合物，但在物理—化学性质上又有一定的差异，所以它们之间既有强的黏合力，在界面上不会产生裂离，又由于两组分在收缩上的差异而使复合纤维具有高度的潜在卷曲性，纤维经受外力拉伸或热松弛后便产生卷曲，用它纺成短纤维，有很好的纺织加工性。

2. 热黏合复合纤维

热黏合PET复合纤维主要用于非织造布生产，在纤维网中混入一定比例的热黏合复合纤维以代替化学黏合剂。选用两种不同熔点的聚合物纺制成皮芯型复合纤维,皮层的熔点比芯层低,在一定的温度下皮层熔融,而芯层不熔,这样纤网中的纤维之间便产生黏结点,使纤网加固形成非织造布。例如,PET/共聚酯皮芯型复合纤维,其芯层是常规 PET,熔点为 260℃,皮层为改性共聚酯,熔点为 110℃。

3. 复合裂离型和海岛型超细纤维

超细纤维一般指单丝线密度小于 0.3dtex 的纤维,如图 3-25 所示。

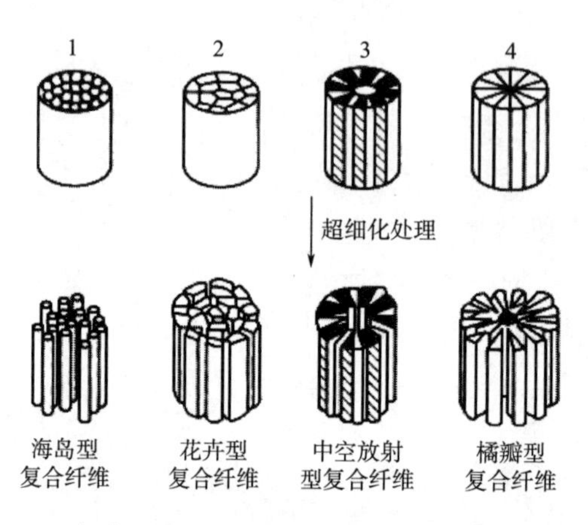

图 3-25 复合裂离法和海岛法制取聚酯超细纤维的方法

采用复合裂离法和海岛法制取超细纤维,有海岛型复合纤维、花卉型复合纤维、中空放射型复合纤维、橘瓣型复合纤维等,这些超细纤维以其独特的美学特性和服用卫生性而风靡国际市场。

(1)复合裂离法。将两种在化学结构上完全不同,彼此互不相容的聚合物,通过复合纺丝方法,使两种聚合物在截面上交替配置,制成复合纤维,然后用化学和机械的方法进行剥离,从而使一根复合纤维分裂成几根独立的超细纤维。纤维的根数和单纤维的线密度取决于复合纤维中的配置数,纤维的截面则为异形(型)截面,如放射形、橘瓣形等。此法加工的单丝线密度可达 0.1~0.2dtex。

裂离型复合纤维的两组分一般选用 PET/聚酰胺、PET/聚丙烯和 PET/聚乙烯等。

(2)海岛法。海岛法又称溶出法,是将 PET 与另一种可溶性聚合物制成海岛型复合纤维,再用溶剂溶去可溶解组分(海)后制取超细纤维。通常,海组分为苯乙烯,岛组分为 PET,用三氯乙烯为溶剂将海组分溶去,得到 0.05~0.1dtex 的超细纤维。

常用的海岛法有两种:一种是复合纺丝法,将两种聚合物通过双螺杆复合纺丝机和特殊的喷丝头组件,进行熔融纺丝,制得超细长丝;另一种是共混纺丝法,将两种聚合物共混纺丝,一种组分(岛组分)随机分布于另一组分(海组分)中,可制得超细短纤维。

(三)复合超细纤维的特性及其应用

1. 复合超细纤维的主要特性

(1)线密度小,比表面积大。复合超细纤维在分离后,纤维的直径很小,仅为 0.4~4μm,线密度为普通纤维的1/40~1/8,故其手感特别柔软。因相同质量的高聚物制成超细纤维,其根数远远超过普通纤维,故复合超细纤维的比表面积比普通纤维大数倍至数十倍。

(2)纤维的导湿、保水性能良好。由于复合超细纤维是由两种高聚物构成,两组分间有一定的相界面,即使两组分剥离了,其间隙也极小,故该类纤维具有良好的保水性和导湿性。此外,该类纤维的公定回潮率可达3%,约为普通涤纶长丝的6倍。

2. 复合超细纤维的应用

(1)仿天然纤维织物。复合超细纤维的线密度小于0.3dtex,故相同特数的纱线所含单根纤维的根数要比普通纤维多数倍,采用该类纤维织成的织物显得蓬松、丰满,悬垂性、保湿性好,更具有柔软的手感,仿真效果极佳。同时织物还保持了常规涤纶的尺寸稳定性和免烫性。

桃皮绒织物就是近年来运用高技术开发出来的一种超细纤维高密度薄型起绒织物,因其表面覆盖着一层特别短而精致细密的绒毛,具有新鲜桃子表皮的外观和触感。桃皮绒织物的经纱为细特涤纶,纬纱为产生密集短绒的裂片型复合超细纤维,起绒部分单丝的线密度最佳为0.1~0.2dtex,PET/PA6裂片式超细纤维就是模仿真丝砂洗使微原纤裂开,故该纤维是生产桃皮绒织物理想的合成纤维原料。

用复合超细纤维做人造麂皮的基布,按素软缎组织结构织造后采用涂层技术对基布进行处理,再经起毛、磨绒加工,可制成具有书写效应的高档人造麂皮,用于外套、夹克、装饰面料,风格高雅,仿真感极佳。

(2)功能性织物。复合超细纤维用于制造出色的功能性织物,较典型的应用是织造高密防水透气织物。在高密织物中,纤维与纤维间的间隙是0.2~10μm,而液态水的最小粒径在10μm以上,因而前者的间隙足以挡住最小的雨滴,而人体散发出来的水蒸气又能从间隙中逸散出去,使穿着者有舒适的感觉。特别是在剧烈活动出汗的情况下无粘身的感觉。该类织物用途广泛,如用作户外运动服、风衣等。

除防水透湿性织物外,复合超细纤维的另一功能性用途是作洁净布。由于纤维的比表面积很大,因而能较好地清除微尘,对被擦拭物品表面也不会产生任何损伤,不会残留纤维碎段。

用复合超细纤维做压缩服装方兴未艾。这种轻如蝉翼的小体积服装存放、携带十分方便,深受外出者的欢迎。

第七节 聚酯纤维的后加工

聚酯纤维的后加工是指对纺丝成型的初生纤维(卷绕丝)进行加工,以改善纤维结构,包括拉伸、热定型、加捻、变形加工和成品包装等工序。聚酯纤维后加工的作用如下。

(1)将纤维进行补充拉伸,使纤维中大分子取向、规整排列,提高纤维强度,降低伸长率。

(2)将纤维进行热处理,使大分子在热作用下消除拉伸时产生的内应力,降低纤维收缩率,提高纤维结晶度。

(3)对纤维进行特殊加工,如将纤维卷曲或变形、加捻等,以提高纤维的摩擦系数、弹性、柔软性、蓬松性。

一、聚酯短纤维的后加工

(一)工艺流程

国内聚酯短纤维有普通型和高强低伸型两类,两者的后加工流程和设备有所差异。高强低伸型短纤维需进行紧张热定型,普通型短纤维则不需要。目前,高强低伸型短纤维后加工工艺流程较长,主要包括集束、拉伸、卷曲、热定型及切断、打包几个过程。具体如图 3-26 所示。

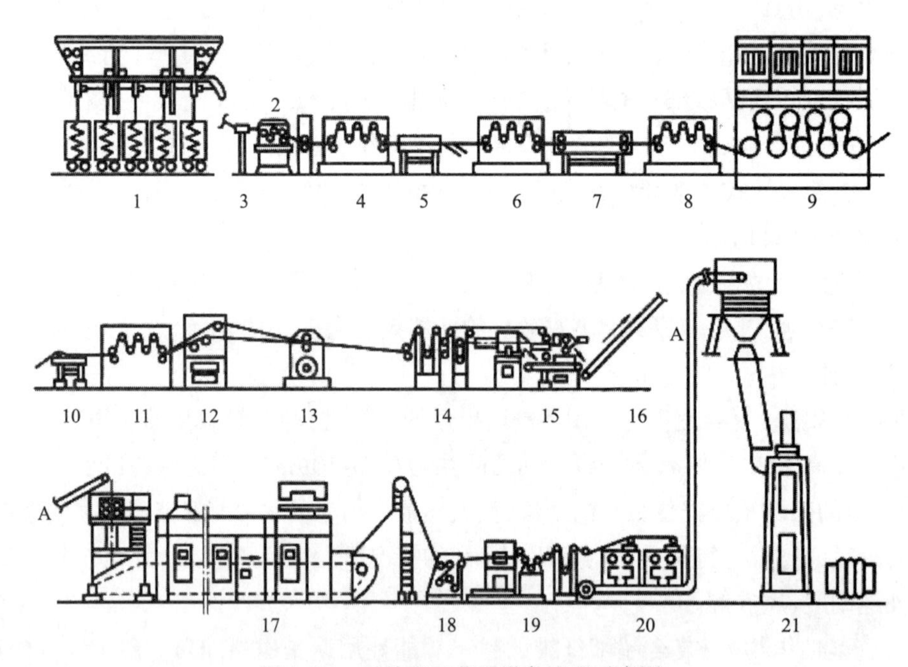

图 3-26 后处理工艺及设备流程示意图

1—集束架 2—导丝机 3—导丝架 4—第一拉伸机 5—浸油槽 6—第二拉伸机 7—水浴槽或过热蒸汽拉伸箱 8—第三道七辊 9—紧张热定型机 10—油浴冷却槽 11—第四道七辊 12—叠丝机 13—张力控制机 14—张力架 15—卷曲机 16—输送机 17—松弛热定型机(干燥) 18—拽引机 19—三辊牵引机 20—切断机 21—打包机

(二)工艺设备及条件

1. 初生纤维的存放和集束

刚成型的初生纤维其预取向不稳定,需经过存放平衡,使内应力减小或消失,一般存放 8h 以上,基本趋于稳定。存放稳定后的丝条需进行集束。所谓集束,即把若干个盛丝筒的丝条合并,集中成工艺规定粗度的大股丝束,一般为 30×1(股)~75×2(股)ktex(以成品纤维特数为准),以便进行后处理。

2. 拉伸设备

集束拉伸工艺常用的设备为三道七辊拉伸机,其外观如图 3-27 所示。一台牵(拉)伸机通常由五个或七个牵(拉)伸辊组成,依靠两台拉伸机的速度差来完成丝束的拉伸。在拉伸辊上方或下方增加压辊可防止丝束打滑，提高拉伸能力。同时，拉伸机之间的浸渍辊可控制拉伸点，防止因拉伸潜热的作用使拉伸点前移，从而达到稳定拉伸的作用。

图 3-27 七辊拉伸机外观结构图

3. 拉伸工艺条件

目前，为保证丝束的加热均匀，短纤维的拉伸一般采用湿热拉伸工艺，因此在各道拉伸机之间常设置加热器。加热有热水喷淋、蒸气喷射、油浴和水浴加热等形式，目前更多倾向于油浴和水浴加热。

拉伸方式有一级拉伸和二级拉伸，通常采用间歇集束二级拉伸工艺。拉伸工艺条件包括拉伸温度、拉伸速度、拉伸倍数和拉伸点等。

（1）拉伸温度。第一级拉伸温度一般控制在玻璃化转变温度以上，但为防止发生流动变形，温度不易过高，70～90℃最好；纤维经过第一级拉伸后，已经有一定的取向度，结晶度和玻璃化转变温度都有所提高，因此需要提高温度。第二级拉伸温度为 150（棉型）～180℃（毛型）。

（2）拉伸速度。涤纶短纤维拉伸时丝束喂入速度一般为 30～45m/min，出丝速度为 140～180m/min；毛型短纤维的出丝速度则要低些。

（3）拉伸倍数。应根据卷绕丝的应力-应变曲线确定，选择在自然拉伸倍数和最大拉伸倍数之间，总拉伸倍数为 4～4.4 时，第一级拉伸倍数控制在 85%左右。

（4）拉伸点。生产上希望拉伸点距离越短越好，通常 2～3cm 区域为稳定拉伸点，一般将拉伸点准确控制在第一、二道拉伸机之间的加热装置内。

4. 卷曲

聚酯短纤维通常与棉、毛或其他化学纤维混纺。由于棉、毛纤维纵向有天然转曲或卷曲，而聚酯纤维横截面近似圆形，表面光滑，因此纤维间抱合力差，不易与其他纤维抱合在一起，对纺织后加工不利，故必须进行卷曲加工。

合成纤维有机械卷曲和化学卷曲两种方法。目前大规模生产的聚酯短纤维，多采用机械卷曲法，即用填塞箱式卷曲机。填塞箱式卷曲机由上卷曲轮、下卷曲轮、卷曲刀、卷曲箱和加压机构等组成。丝束经导辊被上、下卷曲轮夹住送入卷曲箱中，上卷曲轮采用压缩空气加压，并通过重锤来调节丝束在卷曲箱中所受的压力，丝束在卷曲箱中受挤压而卷曲。目前，一般聚酯短纤维的卷曲数要求棉型 5~7 个/cm，毛型 3~5 个/cm。

5. 热定型

热定型的目的是消除纤维内应力，提高纤维的尺寸稳定性，并且进一步改善其力学性能。热定型可使拉伸、卷曲效果固定，并使成品纤维符合使用要求。热定型可在张力下进行，也可在无张力下进行，前者称为紧张热定型（包括定张力热定型和定长热定型），后者称为松弛热定型。

生产不同品种和不同规格的纤维，往往采用不同的热定型方式。生产普通型聚酯纤维，一般在链板式或圆网式热定型机上以自由收缩状态进行，称为松弛热定型；生产高强低伸型纤维时，一般先采用热辊式定型设备，在一定张力下进行热定型，然后再进行松弛热定型。影响热定型的主要工艺参数是定型温度、时间及张力。

6. 切断与打包

切断的目的是按照生产加工要求，将 PET 纤维切成所需要的长度，以便很好地与棉、羊毛及其他品种的化学短纤维进行混纺。

切断方式有两种：一种是经拉伸卷曲后的湿丝束先切断再干燥热定型；另一种是湿丝束先热定型再切断。纤维规格不同，其切断长度也有差异。如棉型短纤维的切断长度为 38mm；中长纤维的切断长度为 51~76mm；毛型纤维的切断长度为 90~129mm；用于粗梳毛纺的毛型短纤维的切断长度为 64~76mm；用于精梳毛纺的毛型短纤维的切断长度为 89~114mm。切断纤维需控制长度偏差、超倍长纤维量以及黏结丝（或称并丝）量等几个指标。

打包是涤纶短纤维生产的最后一道工序，它是将短纤维按照一定规格和重量进行包装，以便运送出厂。成包后应标明规格、批号、等级、重量、时间和生产厂商等。

二、聚酯长丝的后加工

PET 长丝后加工工艺流程比短纤维简单，但长丝的规格繁多，其后加工流程也不尽相同。长丝后加工过程取决于原丝的生产方法和产品的最终用途。如 UDY 和 POY 原丝经拉伸加捻制得普通长丝；POY 原丝经变形加工得到变形丝。变形丝的种类有假捻变形丝、网络变形丝、空气变形丝及其他差别化长丝等。90%以上的聚酯长丝变形加工使用假捻变形法，聚酯长丝的变形加工法具体如图 3-28 所示。

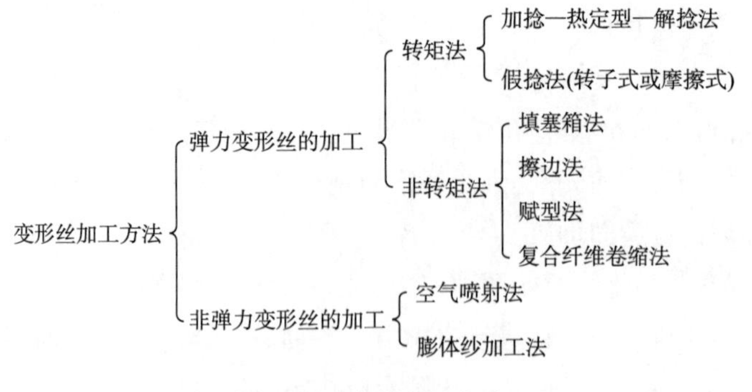

图 3-28　变形加工方法

(一)普通聚酯长丝的后加工

1. 拉伸加捻设备及工艺

普通聚酯长丝又称拉伸丝,由 UDY 加工而成,其拉伸、加捻是在同一台设备上完成的,以拉伸为主并给予少量的捻度,称为弱捻丝,在织造前再补充加捻。

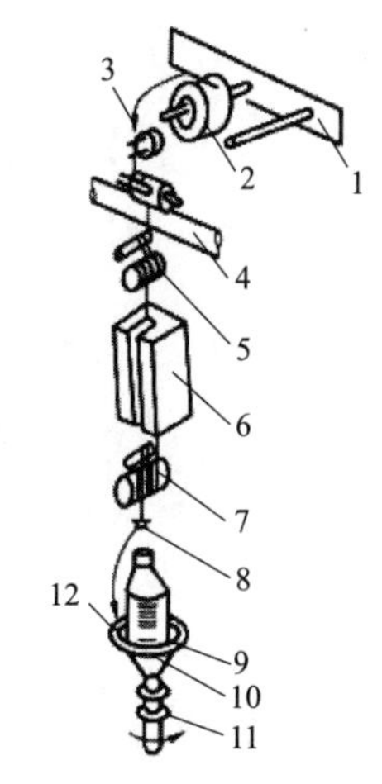

图 3-29　涤纶长丝拉伸加捻机的结构示意图

1—筒子架　2—卷绕丝　3,8—导丝器　4—喂入辊　5—上拉伸盘　6—加热器　7—下拉伸盘　9—钢领　10—筒管　11—废丝轴　12—钢丝圈

普通聚酯长丝的后加工过程为:初生纤维的卷绕筒插放在筒子架上,呈交叉排列;丝条自筒子上引出后,通过导丝棒进入喂丝罗拉;在上拉伸盘上被预热,在喂入辊和第一导丝盘间进行第一段拉伸,在第一和第二拉伸盘间进行第二段拉伸;从第二拉伸盘引出的拉伸丝,进入卷绕系统上部中心处的导丝器和钢领上的钢丝圈后,被卷绕在旋转的筒管上。具体如图 3-29 所示。

2. 主要工艺参数

(1)拉伸比。聚酯长丝采用双区拉伸,两区的拉伸比分别约为 1.01 和 1.6,总拉伸比为 1.6~1.8。第一段拉伸主要是使丝条在后加工中具有一定的张力。总拉伸比视剩余拉伸倍数及成品纤维性能要求而定。总拉伸比与纺丝速度和丝条线密度相关,一般情况下,总拉伸比随着纺丝速度的提高而降低,随着丝条线密度的降低而降低。

(2)拉伸温度。拉伸温度指热盘温度,一般应控制在丝条的玻璃化转变温度以上 10~20℃,在此范围内温度变化对纤维强度无明显影响,但随着温度升高,拉伸比增大,结晶度升高,拉伸应力下降,毛丝减少,染色不匀率增加。

在实际生产中,第一段拉伸温度在 T_g 以上,第二段拉伸温度通常在结晶速率最快的温度区间,即 140~190℃,此时使拉伸取向和结晶相变两个过程同时顺利进行。

(3)拉伸速度。拉伸速度一般在 800m/min 左右,过高的拉伸速度容易出现毛丝。

(4)定型温度。定型温度指热板或狭缝温度,一般控制在 180℃左右。

(二)假捻变形丝的后加工

弹力丝是指以长丝为原料,利用纤维的热塑性,经过变形和热定型而制得的高度卷曲蓬松的新型纱。在长度方向,伸缩性相当于原来的数倍;在蓬松性方面较原丝提高数十倍,使长丝的外观和性能都有很大改变。

目前,弹力丝的加工方法有很多,如图 3-30 所示。交络法是将两根长丝交络加捻、定型后再分开以制取弹力丝;填塞法是利用一对喂入辊,将长丝挤入填塞箱内,挤成卷曲状后,从箱内排出,形成弹力丝;赋型法是用一对齿轮状啮合辊,将长丝压成齿形卷曲;擦边法是将长丝在一定张力下,擦过刀口,使丝一边受损伤而发生卷曲;空气变形法也称吹捻法,是借助高速气流,将长丝各根单丝吹乱,形成卷曲状态;假捻法则是依靠假捻锭组的高速旋转,使紧贴于假捻器表面的丝加捻,定型后再解捻,使丝呈螺形卷曲状态。在众多的加工方法中,以假捻变形法生产的弹力丝最多,其产量占 PET 弹力丝的 90%以上。

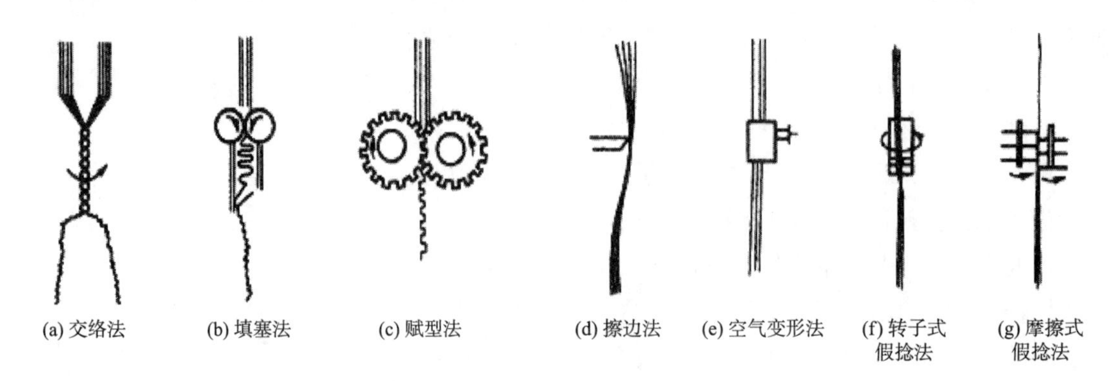

图 3-30 PET 弹力丝的加工方法

弹力丝品种很多,按其弹性大小可分为高弹丝和低弹丝两种。聚酯弹力丝按其弹性大小可分为低弹丝和中弹丝两类,弹性回复率在 35%以下的称为低弹丝,在 36%以上的称为中弹丝。

采用假捻变形法加工的 PET 弹力丝,不仅具有优异的蓬松性、覆盖能力和某些短纤维的外观特性,而且改进了 PET 长丝的外观、蜡状手感等不足,保留了 PET 纤维固有的高强度、挺括等优良性能,广泛适用于加工针织或机织物。

1. 假捻变形丝的原理

传统的假捻变形丝是以拉伸加捻丝为原丝,在弹力丝机上经定型、解捻而得,即拉伸加捻、热定型、解捻分开进行,操作工序多,速度慢。近年来,人们逐渐发展了假捻连续工艺,将拉伸和假捻变形连续进行,简称 DTY 法。

假捻变形的原理如图 3-31 所示,将丝条的两端固定,以中间握持点回转,从握持点分界,上、下两端丝条获得捻向相反而捻数相等的捻度。整根丝条上的捻度为零,动力学上称为假捻。丝条以一定的速度 v 输送时,则在握持点以前加捻,捻数为 n/v,在握持点以后以相反捻向解捻,捻数为 $-n/v$,因此在握持点以后的捻数为零,经过此过程后丝条仍保留螺旋卷曲,故称假捻变形法。

假捻加工是在假捻器上完成的,假捻器有转子式、摩擦式和皮圈式。现代多采用摩擦式假捻器(图 3-32),常用三轴重叠盘,把丝直接压在数组圆盘的外表面上。由于圆盘的高速旋转,借助其摩擦力使丝条加捻。在假捻器上方,丝被加捻,而在假捻器下方,丝被解捻。

在假捻机构的加捻区域内(进丝侧)装置加热器,一面使丝加捻变形,一面使丝运行,便可使加捻、热定型及解捻三个基本工序连续化。

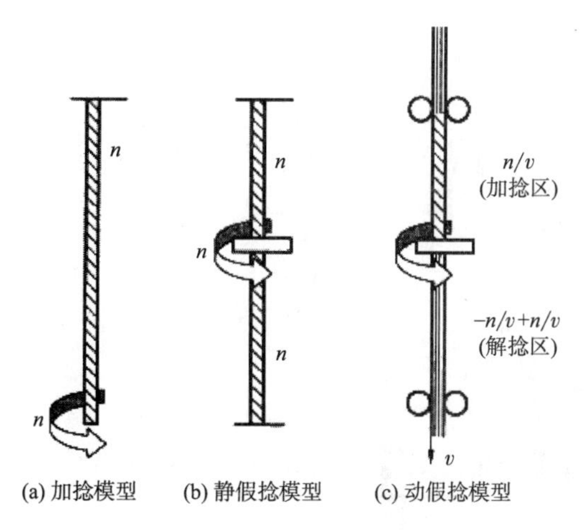

图 3-31 假捻模型

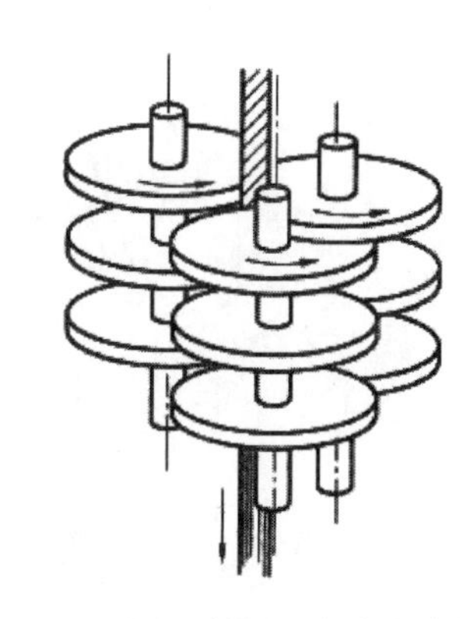

图 3-32 可调三轴重叠盘式摩擦假捻器

2. 假捻变形丝的工艺流程

以普通聚酯为原料加工 PET 低弹丝，一般采用装有两段加热器的假捻变形机，具体工艺流程如图 3-33 所示。在喂入辊和传送辊之间借助第一加热器热板加热进行拉伸，同时原丝在喂入辊和假捻器之间被加捻变形，而在假捻器和传送辊之间被解捻，再在局部松弛下进入第二加热器定型。第一加热器之后一般装有冷却板，使加捻热定型后的变形丝冷却至玻璃化转变温度以下，把加捻后的形变固定下来，再进行解捻，以保证解捻后的丝条呈卷曲状态。第二加热器的作用是使变形丝进一步热定型，使内应力松弛，同时消除非常弱的卷曲。

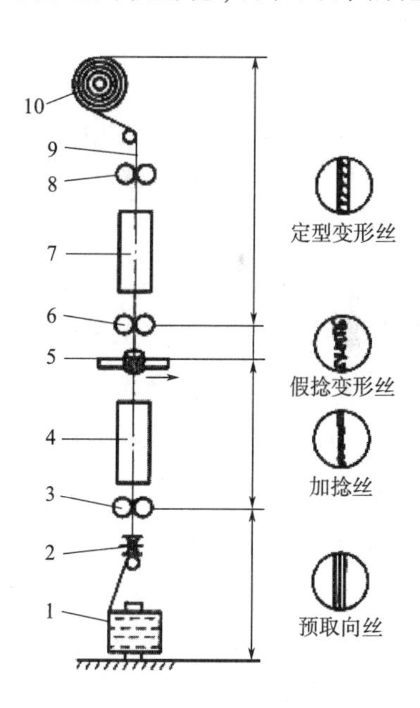

图 3-33 假捻变形工艺流程及相应纤维表观形态示意图

1—预取向丝 2—张力器 3—喂入辊 4—第一热箱 5—假捻转子 6—传送辊 7—第二热箱 8—卷绕辊 9—低弹丝 10—卷绕筒子

随着假捻变形机的高速化，丝条在设备中的路线发生了较大的改变，以便于工人操作和有效利用空间。在低速时，丝的走向是直上直下的，但随着丝束的不断提高，加热区和冷却区都需加长。为避免机身过高，操作不便，将喂丝部分或卷绕部分，或两者同时移至主机的两侧，丝的走向采用折线型丝路。如巴马格 FK6UF-900 型、FK6M-700 型、FK6-M1000 型。这些变形机的基本组成均有原丝筒子架、拉伸和输送辊、变形和定型加热箱、冷却板、假捻器、吹风和排风装置、卷绕装置等，有的还附有网络装置。FK6-M1000 型变形机的结构如图 3-34 所示。

3. 假捻变形的工艺条件

假捻变形的工艺条件包括变形温度、定型温度、加热时间、假捻张力、超喂率和假捻度、冷却时间等。

（1）变形温度。变形区为接触式加热，变形温度控制很

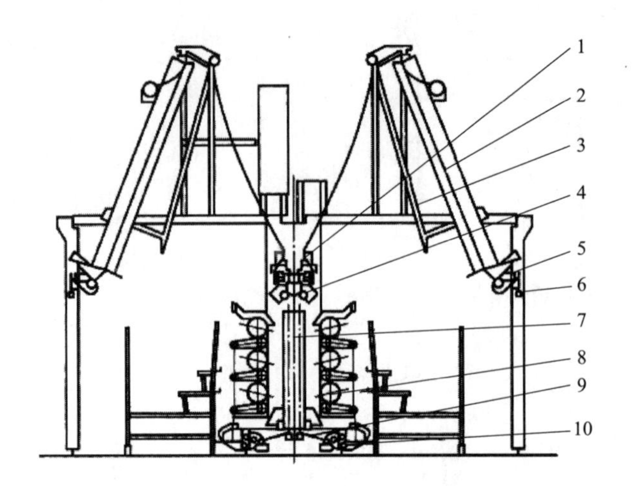

图 3-34 FK6-M1000 型变形机结构示意图

1—假捻器 2—第一热箱 3—操作杆 4—拉伸辊 5—喂入辊 6—丝束喂入及断丝器 7—第二热箱 8—卷绕丝 9—转向辊 10—上油组件

重要，通常采用丝条熔点以下 30~50℃，即 190~230℃。若温度太高，会导致张力下降，收缩潜力大，使丝条成为僵丝，手感粗糙，强度和韧度受到影响；温度太低，则变形、卷曲不良，缺乏弹性。

(2)定型温度。一般为非接触式空气加热，通常为 180~220℃。

(3)加热时间。加热时间与丝束的线密度、纺丝速度和加热温度等因素有关，通常时间控制在 0.4~0.6s。若加热时间过短，变形不够充分，丝条弹性差；加热时间过长，则会造成僵丝、毛丝、断头，并使丝条发黄。

(4)假捻张力。假捻器前后丝条的张力波动或张力控制不当，不仅会影响操作，还会影响 PET 弹力丝的质量，使丝条染色均匀性发生较大差异。假捻张力的大小与假捻器粗糙度、热板的弧度、超喂率等因素密切相关，需具体调节。

(5)超喂率。假捻时通常采用超喂，即喂入速度快于卷绕速度，超喂率大于 0；若超喂率为 0，称等喂；若超喂率小于 0，则称欠喂。通常在生产允许的范围内，超喂率保持在 10%~20%。若超喂率太大，则丝条松弛，张力太小，容易偏离丝道中心进入死角；超喂率太小，则丝条太紧。

(6)假捻度。假捻度是指假捻器的转速和输出辊表面线速度之比，它是影响丝条卷曲效果的一个重要因素。假捻度直接影响丝条的卷曲效果，随着假捻度的增加，丝条的卷曲伸长率增大，而强度下降，假捻度的大小主要取决于变形丝的使用要求和原丝线密度，通常线密度越小，假捻度越高。假捻度可由以下经验公式近似计算。

$$T = \alpha \times \frac{97500}{\sqrt{\mathrm{Tt}}} \tag{3-7}$$

式中：T 为假捻度(捻/m)；α 为捻系数，$\alpha=0.85\sim1.0$；Tt 为丝条线密度(tex)。

(三)网络丝的后加工

网络丝是指丝条在网络喷嘴中经喷射气流作用，单丝互相缠结而呈周期性网络点的长丝，其产品称 NSY。网络丝的特点是：可改进长丝的极光效应和蜡状感；用途广泛，可免上浆，代替并捻和加捻，提高卷绕丝的加工性能，改善卷装或用于制造不同类型的混纺丝；网络加工可在多道工序中进行，多用于 POY、FDY、DTY 的加工。

1. 网络的生成原理

聚酯长丝在网络器的丝道中通过时受到与丝条垂直的喷射气流横向撞击，产生与丝条平行的涡流，使各单丝产生两个马鞍形运动和高频率振动的波浪形往复。聚酯长丝首先开松，随后整根丝条从网络喷嘴丝道里通过，折向气流使每根单丝不同程度地被捆扎和加速。丝道中间的单丝得到气流所给予的最大加速，位于丝道侧壁的单丝则进入边缘较弱的气流回流里，当这两股气流所携带的单丝在丝道内汇合时便发生交络、缠结，产生沿丝条轴线方向上的缠结点。由于不同区域涡流的流体速度不同，从而形成周期性的网络间距和结点。网络器内气流的作用和流向如图 3-35 所示。

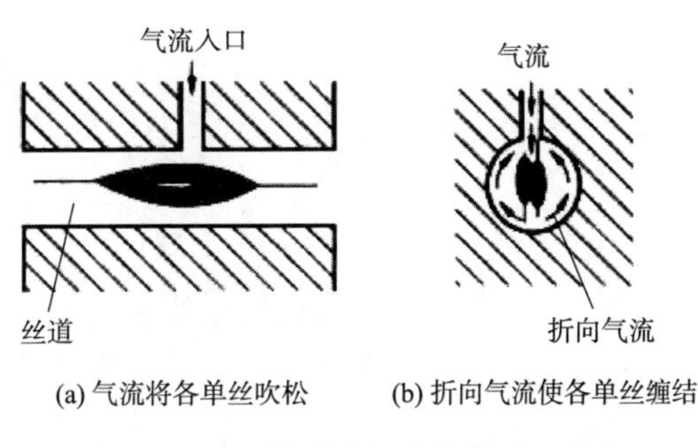

(a) 气流将各单丝吹松　(b) 折向气流使各单丝缠结

图 3-35　网络器内气流的作用和流向

2. 网络喷嘴

网络喷嘴是网络丝加工技术的关键，有开启式和封闭式两种，包括单孔和双孔。开启式生产方便，使用较为广泛，加工线密度范围大(100~400dtex)，尤其适用于高速网络加工。网络喷嘴丝道长度一般为 30~40mm，气孔直径为 1.5~2.0mm。

3. 网络丝的加工工艺条件

POY 和 FDY 的网络度较低，大多为 20 个/m 以下，DTY 的网络度为 60~100 个/m。网络加工工艺条件通常包括压缩空气压力、网络加工速度、丝条张力和超喂率，以及丝条进出网络器的角度、丝条的总线密度和异形度等。

(1)压缩空气压力。压缩空气压力对网络丝的影响很大，它除了决定网络结点的牢固之外，还影响网络度(单位长度内的网络结个数)。当压缩空气压力较低时，随着压力的增加，网络丝的网络度迅速增加；当压缩空气压力在 0.3MPa 以上时，网络度的增加逐渐缓慢，直至不再增加。

(2)网络加工速度。在丝条网络过程中，网络度随网络加工速度的提高而降低。这是由于丝条速度提高，而网络器中恒定气体紊流引起丝条振动的频率却不发生变化，单位时间内对丝条产生的网络度一定，从而使丝条单位长度的网络点减少，网络度降低。

(3)丝条张力。在网络过程中，丝条的张力越高，在高频气流冲击下，丝条产生的弦振动越小，即丝条的开松和丝的旋转程度下降，从而使网络丝的网络度下降。但丝条张力过低，则会使丝条在网络器丝道中容易偏离中心位置而处于丝道的气流死角区域，其丝条不易被吹开，致使丝条网络不均匀，大段丝条没有网络点，因此，张力必须控制得当。试验证明，低弹丝网络加工中，张力控制在 0.04～0.09cN/dtex 为宜。

(4)超喂率。超喂率不仅影响丝条的网络度，还影响丝条张力。一般情况下，通过调节超喂率就可得到合适的丝条张力。当超喂率增加时，丝条的张力降低，单位长度的丝条被网络的机会减少，网络度下降。

(四)空气变形丝的后加工

空气变形又称喷气变形，产品称为空气变形丝(ATY)。空气变形丝以 POY 或 FOY 为原丝，通过一个特殊的喷嘴，在空气喷射作用下单丝弯曲形成圈状结构，环圈和绒圈缠结在一起，形成具有高度蓬松性的环圈丝。

(a) 单股丝

(b) 多股组合丝

(c) 花式丝

图 3-36　环圈变形丝的结构示意图

空气变形丝的特征：若将部分丝圈拉断，则变形表面可见圈圈和细纱尖，具有类似短纤纱的某些特征，因此称为仿短纤纱；空气变形丝采用不同的变形工艺可制出仿毛、仿纱、仿麻的效果，如图 3-36 所示。

1. 空气变形丝的生产原理

空气变形也称吹捻变形或喷气变形。喷气变形过程中有横向气流、轴向气流和旋转涡流，喷嘴加捻区类似许多加捻器，单丝在紊流作用下互相接触、转移和结合，这种过程可归结为交络和缠绕两种形式，从而使整根变形丝形成错综复杂的丝体，呈现环圈加交络的变形丝结构。

空气变形丝加工过程中丝的交缠和圈结过程一般分为三步。

(1)原丝进入喷嘴被气流吹开，获得交缠可能。

(2)被吹开的各根单丝发生位移并产生横向弯曲，生成圈结。

(3)丝的长度缩短，强化缠结及网络，使已生成的圈结被固定下来。

2. 空气变形丝生产工艺

空气变形丝工艺流程如图 3-37 所示。由单股或多股复丝从原丝筒子经喂入罗拉以相同(或不同)的速度喂入，通过调节导丝针与导丝管之间的间隙，产生高速偏流湍流场，丝条在高速偏流作用下，单根纤维被吹散并分离，实现交缠。在吹散的同时，各单根纤维发生横向变形，称为弓形，为形成丝圈创造了条件。丝条在超喂状态下进入喷嘴内，在喷嘴通道中由于较大速度差作用，沿丝条纵向单根纤维互相纠缠，形成丝圈结构。

在整个流程中还可设有短纤化装置，以将丝束上 20%～30%的丝圈割断，形成游离纤维末端，使变形丝具有短纤纱的独特风格。空气变形丝生产工艺参数包括超喂率、热辊温度、拉伸比、定型温度、定型时间、加工速度、张力、空气压力和给湿量等。

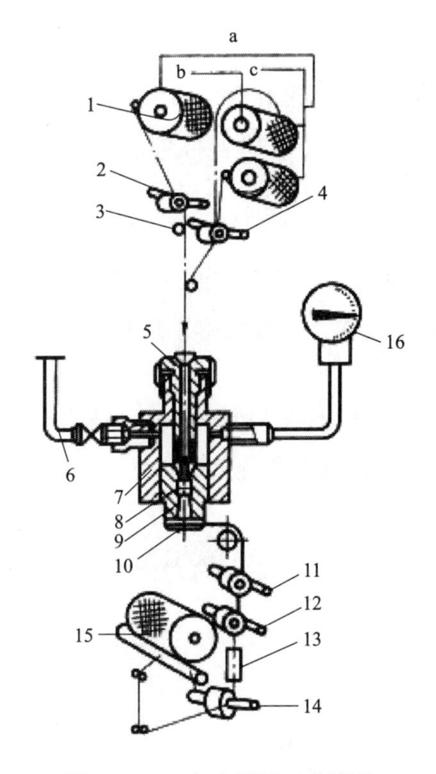

图 3-37　空气变形丝工艺流程

1—原丝　2,4—喂入罗拉　3—热锭　5—喷嘴导丝针　6—压缩空气入口　7—缓冲室　8—环隙　9—导丝管　10—挡体　11,12—冷牵伸罗拉　13—加热器　14—输出罗拉　15—卷装　16—压力表

a—多股花式变形纱　b—单股纱　c—双股平行纱

第八节　聚酯纤维的性能及用途

一、聚酯纤维的性能

(一)物理性质

1. 颜色

涤纶一般为乳白色并带有丝光；生产无光产品需在纺丝之前加入消光剂 TiO_2；生产纯白色产品需加入增白剂；生产有色丝则需在纺丝熔体中加入颜料或染料。

2. 表面及横截面形状

常规涤纶表面光滑，横截面近于圆形。如采用异形喷丝板，可制成特殊截面形状的纤维，如三角形、Y 形、中空等异形截面丝。

3. 密度

涤纶在完全无定形时密度为 1. 333g/cm^3，完全结晶时为 1. 455g/cm^3。通常涤纶具有较高的结晶度，密度为 $1.38 \sim 1.4 g/cm^3$，与羊毛($1.32 g/cm^3$)相近。

4. 回潮率

标准状态下涤纶回潮率为0.4%，低于腈纶(1%~2%)和锦纶(4%)。涤纶的吸湿性低，故其湿强度下降少，织物洗可穿性好；但加工及穿着时静电现象严重，织物透气性和吸湿性差。

5. 热性能

涤纶的软化点 T_g 为230~240℃，熔点 T_m 为255~265℃，分解点 T_d 为300℃左右。涤纶在火中能燃烧，发生卷曲，并熔成珠，有黑烟及芳香味。

6. 耐光性

涤纶的耐光性仅次于腈纶。涤纶的耐光性与其分子结构有关，仅在315nm光波区有强烈的吸收带，所以在日光照射600h后强度仅损失60%，与棉相近。

7. 电性能

涤纶因吸湿性低，故导电性差，在-100~160℃范围内的介电常数为3.0~3.8，是一种优良的绝缘体。

(二)力学性能

1. 强度高

干态强度为4~7cN/dtex，湿态则下降。

2. 延伸度适中

涤纶延伸度为20%~50%。

3. 模量高

在常见合成纤维中，以涤纶的初始模量最高，其值可高达14~17GPa，这使涤纶织物尺寸稳定，不变形、不走样，褶裥持久。

4. 回弹性好

涤纶的弹性接近于羊毛，当伸长5%时，去负荷后几乎可以完全回复。故涤纶织物的抗皱性超过其他化纤织物。

5. 耐磨性好

涤纶的耐磨性仅次于锦纶，而超过其他合成纤维。

(三)化学稳定性

化学稳定性主要取决于分子链结构。涤纶除耐碱性差以外，耐其他试剂性能均较优良。

1. 耐酸性

涤纶对酸(尤其是有机酸)很稳定，在100℃下于质量分数为5%的盐酸溶液内浸泡24h，或在40℃下于质量分数为70%的硫酸溶液内浸泡72h后，其强度均无损失，但在室温下不能抵抗浓硝酸或浓硫酸的长时间作用。

2. 耐碱性

由于涤纶大分子上的酯基受碱作用容易水解，在常温下与浓碱、高温下与稀碱作用能破坏纤维，只有在低温下对稀碱或弱碱才比较稳定。

3. 耐溶剂性

涤纶对一般非极性有机溶剂有极强的抵抗力，对极性有机溶剂在室温下也有强的抵抗力。例如，在室温下于丙酮、氯仿、甲苯、三氯乙烯、四氯化碳中浸泡 24h，纤维强度不降低。在加热状态下，涤纶可溶于苯酚、二甲酚、邻二氯苯酚、苯甲醇、硝基苯纯溶剂中和苯酚—四氯化碳、苯酚—氯仿、苯酚—甲苯等混合溶剂中。

(四)耐微生物性

涤纶不受蛀虫、霉菌等作用，收藏涤纶衣物无须防虫蛀，织物保存较容易。

二、聚酯纤维的用途

聚酯纤维强度高、模量高、吸水性低，作为民用织物及工业用织物都有广泛的用途。作为纺织材料，涤纶短纤维可纯纺，也特别适于与其他纤维混纺。既可与天然纤维如棉、麻、羊毛混纺，也可与其他化学短纤维(如黏胶纤维、醋酯纤维、聚丙烯腈纤维等短纤维)混纺。其纯纺或混纺制成的仿棉、仿毛、仿麻织物具有聚酯纤维原有的优良特性，如织物的抗皱性和褶裥保持性、尺寸稳定性、耐磨性、洗可穿性等，而聚酯纤维原有的一些缺点，如纺织加工中的静电现象和染色困难、吸汗性与透气性差、遇火星易熔成孔洞等缺点，可随亲水性纤维的混入在一定程度上得以减轻和改善。

涤纶加捻长丝(DT)主要用于织造各种仿丝绸织物，也可与天然纤维或化学短纤纱交织，还可与蚕丝或其他化纤长丝交织，这种交织物保持了涤纶的一系列优点。

聚酯变形纱(主要是低弹丝 DTY)是我国近年发展的主要品种。它与普通长丝不同之处是高蓬松、大卷曲度、毛感强、柔软，且具有高度的弹性伸长率(达 400%)。用其织成的织物具有保暖性好、遮覆性和悬垂性优良、光泽柔和等特点，特别适于织造仿毛呢、哔叽等西装面料，外衣、外套以及各种装饰织物如窗帘、台布、沙发面料等。

第九节 聚酯纤维的改性和新型聚酯纤维

虽然 PET 纤维的性能优良，但是也有缺点，如染色性差，吸湿性低，易积聚静电荷，织物易起球等。20 世纪 80 年代以来，PET 纤维改性的研究工作获得重大进展，生产出具有良好舒适性和独特风格的差别化及功能化 PET 纤维。

PET 纤维的改性方法分两大类：一是化学改性，包括共聚、表面处理等，用以改变原有聚酯大分子的化学结构，以达到改善纤维性能的目的，如染色性、吸湿性、防污性、高收缩性等，化学改性具有持久性的效果；二是物理改性，即在不改变原有聚酯大分子化学结构的情况下，通过改变纤维的形态结构以达到改善纤维性能的目的，包括复合纺丝、共混纺丝、改变纤维加工条件、改变纤维形态以及混纤、交织等方法，可制得易染色、抗静电、导电、阻燃、高吸湿等聚酯纤维。

PET纤维改性的原则是在改进某种性能的同时，不显著降低其固有的优良性能。

一、易染色聚酯纤维

所谓纤维的"易染色"是指可用不同类型的染料染色，且在采用同种染料染色时染色条件温和，色谱齐全，色泽鲜艳、均匀且坚牢度好。PET纤维大分子链排列紧密，结晶度和取向度较高，极性较小，缺乏亲水性，因此染料不易浸入纤维。除采用分散染料载体染色、高温染色及热熔染色等方法外，纺制易染色纤维是解决其染色困难的一个重要途径。目前可采用的方法有：

(1)采用对苯二甲酸、乙二醇和取代琥珀酸(或酐)共聚制得改性聚酯，或与间苯二甲酸、脂肪族聚酯或聚醚共聚制得可在较低温度(如70℃)下不用载体，而用分散性染料进行直接染色的聚酯纤维。

(2)添加第三组分或再添加第四组分，如间苯二甲酸二甲酯磺酸盐、己二酸、聚醚等，进行共缩聚，再经熔融纺丝制得阳离子染料(又称碱性染料)可染聚酯纤维(ECDPET)。

(3)采用共聚、共熔和后处理改性，在纤维内部引入含碱性叔氮原子的化合物，赋予PET纤维对酸性染料的亲和力。

二、抗静电、导电聚酯纤维

由于涤纶的疏水性，具有$10^{14}\sim10^{15}\Omega\cdot cm$以上的体积比电阻，纤维相互间的摩擦系数较大，静摩擦系数$\mu_s=0.44\sim0.57$，动摩擦系数$\mu_d=0.33\sim0.45$，易在纤维上积聚静电荷，使纤维之间彼此排斥或被吸附在机械部件上，且易沾尘埃，造成加工困难。因此，需要研发具有抗静电性和导电性的聚酯纤维。

(一)抗静电聚酯纤维

在纺织加工中，通常将导电油剂涂敷在织物上，且在纤维表面聚合，也可将抗静电剂经共聚和共混方法制备抗静电PET纤维。

1. 加入抗静电剂

常用的可反应和可溶性抗静电剂是甘醇醚类、三羧酸酰胺类等。例如，将聚乙二醇($M=400$)、2,5-二羧基苯甲醚和己二胺在甲醇中回流制得白色粉末，将其与PA66盐进行缩聚得到聚酰胺制品后，和PET在280℃下混熔纺丝，可制得抗静电的改性聚酯纤维。

2. 抗静电共混PET纤维

将聚乙二醇($M=1000\sim2000$)和C_{36}二聚羧酸进行酸催化反应得到pH值为8.8的酯类产品，在BHET中加入质量分数2%的上述酯进行缩聚获得改性PET。此外，还可采用以PET为主的多元聚合物进行共混纺丝。如用ECDPET或用聚乙二醇及离子型表面活性剂与PET混合熔融纺丝制成的抗静电纤维。表面活性剂可使抗静电剂的分散粒子和PET基体的界面结合，形成保护层，这不仅可减慢抗静电剂的溶出速度，还会使电荷的移动速度提高，静电荷易于散逸，因此采用共混纺丝法可制得持久的抗静电纤维。

(二)导电聚酯纤维

以少量的导电纤维和常规纤维进行混纤、混纺或交织，能有效地散逸电荷。导电纤维是用金属、半导体、炭黑等导电材料与 PET 共混制得的纤维，其体积比电阻通常在 $10^4\Omega \cdot cm$ 以上。一般织物中混用质量分数为0.5%~1.5%的导电纤维，即可保证充分消除静电的功能。

三、阻燃聚酯纤维

一般可采用加入磷-卤素化合物类阻燃剂，或使用2,5-二氟代对苯二甲酸作为合成 PET 的聚合添加剂。也可在纺丝熔体中添加含磷化合物和卤-锑复合阻燃剂等物质，其阻燃效果虽不如前者，但工艺较简单，应用较为普遍。

利用含磷或卤素的烯类单体，在纤维或织物上进行表面聚合或接枝共聚，然后用三聚氰胺树脂处理，可得到满意的阻燃效果。

纤维阻燃加工中使用的有效阻燃元素有磷、氮、锑、溴、氯、硫等，而多数阻燃剂是以磷为中心元素的化合物。不同阻燃剂的阻燃机理不同，一般认为磷化合物主要是固相阻燃，减少可燃气体的生成；卤素化合物主要是气相阻燃，阻碍分解气体的自由基燃烧反应。由于卤素阻燃剂燃烧会产生有毒气体，且是一种致癌物质，所以加快开发、使用非卤素阻燃剂的阻燃 PET 纤维和织物的问题已引起人们的高度重视。

四、仿真丝聚酯纤维

仿真丝聚酯纤维是在保持 PET 优良性能的前提下，采用物理和化学的方法，制造出接近于真丝的 PET 纤维。它不仅具有蚕丝般的手感、光泽柔和、悬垂性好等特点，还具有防缩抗皱、免烫易洗等真丝所不及的优点，从而受到人们的欢迎。仿真丝聚酯纤维经碱减量处理后，可产生真丝般的光泽。阳离子染料可使其染色性、防尘性更接近于真丝。仿真丝聚酯纤维产品有异形丝、高复丝、超复丝、交络丝等。

五、仿毛型聚酯纤维

仿毛型聚酯纤维的性能，如刚柔性、蓬松性及滑爽性等仿毛综合手感，可通过选用适当的线密度、卷曲度、纤维截面形状及混纤比例来达到。仿毛型聚酯纤维一般线密度为3.33~13.33dtex，与羊毛及天然动物毛相似。

原丝采用短纤维、变形丝、混纤丝、花式丝或复合纤维，单纤维内的双层与多层变化，使织物向三维结构过渡，从而具备羊毛织物的风格和性能。

六、仿麻型聚酯纤维

天然麻是一种截面为多角形的中空异形纤维，密度为 $1.5g/cm^3$，各种麻类的长度不一。早期的 PET 仿麻品种多采用特殊卷曲加工方法或异形纤维。仿麻织物具有挺括、凉爽、透气、手感似真麻的性能。现代仿麻聚酯纤维的生产工艺与仿毛纤维相似，采用从聚合到纺丝，至制成服装的一系列综合改性加工。常用的方法有表面处理法、复合纺丝法、混纤丝法和花式丝法等。其中利用PET长丝经变形、合股网络制成超喂丝，形成粗节状的致密结构，能产生毛型感，制成的织物呈多层交络结构和自然不匀的粗节外观，更具麻纤维的特征。

七、新型聚酯纤维

（一）PBT纤维

PBT纤维是聚对苯二甲酸丁二酯（polybuty lenetere phthalate）纤维的简称，是由高纯度对苯二甲酸（PTA）或对苯二甲酸二甲酯（DMT）与1,4-丁二醇酯化后缩聚的线性聚合物经熔体纺丝制得的纤维，属于聚酯纤维的一种。生产中常采用对苯二甲酸二甲酯与1,4-丁二醇通过酯交换，并在较高的温度和真空度下，以有机钛或有机锡化合物和钛酸四丁酯为催化剂进行缩聚反应，再经熔融纺丝而制得PBT纤维。PBT的T_m为223℃，T_g为22℃，结晶速率比PET快10倍，有极好的弹性回复率和柔软、易染色的特点。PBT纤维的聚合、纺丝、加工变形生产工艺路线与普通涤纶基本相同，只要稍加改造，就能用涤纶生产设备生产PBT纤维。PBT纤维具有以下特点。

（1）耐久性、尺寸稳定性和弹性较好，且弹性不受湿度的影响。

（2）纤维及其制品手感柔软，吸湿性、耐磨性和纤维卷曲性好，拉伸弹性和压缩弹性极好，弹性回复率优于涤纶。在干态和湿态条件下均具有特殊的伸缩性，而且弹性不受周围环境温度变化的影响，价格远低于氨纶。

（3）具有良好的染色性能，可用普通分散染料进行常压沸染，而不需载体。染后纤维色泽鲜艳，色牢度及耐氯性优良。

（4）具有优良的耐化学药品性、耐光性和耐热性。

（5）PBT与PET复合纤维具有细而密的立体卷曲，回弹性、染色性能良好，手感柔软，穿着舒适，是理想的仿毛、仿羽绒原料。

由于PBT纤维具有上述特点，近年来受到纺织行业的普遍关注，在各个领域得到了广泛的应用，特别适于制作游泳衣、连袜裤、训练服、体操服、健美服、网球服、舞蹈紧身衣、弹力牛仔服、滑雪裤、医用绷带等高弹性纺织品。

（二）PTT纤维

PTT（聚对苯二甲酸丙二酯）是20世纪90年代中期工业化开发成功的一种极有发展前途的新型聚酯材料。PTT纤维综合了PET纤维的刚性和PBT纤维的柔性，兼具聚酯和聚酰胺纤维的优点，特别是优异的回弹性和易染性。它不仅可用于地毯和纺织品市场，而且在聚酯染色助剂、针刺非织造布纤维、热塑性工程塑料、薄膜等领域也很有发展潜力，是一种非常有前景的新型聚酯材料。PTT纤维的突出优点是有优异的拉伸回弹性，拉伸回复性大于PBT和PET纤维。

利用PTT纤维的优异特性，通过经编、纬编、机织工艺可制作内衣、紧身衣、泳装、运动服、外衣及其他弹性服装，制成的服装手感柔软，耐磨损，弹性适中，不会产生紧绷感，而且易于维护。

与 PET 相比，PTT 纤维玻璃化转变温度只有 45~65℃，可用分散染料进行无载体常压沸染，这就为其与各种天然纤维交织或混纺创造了极为有利的条件。

(三) PEN 纤维

聚萘二甲酸乙二醇酯(PEN)是由 2,6-萘二申酸(NDC)或 2,6-萘二酸二甲酯(DMN)与乙二醇(EG)缩聚而成。与 PET 相比，分子主链中引入刚性更大的萘环结构，具有更高的力学性能、气体阻隔性能、化学稳定性及耐热、耐紫外线、耐辐射性能。

PEN 的 T_m 为 270℃，T_g 为 117℃，结晶速率比 PET 慢。由于萘的结构更容易呈平面状，使得 PEN 具有良好的气体阻隔性。PEN 对水的阻隔性是 PET 的 3~4 倍，对氧气和二氧化碳的阻隔性是 PET 的 4~5 倍，且不受潮湿环境的影响。PEN 具有良好的化学稳定性，对有机溶液和化学药品稳定，耐酸、耐碱性也好于 PET。由于 PEN 的气密性好，相对分子质量较大，所以在实际使用温度下，其析出低聚物的倾向比 PET 小，在加工温度高于 PET 的情况下分解放出的低级醛也少于 PET。

PEN 还具有优良的力学性能，PEN 的弹性模量和拉伸弹性模量均比 PET 高出 50%。而且，PEN 的力学性能稳定，即使在高温高压下，其弹性模量、强度、蠕变和寿命仍能保持相当的稳定性。PEN 还具有优良的电气性能，其介电常数、体积电阻率、电导率均与 PET 接近，其电导率随温度的变化较小。

思考题

1. 翻译下列英文缩写。

POY，UDY，FDY，DTY，DMT，BHET，TPA，PET，PBT，PTT，POY－DY，POY－DTY，ATY，FOY。

2. BHET 有哪几种工业化生产方法？各有什么特点？

3. 为什么 PET 有较高的熔点？为什么 PET 在高温下容易水解？

4. 聚酯切片为什么要进行干燥？为何要分段进行？不同阶段的干燥工艺及设备有哪些主要特点？

5. 简述螺杆挤出机的工作原理与作用。

6. 何谓环结阻料？采用哪些措施避免？

7. 纺丝箱有哪些作用？

8. 复合纺丝组件与普通组件的区别有哪些？

9. 涤纶拉伸丝的生产工艺路线有哪些？现以哪种路线为主？为什么？

10. 在实际生产中，拉伸加捻的第一段拉伸温度在 T_g 以上，第二段拉伸温度通常如何控制？为什么？

11. 预取向丝 POY 的高取向度、低结晶结构是如何形成的？

12. 为什么说聚酯纤维后加工的拉伸倍数应选择在自然拉伸比和最大拉伸比之间？

13. 简述假捻变形原理。

14. 简述空气变形丝的风格特色、变形原理。

15. 简述网络加工的目的及机理。

16. 已知某厂生产涤纶长丝，计量泵规格为 24mL/r，转速为 15r/min。喷丝板规格为 ϕ0.3mm×144 孔，纺丝速度为 3500m/min，熔体密度为 1.2g/cm^3。求：(1)纺丝泵供量(g/min)；(2)挤出速度 V_0(m/min)；(3)绕丝线密度(dtex)。

17. 从网络上查阅三篇与新型聚酯纤维加工有关的文章。

18. 进行市场调查，了解聚酯纤维的产品以及在服装、装饰和产业方面的应用。

参考文献

[1]闫承花，王利娜．化学纤维生产工艺学[M]．上海：东华大学出版社，2018.
[2]李光．高分子材料加工工艺学[M].3 版．北京：中国纺织出版社有限公司，2020.
[3]肖长发，尹翠玉．化学纤维概论[M].3 版．北京：中国纺织出版社，2015.
[4]祖立武．化学纤维成型工艺学[M]．哈尔滨：哈尔滨工业大学出版社，2014.
[5]王琛，严玉蓉．聚合物改性方法与技术[M]．北京：中国纺织出版社有限公司，2020.

第四章　脂肪族聚酰胺纤维

本章知识点

1. 掌握聚酰胺纤维的类别，PA6聚合方法及生产工艺流程。

2. 掌握聚酰胺纤维的结构与性质。

3. 掌握聚酰胺纤维高速纺丝工艺及特点，纺丝速度对卷绕丝结构与性能的影响。

4. 掌握POY-DTY工艺及拉伸假捻变形生产工艺与流程。

5. 了解锦纶帘子线生产工艺与流程。

6. 了解BCF生产方法及用途。

7. 了解聚酰胺纤维的性能、用途及新产品特性。

第一节　概述

一、聚酰胺纤维的发展概况

聚酰胺(polyamide，PA)纤维是指分子主链上具有酰胺基(—OC—NH—)的一类合成纤维。俗称尼龙(nylon)，我国的商品名称锦纶。聚酰胺纤维是世界上最早实现工业化的合成纤维品种，它具有优良的强度、耐磨性、弹性回复率、吸湿性，在服装、家纺和产业用纺织品领域举足轻重，应用广泛，是仅次于聚酯纤维的第二大合成纤维。

1937 年，美国杜邦公司 Carothers 研究室由己二酸和己二胺经缩聚反应制备了聚酰胺 66(PA66)，开发出熔体纺丝技术。1939 年，建立了第一个 PA66 纤维工厂。另外，德国法本公司的 Schlack 于 1938 年发明了用己内酰胺开环聚合生成聚己内酰胺(聚酰胺 6，PA6)。1939 年开发出 PA6 纤维，1941 年实现工业化。之后，英国、法国、意大利、德国、日本等也相继成功开发 PA6 及 PA66 纤维产品并建厂投产，从而进一步扩大了聚酰胺纤维的产能。由于聚酰胺纤维具有优良的物理性能和纺织性能，发展速度很快，20 世纪 70 年代以前一直居合成纤维产量首位，之后被涤纶超过而退居第二位。随着新纤维、新品种的开发和老品种的改性，预计今后聚酰胺纤维的绝对产量仍然会不断增长。

二、脂肪族聚酰胺纤维的命名及主要品种

聚酰胺纤维有脂肪族聚酰胺纤维、含脂肪环的脂环族聚酰胺纤维和含芳香环的脂肪族(芳香族)聚酰胺纤维等类别。脂肪族聚酰胺纤维根据使用单体种类的不同一般可分为两大类：一类是由二元胺和二元酸缩聚而得，一般是根据二元胺和二元酸的碳原子数来命名，称为聚酰胺 mn，其中 m 为二元胺碳原子数，n 为二元酸碳原子数。如 PA610 是由己二胺[$NH_2(CH_2)_6NH_2$]和癸二酸[$HOOC(CH_2)_8COOH$]制得的。另一类是由 ω-氨基己酸缩聚或由己内酰胺单体开环聚合而得，其命名是根据其结构单元所含碳原子数目，称为聚酰胺 n，其中 n 为重复单元结构的碳原子数。如 PA6 是重复单元结构含 6 个碳原子 $\text{+}NH(CH_2)_5CO\text{+}_n$ 的高聚物。

聚酰胺纤维品种很多，但主要是脂肪族聚酰胺纤维。目前工业化生产及应用最广泛的仍以 PA66 和 PA6 为主，两者产量约占聚酰胺纤维总产量的 98%。PA66 约占聚酰胺纤维总产量的 69%。我国 PA66 的产量约占 60%，PA6 的产量约占 40%。美国以及英国、法国等西欧国家以生产 PA66 为主，而日本、意大利及东欧各国以生产 PA6 为主，一些发展中国家也大多发展 PA6 纤维。聚酰胺纤维生产中长丝占绝大多数，但短纤维的生产比例逐步有所上升。

根据国际标准化组织(ISO)的定义，聚酰胺纤维仅包括上面所指的脂肪族聚酰胺纤维、含脂肪环的脂环族聚酰胺纤维和含芳香环的脂肪族(芳香族)聚酰胺纤维等几种类型的纤维，不包括全芳香族聚酰胺纤维。聚酰胺纤维有许多品种，表 4-1 列出了目前聚酰胺纤维的主要品种，本章主要介绍工业化生产及应用较多的 PA6 和 PA66 两大品种。

表 4-1 聚酰胺纤维的主要品种

纤维名称	单体或原料	分子结构	国内通用名称
聚酰胺 4	丁内酰胺	$\text{+}NH(CH_2)_3CO\text{+}_n$	锦纶 4
聚酰胺 6	己内酰胺	$\text{+}NH(CH_2)_5CO\text{+}_n$	锦纶 6
聚酰胺 7	7-氨基庚酸	$\text{+}NH(CH_2)_6CO\text{+}_n$	锦纶 7
聚酰胺 8	辛内酰酸	$\text{+}NH(CH_2)_7CO\text{+}_n$	锦纶 8
聚酰胺 9	9-氨基壬酸	$\text{+}NH(CH_2)_8CO\text{+}_n$	锦纶 9
聚酰胺 11	11-氨基十一酸	$\text{+}NH(CH_2)_{10}CO\text{+}_n$	锦纶 11
聚酰胺 12	十二内酰胺	$\text{+}NH(CH_2)_{11}CO\text{+}_n$	锦纶 12
聚酰胺 46	丁二胺	$\text{+}NH(CH_2)_4NHCO(CH_2)_4CO\text{+}_n$	锦纶 46
聚酰胺 66	己二胺和己二酸	$\text{+}NH(CH_2)_6NHCO(CH_2)_4CO\text{+}_n$	锦纶 66
聚酰胺 610	己二胺和癸二酸	$\text{+}NH(CH_2)_6NHCO(CH_2)_8CO\text{+}_n$	锦纶 610
聚酰胺 1010	癸二胺和癸二酸	$\text{+}NH(CH_2)_{10}NHCO(CH_2)_8CO\text{+}_n$	锦纶 1010
聚酰胺 4T	丁二胺和对苯二甲酸	$\left[CO-C_6H_4-CONH(CH_2)_4NH\right]_n$	锦纶 4T
聚酰胺 6T	己二胺和对苯二甲酸	$\left[NH(CH_2)_6NHCO-C_6H_4-CO\right]_n$	锦纶 6T

续表

纤维名称	单体或原料	分子结构	国内通用名称
聚酰胺 9T	壬二胺和对苯二甲酸	$\left[CO-C_6H_4-CONH(CH_2)_9NH \right]_n$	锦纶 9T
MXD6	间苯二甲酸和己二胺	$\left[NHCH_2-C_6H_4-CH_2NHCO(CH_2)_4CO \right]_n$	MXD6
凯纳 1(Qiana)（PACM-12）	二(4-氨基环己烷)甲烷和十二二酸	$\left[NH-C_6H_4-CH_2-C_6H_4-NHCO(CH_2)_{10}CO \right]_n$	—
聚酰胺 612	己二胺和十二二酸	$\left[NH(CH_2)_6NHCO(CH_2)_{10}CO \right]_n$	锦纶 612

第二节　聚酰胺原料的制备

聚酰胺的制造方法很多，但工业上最重要的方法是熔融缩聚法、开环聚合法和低温聚合法三种，低温聚合法包括界面聚合和溶液聚合。根据原料单体以及聚合体的特性不同而采用不同的制备方法。PA66、PA9、PA11、MXD6 等聚合体有适当的熔点，分解温度比熔点高，因此可采用熔融缩聚法制备；对于单体为环状化合物的己内酰胺等聚合体的制备，则需要适当的活化剂使之开环并进行聚合；对于熔点高、分解温度与熔点接近的一类聚酰胺，不宜采用熔融缩聚法，均采用界面或溶液聚合法。下面以聚酰胺应用最广的 PA6 和 PA66 为例，简述其聚合物的制备原理及工艺过程。

一、聚己内酰胺的制备

聚己内酰胺(PA6)可由 ω-氨基己酸缩聚制得，也可由己内酰胺开环聚合制得。但是，由于己内酰胺的制造方法和精制提纯均比 ω-氨基己酸简单，因此在大规模工业生产上都是采用己内酰胺作为原料。己内酰胺开环聚合制备聚己内酰胺的生产工艺可采用三种不同的聚合方法：水解聚合、阴离子聚合(由于采用碱性催化剂，也称碱聚合)和固相聚合。目前纤维用聚己内酰胺的工业生产中主要采用水解聚合工艺。

(一)己内酰胺的开环聚合

环状化合物能否转变成聚合物是由热力学函数，即反应进行的自由能 ΔE 决定的。己内酰胺开环聚合生成 PA6 时，仅仅是分子内的酰胺键变成了分子间的酰胺键。这就像其他没有新键产生的基团重排反应一样，反应进行的自由能 ΔE 变化很小，所以己内酰胺开环聚合具有可逆平衡性，它不可能全部转变成高聚物，总会残留部分单体和低聚体。例如，在 250℃时，PA6 的平衡体系中，单体、二聚体、三聚体的质量分数达 10%～11%之多。采用连续聚合法时，聚合物中低相对分子质量物质的质量分数占 10.3%，其中己内酰胺占 75%，低聚物占 25%；采用间歇聚合法生产时，低相对分子质量物质的质量分数占 11.6%，其中己内酰胺占 42%，低聚物占 58%。

热力学上能够聚合的环状单体，还必须满足动力学的条件。己内酰胺在热力学上是能够聚合的环状单体，但是相当纯的无水己内酰胺在密封的试管中被加热时，并不能发生聚合。必须要有适当的条件，才能使开环聚合反应顺利进行。己内酰胺转化成线型高聚物，除了必须有适当的温度条件外，还必须有活化剂（或称开环剂、催化剂）存在。目前工业上普遍采用添加少量的水作催化剂，使己内酰胺开环水解聚合。也有借助于 NaOH 或其他碱性物质使之开环聚合，称为碱性催化聚合，但这种方法还没有在大规模纤维生产中应用。

1. 己内酰胺开环聚合的过程

一般认为，整个聚合反应过程中既存在链式聚合反应的特征，又存在逐步缩聚反应的特征，以水或酸为催化剂时，在聚合机理上属于逐步开环聚合反应。工业上己内酰胺水解开环是将单体和质量分数为 5%~10%的水加热到 250~270℃，保持 12~14h，即可制得用于纺制纤维的聚己内酰胺。聚合中有三种平衡反应。

（1）己内酰胺水解开环成氨基酸。

$$H_2O + O{=}\underset{\llcorner (CH_2)_5 \lrcorner}{C\text{——}NH} \rightleftharpoons HOOC(CH_2)_5NH_2$$

（2）氨基酸本身逐步缩聚。

$$\text{—}COOH + H_2N\text{—} \rightleftharpoons \text{—}CONH\text{—} + H_2O$$

（3）氨基上氮原子向己内酰胺亲电进攻，导致内酰胺的聚合。

$$\text{—}NH_2 + O{=}\underset{\llcorner (CH_2)_5 \lrcorner}{C\text{——}NH} \rightleftharpoons \text{—}NHOC(CH_2)_5NH_2$$

己酰胺开环聚合（1）和（3）的速度比氨基酸自缩聚（2）的速度至少要大 1 个数量级，因此，上述反应机理中氨基酸自缩聚只占很小比例，主要由开环聚合形成聚合物。

2. 己内酰胺开环聚合的机理和特点

己内酰胺水解开环聚合具有如下特点：

①聚合物的聚合度随时间的延长而逐渐增大，故为逐步机理。

②它又与缩聚有所不同，单体之间并不发生反应，聚合体间也不发生反应。

③没有小分子水析出，初期单体转化率不高，反应体系中从始至终都存在单体。

这些特点都与典型的逐步聚合反应不同，而是逐步开环聚合所特有的。

从机理上分析，可考虑氨基酸以双离子[$^-OOC(CH_2)_5NH_3^+$]形式存在，先使己内酰胺质子化而后开环聚合，因为质子化单体对亲电进攻要活泼得多，无水时聚合速度较低，有水存在时聚合速度较高。随着时间的延长，聚合速度降低，最终的聚合度与平衡水浓度有关。为了提高聚合度，转化率达 80%~90%时需将引发反应用的大部分水脱出。也可采用加单官能团羧酸的办法来提高聚合度。

$$\text{—}NH_3^+ + O{=}\underset{\llcorner (CH_2)_5 \lrcorner}{C\text{——}NH} \rightleftharpoons \text{—}NH_2 + O{=}\underset{\llcorner (CH_2)_5 \lrcorner}{C\text{——}\overset{+}{N}H_2} \rightleftharpoons \text{—}NHOC(CH_2)_5NH_3^+$$

己内酰胺最终聚合产物含有总重量8%~9%的单体和3%左右的低聚物,纯PA6加热时也有单体产生。这是七元环单体在发生开环线型聚合和成环反应之间形成的平衡关系。可用热水浸取或真空蒸馏的办法除去聚己内酰胺中的平衡单体和低聚物,并在100~120℃和133.32Pa下真空干燥,将水分降至0.4%以下。质量传递和水的去除是控制反应速率的主要因素。由于聚合过程具有可逆平衡性,而且链交换、缩聚和水解三个反应同时进行,故最终反应混合物不仅包含聚合物、单体和水,还含有不需要的线型和环状齐聚物形式的低分子物。

3. 己内酰胺的碱性催化聚合

己内酰胺在碱性物质作催化剂时,如金属钠或NaOH,可进行阴离子聚合,聚合速度很快,反应可在几分钟内完成,甚至可在低于聚己内酰胺熔点的温度以下进行,得到相对分子质量极高(聚合度可达10万以上)的聚己内酰胺,因此称为“快速聚合”。但这种聚合反应难以控制,聚合物的相对分子质量很不稳定,在熔体纺丝时会发生很大的黏度变化。此法早期应用,一般引发后直接浇入模具内聚合,称为浇注聚酰胺。现已将此法应用于合成纤维生产试验,进行连续纺丝,并取得了成功。

除水解聚合和碱性催化聚合外,聚己内酰胺也可同聚酯一样采用固相聚合,以提高聚合度。

(二)聚己内酰胺的生产工艺

己内酰胺的聚合有间歇聚合和连续聚合两种。间歇聚合是将引发剂、相对分子质量调节剂和己内酰胺一起加入聚合釜中,在一定的温度和压力下聚合。相对分子质量达到预定要求后,便将聚合物从釜底排出,并用水急冷,经铸带、切粒,得到聚己内酰胺树脂。此法设备比较简单,更换品种及开停车较为方便,但各批聚合物的均匀性差,操作比较烦琐,因此只适应于小批量、多品种的生产,而大规模生产则采用连续聚合法。

在己内酰胺连续聚合工艺中,用得最多的是常压连续聚合,这一方法根据聚合管的外形不同,分为直型和U型两种,尤以常压直型连续聚合管法(又称直型VK管)应用最为广泛。但对高黏度聚合体(用于制造轮胎帘子线等),除了用常压法以外,也采用高压密闭聚合法和先常压后抽真空的二段聚合法。

近年来,我国从国外引进了PA6生产技术和设备,其特点是产量大,生产连续化,自动化程度高,产品质量稳定。现以德国KF公司的直型VK管为例,说明连续聚合生产流程(图4-1)。

将己内酰胺投入熔融锅中,经熔化,由活塞泵抽出并过滤到达混合罐,再由泵输送并经过滤送往己内酰胺熔体贮槽;聚合用的助剂(消光剂二氧化钛,开环剂无离子水,相对分子质量稳定剂醋酸或己二酸,热稳定剂等)经调配、混合和过滤后,送入助剂槽;己内酰胺熔体、助剂、二氧化钛等各自通过计量泵,由各自的贮槽定量地送入聚合管(VK管)上部。在进入管之前,己内酰胺熔体先预热,然后与助剂和二氧化钛等在VK管上部均匀混合后,逐步向下流动,在管中经加热、开环聚合、平衡、降温等过程,制得聚己内酰胺。聚合物从聚合管底部由输送泵定量抽出,送往铸带,切粒;VK管顶部装有分馏柱和冷凝器,用以排出参与反应的水和回收带出的低分子物。

(三)聚己内酰胺切片的纺前处理

经聚合、铸带、切粒后的聚己内酰胺切片还需经萃取、干燥等处理,才能送至纺丝机进行熔

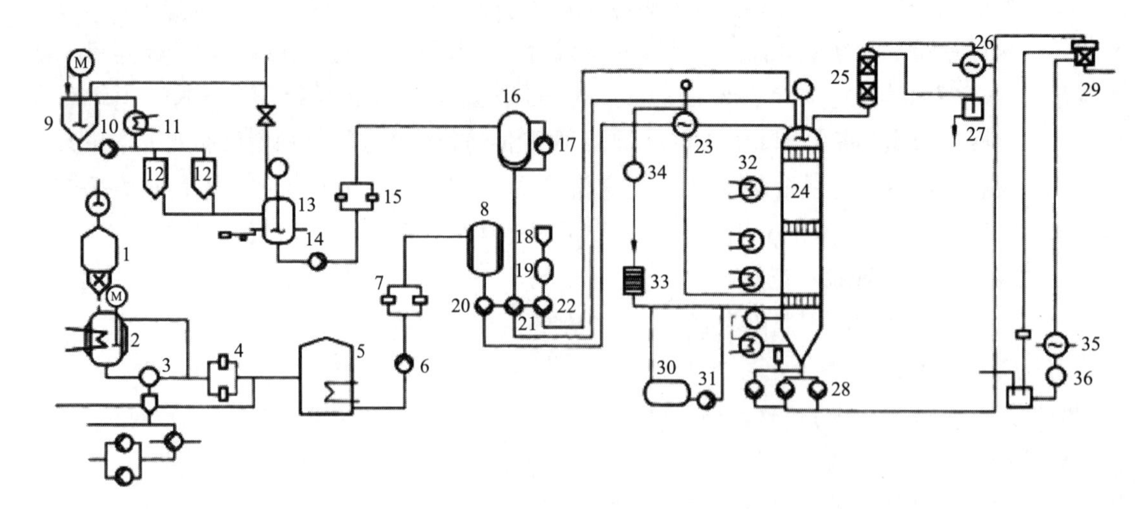

图 4-1 KF 型连续聚合生产流程图

1—己内酰胺投料器 2—熔融锅 3,6,10,14,17,20,21,22,28,31,34,36—输送泵 4,7,15—过滤器 5—己内酰胺熔体贮槽 8—己内酰胺熔体罐 9—添加剂调配器 11,23,26,32,35—热交换器 12—中间罐 13—调制计量罐 16—高位贮槽 18,19—无离子水加入槽 24—VK 聚合管 25—分馏柱 27—冷凝水受槽 29—铸带切粒机 30—联苯贮槽 33—过滤机

体纺丝,此过程称为纺前处理。

1. 切片的萃取

(1)萃取目的。萃取是为了除去切片中大部分单体和低聚物,以降低低分子物含量。由于己内酰胺的聚合反应是一个可逆平衡反应,当反应达到平衡后,聚合物内还含有质量分数约10%的单体和低聚物,这些低分子物在熔融纺丝过程中会汽化蒸发,不仅使挤出成型时产生毛丝,而且恶化生产环境。同时,低聚物在初生纤维中形成薄弱环节,使纤维的机械强度降低。但少量的低分子物存在,对纤维质量影响不大,反而起增塑作用,有利于纤维拉伸。目前,未脱单体的聚合体也可不经铸带、切粒和脱除单体而直接送去纺制 PA6 短纤维,但纺制长丝和帘子线时,一般均需通过萃取除掉聚合物中大部分单体和低聚物。

(2)萃取工艺。切片萃取工艺有间歇式和连续式两种。间歇式萃取是把切片投入萃取锅中,控制一定的浴比、温度和时间,分批间歇进行。间歇式萃取的优点是批量小,周期短,便于更换品种;缺点是水和蒸气耗用量大,产量小,操作麻烦,易造成切片粉碎,且萃取水中单体含量低,回收困难。连续式萃取是使切片不断从萃取设备顶部向下运动,萃取水则从设备底部逆流自下而上运动,在水和切片的对流中,使切片中的可萃取物溶解于水中,整个过程连续不断地进行。一般大规模生产都采用连续萃取设备。

2. 切片的干燥

萃取后切片虽经机械脱水,但仍含有质量分数为10%左右的水分。在纺丝前必须将湿切片进行干燥,使含水率降至0.06%以下,否则聚酰胺熔融时会发生水解,使黏度下降,纺丝的断头率增加,甚至无法进行正常纺丝。

聚己内酰胺切片干燥设备和聚酯干燥设备类似,通常有间歇式和连续式两类,在大规模生产中一般采用连续干燥设备,如 KF 型连续干燥设备。干燥过程应主要控制干燥温度,氮气的含湿量、纯度和流速等工艺参数。温度升高,干燥速率加快,可缩短干燥时间,但切片长时间受高温作用,容易引起大分子降解而变黄,通常切片进入干燥塔的温度为 100℃左右;塔内物料温度控制在 120℃,干切片冷却后为 50℃,送入塔内的氮气温度为 120~125℃;控制塔内气流压力为 20kPa,若气流压力太大,速度过高,则扰乱塔内切片的运动,影响干燥的均匀性。

干燥系统使用高纯度氮气,含氧率<0.0003%,以避免切片在高温下被氧化、降解和色泽变黄。经 KF 型设备干燥后的切片含水率≤0.05%,符合高速纺丝的要求。

二、聚己二酰己二胺的制备

聚己二酰己二胺由己二酸和己二胺缩聚制得。为了获得相对分子质量足够高的聚合体,要求在缩聚反应时己二胺和己二酸的摩尔数相等,因为任何一种组分过量都会使由酸或氨端基构成的链增长终止。由于这个原因,在工业生产聚己二酰己二胺时,先使己二酸和己二胺生成 PA66 盐(简称 66 盐),然后用这种盐作为中间体进行缩聚制取聚己二酰己二胺。通常采用熔融缩聚的方法生产聚己二酰己二胺。目前工业生产聚己二酰己二胺有间歇缩聚和连续缩聚两种方法。过去国内外大多采用间歇法,近年来大型工厂已倾向于连续聚合工艺。因其操作方便,生产率高,工艺先进,经济合理,是聚己二酰己二胺生产发展的方向。

(一)PA66 盐的制备

生产 PA66 盐的工艺路线可概括为水溶液法和溶剂结晶法两种。

1. 水溶液法制 PA66 盐

以水为溶剂,等物质的量的己二胺和己二酸在水溶液中进行中和,制成质量分数为 50%的 PA66 盐水溶液。在真空状态下,将 50%的 PA66 盐水溶液经蒸发、脱水、浓缩、结晶、干燥,即可制成固体 PA66 盐。水溶液法的优点是方便易行,安全可靠,工艺路线短,省能耗,成本低;缺点是对原料中间体质量要求高,远途运输费用高,故通常制成固体盐再长途运输。

2. 溶剂结晶法制 PA66 盐

以甲醇或乙醇为溶剂,经中和、结晶、离心分离及洗涤制得固体 PA66 盐。溶剂结晶法的特点是产品运输方便、质量好,但其对温度、湿度、光和氧敏感性强,在缩聚操作中需重新加水溶解。

(二)PA66 缩聚工艺

PA66 的制备一般采用连续式缩聚法。我国引进的己二胺己二酸连续缩聚装置,是在五个主要设备(蒸发器、预热器、反应器、闪蒸器、后缩聚器)中完成缩聚过程的,故称为“五大器”式连续缩聚。它具有设备较先进、自控程度较高、生产能力较大等特点,日产 12~16t。“五大器”式连续缩聚工艺流程如图 4-2 所示。

在调配罐中把从 PA66 盐生产车间送来的 PA66 盐调配成质量分数为(50±0.1)%,pH 为 7.8±0.1 的水溶液,以便溶液在管道中的输送并控制己二酸和己二胺的等摩尔比;用槽车把 PA66 盐水溶液运来,倒入 PA66 盐水溶液储罐中,其容积巨大,有 250m^3、500m^3 和 1000m^3 不

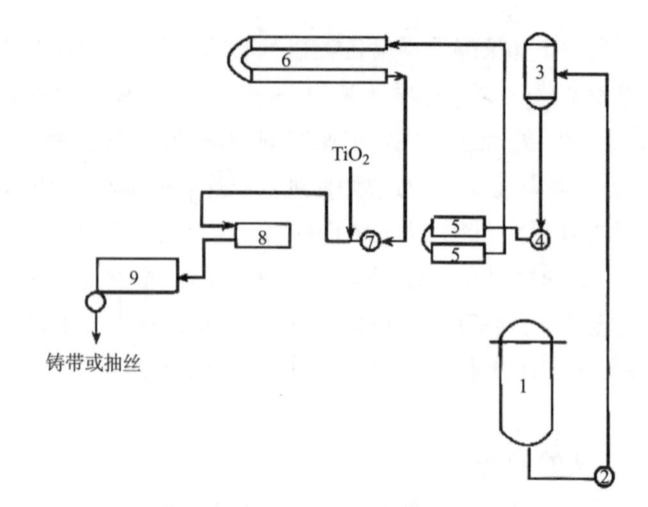

图 4-2 “五大器”式连续缩聚工艺生产 PA66 流程图

1—PA66 盐水溶液储槽 2—泵 3—蒸发器 4,7—柱塞泵 5—管式预热器
6—反应器 8—闪蒸器 9—后缩聚器

等;在液面上充氮,防止 PA66 盐氧化变质,物料温度在 27℃左右;从储罐流出的 PA66 盐水溶液用泵打至蒸发器中,蒸发器为立式圆柱型设备,无搅拌,常压操作,内装有可通加热蒸汽的蛇形管;蒸发器的 PA66 盐水溶液被加热浓缩至质量分数为 65%左右,物料出口温度为 108℃;提浓后的 PA66 盐水溶液经柱塞泵进入管式预热器,此时,物料预热至 210~220℃,压力升至 1.8MPa,之后进入卧式 U 型管式反应器;用导生油加热,物料温度由进口时的 210~220℃增至 250℃,时间约为 2.5h,反应程度为 85%左右。

从 U 型管出来的物料黏度较大,用柱塞泵打入闪蒸器,在闪蒸器内注入消光剂二氧化钛;在闪蒸器中,物料由压力 1.8MPa 迅速降至常压,水分大部分蒸发,闪蒸器内装有加热蛇管,提供足够的热量,使缩聚产生的小分子水排出并使物料保持熔融状态;由闪蒸器出来的聚合物温度约为 275℃,随即进入后缩聚器,完成最后的缩聚;物料在后缩聚器中的停留时间大约为 40min,温度为 280℃左右,螺旋推进器以 58r/h 的转速进行搅拌;水的排除是通过后缩聚器中螺旋推进器的旋转,使聚合物在螺旋片上形成薄膜,从而使水分从薄膜表面蒸发的,得到黏度为 70~120Pa·s 的合格聚己二酰己二胺;缩聚好的熔体经齿轮泵加压打出,送至铸带或直接送至纺丝工序。

己二酰己二胺聚合体中低分子含量少,一般仅有聚合物质量的 0.1%,切片不需经萃取脱除单体,干燥至含水率在 0.08%以下,即可进行熔融纺丝。

第三节 聚酰胺纤维的纺丝成型

一、概述

除特殊型的耐高温和改性聚酰胺纤维以外,其他各种聚酰胺纤维均采用熔体纺丝法成型。由于一般聚酰胺是热塑性树脂,有明显的熔点,其熔融温度低于分解温度,因此可采用螺杆挤出机进行熔融纺丝。

聚酰胺纤维主要以切片熔融纺丝为主，虽然在生产上也有采用缩聚后熔体直接纺丝的，但由于其技术要求高，质量较难控制，特别是PA6，其聚合体内含有质量分数为10%左右的单体和低聚物，造成纺丝困难，纤维结构不均匀。因此PA6直接纺丝法目前大多限于生产短纤维，而对于长丝品种则主要采用切片纺丝法。

20世纪70年代后期，聚酰胺的熔融纺丝技术有了新的突破，熔体纺丝的速度从原来仅为1000～1500m/min的常规纺，发展到速度达到4200～4500m/min的高速纺，所得的卷绕丝由原来结构和性能都不太稳定的未拉伸丝（UDY），转变为结构和性能都比较稳定的预取向丝（POY）。20世纪80年代以后，随着科技和机械制造技术的进一步提高，在聚酰胺纤维生产中，机械卷绕速度达到6000～8000m/min的超高速纺丝一步法制取全拉伸丝（FDY）、高取向丝（HOY）工艺已实现工业化生产。

聚酰胺纤维熔体纺丝的原理及生产设备与聚酯纤维基本相同，只是由于聚合物的特性不同而造成工艺过程及控制有些差别。从国内外生产发展情况看，聚酰胺纤维的常规纺已逐步被高速纺所取代，因此本节着重介绍聚酰胺纤维高速纺丝的工艺及特点。

二、聚酰胺纤维高速纺丝的要求

（一）对切片含水率和熔体纯度的要求

与常规纺丝相比，高速纺丝时，由于高速运行的丝条与空气间的摩擦力较大，因此，丝条在到达卷绕装置时张力比常规纺丝大得多。这时，如果丝条中含有气泡或较大直径的机械杂质，在高张力下就容易因应力集中而产生单丝断裂，形成毛丝，影响卷绕丝的质量。因此高速纺丝对切片中的含水率和机械杂质含量要求更加严格。

一般要求高速纺丝时聚酰胺切片含水率必须小于0.06%，熔体中不允许含有6μm以上的杂质，切片中的水分可通过干燥去除。对于PA6切片，由于聚合机理的特性（属开环聚合），切片中存在单体，所以纺前准备除干燥除水外，还需脱单体和低聚物。因为聚合物中含有单体和低聚物一方面会使纺丝产生毛丝，并使纤维强度下降；另一方面对聚合物大分子也起到增塑作用，有利于丝条拉伸。所以PA6切片纺短纤维时可不脱单体，而纺长丝时必须脱单体。单体脱除方法本章第二节已述，在此不再重复。对于PA66切片，其聚合机理属逐步缩聚，切片中不存在小分子单体，纺丝前只需控制切片含水率，不需要脱单体。

在纺丝前，必须去除熔体中的机械杂质和凝胶粒子，一般采用熔体预过滤器去除。熔体预过滤器常安装在螺杆挤出机出口至纺丝箱体入口之间的熔体分配管路上，对直接纺则安装在增压泵与纺丝箱体之间，其形式多为列管式，过滤介质一般为拆装方便的多层金属网管或烧结金属元件。使用熔体预过滤器可使熔体内的杂质大大减少。PA6聚合纺丝设备生产线中，如果对聚合原材料和生产工艺过程严加控制，切片的杂质极少时，可省去熔体预过滤器。

（二）对纺丝设备的要求

聚酰胺高速纺丝的卷绕速度比较高，要求每个纺丝头的挤出量比普通纺丝的挤出量大得多，因此需增加螺杆挤出量和提高纺丝熔体的均匀性。

当选定螺杆直径 D 及其长径比 L/D 后，可通过增加螺纹深度、适当减小计量段螺杆与套筒的间隙或提高螺杆转速等手段增加螺杆的挤出量。此外，可使用带有混炼段或副螺纹的新型螺杆，以提高挤出机的产量和提高熔体的均匀性。如销钉型螺杆是在螺杆压缩段与计量段之间的螺槽中设置一定数量的销钉，将未熔融的固相物料分离细化以增加固相与液相接触面积，及时吸收熔体过多的热量而迅速熔化，加速固相颗粒的熔融速度。设置在计量段或螺杆头部的销钉有分流、剪切和混合的作用，通过销钉的激烈搅拌，细化和粉碎物料中的固态物质，促使其加速熔化。由于销钉与物料的剪切摩擦作用，有利于物料的熔化，同时打乱物料的流动状态，可减小温度与压力的波动，提高熔体黏度、温度的均匀性和稳定性。因此，可通过提高螺杆转速的方式增加挤出量，新型螺杆与同类型普通螺杆相比可提高 30%的产量。

（三）对丝条冷却和上油方式的要求

由于高速纺丝的速度快，丝条在空气中冷却停留时间短，为了加强冷却效果，满足成型的需要，高速纺丝时应适当增加纺丝吹风窗的高度，有时也适当提高吹风速度。由于高速纺丝丝条的张力较大，故不会因风量的增大而引起丝条摆动影响其质量。

聚酰胺高速纺丝的上油方式与聚酯高速纺丝基本相同。其上油机构在纺丝窗下方的甬道入口处，采用喷油嘴上油。油剂经齿轮泵送至喷油嘴，可精确地控制送油量，以保证丝条含油均匀，并使各根单丝抱合在一起，减少丝条与空气的接触表面。这样丝条高速运转时，可减小丝条与空气的摩擦阻力和降低丝条上的张力，以保证高速卷绕的顺利进行。在喷油嘴与丝条接触部分，要求十分光滑，因此，喷油嘴的材质可使用耐磨性好的二氧化钛陶瓷或三氧化二铝陶瓷。

在高速纺丝中，丝条与其导丝系统间存在高速摩擦，容易在喷油嘴引起油膜破裂，所以对油剂性能的要求也比常规纺丝高。除了应满足常规纺丝对油剂的一般要求外，还必须具有油膜强度高、耐热性好、高平滑性和渗透性好等特点。

三、聚酰胺纤维高速纺丝工艺与质量控制

（一）纺丝温度、纺丝速度和冷却成型条件

1. 纺丝温度

PA6 高速纺丝设备与聚酯基本相同，但由于聚合物特性的不同使两者在纺丝工艺和质量控制方面有差别。PA6 的熔点为 215℃，比聚酯低。这主要因为 PA6 中有小分子单体存在，单体起到增塑剂的作用，使熔体流变性增强，所以纺丝温度为 265～280℃。温度过低会使熔体黏度上升，增加纺丝计量泵的负担，容易出现漏料现象，熔体胀大严重，甚至出现熔体破裂，生产的丝发白，无光泽，手感硬，后加工时断头率增加，难以拉伸；而纺丝温度过高时，聚合物容易发生热分解，使相对分子质量下降，出现气泡丝并形成所谓“注头丝”。所以纺丝温度波动越小越好，一般不超过±1℃。

由于聚酰胺比聚酯更易被空气氧化而发黄，使聚合物相对分子质量降低，黏度下降，可纺性变差。因此聚合物在挤出机熔体制备阶段，必须通氮气或二氧化碳与外界隔绝，防止熔体被空气中的氧气氧化。

2. 纺丝速度

由于聚酰胺纤维分子间的结合力大,容易结晶,吸水性强,所以纺丝速度比聚酯高,至少在4000m/min以上。当纺丝速度较低时(如1500~3500m/min),预取向丝会因吸湿量高而膨润变形,使卷装筒子成型不良。在纺速高于4000m/min时,预取向丝的取向度和结晶度提高,使其因吸湿而产生的各向异性膨胀显著减小,从而获得较好的筒子成型。聚酰胺高速纺丝的纺丝速度一般为4000~5200m/min。

3. 冷却成型

PA6纺丝冷却成型条件与聚酯基本相同,风温为20~30℃,风速为0.3~0.5m/s,相对湿度为60%~75%。这是因为虽然PA6纺丝温度较低,但其玻璃化转变温度也较低(50~75℃)。从熔体细流冷却至玻璃化转变温度,丝条的温度降低量与聚酯相近,因此散热量也大致相近。

(二)预取向丝的取向度与卷绕张力

当纺丝速度较低($v \leqslant 1000$m/min),即常规纺丝时,丝条的取向度很小,且易回复,属未取向丝,需在后加工中继续拉伸以增加取向,提高纤维强度。在高速纺丝($v>4000$m/min)时丝条有较大的取向度,此时产生的取向度称为预取向度,以便与后加工拉伸取向区别。只有当纺丝速度高达6000~8000m/min以上时才能达到完全取向作用,获得不再需要后拉伸的全取向丝。

PA6预取向丝的取向度与纺丝速度和卷绕张力有关。在卷绕张力的作用下,丝条受到拉伸而发生分子取向或结晶取向,该阶段主要发生于纺丝头与上油装置之间。从喷丝头开始至上油装置可划分为三个区,如图4-3所示。

第一区:流动形变区。熔体离开喷丝板微孔的控制后,离喷丝板面5~10mm内,由于熔体流速突变产生的弹性形变能和静压能的释放,会产生直径膨胀变大的现象,称为膨化现象。膨化区的存在对纺丝是不利的,会使丝条不均匀,也易黏附在喷丝板上,造成断头、毛丝。适当降低熔体的黏度(提高纺丝温度)和选用长径比大的喷丝孔,可降低膨化程度。在流动形变区内虽已降温,但丝条的流动性能很好,故受拉力后很容易变细,所产生的大分子轴向有规则排列(称为大分子的取向)的程度较低,又因大分子的松弛作用,使取向度很小。

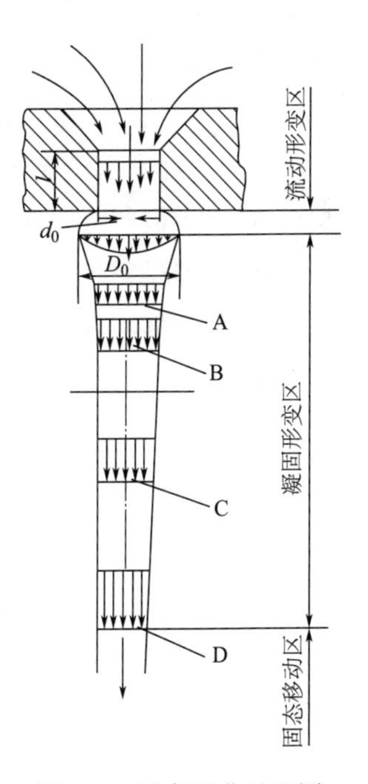

图4-3 冷却固化过程图

第二区:凝固形变区。在该区域内,熔体细流在卷绕机构的牵引和一定的冷却条件下,逐渐凝固成丝条。丝条在凝固形变区的变化最大,发生直径、温度、黏度和大分子结构等变化。凝固形变区也是冷却固化的最重要区域。

(1)直径的变化。导丝盘或卷绕机构牵引速度v(称为纺丝速度或卷绕速度)大大超过喷丝速度v_0(即熔体在微孔中喷射的速度),可使丝条拉长变细。到凝固点之后,直径及速度就不再发生变化，如图 4-4 所示。

(2)熔体的温度和黏度变化。熔体细流受到周围空气的冷却作用，温度迅速下降，黏度很快上升，当黏度达到一定值时就失去流动性，成为固态。如图 4-5 所示为丝条传热过程。

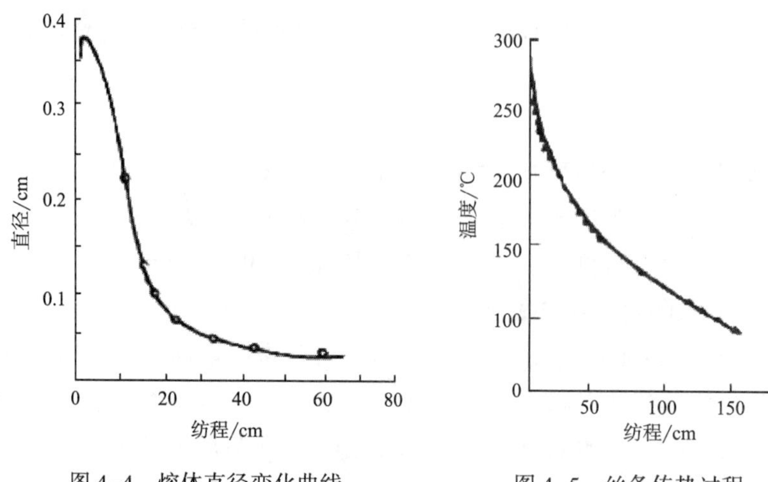

图 4-4　熔体直径变化曲线　　　图 4-5　丝条传热过程

(3)丝条内部结构的变化。丝条内部结构变化主要是取向度和结晶度。由于结晶需要一定时间，并需在熔点以下玻璃化转变温度以上才能进行，而 PA6 纤维高速纺丝时，丝速很高，从熔融态到固态温度下降速度极快，在纺程上往往来不及结晶就已降至玻璃化转变温度以下，故丝条内部结构尚处于无定形的状态。通常 PA6 纤维在离喷丝板 40~80cm 处固化结束，温度下降到玻璃化转变温度以下。

在第二区中，细流状聚合物处于高弹态，形变与分子取向同时发生。在此区，一方面由于聚合物熔体细流温度高于玻璃化转变温度，分子链仍有足够的活动能力；另一方面由于交联结构的初步形成，分子链和链段在适当的卷绕张力下会产生明显的取向。卷绕速度越高，卷绕张力越大，纤维的取向度也越大。因此熔体细流在靠近凝固点之前存在着最佳的取向条件。

第三区：固态移动区。从凝固点开始，丝条以相同的牵引速度移动，成型结束。为了使丝条进入导丝盘或卷绕机构时温度能下降至 50℃ 左右，一般需有一定的冷却距离。故丝室下面有 5~7m 长的甬道，但当纺丝速度提高时，甬道所起的作用较小。在此区丝条已是凝固的预取向丝，由于分子链段的活动性较小，相对形变困难。在此条件下，恒定的张力已不能再使取向度提高。

由上述可知，预取向丝的取向度主要取决于在临近凝固点前单丝所受的张力。若作用在丝条上的张力很小，则取向度低，甚至造成解取向；若把已冷却但还未取向的丝条突然处于高张力下，则单丝会断裂，这是因为在未取向的丝条结构中，张力分布不均匀，这种情况经常发生在急剧冷却时。

(三)纺丝速度对卷绕丝结构和性能的影响

图 4-6 表示聚酰胺纤维的取向度(用 Δn 表征)与纺丝速度的关系。聚酰胺纤维的取向度

随纺丝速度的提高而增加，当纺速在 1400m/min 以下时，其取向度随纺速的提高而急剧增大；当纺速达到 1400m/min 以上时，取向度的增大缓慢；当纺速到达 3500m/min 以上时，取向度又有较显著的增大。因为高速纺丝的目的是取得大而稳定的预取向度，以减小后拉伸倍数，所以聚酰胺纤维在 3500m/min 以下的高速纺丝无实际意义。

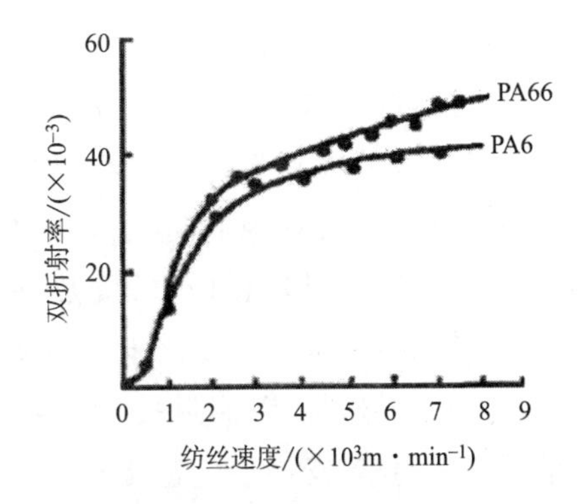

图 4-6 卷绕丝取向度与纺丝速度的关系

与聚酯相比，聚酰胺纤维在纺丝成型过程中容易产生结晶。这是因为聚酰胺纤维吸湿性较高，大分子间存在氢键，且大分子的柔顺性好，故链段易于运动而砌入晶核。因此在纺丝过程中，当丝条接触到油剂或吸收空气中的水分后，即伴随着产生结晶，且随着纺速的变化，其结晶形态也有所不同。如 PA6 纤维，当纺速<3000m/min 时，主要生成 α 晶态及拟六方晶态；当纺速在 4000m/min 以上时，主要生成 γ 晶态；当纺速高达 7000m/min 时，γ 晶态显著减少，α 晶态又重新增多，并且在丝条断面上呈双层结构，包含高取向的皮层（γ 晶态）和低取向的芯层（α 晶态）。这是由于在超高速纺丝条件下，丝条受急速冷却作用，使纺丝拉伸应力集中于丝条表层造成的结果。

生产实践证明，当纺丝速度超过 1500m/min 时，随着纺速的提高，由于纤维中晶核的迅速增加和丝条到达卷装的时间的缩短，水分来不及渗透到微晶胞的孔隙中去，因此丝条绕到筒子上后，将继续吸收水分使晶核长大成晶粒，并使丝条伸长，而导致松筒塌边，不能进行后加工。随着卷绕速度的进一步提高（至 3500m/min 以上），大分子的取向度也明显提高，产生取向诱导结晶，丝条到达卷装时结晶度也随之增加，其后结晶效应明显减弱，因此卷绕后丝条的伸长也就大大减小。当纺速高达 4000m/min 以上时，丝条的伸长率相当于常规纺丝，因此在此速度下仍可卷绕。

为了实现卷绕工艺的最大稳定性，尤其是防止复丝中单丝线密度差异，生产聚酰胺预取向丝的纺速以 4200~5000m/min 为宜。

四、聚酰胺纤维高速纺丝拉伸一步法工艺

聚酰胺纤维高速纺丝拉伸一步法工艺（即 FDY 工艺，生产全拉伸丝）是在 POY 工艺基础上发展起来的。由于它是在同一机台上完成高速纺丝、拉伸和热定型，因此这一工艺简称 H4S（high speed-stretch-set-spinning）技术。此工艺现已被国内外生产厂家广泛使用，具有广阔的发展前景。

（一）生产流程

图 4-7 为 PA6 生产流程示意图。其流程与聚酯 FDY 生产流程基本相同，不同的只是螺杆挤出机各区温度和各牵伸辊的速度。

具体过程是来自切片料斗的聚己内酰胺切片进入螺杆挤出机后，在挤出机内熔融、压缩和均匀化，聚合物熔体经螺杆末端的混炼头流向熔体分配管，进入纺丝箱体；经计量泵、纺丝组件，

由喷丝板压出而成为熔体细流,并在冷却室的恒温、恒湿空气中迅速凝固成为丝条;经喷油嘴上油后,丝条离开纺丝甬道,被牵引到第一导丝辊,以一定的速度将丝条从喷丝板拉下,得到预取向丝;丝条自第一导丝辊出来后被牵引到第二导丝辊(一般为热辊,起定型作用),并通过改变两导丝辊的速度比来调节所要求的拉伸比,然后经过第三导丝辊,以控制一定的卷绕张力和松弛时间,最后进入卷绕装置。在卷绕机的上方配有交络喷嘴,又称网络喷嘴。在喷嘴中通入蒸气或热空气,当丝条通过喷嘴时,由于热空气的作用使单丝之间交络、缠结,产生沿丝条轴方向上的缠结点,并同时起热定型作用。成品丝卷绕在筒管上,满卷的丝筒落下后经检验、分级和包装,便得到锦纶长丝 FDY 产品。

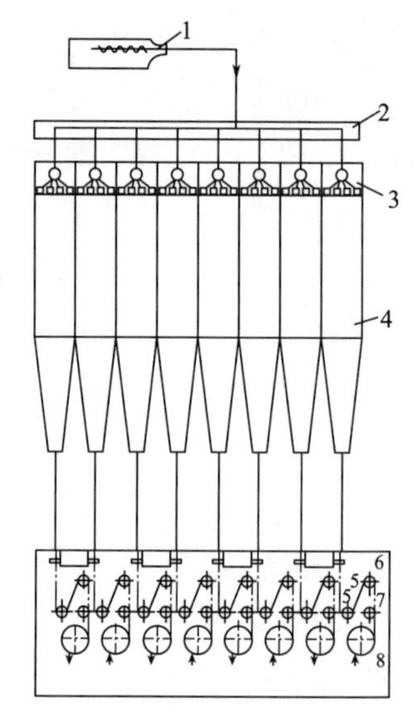

图 4-7　PA6 FDY 生产流程图

1—螺杆挤出机　2—熔体分配管　3—纺丝箱体　4—纺丝甬道　5,6,7—第一、二、三导丝辊　8—高速卷绕头

(二)全拉伸丝生产工艺及质量控制

聚酰胺 FDY 设备与聚酯类同,此处不再赘述。本节着重讨论纺丝过程中,各主要工艺参数对成品丝质量的影响。

1. 纺丝温度

聚酰胺熔体的纺丝温度主要取决于聚合物的熔点和熔体黏度。纺丝温度必须高于熔点而低于分解温度,PA6 和 PA66 的熔点分别为 215℃和 255℃,而两者的分解温度相差不大,大约为 300℃,因此 PA6 的纺丝温度可控制在 270~280℃,PA66 则控制在 280~290℃。聚酰胺 FDY 与聚酰胺 POY 纺丝温度相近,只是对纺丝温度的要求更为严格,纺丝时必须控制好温度波动。特别对于 PA66,其熔点与分解温度之间的范围较窄,因此纺丝时允许温度波动范围更小,一般控制在±1℃之内。

无论 PA6 还是 PA66,熔体的黏度均随相对分子质量增大而增大,在相对分子质量相同的情况下,熔体黏度随温度升高而减小。PA6 的熔体黏度还与低聚物含量及水含量有关,低聚物有增塑剂的作用,在温度相同时,低聚物含量高熔体黏度有所降低。因此在选择纺丝温度时应考虑这些因素。

纺丝温度选择是否恰当,直接影响纤维的质量和纺丝过程的正常进行。纺丝温度过高,会使聚合物的热分解加剧,造成相对分子质量降低和出现气泡丝,并因熔体黏度太低而出现毛细断裂,形成“注头丝”;当纺丝温度过低时,则熔体黏度过高,增加泵输送的负担,往往出现漏料,而且使挤出物胀大现象趋于严重,甚至出现“熔体破裂”现象。还会出现硬头丝,使后拉伸时断头增加,甚至不能拉伸,对纤维的质量造成不良影响,因此生产上应严格控制好纺丝温度。

2. 冷却条件

纺丝时应选择适当的冷却条件,并保证其稳定、均匀,避免受到外界条件的影响,从而使熔体细流在冷却成型过程中所受的轴向拉力保持稳定。对于一定的冷却吹风装置(FDY 目前多采用侧吹风),冷却条件主要指冷却空气的温度、湿度、风量、风压、流动状态及丝室温度等参数。通常冷却风风温为 20~30℃,冷却风风速一般为 0.4~1m/s,比普通纺丝风速要高,这是因为 POY 的张力大,不会因风量的增大而引起丝条的摆动,所以大的风速不会影响丝的质量。相对湿度为 60%~80%,冷却吹风窗的高度可适当加大,在保证不使喷丝板温度降低的情况下,冷却吹风上部应靠近喷丝板,以保证纺丝的顺利进行。

3. 纺丝速度和喷丝头拉伸倍数

纺丝速度一般指丝条在卷绕辊处的线速度,聚酰胺全拉伸丝的纺丝速度很高,目前已达到 4000~6000m/min,甚至更高。由于熔体纺丝法的纺丝速度很高,因而喷丝头拉伸倍数也较大。

卷绕速度和喷丝头拉伸倍数的变化对卷绕丝的结构和拉伸性能带来一定影响。喷丝头拉伸倍数越大,剩余拉伸倍数就越小。图 4-8 为 PA6 和 PA66 卷绕丝剩余拉伸倍数与纺丝速度的关系。由图可以看出,纺丝速度在 2000~3000m/min 之前,剩余拉伸倍数随纺丝速度的增加而迅速减小;当纺速高于 3000m/min 时,剩余拉伸倍数变化较为缓慢。这一规律可作为高速纺丝与常规纺丝的区别,当纺丝速度超过此界限时,就能有效地减小后(剩余)拉伸倍数。FDY 通过第一导丝辊的高速纺丝和第二导丝辊的补充拉伸,便可获得全拉伸丝。

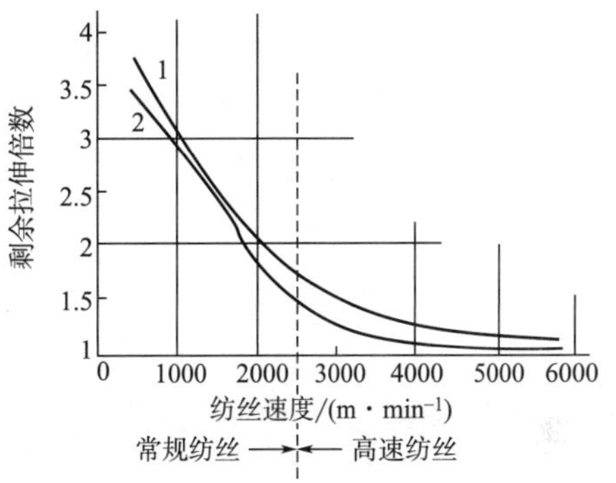

图 4-8　卷绕丝剩余拉伸倍数与纺丝速度的关系

1—PA66　2—PA6

要获得优良的 FDY 产品,设定好各导丝辊的速度很关键。一般第一导丝辊速度与 POY 卷绕线速度相近,为 4000~4500m/min;第二导丝辊速度起到二次拉伸作用,所以一般为 5000~5500m/min;第三导丝辊速度可比第二导丝辊速度略低,对丝条起到松弛内应力作用,也可高于第二导丝辊速度,起进一步拉伸作用。因此,聚酰胺 FDY 生产过程中要严格控制各导丝辊速度及导丝辊间的速比。

4. 上油

高速纺丝上油比常规纺丝上油更为重要,它直接影响纺丝拉伸卷绕成型工艺的正常进行和丝条的质量,特别是丝条与机件的高速接触摩擦,更容易产生静电,引起毛丝和断头,因此要施加性能良好的纺丝油剂。

常规纺丝采用油盘上油,但对于高速纺丝,油盘上油不但均匀性差,而且油滴会飞离油盘污染环境,因此,FDY 工艺中常采用上油量比较均匀、计量精确的油剂齿轮泵和喷油嘴上油的方式。FDY 在纺丝过程中有两次拉伸(喷头拉伸、导丝辊间的拉伸),拉伸过程中由于受热油剂挥发,丝的抱合性变差,易产生毛丝和断头。为了避免纺丝过程中因拉伸产生毛丝和断头而影响正常生产,同时也为了保证 FDY 产品含油均匀和含油量适当以利于后道工序的加工,FDY 在生产上常采用二次上油,第一道上油位置与 POY 相似,在冷却吹风窗底部,第二道上油则在第二导丝辊后卷绕前。

高速纺丝所用的油剂型号种类繁多,但基本上都是由润滑剂、抗静电剂和乳化剂三种成分组成。丝条的含油量根据织造方法而定,一般用于机织物的丝条含油量为0.4%~0.6%(质量分数),用于针织物的则可高达2%~3%。油剂含量既不能过少也不能过多。含量过少时,丝条表面不能均匀地形成油膜,摩擦阻力增大,集束性差,易产生毛丝;含量过多时,则会使丝条在后加工过程中造成油剂下滴及污染加剧。

5. 拉伸倍数

FDY工艺是将经第一导辊的POY连续绕经高速运行的辊筒来实行拉伸的,拉伸作用发生在两个转速不同的辊筒之间,后一个速度大于前一个,两个辊筒的表面线速度之比即为拉伸倍数。纺制聚酰胺FDY时,第一导辊的速度可达POY的生产水平(4000~4500m/min),而拉伸的卷绕辊筒速度则高达5500~6000m/min。对于不同的聚合物,拉伸辊筒的组数、温度及排列方式也有所差异。对聚酯来说,由于其玻璃化转变温度相对较高,两组辊筒均要加热,第一辊筒控制在70~90℃,以使丝条预热,第二辊筒则为180℃左右。而聚酰胺的玻璃化转变温度比较低,模量也稍低,所需的拉伸应力相应较小,故可采用冷拉伸形式,但根据设备型号和生产品种的不同,采用第一辊不加热或微热而第二辊加热的形式,以实现对纤维的热定型。

聚酰胺纤维的强度随着拉伸倍数的增加而提高,断裂伸长率则相应降低。但拉伸倍数如果超过临界值,纤维内的大分子因承受不了强大的拉力而发生滑移和断裂,使取向度和强力下降,因此拉伸倍数要考虑成型丝条的性质。对于已具有一定取向度的POY,其剩余拉伸倍数比较小,所以聚酰胺FDY工艺的拉伸倍数一般只有1.2~1.3。

6. 交络作用

FDY工艺过程的设计是以一步法生产直接用于纺织加工的全拉伸丝为目的,丝条在高速纺丝、卷绕过程中无法加捻,故FDY设备常在第二拉伸辊下部对应于每根丝束设置网络喷嘴,以保证每根丝束每米约有20个交络结点,以增加丝的抱合性,改善成品丝的光泽。除了赋予网络以外,喷嘴的另一个作用是热定型,为此在喷嘴中通入蒸汽或热空气,以消除聚酰胺纤维经冷拉伸后存在的后收缩现象。

丝束经网络后便进入高速卷绕头,卷绕成FDY成品丝。原则上卷绕头的速度必须稍低于第二拉伸辊的速度,这样可保证拉伸后的丝条得到一定程度的低张力收缩,以获得满意的成品质量和卷装。聚酰胺FDY的卷绕速度一般为5000m/min左右。

五、聚酰胺纤维消光和纺前着色

为了降低纤维的透明度,增加白度,消除织物上的蜡状光泽,在聚酰胺民用纤维生产中,一般都需要进行消光处理。消光处理的方法是将微细的锐钛矿型二氧化钛粉末分散在纤维中。制取半消光纤维时,二氧化钛的质量分数为0.3%左右;制取全消光纤维时,二氧化钛的质量分数为1%~2%。由于PA6的原料己内酰胺溶液的极性较小,二氧化钛容易分散而形成稳定的悬浮体,因此可在聚合反应前加入。而生产PA66的原料PA66盐是极性化合物,容易使二氧化钛凝聚,所以在缩聚的后期加入二氧化钛。聚酰胺的光老化稳定性不好,二氧化钛的加入使纤维的光老化速度加快。为抑制纤维的光老化,可在聚合物中添加防老化剂——锰盐或铜盐。

纺前着色是在纺丝前或纺丝时将颜料加入聚合物中。纺前着色的优点是着色牢度高,着色过程简单,且避免了染色废液对环境的污染;缺点是色泽品种受到限制,更换品种时较麻烦。纺前着色可采用纺丝时加入颜料的方法。间接纺时,颜料和聚合物切片同时送入螺杆挤出机中;直接纺时,可在聚合物熔体管路上设置颜料注入和混合装置。聚酰胺纤维的染色性好,可在常温常压下染色,所以较少采用纺前着色。

第四节　聚酰胺纤维的后加工

聚酰胺纤维的后加工根据产品的用途和品种不同,其工艺和设备也不同。本节将介绍聚酰胺长丝、弹力丝、帘子线、膨体长丝(BCF)以及短纤维的后加工工艺及设备。

一、预取向丝(POY)存放(平衡)

与聚酯相同,无论是普通纺丝生产的 UDY,还是高速纺丝生产的 POY,聚酰胺纤维在进行后加工以前,都必须在恒温恒湿条件下存放一定时间。因为成型的聚酰胺初生纤维内部和表层含油、含水及其预取向度是不均匀的,故需存放(平衡)一段时间,使内应力减小或消除。此外,也可使前纺卷绕时所加油剂得以扩散均匀,从而改善纤维的拉伸性能,存放时间一般大于 8h。

二、聚酰胺长丝的后加工

普通长丝又称拉伸加捻丝(DT 丝),它是由常规纺的卷绕丝(UDY)或高速纺的预取向丝在拉伸加捻机上经拉伸和加捻(或无捻)制取的具有高强度、低伸长的长丝,以适应纺织加工的需要。由高速纺丝拉伸一步法制得的 FDY 也属普通长丝。

聚酰胺长丝的生产多为 POY-DT 工艺,即以高速纺的 POY 为原料,在同一机台(拉伸加捻机,又称 DT 机)上一步完成拉伸加捻作用。

(一)聚酰胺长丝后加工工艺流程

POY-DT 工艺流程如图 4-9 所示。从图 4-9 可看出,卷绕丝从筒子架引出,经导丝钩、喂入罗拉到达拉伸盘,在喂入罗拉和拉伸盘之间进行冷(或热)拉伸。从拉伸盘引出的拉伸丝,再经导丝钩和上下移动着的钢领板,随锭子的旋

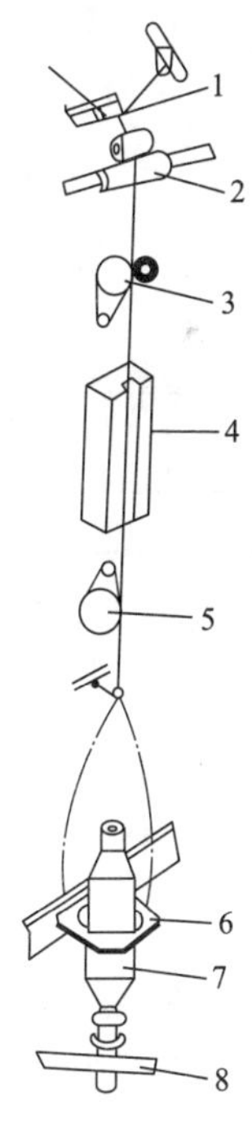

图 4-9　拉伸加捻机工艺流程示意图
1—导丝钩　2—喂入罗拉　3—热拉伸盘
4—加热器　5—冷拉伸盘　6—钢领板
7—双锥形卷装　8—龙带

转被卷绕在筒管上,并获得一定的捻度,成为拉伸加捻丝。

(二)聚酰胺长丝后加工工艺控制

聚酰胺长丝的拉伸和加捻与聚酯相同,是由一束复丝在同一台机器上完成的。其工艺以拉伸为主,仅给予少量的捻度,这样的丝称为弱捻丝。相对于复捻丝来讲,通常又称为无捻无定形丝。

1. 拉伸加捻的目的

(1)拉伸。在一定条件(如温度、拉伸介质等)下沿纤维轴向施以外力,使纤维中原来卷曲、无序排列状态的大分子链较为伸直,并沿纤维轴向取向,可使纤维变细,而纤维中大分子间的力则能充分发挥,从而降低纤维的延伸度,提高其强度和纺织性能,同时又把纤维拉细到成品的线密度。

(2)加捻。加捻可使复丝中各根纤维之间互相抱合,减少在纺织加工中发生紊乱现象,并提高纤维束的整体断裂强度。加捻后对纤维还有一定的消光作用,使纤维光泽柔和,制成的织物有厚实感,不易折皱。

2. 拉伸加捻工艺

在聚酰胺长丝后加工过程中,拉伸是一个关键工序。拉伸工艺路线及参数的选择原则上应考虑两个方面的问题:一是根据不同的使用要求,确定工艺路线和参数,使纤维具有不同的力学性能和纺织性能,如强度、延伸度、弹性、沸水收缩率、染色性等;二是必须从实际操作的实施和控制的可靠性、经济指标等来决定,同时尽量减少纤维在拉伸过程中的断头率,否则将严重影响纤维的质量与产量,影响后加工过程的正常进行。

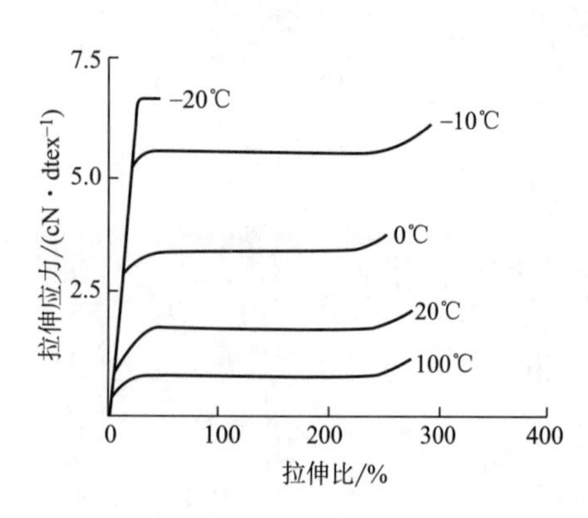

图 4-10 聚酰胺纤维在获得一定拉伸比时拉伸应力与温度的关系

如果纤维的拉伸应力已接近断裂强度,那么在拉伸时很容易被拉断。因此在拉伸过程中,希望尽可能降低拉伸应力,以减小拉伸断头率和提高拉伸倍数。由聚酰胺纤维的拉伸特性(图 4-10)可知,获得一定的拉伸倍数所需的拉伸应力随温度升高而减小,即在较高温度下,可用较小的外力获得较高的拉伸倍数。此外,进行热拉伸可消除纤维在加工过程中由于机械作用所产生的内力;同时,提高温度也有利于取向和结晶的正常发展。但温度太高,解取向增大,取向度反而降低。因此,在提高拉伸倍数、减小拉伸断头率方面,热拉伸比室温拉伸优越。

在热拉伸工艺中,可用几种方式使纤维加热。一种是使丝条直接与热板接触,这种方法简单,在长丝的拉伸加捻中使用广泛,但很容易造成传热不均匀。另一种是采用介质加热的方法,使纤维通过液体或蒸汽浴,拉伸所采用的液体介质主要是热水和热油剂浴,这种方式在短纤维的拉伸中使用较广泛。

前已述及,刚成型的 PA6 纤维是部分结晶,其中有无定形部分,有规整度不同的结晶部分,因此在拉伸过程中有链段的取向,整个分子链的取向,还有晶粒的取向。所以,最好能针对不同结构单元分别采取不同的拉伸温度,而且随着纤维在拉伸过程中取向度和结晶度的提高,拉伸温度也要提高。同时,可根据拉伸曲线上的不同阶段,分别以不同的温度进行两段或多段拉伸。由研究可知,不同阶段所需要的拉伸应力是不同的,而且随着纤维在拉伸过程中取向度的不断提高,以及结晶的形成和结晶度的提高,不同拉伸阶段对温度的要求也不同。一般来说,在后段要求温度高一些,拉伸应力也会相应提高。

影响拉伸加捻的主要因素有以下几方面。

(1)原丝质量。用于生产聚酰胺长丝的原丝可以是未取向的卷绕丝或预取向丝,其质量取决于高聚物的质量和纺丝成型条件。

卷绕丝的可拉伸性起初随相对分子质量的增大而增加,并在一定相对分子质量时达到最大值,之后又随相对分子质量的增大而下降。一般来说,拉伸丝的强度也随相对分子质量的增大而增加,而且延伸度也有所增加。相对分子质量分布对拉伸性能的影响,一般认为相对分子质量分布均匀的纤维,其拉伸性能较为稳定。

PA6 纤维与其他合成纤维不同的是,聚合物中含有低分子化合物,低分子物的存在降低了大分子间的相互作用力,起着增塑剂的作用,使纤维易于拉伸(图 4-11),但纤维的断裂强度并不能同时改善。而且低分子物含量过高,易于游离在丝的表面,沾污拉伸机械,给拉伸带来困难。

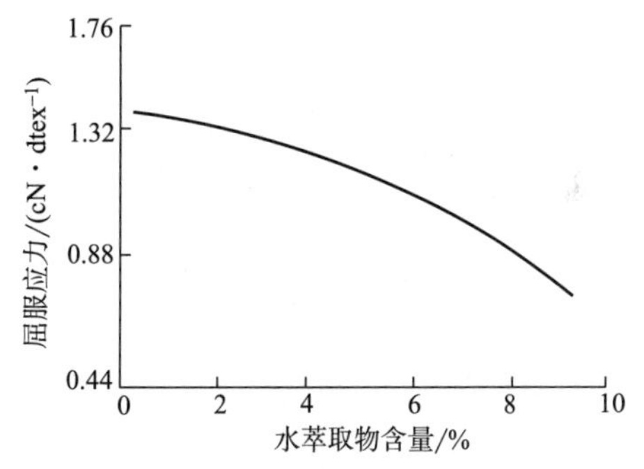

图 4-11 PA6 卷绕丝的屈服应力与水萃取物含量的关系

(2)拉伸倍数。正确地确定拉伸倍数,是保证拉伸丝的质量和拉伸过程顺利进行的关键。随着拉伸倍数的增加,纤维的取向度和结晶度都会进一步提高,从而使纤维的强度增大,延伸度下降,沸水收缩率增加。

拉伸倍数的选择取决于原丝的性质和对成品的质量要求,民用丝要求有一定延伸度,柔软且有弹性,染色性好,因此拉伸倍数选择较低,UDY 拉伸一般为 3.5~4 倍;若采用 POY,因已具有一定的取向度,故拉伸倍数应适当降低,一般为 1.2~1.3 倍;高强力丝及帘子线要求强度高,延伸度低,因此拉伸倍数要求高些,一般在 5 倍以上(对 UDY)。另外,确定拉伸倍数,还要考虑线密度及打滑的影响,细丝拉伸时易断,拉伸倍数要低些,粗丝在拉伸过程中容易打滑,拉伸倍数要高些。

选择的拉伸倍数必须小于断裂拉伸倍数而大于自然拉伸倍数,否则拉伸点(区)就会由给丝辊移向拉伸辊,而在另一段上产生新的拉伸点,出现未拉伸丝,丝条产生粗细不匀现象而影响丝的质量。

(3)拉伸温度。拉伸时必须使分子链有一定的活动性,因此必须选择适宜的拉伸温度。一般拉伸温度要求高于玻璃化转变温度,如果考虑附加外力作用,可略低于玻璃化转变温度;另外,拉伸温度又必须低于软化温度,此温度一般在熔点以下 20~40℃。温度过高时,解取向的速度很大,不能得到稳定的取向。以上只是温度极限值,拉伸温度的选择还必须根据纤维的拉伸曲线、生产方法及产品的要求而定。

PA6 纤维的玻璃化转变温度为 35~50℃,熔融温度为 215~220℃。对于民用单、复丝,一般可在室温下进行拉伸;帘子线等高强力 PA6 长丝,因采用较高倍数的拉伸,为了降低拉伸时所需张力,并使拉伸均匀,需采用热拉伸。而对于强力丝或短纤维,PA66 纤维的玻璃化转变温度为 40~60℃,熔融温度约为 265℃,生产普通丝时拉伸温度一般可选择室温。

在实际生产中,拉伸是连续进行的,拉伸速度高,拉伸热效应大,拉伸过程中拉伸温度与拉伸应力的关系曲线如图 4-12 所示。由图中看出,开始时温度上升,拉伸应力显著增加;但超过一定温度后,温度升高,拉伸应力降低。PA6 长丝最大拉伸应力在 50℃时出现。

纤维在拉伸区的实际温度取决于两个相反的过程:一方面,纤维拉伸区的温度随加热罗拉温度的上升而上升;另一方面,被拉伸丝条的温度升高,拉伸热效应减小,使拉伸区温度降低。

一般来说,在相同拉伸倍数下,提高拉伸温度,拉伸丝的强度稍有增大,但适当提高温度可达最佳拉伸倍数,并降低拉伸应力,从而减小断头率。因此,热拉伸对提高纤维的力学性能是有利的。例如,PA6 在不同拉伸温度下所能达到的最大拉伸倍数和强度如图 4-13 所示。

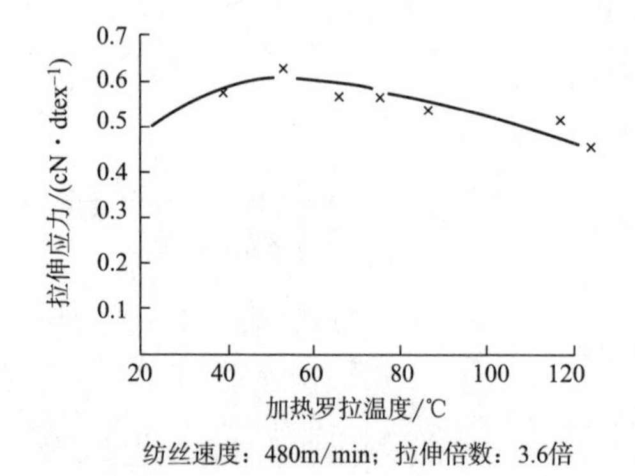

图 4-12　PA6 长丝拉伸应力与加热罗拉温度的关系

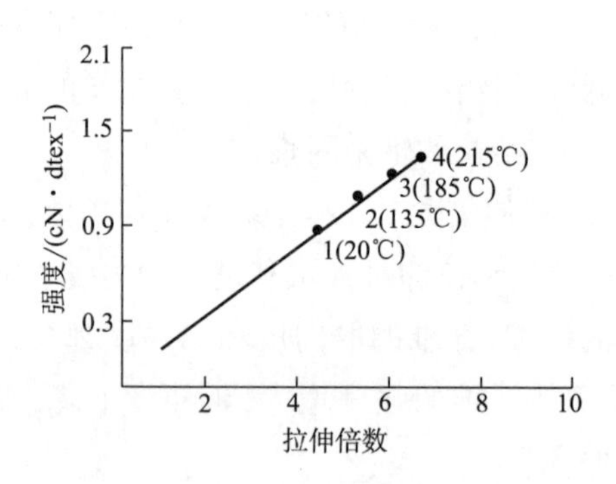

图 4-13　PA6 在不同拉伸温度下对应的最大拉伸倍数和强度

(4)拉伸速度。在拉伸过程中,当拉伸倍数和拉伸温度一定时,提高拉伸速度,拉伸应力也相应增加。由于松弛过程的温度时间依赖性,拉伸速度对拉伸应力的影响与拉伸温度对拉伸应力的影响相反,即拉伸应力随拉伸速度的提高而增加;但拉伸热效应也会随拉伸速度的提高而增加,而使拉伸应力降低。前者是主要因素时,拉伸速度提高而拉伸应力随之提高;后者是主要因素时,拉伸速度提高则拉伸应力减小。因此,随着拉伸速度的提高,拉伸应力也出现一极大值,即开始增大,随后又下降。但在实际拉伸条件下,速度变化的范围较小,如在 200~700m/min,拉伸应力只出现单调的变化,随着拉伸速度增大,PA6 长丝的拉伸应力增大,如图 4-14 所示。

另外,拉伸速度的选择与拉伸温度有关。拉伸温度高,分子链活动能力大,松弛时间短,拉伸速度也可相应提高；反之，拉伸温度低，分子链活动能力小，松弛时间长，拉伸速度也需适当降低。否则拉伸速度过快易产生应力集中，纤维拉断，出现毛丝、断头。

生产实践证明，在一定拉伸速度范围内，纤维的强力随拉伸速度的提高而稍有增加，但当拉伸速度达到某一值后，再继续提高拉伸速度，纤维的强力反而有所下降。拉伸后纤维的沸水收缩率主要取决于纤维的剩余应力，若拉伸速度提高时，拉伸应力大，纤维的沸水收缩率就大；反之，则沸水收缩率减小。由图 4-15 可看出，PA6 长丝的沸水收缩率随拉伸速度的提高而增加。

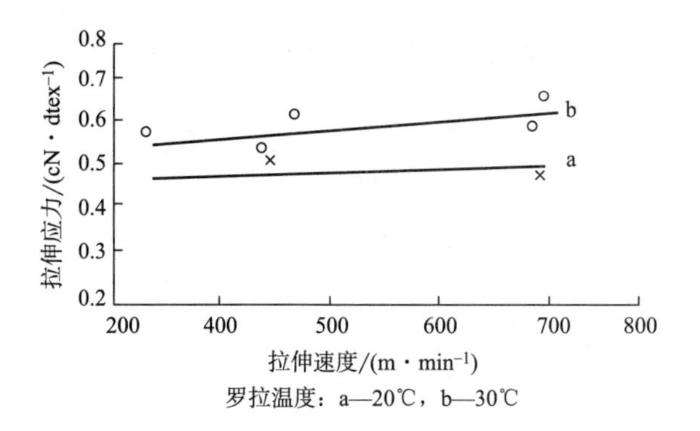

图 4-14　PA6 长丝拉伸应力与拉伸速度的关系

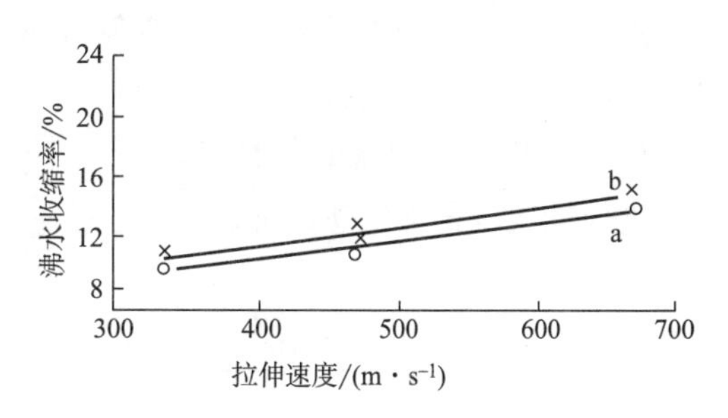

图 4-15　PA6 长丝沸水收缩率与拉伸速度的关系

以上是影响拉伸加捻的主要因素。另外，拉伸车间的温湿度也是影响拉伸过程能否顺利进行的工艺条件之一。拉伸加捻车间要求恒温恒湿，一般温度控制在(22±1)℃，相对湿度控制在 60%～70%。

不同的拉伸加捻设备适合加工不同线密度的原丝，因此加工聚酰胺 DT 丝要根据原丝和成品丝线密度，选择合适的设备。用于聚酰胺纤维的国产拉伸加捻机有 VC443A 型复丝拉伸加捻机，VC432 型、VC432A 型、VC432B 型、KV505 型、SFZN-1 型重旦拉伸加捻机，以及 VC451 型单丝拉伸加捻机。PQ668 型和 PQ668A 型复丝平牵机丝速为 600～1200m/min，牵伸倍数为 1～1.5，适用于涤纶、锦纶、丙纶等 UDY、MOY、POY 复丝的牵伸定型、网络处理或无网络上油处理，卷绕成直边型卷装，可直接供织造厂使用，适用于高速织机，如喷水、喷气、剑杆等。

目前拉伸加捻机的发展趋势是高速度、大卷装、高效能和自动化。如德国青泽(Zinser)公司的 519 型拉伸加捻机，其拉伸速度可提高到 2500m/min，锭子转速达 2000r/min，卷装净重达 4kg，并具有自动装载筒子架机构和自动落纱的拔筒插管机。

3. 后加捻工艺

经过拉伸加捻后的纤维，尽管已经获得一定的捻度(5～20 捻/m)，但因捻度太小，所以仍称为无捻丝。聚酰胺长丝除以无捻丝(拉伸丝)形式出厂外，有时还要根据品种和纺织后加工的要求，特别是针织物用丝，在层式加捻机或倍捻机上对拉伸丝进行后加捻，也有采用环锭式后加捻。

后加捻的目的是增加长丝的捻度，一般要求 100～400 捻/m，使纤维抱合得更好，以增加纱线的强力，提高纺织加工性能。随着捻度的增加，丝条强力也逐渐增加，但是当捻度增加到一定值后,强力反而下降,这种强力达到极限值的捻度称为临界捻度。不同线密度的丝条,其临界捻度也各不相同。

三、聚酰胺弹力丝的后加工

现代的聚酰胺弹力丝生产与聚酯相似,多采用假捻变形法。由于聚酰胺纤维的模量较低,织物不够挺括,因此产品一般以高弹丝为主。高弹丝的生产仅使用一个加热器,这是与低弹丝生产工艺的最大区别。

聚酰胺高弹丝的生产多采用摩擦式拉伸变形工艺,而聚酰胺膨体长丝则以 SDTY 法,即纺丝、拉伸和喷气变形加工一步法为主。

(一)假捻法高弹丝生产工艺流程

用假捻法生产聚酰胺高弹丝,其工艺流程如图 4-16 所示。

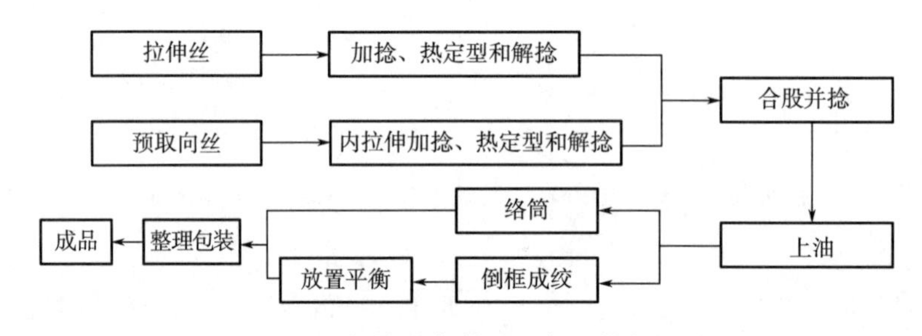

图 4-16　假捻法高弹丝生产工艺流程图

原丝连续通过张力器,以伸直状态进入喂入辊,再通过加热器,使假捻器至喂入辊之间已加捻或内拉伸加捻的丝条经受热定型。具有很高捻度的丝条进入假捻器与输出辊之间的解捻,因丝条在高捻度下定型,故解捻后的丝成为螺旋状的集合体,具有高弹性。经热定型再解捻的丝,会发生与解捻方向相反的转矩,其转矩在针织加工时,由于丝松弛而缠结,这会影响针织加工的正常进行。因而对于针织用变形丝,需将捻向不同的两束丝合捻,以抵消其转矩,而用于机织加工的高弹丝,则不需合股并捻。为了增加丝条的抱合力和手感,也可考虑合股后再加捻。用于针织的合捻丝,经后加捻则可使转矩稳定,消除紧点和未解捻等弊病,且其外观漂亮。并捻后的后加捻对于增加丝条的抱合力是不可缺少的,但为了保持蓬松性,后加捻数最好少一些,视线密度而定。

现代假捻变形的合股工序在同一机台上完成。在一个部件上同时安装捻向相反的两个加捻器,可同时得到两束捻向相反的变形丝,经过输出辊合股后卷绕于筒管上,这既减少了工序,又提高了生产率,可得到优质的合股变形丝。将合股并捻的变形丝直接络筒或成绞,以便于染色,成绞后的合股丝呈自由状置于恒定温湿度条件下平衡 24h,使松弛回缩和弹性稳定。另外,对筒装变形丝的存放时间应尽量减短,以减少不必要的弹性损失。

(二)聚酰胺高弹丝内拉伸变形工艺

聚酰胺高弹丝的生产与聚酯弹力丝一样,均可采用拉伸变形联合机,即 DTY。拉伸变形工艺参数的选择原则与聚酯弹力丝相近，首先应考虑假捻张力比。为了使加工性能和变形丝性质良好，加捻和解捻张力尽可能接近一致，或其比值稍高于 1。假捻张力主要受拉伸比和 *D/Y* 值两个因素影响（*D* 表示摩擦盘的圆周线速度；*Y* 表示丝条通过摩擦盘的速度）。在拉伸比 1.28，加工速度 500m/min，加热器长 1.35m 的工艺参数下，采用喷镀金刚石的摩擦盘，生产线密度为 44~56dtex 的 POY，并作假捻张力与 D/Y 的关系曲线（图 4-17）。从图 4-17 的假捻张力与*D/Y* 值的关系可看出假捻张力的适宜范围。

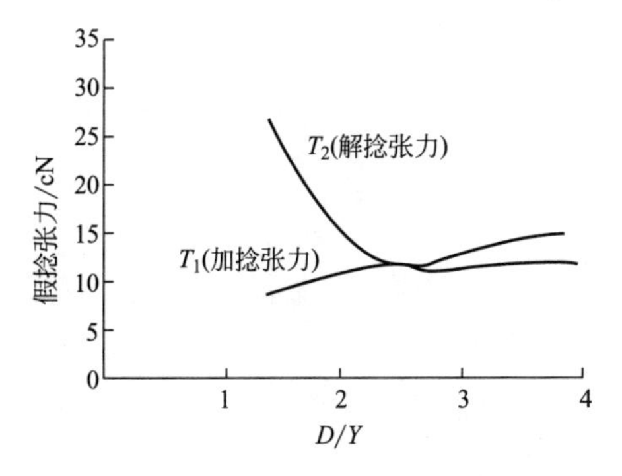

图 4-17　假捻张力与 *D/Y* 值的关系

为了提高变形丝质量，增加变形丝的稳定性，防止气圈的形成，对于高速拉伸假捻变形多采用空气冷却板或水冷却板进行强制冷却。PA66 冷却距离对变形丝温度有较大影响，从空气冷却和板冷却的温度差 ΔT 可看出（表 4-2），约 0.75m 的冷却距离最佳。

表 4-2　冷却距离对 PA66 变形丝温度的影响

冷却距离/m	冷却时间/s	*T*（空气）/℃	*T*（板）/℃	ΔT/℃
0.00	0.00	193.0	193.0	0.0
0.25	0.037	152.3	134.5	17.8
0.50	0.075	121.4	96.4	25.0
1.00	0.150	80.3	55.3	25.0
1.50	0.225	56.8	37.9	18.9
2.00	0.300	43.2	30.4	12.8

注　$\Delta T = T$（空气）$-T$（板）。

生产聚酰胺高弹丝的典型工艺条件见表 4-3。

表 4-3　生产聚酰胺高弹丝的典型工艺条件

工艺参数	PA66	PA6
POY 原丝规格	44dtex/10f	92dtex/24f
加工速度/($m \cdot min^{-1}$)	700	700
假捻形式	摩擦式 1/5/1	摩擦式 1/6/1
D/Y 值	1.8~1.9	1.6~1.8
拉伸比	1.352	1.252
假捻张力（T_1/T_2）	12/10	29/27
加热器温度/℃	195	180
加热时间/s	0.2	0.2
冷却时间/s	0.1	0.1
卷绕超喂率/%	5.0	4.3

四、聚酰胺帘子线的后加工

帘子线是产业用纺织材料的重要品种之一，是橡胶制品的骨架材料，广泛用于轮胎、胶管、运输带、传动带等领域。帘子线的第一代产品是棉帘子线，到 20 世纪 50～60 年代，为黏胶帘子线所代替。由于聚酰胺帘子线具有断裂强度高、抗冲击负荷性能优异、耐疲劳强度高以及与橡胶的附着力好等优良性能，因此生产发展很快，已逐步取代了黏胶帘子线。近年来，由于轮胎加工技术的改进及一些国家公路路面质量的提高，涤纶及钢丝的子午轮胎帘子布已成为第四代产品，但对于路面质量较差的国家和地区，特别是第三世界国家，强度高、韧性和回弹性好的聚酰胺帘子线仍是第一选择。

（一）聚酰胺帘子线的聚合和纺丝

聚酰胺帘子线丝一般采用切片法生产。在生产中，聚合至拉伸的工艺与普通长丝基本相同，但某些工序存在一些不同之处。

1. 聚合

由于要求帘子线丝的强度高于一般的长丝，因此必须用高黏度（相对黏度 3.2～3.5）或高相对分子质量（相对分子质量大于 20000）的聚合体来制备。为了制取高黏度的聚合体，PA6 目前采用加压—常压（或真空）或加压—真空闪蒸—常压后聚合的聚合工艺。采用直接纺丝法生产 PA66 帘子线丝时，通常采用加压预缩聚—真空闪蒸—后缩聚工艺；用切片纺丝法生产时，也可用固缩聚以提高切片的黏度。

2. 纺丝成型

目前在帘子线纺丝技术上最突出的特点是采用高压纺丝法，压力为 29.4～49MPa。这样，高黏度的聚合物可在较低温度下纺丝，有利于产品质量的提高。最近高压纺丝的压力已达 196MPa。实现高压纺丝一般采用两种方式：加大喷丝头组件内过滤层的阻力；选用喷丝孔长径比大的喷丝板，同时配以相应的高压纺丝泵。

适当控制纺丝冷却成型条件也是提高帘子线质量的关键之一。纺制帘子线时，由于聚合熔体黏度较高，通常在喷丝板下加装徐冷装置，以延缓丝条冷却，使丝条的结构均匀，从而获得具有良好拉伸性能的卷绕丝，最终使产品强度提高。徐冷装置下部多采用侧吹风。

为了提高帘子线的耐热性，常在纺丝前，在干燥好的切片中加入防老化剂等添加剂（有时也可在聚合时加入），与此同时还加入润滑剂（如硬脂酸镁）以减少螺杆的磨损，并使切片在螺杆中输送顺利，有利于防止环结。对于 PA6 帘子线，由于纺丝后不再进行洗涤单体的工序，因此要求纺丝前聚合物的单体含量为 0.5%～1.0%。

3. 卷绕设备

目前多数厂家采用纺丝—拉伸联合工艺，其卷绕速度在 1500m/min 以上，少数厂家采用高速纺丝法。

4. 拉伸

拉伸机有向多区拉伸和大卷装发展的趋势。拉伸机一般为双区热拉伸机，国产重特拉伸加捻机有 VC431 和 SFZN-1 等型号，国外目前已有三段拉伸的重特拉伸加捻机出现。另外，帘子线生产用的油剂一般要求能够耐热 180℃左右，否则，在拉伸机上进行热拉伸时，油剂遇到高温容易挥发,造成空气及设备的污染,有时还会影响丝的加工性能。

(二)复捻和合股

经拉伸加捻后的大线密度丝条捻度比较低,尚不符合帘子线的规格要求。为进一步提高帘子线强力,还需要进行复捻(也称初捻)和合股(也称复捻)。环锭加捻机是专门用来加捻和合股较粗的合股线的设备,根据工艺需要分为前环锭加捻机和后环锭加捻机两种。前环锭加捻机可单独作复捻用,后环锭加捻机一般只作再合股和加捻用。在复捻合股时,复捻的捻向和原丝相同,合股的捻向和复捻相反,得到的成品其捻向称为“ZS”捻。在双捻(即前环锭加捻和后环锭加捻)时,各次捻合的方向往往和上一次捻向相反,即先为S捻,而后环锭加捻则为Z捻,其成品捻向称“ZSZ”捻。

由图4-18可以看出,初、复捻捻数对帘子线性能的影响:一般捻度增加捻缩增加,帘子线的延伸度也随之增加,抗拉强度随复捻捻数增加而下降,初捻捻数对抗拉强度的影响无复捻显著。一般认为在选择适合的疲劳强度方面,组成帘子线的纱线线密度应大于160tex,最好为175~235tex。

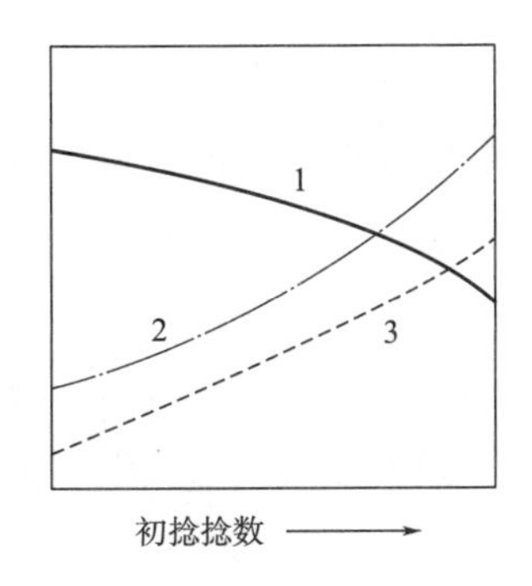

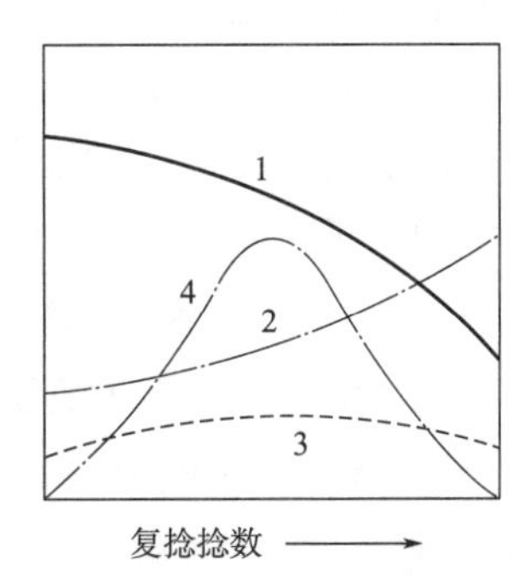

图4-18　初、复捻捻数对帘子线各项物理性能的影响

1—强度　2—延伸度　3—捻缩　4—GY耐疲劳性

(三)帘子布的织造和浸胶

1. 帘子布的织造

为了便于浸胶和轮胎加工,保证帘子线在轮胎中合理排列,需要将帘子线织成帘子布。帘子布用聚酰胺帘线作经纱,纬纱可用19.1~29.5tex的棉纱或丙纶。纬纱仅起固定经纱位置的作用,在轮胎加工过程中,纬纱断裂而失去其作用。为了适应帘子布的浸胶热伸张与定型处理,以及满足轮胎工业的要求,帘子布的幅宽为1.4~1.6m,长度短者数百米,长者数千米。

根据轮胎工业的要求,需要织成三种规格的布(称为1#布、2#布、3#布),分别用于轮胎的内层、外层与缓冲层,一般1#布占70%,2#布占20%,3#布占10%左右。

在织造帘子布时,要求帘线松紧均匀,否则帘布的不平整将影响轮胎的紧密性,甚至因浸胶时的张力使紧张的帘线断裂。目前,国内适合生产聚酰胺帘子布的设备有G24Z型帘子布机。

2. 帘子布的浸胶热拉伸

帘子布浸胶热拉伸的目的是改善聚酰胺帘线对橡胶的黏着力及进一步改善帘子布的质量。

浸胶工艺一般采用热拉伸—热定型—浸胶工艺，或浸胶—干燥—拉伸定型工艺，或二次浸胶工艺。

帘子布的浸胶过程主要由三个部分组成。

(1)帘子布的拉伸。帘子布的热拉伸是在热拉伸箱和第一、第二两组拉伸辊之间进行的。热拉伸箱内用温度为190℃左右的热空气循环加热，帘子布在箱内既有热拉伸又有热定型作用。第二组拉伸辊内需通冷水，使帘子布迅速降温，不致影响后道浸胶液的温度而使胶液变质。

(2)浸胶。帘子布的浸胶液一般用间苯二酚、甲醛、乳胶的混合液(又称间甲胶或RFZ)，浸胶时间约5s。浸胶后用重型挤压辊挤去多余的胶液，再通过真空抽取装置，吸去帘子线间隙中的胶液，使附胶量控制在4%~6%。

间甲胶的配制一般分为两步，先配制成间甲液，再用熟成(预缩聚)的间甲液配制成间甲胶。间苯二酚与甲醛的物质的量之比为1∶(1.5~4)时黏着强力好。从文献资料来看，该比值大多定为1∶2。根据生产实践，间甲液配制成间甲胶前经室温下熟成4~8h为好，间甲胶的熟成时间为12~20h，要求72h内使用完。胶乳的作用是使间甲树脂赋予被覆橡胶亲和性，所以当黏着的橡胶改变时，胶乳也应随之改变。

(3)干燥热定型。浸胶后的帘子布先经红外线干燥，然后进入热定型箱，定型温度为190℃。定型温度必须高于轮胎制造时的硫化温度(140~160℃)，否则硫化时会发生收缩。帘子布在第二、第三辊之间给予回缩，第三组辊内通冷水，以降低帘子布温度，便于卷取。

帘子布浸胶后提高了帘子布与橡胶的黏着力。黏着力是指浸胶后的帘子布与橡胶的黏着能力，通常以H抽出力表示(即帘子线在橡胶内硫化后抽出来所需的力)。H抽出力大，则表示帘子布与橡胶的黏着性能优良。影响H抽出力的主要因素是间甲胶的附着状态和浸胶后热处理条件。间甲胶附着量增加，黏着力增强，但附胶量达4%~6%就开始饱和，附胶量过多，帘子布变硬，耐疲劳性恶化，成本增高，因此附胶量一般要求为3%~5%。同一附胶量时，若浸入帘子布内的附胶量较多，则表面量减少，也会使黏着恶化。影响附胶量的因素是预浸水(或胶)的方式、浸胶时间、浸胶张力、浸胶后的挤压、浸胶与热处理的先后、纤维的油剂及纤维的种类、间甲胶的种类及黏度等。

浸胶后的热处理过程，使间甲树脂逐步硬化形成良好强度的黏着剂皮膜，并与纤维黏合，热处理过度或不足都会使黏着力下降。时间、张力、温度是热处理过程中的三个主要控制因素，并相互影响。热处理温度和时间视加热炉的热效率不同而变化，另外，也受热拉伸、热定型区的拉伸、松弛情况影响。帘子布的热处理条件见表4-4。

表4-4 帘子布的热处理条件

区域	张力/kN	温度/℃	时间/s	拉伸率/%
干燥	9.8~24.5	100~140	50~120	0~2
热拉伸	34.3~78.4	190~210	20~40	4~12
热定型	24.5~58.8	190~210	20~40	0~2

五、聚酰胺膨体长丝的后加工

聚酰胺膨体长丝(PA-BCF)是采用SDTY法,即纺丝、拉伸和喷气变形加工一步法进行连续生产的。该法具有投资低、废丝少、设备保养容易、操作人员少、生产成本低等优点。PA-BCF具有三维卷曲、手感柔软、覆盖性能好、不掉毛、不起球、耐磨、清扫方便等特点,是生产簇绒地毯的理想材料。

(一)BCF加工工艺流程

用纺丝、拉伸和变形一步法生产BCF不仅可生产BCF地毯长丝,而且可生产BCF短纤维。BCF生产工艺流程如下。

(1)BCF地毯长丝生产的工艺流程。纺丝—热拉伸—热喷气变形—空气冷却—卷绕—变形地毯长丝筒子。

(2)BCF短纤维生产的工艺流程。纺丝—热拉伸—热喷气变形—空气冷却—切断—纤维输送—成包的BCF短纤维。

图4-19为生产BCF地毯长丝的典型联合机示意图。纺出的丝束经过喂入辊引向热拉伸辊,拉伸3.5~5倍,然后进入喷气变形箱。向箱内吹入过热蒸气或热空气,在热和湍流介质的作用下纤维发生变形,形成卷缩和蓬松的变形丝。由喷气变形箱排出的丝束落在回转的筛鼓上,在回转中卷缩的丝束被强制冷却定型。BCF经过空气喷嘴形成网络丝,最后经张力和卷绕速度调节器进行卷绕。丝束一旦断头,切丝器自动启动,切断丝束,把丝吸入废丝室。

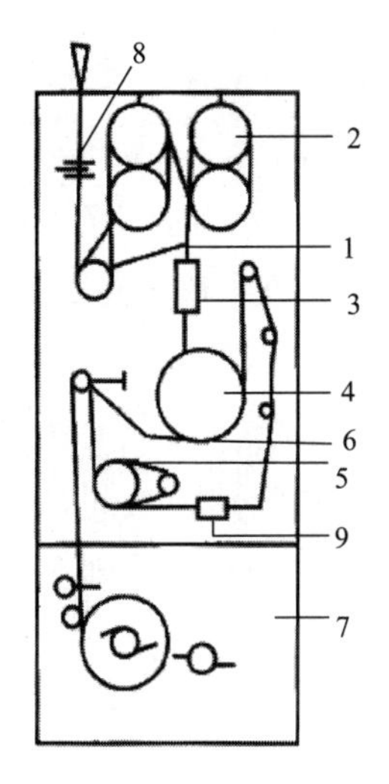

图4-19　BCF地毯长丝生产的典型联合机
1—喂入辊　2—热拉伸辊　3—喷气变形箱　4—筛鼓
5—较低速度输送辊　6—张力和卷绕速度调节器
7—卷绕装置　8—切丝器　9—空气喷嘴

(二)BCF加工工艺条件

BCF产品有聚酰胺和聚丙烯两大类。作为地毯制品最重要的特性是覆盖性、蓬松性、回弹性、柔滑的手感和光润的外观等。为了达到上述要求,一般采用PA-BCF制作簇绒地毯。地毯PA-BCF的单丝线密度为17~22dtex,丝束根数为50~150根,总线密度为556~4444dtex。PA-BCF生产工艺条件如下。

1. 拉伸工艺条件

(1)温度。喂入辊温度为60~120℃;拉伸辊温度为100~190℃。

(2)速度。喂入速度为300~1000m/min;拉伸速度为3000~3500m/min;拉伸倍数为3.5~5。

2. 变形工艺条件

(1)温度。过热蒸汽为130~230℃;热空气为150~250℃。

(2)空气喷射压力为196.1~490.3kPa。

(3)卷绕速度为600~3000m/min。

(4)超喂率为1%~3%。

3. 冷却工艺条件

冷却空气温度为25℃。

SDTY法用于生产大线密度丝最为适宜。对于小线密度丝,喷气变形发展的倾向是多束丝一起变形。

六、聚酰胺短纤维的后加工

聚酰胺短纤维的生产过程,在原料熔融和聚合等方面和长丝生产工艺基本相同,但在纺丝方法上一般采用熔体直接纺丝法。短纤维的纺丝生产设备向多孔高产发展,如喷丝板孔数可高达1000~2000孔,卷绕一般都采用棉条筒大卷装。聚酰胺短纤维纺丝后需要进行后加工,其后加工过程与聚酯纤维相似。除加工工艺条件有一定差别外,聚己内酰胺纤维的后加工还需要去除纤维中残留的单体和低聚物。

聚己内酰胺短纤维的后加工过程为:集束—拉伸—洗涤—上油—卷曲—切断—开毛—干燥定型—打包,同时还需要上油、压干、开松、干燥等辅助过程。通过水洗使单体含量降低到1.5%以下。水洗采用热水洗,故同时也起到一定的热定型作用。水洗方法一般有长丝束洗涤或切断成短纤维后淋洗两种,可分别在水洗槽和淋洗机上进行。开松过程需进行两次,一次是水洗后进行湿开松,以利于干燥过程的进行;另一次是在干燥后进行干开松,以增加纤维的开松程度。干燥设备有帘带式干燥机和网式圆筒干燥机等。

第五节 聚酰胺纤维的性能、用途及其改性

一、聚酰胺纤维的性能

1. 断裂强度

聚酰胺纤维的结晶度、取向度以及分子间作用力大,所以强度也比较高,一般纺织用聚酰胺长丝的断裂强度为4.4~5.7cN/dtex,作为工业用的聚酰胺强力丝的断裂强度达6.2~8.4cN/dtex,甚至更高。聚酰胺纤维的吸湿率较低,其湿态强度为干态的85%~90%。

2. 断裂伸长

聚酰胺纤维的断裂伸长率因品种而异,强力丝的断裂伸长率要低一些,为20%~30%,普通长丝为25%~40%。PA6短纤维要高一些,为40%~50%。通常湿态时的断裂伸长率较干态高3%~5%。

3. 初始模量

聚酰胺纤维的初始模量比其他大多数纤维都低,因此聚酰胺纤维在使用过程中容易变形。同样条件下,PA66纤维的初始模量较PA6稍高一些,接近于羊毛和聚丙烯腈纤维。

4. 回弹性

聚酰胺纤维的回弹性极好，例如，PA6长丝在伸长10%的情况下，回弹率为99%；在同样伸长的情况下，聚酯长丝的回弹率为67%，而黏胶长丝的回弹率仅为32%。

5. 耐多次变形性或耐疲劳性

由于聚酰胺纤维的弹性好，因此它的打结强度和耐多次变形性很好。普通聚酰胺长丝的打结强度为断裂强度的80%~90%，比其他纤维高。聚酰胺纤维的耐多次变形性接近于涤纶，而高于其他所有化学纤维和天然纤维，因此聚酰胺纤维是制作轮胎帘子线较好的纤维材料之一。例如，在同样实验条件下，聚酰胺纤维的耐多次变形性比棉纤维高7~8倍，比黏胶纤维高几十倍。

6. 耐磨性

聚酰胺纤维是所有纺织纤维中耐磨性最好的纤维。它的耐磨性为棉的10倍，羊毛的20倍，黏胶纤维的50倍。以上是单根纤维测定的结果，不能推广到织物。在不同的使用条件下，纤维耐磨性的次序也有不同，不是恒定的。

7. 吸湿性

聚酰胺纤维的吸湿性比天然纤维和人造纤维都低，但在合成纤维中，除维纶外，它的吸湿是最高的。PA6纤维中由于单体和低分子物的存在，吸湿性略高于PA66纤维。

8. 密度

聚酰胺纤维的密度较小，在所有纤维中，其密度仅高于聚丙烯和聚乙烯纤维。

9. 染色性

聚酰胺纤维的染色性虽然不及天然纤维和人造纤维，但在合成纤维中是较容易染色的。一般可用酸性染料、分散染料及其他染料染色。

10. 光学性质

聚酰胺纤维具有光学各向异性，有双折射现象。双折射数值随拉伸比变化很大，充分拉伸后，PA66纤维的纵向折射率约为1.528，横向折射率约为1.519；PA6纤维的纵向折射率约为1.580，横向折射率约为1.530。聚酰胺纤维的表面光泽度较高，通常在纺丝前需添加消光剂二氧化钛进行消光。

11. 耐光性

聚酰胺纤维的耐光性较差，在长时间的日光和紫外光照射下，强度下降，颜色变黄，通常在纤维中加入耐光剂，以改善其耐光性。

12. 耐热性

聚酰胺纤维的耐热性不够好，在150℃下经历5h即变黄，强度和延伸度显著下降，收缩率增加。但在熔纺合成纤维中，其耐热性较聚烯烃纤维好得多，仅次于涤纶。通常，PA66纤维的耐热性较PA6纤维好，它们的安全使用温度分别为130℃和93℃。近年来，在PA66和PA6聚合时加入热稳定剂，可改善耐光性能。聚酰胺纤维具有良好的耐低温性能，即使在-70℃下，其回弹性的变化也不大。

13. 电性能

聚酰胺纤维的直流电导率很低,在加工过程中容易因摩擦而产生静电。但其电导率随吸湿率增加而增加,并随湿度增加而按指数函数规律增加。例如,当大气的相对湿度从0变化到100%时,聚酰胺纤维的电导率可增加10^6倍。因此,在纤维加工中进行给湿处理,可减少静电反应。

14. 耐微生物作用

聚酰胺纤维耐微生物作用的能力较好,在淤泥或碱中,耐微生物作用仅次于聚氯乙烯纤维,但有油剂或上浆剂的聚酰胺纤维,耐微生物作用的能力降低。

15. 化学性能

聚酰胺纤维耐碱性、耐还原性作用的能力很好,但耐酸性和耐氧化剂作用的性能较差。

二、聚酰胺纤维的用途

由于聚酰胺纤维具有一系列优良性能,因此被广泛应用于人们生活和社会经济的各个方面,其主要用途可分为三大领域,即服装用、产业用和装饰地毯用。

聚酰胺纤维长丝可纯织,也可与其他纤维交织,或经加弹、蓬松等加工过程后作机织物、针织物和纬编织物等的原料。聚酰胺纤维在运动衣、游泳衣、健美服、袜类等方面占有稳定的市场。

产业用聚酰胺纤维涉及工农业、交通运输业、渔业等领域。聚酰胺帘子布轮胎在汽车制造行业中占有重要地位。聚酰胺纤维由于耐磨、柔软、质轻,在捕鱼、海洋拖拉作业、轮船停泊缆绳、建筑物及桥梁安全保护设施中也深受欢迎。

聚酰胺涂层织物是以聚酰胺织物为基布,根据用途不同涂覆合成橡胶或聚氨基甲酸酯等各种涂料,可用来做铁路货车和机器的覆盖布、挠性容器、活动车库和帐篷等。随着PA-BCF生产的迅速发展,大面积全覆盖式地毯均以聚酰胺纤维为主。

三、聚酰胺纤维的改性

聚酰胺纤维有很多优良性能,但也存在着一些缺点,如模量低,耐光性差、抗静电性差、染色性以及吸湿性较差等,需要加以改性。化学改性的方法有共聚、接枝等,以改善纤维的吸湿性、耐光性、耐热性、染色性和抗静电性;物理改性的方法有改变喷丝孔的形状和结构,改变纺丝成型条件和后加工技术等,以改善纤维的蓬松性、伸缩性、手感、光泽等性能。例如,纺制复合纤维、异形纤维、混纤丝或特殊热处理的聚酰胺丝,可获得各种聚酰胺差别化纤维。

(一)异形截面纤维

异形截面纤维可改善纤维的手感、弹性和蓬松性,并赋予织物特殊光泽。聚酰胺异形纤维的截面形状主要有三角形、四角形、三叶形、多叶形、藕形和中空形等。中空纤维由于内部存在着气体,还可改善其保暖性。

(二)混纤丝

一般采用异收缩混纤和不同截面、不同线密度的混纤技术。高收缩率和低收缩率纤维的混纤组合,使纱线成为皮芯复合结构;不同截面和线密度的组合,则可利用纤维间弯曲模量的差异,以避免单纤维间的紧密充填而产生柔和蓬松的手感,并赋予织物丰满性和悬垂性。

(三)抗静电、导电纤维

为了克服聚酰胺纤维易带静电的缺点,可使用亲水性化合物作为抗静电剂与聚酰胺进行共聚或共混,以获得抗静电纤维。抗静电剂一般是离子型、非离子型和两性型的表面活性剂。纤维的抗静电性是靠吸湿使静电荷泄漏而获得的。日本动利公司开发的 Nylon L 就是在聚己内酰胺的大分子中引进聚氧乙烯(PEO)组分,生成 PA6-PEO 共聚物,其比电阻约为 $10^8\Omega\cdot cm$,具有良好的抗静电性能。导电纤维是基于自由电子传递电荷,因此其抗静电性能不受环境湿度的影响。用于导电纤维的导电成分一般有金属、金属化合物、碳素等。

(四)高吸湿纤维

对服用聚酰胺纤维进行吸湿改性是为了提高穿着的舒适性,使它容易吸湿透气。其改性方法可用聚氧乙烯衍生物与己内酰胺共聚,经熔融纺丝后,再用环氧乙烷、氢氧化钾、马来酸共聚物对纤维进行后处理制得。此外,还可将聚酰胺纤维先润胀,再用金属盐溶液浸渍和稀碱溶液后处理等,以获得高吸湿聚酰胺纤维。

据报道,意大利阿尼亚纤维公司(Ania Fibre)开发的(Fibre-S)是一种改性高吸湿聚酰胺纤维,即在聚己内酰胺中添加 20%的聚(4,7-二氧环癸烷己二酰二胺),通过共混纺丝而制得,其强度和吸湿性有很大改善。这种纤维的吸湿性与棉相似,且具有柔和的优质手感。

(五)耐光耐热纤维

聚酰胺纤维在光或热的作用下形成游离基,产生连锁反应而使纤维降解。特别是当聚酰胺纤维中含有消光剂二氧化钛时,在日光的照耀下,与之共存的水和氧生成的过氧化氢会使二氧化钛分解而引起聚酰胺性能恶化。为了提高其耐光性、耐热性,目前已研究了各种类型的防老化剂,酚、胺类的有机稳定剂,铜、锰盐等的无机稳定剂。采用锰盐无机稳定剂对于提高聚酰胺纤维的耐光性更为有效。

(六)抗菌防臭纤维

抗菌防臭纤维又称抗微生物纤维,其制造方法有两种:一是在聚酰胺纺丝成型过程中添加抗菌药物;另一种是对纺丝成型后的纤维进行后整理。两者相比,前者的抗菌耐久性好,但由于添加剂是在纺丝前加入,与聚酰胺一起经受整个纺丝成型、后加工过程,故对抗菌剂的稳定性要求高,否则其抗菌效果有较大减弱;后者的工艺过程简单,容易应用于生产,但应注意选择水溶性较小的抗菌药物,以提高使用过程中的耐洗涤性。用于聚酰胺的抗菌剂一般为有机锡化合物和有机汞化合物。此外,2-溴肉桂醛和[2-(3,5-二甲基吡唑)]-6 羧基-4-苯基吡啶是众所周知的抗菌剂,其被 PA66 吸附后,具有抗菌效果,可抑制白癣菌的增长。

抗菌防臭聚酰胺纤维不仅是做袜子的理想材料,而且用于鞋垫、运动鞋以及运动衫、贴身内衣等。

(七)阻燃聚酰胺纤维

聚酰胺和聚酯一样可通过物理(与阻燃剂共混或喷涂等)和化学(共聚或接枝共聚等)的方法生产阻燃聚酰胺纤维,用于床上用品和装饰面料,也可用作絮垫料的湿法成网织物、自熄灭性面料以及低中档絮垫料。此外,还可用作消防人员外套、工业工作服、过滤布、军用品和汽车构件材料等。

(八)改善“平点”效应的聚酰胺帘子线

聚酰胺纤维的模量较低,且纤维的含水率对玻璃化转变温度影响较大,因此在使用过程中容易变形,作为轮胎帘子线,易产生“平点”效应。为了克服这一缺点,可采用共混纺丝技术,即在聚酰胺中加入模量较高而对水不敏感的组分,制备共混纤维,以提高纤维的抗变形和抗湿热降解的能力。如美国杜邦公司的N-44G和美国联信(Allied)公司的EF-121(AC-0001)改性聚酰胺纤维,前者为PA66/聚间苯二甲酰己二胺共混纤维,后者为PA6/聚对苯二甲酰己二酯共混纤维,这两种产品均能显著改善聚酰胺帘子布轮胎的“平点”效应。

思考题

1. 简述己内酰胺开环聚合机理,并写出聚合反应方程。
2. 制备聚己二酰己二胺时为何控制单体物质的量之比?如何控制?
3. 在制备聚己二酰己二胺聚合物时为什么要先将己二酸和己二胺制成PA66盐后再进行缩聚?
4. 聚己内酰胺进行切片纺丝时,为什么要进行切片萃取?
5. 简述聚酰胺66纺丝温度的控制要比聚酰胺6严格的原因。
6. 聚酰胺纤维存在哪些缺陷?改性方法有哪些?

参考文献

[1]李光. 高分子材料加工工艺学[M]. 3版. 北京:中国纺织出版社有限公司,2020.
[2]闫承花,王利娜. 化学纤维生产工艺学[M]. 上海:东华大学出版社,2018.
[3]肖长发,尹翠玉. 化学纤维概论[M]. 3版. 北京:中国纺织出版社,2015.
[4]祖立武. 化学纤维成型工艺学[M]. 哈尔滨:哈尔滨工业大学出版社,2014.
[5]王琛,严玉蓉. 聚合物改性方法与技术[M]. 北京:中国纺织出版社有限公司,2020.

第五章　聚丙烯纤维

本章知识点

1. 掌握聚丙烯纤维纺丝原料等规聚丙烯的结构与性质。

2. 熟掌握聚丙烯纤维的成型加工工艺特点、影响因素及生产流程。

3. 了解聚丙烯纤维的新品种、改性机理与方法，并能够做到举一反三。

聚丙烯纤维是20世纪60年代开始工业化生产的纤维品种。丙烯聚合物有三种构型，纤维生产使用的是等规度大于95%的等规聚丙烯。聚丙烯纤维原料来源丰富，生产过程简单，成本低，应用广泛，因此自20世纪70年代以后，聚丙烯纤维的生产进入了快速发展的阶段。聚丙烯纤维产品有长丝(包括加弹丝、复合丝、吹捻纱和膨体纱等)、短纤维、超短纤维、异形丝、鬃丝、切割丝、膜裂丝、纺粘非织造布、熔喷非织造布等。聚丙烯纤维主要用于装饰用布和工业领域，如各种家具布、装饰布、地毯、建筑增强材料、土工布、吸油毡、运输带绳、渔业用具、包装材料和滤布等，也可用于制作各种外衣、内衣、游泳衣、运动衫、袜子和絮棉等。

第一节　概述

一、聚丙烯纤维的发展概况

(一)世界聚丙烯纤维产业状况

聚丙烯(polypropylend，PP)纤维是以丙烯聚合得到的等规聚丙烯为原料，纺制而成的合成纤维，我国的商品名为丙纶。聚丙烯是1954年由Natta博士所发明的，1957年由意大利的蒙特卡第尼公司开始工业化生产。20世纪80年代后期茂金属配合物(Metallocene)制造成功，1995年Exxon宣布命名其为Achieve，开创了成衣用PP原料的新纪元。从美国丙纶消费量比例方面分析，美国地毯用丙纶约占丙纶总消费量的60%(其中车用丙纶地毯使用量较大)，工业和医用占35%，日用占4%，服装用量很少。美国丙纶在非织造布领域的应用高速发展，主要是由于丙纶新产品大量替代涤纶和黏胶纤维作保健材料的面料，这方面应用已占非织造布总量的55%。近年来，西欧地区丙纶产能和产量分别约占全球的23%，也是丙纶主要的生产和消费地。西欧地区和北美合计占世界供应量的48%左右，而需求量同样占全球的近半数，在西欧市场约40%

的聚烯烃纤维产品为产业用材料。

(二)我国聚丙烯纤维产业状况

自20世纪80年代以来,我国引进的大中型聚丙烯装置,多数具有生产纤维级聚丙烯的能力,可为丙纶生产提供原料。尽管国产纤维级聚丙烯的供应能够满足大部分通用丙纶生产的需求,但一些高档或功能性纤维级聚丙烯仍需进口。目前,提供细旦聚丙烯纤维的原料共有两种:一种为metallocene级PP(mPP),可得等规及间规结构PP,具有相对分子质量分布窄(2.0~2.5)、杂质含量低、低熔融弹性(延展性佳)的特点,从而使纺丝速率和强度提高,挥发气体减少,后段加工容易;另一种为Ziegler-Natta催化剂CR(control rheology)级PP(iPP),仅得等规结构PP,一般的PP再经黏度控制的方式,将相对分子质量分布由3.5~6.0降低至2.8。

目前,我国丙纶生产还不能够满足不同层次、不同领域的需求,通用、低档产品过多,而差别化和高档产品则很少,市场潜力没有得到很好开发。在家纺、产业、服装三大领域中,丙纶具有巨大的市场,品种有短纤、长丝、纺粘与熔喷非织造布、膜裂纤维、滤嘴材料等。产业用丙纶是目前用量最大的产品,其中最突出的是非织造布,土工布、建筑材料用丙纶也都具有巨大的潜在市场。丙纶在汽车用纺织品、香烟滤嘴、卫生及医疗、包装袋领域均有广泛的应用。而针对聚丙烯纤维进一步的应用拓展,需要解决好如下两个问题。

(1)从材料本身来讲,丙纶分子结构紧密又没有与染料分子结合的基团,因而染色困难(除非改性),其生产需要原液(色母粒)着色,而原液着色本身就是一个重大技术难题。据了解,现在仍在坚持生产细旦丙纶长丝的几个厂家都只能生产本白产品。原因是:一方面,设备不过关,我国生产细旦丙纶长丝的纺丝设备都是以涤纶长丝生产设备为基础改造或改进的,其生产机理并不完全适合生产彩色丙纶长丝;另一方面,工艺技术也不成熟,造成批间色差,因而限制了彩色细旦丙纶在纺织领域的应用。

(2)后整理困难。丙纶的一些特殊物理性能(如静电效应大、拉伸强度不高、易皱)严重影响了后加工处理,易造成加工过程中起球、断丝等。

二、等规聚丙烯的合成

20世纪50年代中期,Ziegler和Natta两位伟大的科学家发现了烯烃聚合催化剂,开辟了聚烯烃工业的新纪元。1954年,Natta基于Ziegler聚合的基础上提出了立体定向聚合,制备了全同或间同立构规整聚丙烯,之后许多研究机构纷纷效仿,进行了大量的学术研究和生产探索,实现了等规聚丙烯的工业化生产。近年来,随着单活性中心茂金属和后过渡金属催化剂的发展,有机金属催化剂和聚合物科学领域的研究大大促进了新型聚合技术的商业化探索和开发。

聚丙烯纤维的原料——等规聚丙烯是以丙烯为原料,用配位阴离子型催化剂进行聚合反应制得。聚丙烯的合成有多种工艺流程,其中Spheripol工艺是迄今为止最成功、应用最广泛的聚丙烯生产工艺,在聚丙烯生产工艺中占主导地位,其次是Unipol和Innovene工艺等,传统的淤浆工艺正在被淘汰。随着茂金属催化剂工业的发展,由茂金属催化剂制备的、具有高等规结构的聚丙烯也是近年研究的热点,由于茂金属催化剂的性质和特点不同于传统的Ziegler-Natta催化剂,因此茂金属催化的等规聚丙烯在结构和性质上有一定的特殊性。

等规聚丙烯的聚合产物为粉末状，在纺丝前需对其进行挤压造粒。挤压造粒时，要加入抗氧剂、光稳定剂、防静电剂、酸中和剂、滑爽剂等。常用的抗氧剂是受阻酚类，如抗氧剂264、抗氧剂1010、抗氧剂3114、抗氧剂1076、抗氧剂330等。光稳定剂包括紫外线吸收剂（如水杨酸酯、苯甲酸酯、二苯甲酮等）、猝灭剂（如硫代双酚、二硫代亚磷酸酯等）和自由基捕获剂（受阻胺），酸中和剂主要是硬脂酸钙。

三、等规聚丙烯的结构与性质

等规聚丙烯的材料结构决定了它的应用性能。以下将分别针对等规聚丙烯的结构与性质进行讨论。

（一）等规聚丙烯的结构

聚丙烯是以碳原子为主链的大分子，根据其甲基在空间排列位置的不同，有等规、间规、无规三种立体结构（图5-1）。聚丙烯分子主链上的碳原子在同一平面上，其侧甲基可在主链平面上下呈不同的空间排列。

等规聚丙烯（Ⅰ）的侧甲基在主链平面的同一侧，各结构单元在空间有相同的立体位置，立体结构规整，很容易结晶；间规聚丙烯（Ⅱ）的侧甲基有规则地交替分布在主链平面的两侧，也有规整的立体结构，容易结晶；无规聚丙烯（Ⅲ）的侧甲基完全无序地分布在主链平面的两侧，分子对称性差，结晶困难，是一种无定形的聚合物。

成纤用聚丙烯是具有高结晶性的等规聚丙烯，其结晶为一种有规则的螺旋链（图5-2），这种结晶不仅单个链有规则结构，而且在链轴的直角方向也有规则的链堆砌。由图5-2可以看到，聚丙烯的甲基按螺旋状沿碳原子主链有规则地排列，其等同周期为0.65nm，在平面上甲基的等同周期为2.35nm，它们之间不是整数倍关系，因此设想甲基是按一定角度排列的螺旋结构，在螺旋结构中有右旋、左旋、侧基向上和侧基向下四种。其中，C—C单键的距离为0.154nm，键角为114°，侧链键角为110°。

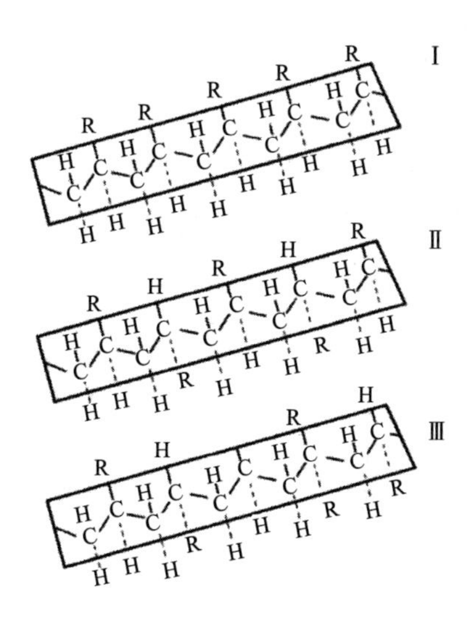

图5-1 PP的立体结构

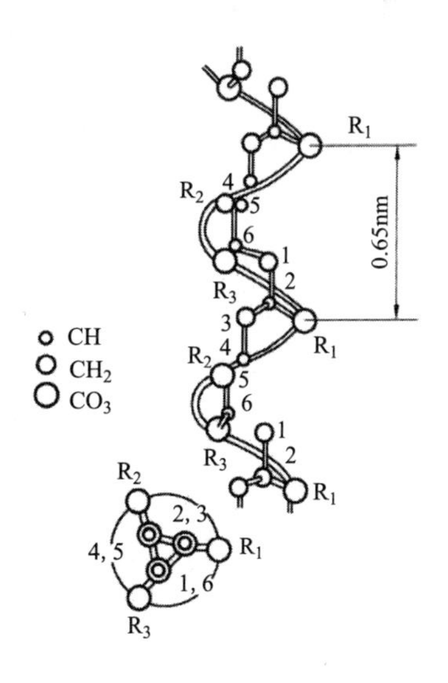

图5-2 PP的螺旋结构

球晶的数目、大小和种类对二次加工的性质有很大影响。屈服应力与单位体积中球晶数的平方根成正比，在相同的结晶度时，球晶小的，屈服应力与硬度较大，因成型及热处理条件不同，其弯曲刚性和动态黏弹性也有差别。实验表明，结晶温度小于134℃时易出现单斜晶Ⅰ，结晶温度大于138℃时易出现单斜晶Ⅱ，结晶温度小于128℃时易出现六方晶Ⅲ与单斜晶Ⅰ混合，结晶温度在128～132℃时易出现六方晶Ⅳ，结晶温度在138℃左右时易出现单斜晶Ⅰ、Ⅱ。因此，可以根据结晶温度选择丙纶的后加工温度。球晶中，Ⅰ、Ⅱ及混合型易屈服变形，延伸较大，而Ⅲ、Ⅳ型则变形小。

（二）等规聚丙烯的性质

1. 等规度

聚丙烯除了有较高的相对分子质量外，还必须具有很高的规整度。等规聚丙烯的等规度一般大于0.95，因此具有很强的结晶能力，同时会大大改善产品的力学性能。测定聚丙烯的等规度一般用萃取法，此法是基于无规聚丙烯在标准溶剂中、标准条件下的选择溶解度。通常所说的等规度也称全同指数，是指“沸腾庚烷不溶物”或“沸腾十氢萘不溶物”的量。

2. 热性质

聚丙烯的玻璃化转变温度有不同数值，无规聚丙烯的玻璃化转变温度为-15～-12℃。等规聚丙烯的玻璃化转变温度根据测试方法而有不同的值，其范围为-30～25℃。聚丙烯的熔点为164～176℃，高于聚乙烯而低于聚酰胺。等规度越高，熔点也越高；对于同一试样，若升温速度缓慢或在熔点附近长时间缓冷，也会使熔点升高；相对分子质量对熔点的影响不大。聚丙烯热分解的温度为350～380℃。其具有较高的热焓（915J/g）和较低的热扩散系数（$10^{-3}cm^2/s$），因此其熔体的冷却固化速率较低，加工时应注意成型条件的选择。聚丙烯的热导率为8.79×10^{-2}～17.58×10^{-2}W/（m·K），是所有纤维中最低的，因此其保温性能最好，优于羊毛。聚丙烯在无氧时有相当好的热稳定性，但是在有氧时，它的耐热性却很差，因此聚丙烯在加工及使用中，非常有必要防止其产生热氧化降解。

3. 流变性能

聚酯及聚酰胺材料在剪切应力为10^4～10^5Pa时仍显示牛顿流体行为，而聚乙烯和聚丙烯熔体在同样的剪切应力下，已严重偏离牛顿流体行为，出现切力变稀现象。聚丙烯相对分子质量越大，相对分子质量分布越宽，熔体温度越低，其偏离牛顿流体的程度越显著，严重时还会产生熔体破裂，特别是当选用孔径较小的喷丝板、采用较低温度和较高的挤出速率纺丝时。表5-1为聚丙烯相对分子质量及其分布对聚丙烯流动性质的影响。

表5-1 聚丙烯相对分子质量及其分布对聚丙烯流变性能的影响

特性黏数/（$dL\cdot g^{-1}$）	多分散系数 M_w/M_n	MI（230℃）/[$g\cdot(10min)^{-1}$]	临界切变速率/（$L\cdot s^{-1}$）	临界切变应力/MPa	黏流活化能/（$kJ\cdot mol^{-1}$）
1.48	4.6	9.58	7600	0.42	41.45
1.95	5.3	2.32	1200	0.35	43.38

续表

特性黏数/($dL \cdot g^{-1}$)	多分散系数 M_w/M_n	MI(230℃)/[$g \cdot (10min)^{-1}$]	临界切变速率/($L \cdot s^{-1}$)	临界切变应力/MPa	黏流活化能/($kJ \cdot mol^{-1}$)
2.33	4.3	0.84	1100	0.40	48.57
3.28	5.3	0.18	100	0.31	74.53

注 *MI* 即熔体流动指数。

由表 5-1 可见,聚丙烯的相对分子质量越高,越容易出现假塑性流动行为,越易产生熔体破裂。升高温度可使熔体的零切黏度降低,降低幅度取决于高聚物的相对分子质量和加工时的剪切速率或应力。较低相对分子质量聚合物的黏度对温度变化的敏感性小于较高相对分子质量聚合物;高剪切速率下黏度对温度的敏感性更强。工业上常采用熔体流动指数(*MI*)表示聚丙烯的流动性,也可粗略地衡量其相对分子质量。

4. 相对分子质量及其分布

相对分子质量及其分布对聚丙烯的熔融流动性和纺丝、拉伸后纤维的力学性能有很大影响。纤维级聚丙烯的平均相对分子质量为 18 万~30 万,比聚酯和聚酰胺的相对分子质量(2 万左右)高很多。这是因为聚酰胺具有氢键,聚酯有偶极键,大分子之间的作用力较大,而聚丙烯大分子之间的作用力较弱,为使产品获得良好的力学性能,聚丙烯的相对分子质量必须较高。

等规聚丙烯的相对分子质量分布较大,一般相对分子质量的多分散性系数为 4~7,而聚酯和聚酰胺只有 1.5~2。用于纺丝用的聚丙烯树脂,相对分子质量分布越窄越好,一般纺制聚丙烯短纤维的多分散系数为 6 左右,纺制长丝时为 3 左右。

5. 耐化学性及抗生物性

等规聚丙烯是碳氢化合物,因此其耐化学性很强。在室温下,聚丙烯对无机酸、碱、无机盐的水溶液、去污剂、油及油脂等有很好的化学稳定性。氧化性很强的试剂,如过氧化氢、发烟硝酸、卤素、浓硫酸及氯磺酸会侵蚀聚丙烯;有机溶剂也能损害聚丙烯;大多数烷烃、芳烃、卤代烃在高温下会使聚丙烯溶胀和溶解。聚丙烯具有极好的耐霉性和抑菌性。

6. 耐老化性

聚丙烯的特点之一是易老化,使纤维失去光泽、褪色、拉伸强度下降,这是热、光及大气综合影响的结果。因为聚丙烯的叔碳原子对氧十分敏感,在热和紫外线的作用下易发生热氧化降解和光氧化降解。由于聚丙烯的使用离不开大气、光和热,所以提高聚丙烯的光、热稳定性十分重要,为此需在聚丙烯中添加抗氧剂、抗紫外线稳定剂等。

四、成纤聚丙烯的质量要求

聚丙烯既不像聚酰胺具有氢键,也不像聚酯具有偶极键,为获得良好的性能,聚丙烯必须具有较高的相对分子质量、化学纯度及立构规整性。成品纤维的强度随聚丙烯相对分子质量的增加而增大,但相对分子质量过高也会导致黏度增加,弹性效应显著,可纺性下降。因此,纤维级聚丙烯的相对分子质量一般控制在 180000~360000(MI=4~40g/10min)。相对分子质量分布系数控制在6以下。聚丙烯大分子链上不含极性基团，吸水性极差，且水分对聚丙烯的热氧化降解影响不大，所以其在纺丝前不必干燥。在丙纶生产过程中，灰分等含量低的树脂可纺性良好，喷丝头组件的使用周期可长达两周以上；灰分等含量高的树脂可纺性差，喷丝头组件使用周期只有数十小时，注头丝多，而且经常漏胶，成品纤维的均匀性差。

树脂中的杂质可分为无机杂质和有机杂质两种。无机杂质有外来杂质和树脂内杂质。外来杂质来自树脂切片生产、储存、运输和使用等环节；树脂内杂质主要来自催化剂和各类助剂（包括色母粒、阻燃母粒等）。有机杂质（凝胶物）可能是一些相对分子质量极高的或支化的高熔点物质，这与树脂质量指标中的凝胶粒子（或称晶点、鱼眼）有关。纺丝时，一小部分直径较大的杂质被过滤介质滤去，而一部分直径较小的杂质通过过滤介质而留在初生纤维中。杂质含量高时，易堵塞过滤介质的孔隙，使组件内过滤压力升高过快，因而常引起漏胶、击穿滤网而缩短组件的使用寿命。尤其是灰分高、凝胶块大而多时，这种情况就更明显。而留在丝条内的杂质将造成单丝缺陷，拉伸时，应力集中而单丝断裂，引起毛丝、绕盘率、绕辊率、断头率增加。这不但使原料切片消耗增加、纺丝和拉伸困难，而且严重影响生产效率、生产成本和成品丝的质量及纺织加工性能。因此，对聚丙烯树脂切片的杂质要严格限制，灰分含量应控制在250mg/kg（最好小于100mg/kg），以确保可纺性，这是丙纶生产的基本要求。

五、聚丙烯纤维的性能和用途

（一）聚丙烯纤维的性能

1. 力学性能

聚丙烯纤维的断裂强度随温度的升高而降低，断裂延伸度随温度的升高而增大。常温时，聚丙烯单丝和复丝的强度为3.1～4.5cN/dtex，断裂延伸度依品种而异；工业丝的强度为5～7cN/dtex，断裂延伸度为15%～20%。聚丙烯纤维伸长10%时的杨氏模量为61.6～79.2cN/dtex，优于聚酰胺纤维而劣于聚酯纤维。聚丙烯纤维的瞬时回弹性介于聚酰胺纤维和聚酯纤维之间。当伸长为5%时，聚丙烯短纤维的回弹率为85%～95%，长丝为88%～98%。聚丙烯纤维与光滑的金属表面及纤维之间的表面摩擦系数较大，一般可通过施加油剂来改变摩擦性能。此外，聚丙烯纤维的耐磨性较好，这在制作线、渔网、船用缆绳、地毯和装饰织物方面有重要作用。

2. 吸湿性与密度

聚丙烯纤维的吸湿性和密度是常规合成纤维中最小的，其回潮率为0.03%，密度为0.90～0.92g/cm^3。

3. 染色性

聚丙烯的分子中不含极性基团或反应性官能团，纤维结构中又缺乏适当容纳染料分子的位置，故聚丙烯纤维染色非常困难。一般用纺前着色法纺制有色纤维。

4. 耐光性

聚丙烯纤维的耐光性比较差，特别是对波长为300～360nm的紫外线尤为敏感。为提高聚丙烯纤维的耐光性，可用有机紫外线吸收剂以吸收辐射降解较宽的紫外光谱。常用的抗氧化防老化剂为羟基二苯甲酮化合物。

5. 化学性

聚丙烯纤维耐化学性优良，常温下有很好的耐酸碱性，优于其他合成纤维。此外，聚丙烯还具有优良的电绝缘性、隔热性和耐虫蛀性。

（二）聚丙烯纤维的用途

聚丙烯纤维具有高强度、高韧度、良好的耐化学性以及价格低廉等特点，因此在产业及装饰领域有广泛的用途。其在装饰与产业用方面主要包括装饰织物、墙壁装饰织物、地毯与地毯底布、非织造布、纸的增强物与造纸用毡、帆布、绳带类、土工用纤维。其在服装领域可用于针织，其织物可制成内衣、滑雪衫、袜子及童装。聚丙烯纤维与羊毛混纺后可用作耐寒室外服装、摩托车运动服、登山服、航海服及飞行服等。细特聚丙烯纤维具有优异的芯吸效应，透气、导湿性能极好，贴身穿着时能保持皮肤干燥，无闷热感，用其制作的服装比纯棉服装轻2/5，保暖性胜似羊毛，因此其可用于针织内衣、运动衣、游泳衣、仿麂皮织物、仿桃皮织物及仿丝绸织物。聚丙烯纤维的其他应用领域还包括香烟滤嘴、渔具纤维、人造草坪以及园艺用防护织物等。

第二节　聚丙烯纤维的纺丝成型

等规聚丙烯是一种典型的热塑性高聚物，其熔体形态及流动性质与其相对分子质量及分布有着密切的关系。不同熔融指数的聚丙烯适于不同的纺丝方法，如常规熔融纺丝、高速纺丝、膜裂纺丝、短程纺丝、膨胀变形长丝纺丝等，而不同纺丝方法所制备的产品性能也不同。

一、熔体纺丝

和聚酯、聚酰胺一样，聚丙烯可用常规熔融纺丝工艺纺制长丝和短纤维。由于纤维级聚丙烯具有较高的相对分子质量和较高的熔体黏度，熔体流动性差，故需采用高于聚丙烯熔点100～130℃的挤出温度（熔体温度），才能使其熔体具有必要的流动性，满足纺丝加工要求。

纺制长丝时，卷绕丝收集在筒管上，经热板或热辊在90～130℃下拉伸4～8倍。生产高强度纤维时，应适当提高拉伸比，以提高纤维的取向度。拉伸之后，要对纤维进行热定型，以完善纤维结构，提高纤维尺寸稳定性。

纺制短纤维一般采用几百或上千孔的喷丝板。初生纤维集束成60×10^3～110×10^3tex的丝束，在水浴或蒸汽箱中于100～140℃下进行二级拉伸，拉伸倍数为3～5倍，然后进行卷曲和松弛热定型，最后切断成短纤维。具体的聚丙烯熔体纺丝工艺流程如下。

（一）混料

聚丙烯的含水率极低，可不必干燥直接进行纺丝。由于聚丙烯染色困难，所以常在纺丝时加入色母粒以制得色丝。色母粒的添加主要有两种形式：一是将固态色母粒经计量直接加入聚丙烯中；二是将色母粒熔融后，定量加入挤出机压缩段的末端与熔融聚丙烯混合。后者的投资较大，但混合精度较高。

(二)纺丝

聚丙烯纤维的纺丝设备和聚酯纤维相似,但也有其特点。通常使用大长径比的单螺杆挤出机,纺制低线密度纤维时,螺杆的计量段应长而浅,以减少流速变化,有利于更好地混合,得到组成均一的流体,且高速剪切有利于聚丙烯降解,改善高相对分子质量聚丙烯熔体的流动性能。

由于聚丙烯熔化温度较低、骤冷比较困难且挤出胀大比较大,因此其所用喷丝板通常具有以下特征:喷丝孔分布密度应较小,以确保冷却质量;喷丝孔孔径较大,一般为 0.5~1mm;喷孔长径比较大,为 2~4mm,以避免熔体在高速率剪切时过分膨化导致熔体破裂。

尽管等规聚丙烯结晶能力较强,但容易挤出成型。选择不同的原料及纺丝条件,可获得不同强度的纤维。图 5-3 为聚丙烯纤维的结晶度与取向度对强度的影响。可见,要得到高强度纤维,必须进行高倍拉伸以提高纤维的结晶度和取向度。

1. 纺丝温度

纺丝温度直接影响着聚丙烯的流变性能、降解程度和初生纤维的预取向度。因此,纺丝温度是熔体成型中的主要工艺参数。

纺丝温度主要指纺丝箱体(即纺丝区)温度。纺丝温度过高,熔体黏度降低过大,纺丝时容易产生注头丝和毛丝,同时还会因为熔体黏度过小,流动性大,而形成自重引伸大于喷丝头拉伸,造成并丝现象。纺丝温度过低,熔体黏度过大,出丝困难且不均匀,造成喷丝头拉伸时产生熔体破裂无法卷绕,严重时可能出现全面断头或硬丝。根据生产实践,聚丙烯纺丝区温度要高于其熔点 100~130℃。

聚丙烯的相对分子质量增大,纺丝温度要相应提高,如图 5-4 所示。聚丙烯的相对分子质量分布不同,纺丝温度也不同。当相对分子质量分布系数在 1~4 内变化时,纺丝温度的变化范围在 30℃左右;相对分子质量分布越宽,则采用的纺丝温度也越高。实践表明,纺短纤维时,应

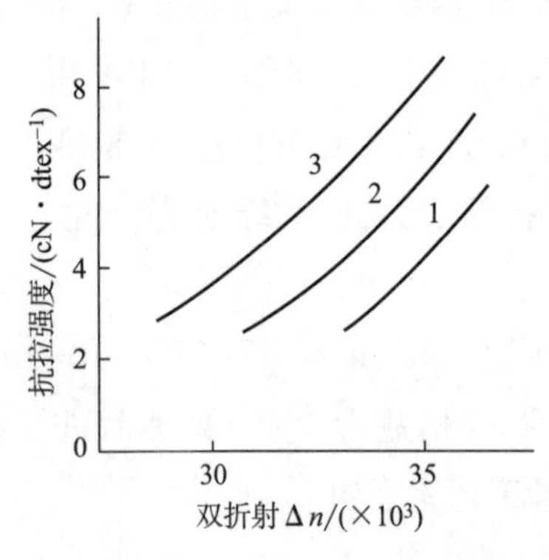

图 5-3 聚丙烯纤维的结晶度与取向度对强度的影响

1—结晶度为 0 2—结晶度为 28%~32% 3—结晶度为 56%~61%

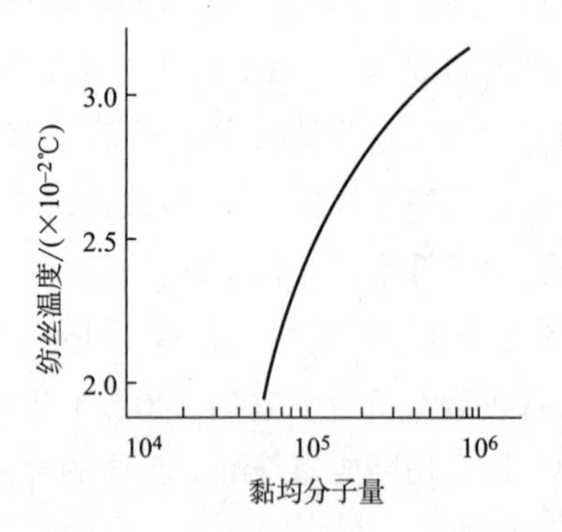

图 5-4 聚丙烯相对分子质量与纺丝温度的关系

选用 *MI* 为 6~20g/10min 的聚丙烯切片;而纺长丝时应选用 *MI* 为 20~40g/10min 的聚丙烯切片。前已指出,聚丙烯有较高的相对分子质量和熔体黏度,在较低温度下纺丝时,初生纤维可能同时产生取向和结晶,并形成高度有序的单斜晶体结构。若在较高的纺丝温度下纺丝,因结晶前熔体流动性大,初生纤维的预取向度低,并形成不稳定的碟形结晶结构,所以可采用较高的后拉伸倍数获得高强度纤维。

2. 冷却成型条件

成型过程中的冷却速度对聚丙烯纤维的质量有很大影响。若冷却较快,纺丝得到的初生纤维是不稳定的碟状结晶结构;若冷却缓慢,则得到的初生纤维是稳定的单斜晶体结构。冷却条件不同,初生纤维内的晶区大小及结晶度也不同。当丝室温度较低时,成核速度大,晶核数目多,晶区尺寸小,结晶度低,有利于后拉伸。

冷却条件不同,初生纤维的预取向度也不同。增加吹风速度会导致初生纤维预取向度增加。较高取向度还会导致结晶速度加快,结晶度增大,不利于后拉伸,因此合理选择冷却条件至关重要。实际生产中,丝室温度以偏低为好。采用侧吹风时,丝室温度可为 35~40℃;环吹风时可为 30~40℃,送风温度为 15~25℃,风速为 0.3~0.8m/s。

3. 喷丝头拉伸

喷丝头拉伸不仅使纤维变细,且对纤维的后拉伸及纤维结构有很大影响。在冷却条件不变的情况下,增大喷丝头拉伸比,纤维在凝固区的加速度增大,初生纤维的预取向度增加,结晶变为稳定的单斜晶体,纤维的可拉伸性能下降。聚丙烯纺丝时,喷丝头拉伸比一般控制在 60 倍以内,纺丝速度一般为 500~1000m/min,这样得到的卷绕丝具有较稳定的结构,后拉伸容易进行。表 5-2 为初生纤维性质与喷丝头拉伸的关系。

表 5-2 初生纤维性质与喷丝头拉伸的关系

喷丝头拉伸比/倍	线密度/tex	屈服应力/($cN \cdot dtex^{-1}$)	强度/($cN \cdot dtex^{-1}$)	伸长率/%	Δn 双折射/($\times 10^3$)
12.7	188.32	0.4	0.54	1140	7.15
27	70.07	0.46	0.64	977	12.5
54	34.1	0.49	0.86	980	13.5
116	16.61	0.55	1.11	791	15.5
233	9.24	0.58	1.27	680	16.5
373	5.5	0.64	1.39	580	17.5

4. 挤出胀大比

聚丙烯熔体黏度大,非牛顿性强,其纺丝的挤出胀大比比聚酯大。当挤出胀大比增大时,熔体细流拉伸性能逐渐变差,且往往会产生熔体破裂,使初生纤维表面发生破坏,有时呈锯齿形和波纹形甚至生成螺旋丝。若纺丝速度过高或纺丝温度偏低,其切变应力超过临界切变应力时就会出现熔体破裂,影响纺丝和纤维质量。表 5-3 为聚丙烯特性黏度和熔体温度对挤出胀大比(*B*)的影响。可见,随着熔体温度的降低或聚丙烯相对分子质量即特性黏度的增大,挤出胀大比增大。

表 5-3 聚丙烯特性黏度和熔体温度对挤出胀大比的影响

温度/℃	B_0	
	[η]=1.27dL/g	[η]=1.9dL/g
190	2.8	4.2
230	1.5	2.8
280	1.3	2.1

控制适宜的相对分子质量、适当提高纺丝温度、增大喷丝孔径、增大喷丝孔长径比,可减少细流的膨化和熔体破裂。也可在聚丙烯切片中加入相对分子质量调节剂等来改善聚丙烯的可纺性,提高纤维质量。

(三)拉伸

熔融纺丝制得的聚丙烯初生纤维虽有较高的结晶度(33%~40%)和取向度(Δn 在 1×10^{-3}~6×10^{-3}),但仍需经热拉伸及热定型处理,以赋予纤维更高的强力及其他性能。

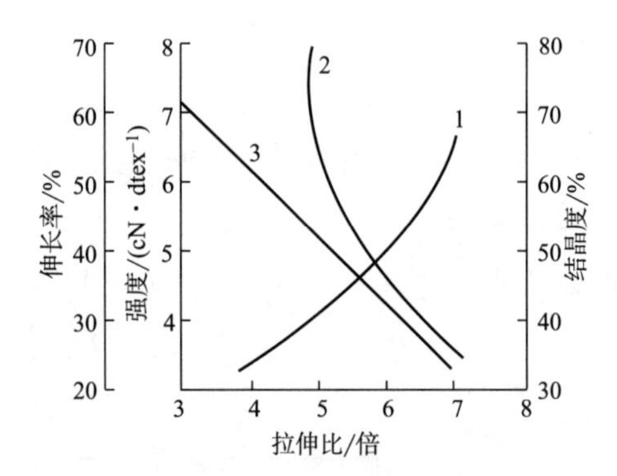

图 5-5 拉伸比与纤维强度、伸长率、结晶度之间的关系

1—强度 2—伸长率 3—结晶度

其他条件相同时,纤维的强度取决于大分子的取向程度,提高拉伸倍数可提高纤维的强度,降低纤维的伸长率和结晶度,如图 5-5 所示。但过大的拉伸倍数,会导致大分子滑移和断裂。工业生产中,拉伸倍数的选择应根据聚丙烯的相对分子质量及其分布和初生纤维的结构来决定。相对分子质量较高或相对分子质量分布较宽时,选择的拉伸比应较低;初生纤维的预取向度较低或形成结晶结构较不稳定时,可选择较大的拉伸比。

拉伸温度影响拉伸过程的稳定及纤维结构。拉伸温度过低,拉伸应力大,允许的最大拉伸倍数小,纤维强度低且会使纤维泛白,出现结构上的分层;拉伸温度高,纤维的结晶度增大。温度过高,分子过度热运动会导致纤维在取向时,强度的增加幅度减少,且会破坏原有的结晶结构。因此,聚丙烯纤维的拉伸温度一般控制在 120~130℃。因为在此温度下,纤维性能最好,结晶速度也最高。

聚丙烯纤维的拉伸速度不宜过高,因为过高的拉伸速度会使拉伸应力大大提高,纤维空洞率增加,增加拉伸断头率。生产短纤维拉伸速度为 180~200m/min,生产长丝时拉伸速度一般为 300~400m/min。

聚丙烯短纤维拉伸为两级拉伸,第一级拉伸温度为 60~65℃,拉伸倍数为 3.9~4.4;第二级拉伸温度为 135~145℃,拉伸倍数为 1.1~1.2。聚丙烯长丝的拉伸为双区热拉伸,热盘温度为 70~80℃,热板温度为 110~120℃,总拉伸倍数为 5 倍左右。

(四)热定型

聚丙烯纤维经热处理能改善纤维的尺寸稳定性,改善纤维的卷曲度和加捻的稳定性,并使纤维的结晶度由51%提高到61%左右。热处理提供了激化分子运动的条件。随着内应力的松弛,结构变得较为稳定和完整。图5-6为热定型温度和时间对聚丙烯纤维密度的影响。可见在一定温度范围内,密度随定型温度的提高和时间的延长而增大。密度增加的原因是热处理使某些内部的结晶缺陷得到愈合,并使一些缠结分子和低分子进入晶格。张力会影响这个过程的进行,因此松弛条件下结晶变化要比张力条件下的变化更显著。定型温度一般为120~130℃。

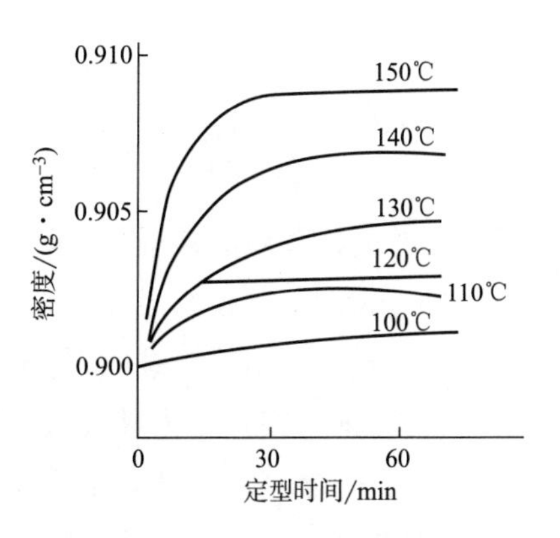

图5-6　热定型温度和时间对聚丙烯纤维密度的影响

二、膜裂纺丝

膜裂纺丝法是将聚合物先制成薄膜,然后经机械加工方式制得纤维。根据机械加工方式不同,所得纤维又分为割裂纤维和撕裂纤维两种。

割裂纤维(又称扁丝)是将挤出或吹塑得到的聚丙烯薄膜引入切割刀架,将其切割成宽2.56mm、厚20~50mm的扁带,再经单轴拉伸得到线密度为555~1670dtex的扁丝,它可用来代替黄麻制作包装袋地毯衬底织物、编织带绳索及某些装饰性织物等。

割裂纤维的成膜工艺有两种:平膜挤出法和吹塑薄膜法。前者生产的割裂纤维线密度较均匀,但手感及耐冲击性稍差;后者生产的纤维手感好,但产品的线密度不均匀,编织难度较大。

割裂纤维的拉伸有窄条拉伸法和辊筒拉伸法。辊筒拉伸法是在薄膜未切割时进行拉伸,然后切割成纤维,这种纤维的边缘不收缩,有利于生产厚包装带(袋),但其力学性能比拉伸扁条稍低,热收缩率较大,因而其产品耐热性能差,不能做地毯底布,特别适用于生产包装织物。当要求产品具有较低的热收缩率时,需对其进行热定型,定型温度应比拉伸温度高5~10℃,定型收缩率一般控制在5%~8%。

撕裂纤维也称原纤化纤维。它是将挤出或吹塑得到的薄膜经单轴拉伸,使其大分子沿着拉伸方向取向而提高断裂强度,降低断裂伸长,然后经破纤装置将薄膜开纤,再经物理—化学或机械作用使开纤薄膜进一步离散成纤维网状物或连续长丝。

撕裂纤维生产的关键是薄膜的原纤化,有如下三种原纤化方法。

(一)无规机械原纤化

无规机械原纤化是通过机械作用使薄膜或由薄膜制成的扁条发生原纤化,形成长度和宽度均不相等的无规则网状结构。如将拉伸的聚丙烯薄膜或扁条穿过一对涂胶辊,而其中至少有一个辊能在垂直于薄膜的运动方向上摆动,使这些扁条同时受到两个方向的力的作用,最终这些扁条被搓裂成形状不规则、线密度不均匀的网状纤维。

(二)可调机械原纤化

可调机械原纤化是通过机械作用使薄膜或由薄膜制成的扁条发生原纤化,形成具有均匀网格的网状结构或者均匀尺寸的纤维,有如下三种方法用于生产。

1. 针辊切割法

这是一种受到关注并已得到普及的方法。它是将数万根钢针安装在针辊上,针辊与薄膜同方向运行,同时刺透薄膜,使之裂纤成具有一定规则的网状结构的纤维。网格的几何结构和纤维粗细由针辊与薄膜的接触长度、针辊与薄膜的相对运动速度及针的配置所决定。如采用小直径针辊并使针辊与薄膜的接触长度很短,会得到极不规则的、具有杂乱小孔的网状物,这种网状物由彼此相连的较粗的纤维构成;如采用大直径针辊和长的接触长度,会得到不规则的、具有长孔的网状物,这种网状物由彼此相连的较细的纤维构成。针辊法生产的纤维,线密度一般为5.5~33dtex,适合做低级地毯、包装材料以及股线、绳索等,也用作薄膜增强材料。该纤维经梳理、加捻或与其他纤维混纺,可得到普通纺织纱线用于编织和针织加工。

2. 异型模口挤出法

挤压热塑性熔体使其通过一个异型的平膜模口(模口的截面形状为沟槽形),得到具有刻痕的宽幅异型薄膜,其中的条筋(隆脊)之间由强度很弱的薄膜相互连接。拉伸取向时,弱的薄膜被破坏,条筋分裂成多根连续长丝。其外观和截面形状与普通长丝相似,没有无规机械原纤化丝的那种网状结构。

异型模口挤出法生产的纤维,线密度一般为7.7~77dtex,主要用于优质绳索、包装和保护材料、地毯以及工业用织物。

3. 辊筒压纹法

用一个带有条痕的压力辊对挤出薄膜进行压纹。压纹可在薄膜仍为流体时进行,也可在其固化后进行。例如,将宽度和厚度适当的熔体薄膜或经预热的薄膜送入由一个光面辊和一个压纹辊组成的压力间隙,经过该间隙后,薄膜被压成一系列完全或部分分开的或由极薄的膜连接着的连续薄膜条,该薄膜条经过热箱拉伸和热定型,可得到类似于异型长丝的连续丝条。辊筒压纹法生产的纤维种类与异型模口挤出法相似,但该法有更多的优点:用不同槽距和外形的压纹辊,可在很宽的范围内改变纤维横截面形状,因此该纤维用途更广;变更丝条的分丝棒,可改变丝条根数;生产过程容易稳定控制,纤维均匀度较高。

(三)化学—机械原纤化

化学—机械原纤化是指成膜前在聚合物中加入一些其他成分,引入的成分在成型后的薄膜中呈现为非连续相,在冷却拉伸中,薄膜中这些非连续相便成为应力集中点并随之引起机械原纤化。在薄膜中引入泡沫,使之成为薄膜中的间断点,当泡沫薄膜拉伸取向时,薄膜中的气泡被拉长导致薄膜原纤化。

不论用哪种方法引入间断点,都需进一步机械处理,以扩展裂纤作用,并形成一种真正的纤维状产品。这种方法特别适用于那些用机械方法难以裂纤或不能裂纤的薄膜。化学—机械原纤化法得到的膜裂纤维也是无规则的,但由于这种裂纤过程比较缓和,故纤维的均匀性较好

三、聚丙烯纤维短程纺丝

短程纺丝是指有纺丝丝仓而无纺丝甬道的熔体纺丝方法。这种方法的特点是冷却效果好,

纺丝细流的冷却长度较短(0.6~1.7m),纺丝丝仓、上油盘以及卷绕机构在一个操作平面上,设备总高度大大降低,并相应降低了空调量和厂房的投资,因此,从20世纪80年代开始短程纺丝技术发展迅速。已经开发的短程纺丝技术有三种。

(一)低速短程纺丝

低速短程纺丝技术以意大利 Moderne 公司为代表。它是将纺丝速度降低到常规纺集束的速度,以增加喷丝板的喷丝孔数来补偿由于纺速下降而减少的产量。因此其特点是:纺速低,一般仅为6~40m/min;喷丝板孔数多,达7000~90000孔;冷却吹风速度高。由于纺丝速度低,缩短了丝束的冷却距离,无纺丝甬道,为了保证冷却效果,必须提高冷却吹风速度,使丝束在很短的距离内冷却成型。常规纺丝吹风速度小于1m/s,短程纺丝吹风速度为5~10m/s,有时可达100m/s。低速短程纺丝的工艺流程如下:

母粒计量↘
PP 切片计量↗混料斗→挤压机→过滤器→纺丝→环吹风→牵引上油→七辊拉伸机→蒸气加热→七辊拉伸机→上油→收幅→张力调节→卷曲→松弛热定型→切段→打包

1. 纺丝设备与工艺

该技术采用 $\phi=200$mm、$L/D=35$ 的螺杆挤出机,多孔环形喷丝板,中心放射形冷却环吹风结构。例如,纺1.7~2.8dtex的纤维时喷丝板孔数为73800孔,纺2.8~6.7dtex纤维时为37200孔,纺6.7~25dtex纤维时为18144孔。

由于所用挤出机的螺杆长径比较大,螺杆各区温度应较低,一般为210~240℃。短程纺的熔体细流剪切速率小于常规纺,一般不会产生熔体破裂。由于纺速较低,喷丝头拉伸减小,会增大孔口胀大现象,但可减小不均匀拉伸,缓和结晶过程,实现稳定纺丝。风口宽度和风口与板面的距离可调节,纺28dtex纤维时,风口上端与板面距离为5~6.5mm;纺6.7~17dtex纤维时为9~12mm。

2. 拉伸

经上油的丝束直接送去拉伸,拉伸热辊温度为90℃,拉伸热箱温度为120~160℃,拉伸比为3~4倍,拉伸速度为70~180m/min。

3. 卷曲

拉伸后,经再上油的丝束在进入卷曲机前,经过张力调节装置和卷曲热箱,由卷曲上下辊挟持输送至填塞箱内。由于经过拉伸的纤维具有较高的结晶度,所以机械卷曲要在纤维的 T_g 以上进行,卷曲温度在120℃左右,卷曲速度要略高于引出速度。

(二)中速短程纺丝

中速短程纺丝工艺流程与低速短程纺基本相同,但其拉伸设备为三对拉伸辊,因此,其占地(长×宽×高=18m×6.2m×5.4m)更小。

1. 纺丝设备与工艺

中速短程纺丝设备与工艺和低速短程纺大体相同,但也有所区别。中速短程纺丝设备的喷丝板为矩形,喷丝板孔数相对较少,例如,纺1.65dtex的纤维时为1300孔,纺2.75~3.3dtex的纤维时为700孔,纺6.6dtex的纤维时为350孔;丝束冷却用侧吹风,风速为0.6m/s;纺速较高,一般为400~600m/min;由于纺速提高,熔体挤出速度增大,因此应适当调高纺丝温度或增大喷丝板孔径,以防熔体破裂。

2. 拉伸和卷曲变形

拉伸设备为三对拉伸辊。经拉伸的丝束垂直进入空气变形器。压缩空气进入气杯,然后由三个不同角度、不同形状的小孔与进丝孔连通,利用空气向下的速度,使丝束进口处产生负压,然后进入填塞箱,丝束在填塞箱内进行不规则的填塞,形成三维卷曲。压缩空气压力为1.2~1.5MPa,温度为120~180℃。

(三)高速短程纺丝

高速短程纺丝的特点是生产速度高,后处理的最大拉伸速度为3000m/min,是常规纺的10~20倍,但后处理丝束总线密度低,约为2.22ktex。产品具有三维卷曲,可用来生产非织造布及仿毛产品。

1. 纺丝设备与工艺

高速短程纺丝设备介于低速短程纺和常规纺之间。螺杆挤出机采用大直径(ϕ=160mm)、大长径比(L/D=33)螺杆。喷丝板为圆形,喷丝板孔数依纤维线密度而异。例如,纺1.67dtex纤维时,喷丝板孔数为2600孔,纺3.33dtex纤维时为1100孔。丝束冷却采用密闭式环吹风,冷却条件与常规纺丝一致。

2. 拉伸和空气变形

由纺丝来的丝束分为两组分别进入后拉伸设备。丝束先在冷导辊上进行集束,再进入第一~第三对热辊。在第一、第二对热辊之间进行第一级拉伸,在第二、第三对热辊之间进行第二级拉伸并定型,两级拉伸的拉伸比为9∶1。丝束从最后一对拉伸辊出来,以3000m/min的速度进入空气变形器,经过强烈的中压(1.2MPa)过热空气的冲击,使纤维错乱充填在稍大的填塞室中。由于填塞室中纤维不断增多,纤维将在填塞室中发生强烈曲折打皱,最后被挤出变形器,并造成纤维的卷曲。因为纤维在填塞室内无固定方向,所以其卷曲呈三维立体形态。卷曲度可通过调整进入空气的温度和压力控制。卷曲后的丝束,以较低的速度向下排出并落到冷却辊上冷却定型,最后送去切断及打包。

四、聚丙烯膨体长丝的生产

膨体变形长丝(BCF)是将经过拉伸后的丝束,通过热空气变形装置加工而成的变形丝。这种变形装置由气体加热、膨化变形、冷却定型、温度压力控制系统等组成。BCF蓬松性好,三维卷曲成型稳定,手感优良,广泛用于纺织工业,例如,粗线密度BCF可用作簇绒地毯的绒头材料,中线密度BCF可用于机织作装饰材料,细线密度BCF可用作内衣等。BCF生产有一步法、二步法及三步法,应用最广泛的是纺丝—拉伸—变形一步法。

由喷丝孔下行的丝束上油后,经拉伸进入热空气变形装置的主要部件膨化变形器(简称膨化器)时,受到具有一定压力、速度和温度的气体喷射作用,而发生三维弯曲变形,然后经变形箱和冷却吸鼓定型而获得卷曲。

丝束膨化变形效果主要反映在卷曲收缩率上,它是衡量BCF质量的重要指标。当加工

BCF 的膨化器一定时,变形效果与丝束喂入速度、压缩气体温度、压力以及丝束自身特性等有关。

(一)喂入速度对丝束膨化变形的影响

BCF 的膨化变形可在较大的丝速(喷嘴的丝束喂入速度)范围内进行。丝速太低,丝束和气流间的相对速度增大,丝束表面会形成气流层,速度越低,该气流层与丝束贴得越紧,从而使丝束不易开松而影响变形。一般速度应控制在 800m/min 以上。

(二)压缩空气温度对丝束膨化变形的影响

聚丙烯具有热塑性,加热到一定温度时易变形。BCF 的变形加工正是利用了这一点。当具有一定压力的热压缩空气进入变形箱后,即对丝束进行加热,使之呈热塑状态,并推动丝束前移堆积和变形。在其他条件一定时,变形效果取决于丝束的热塑性状态,因此压缩空气温度是影响变形效果的主要因素之一。通常压缩空气温度要高于纤维的玻璃化转变温度,低于软化点及熔点。温度太低,变形效果不好;温度太高,丝束的颜色发生变化,手感变硬,甚至熔融黏结,给操作带来困难。实际生产中,应根据压缩空气压力和膨化器型号等设定温度,尽量取下限值,以保证丝束柔软。闭式膨化变形器压缩空气的温度一般控制在 120~180℃,而开式膨化器压缩空气的温度一般控制在 110~160℃。

(三)压缩空气压力对丝束膨化变形的影响

压缩空气的压力决定气流喷射作用的强弱。压缩空气的压力越高,丝束受到的弯曲作用力就越大,膨化变形效果也就越好。不同的膨化器所需压缩空气的压力不同。封闭式膨化器大多控制在 0.5~0.8MPa,而开式膨化器压力则要控制在 0.8~1MPa。

(四)丝束特性对膨化变形的影响

丝束特性包括单丝的截面形状、单丝线密度及含油率。若丝的横截面为非圆形,则各单丝间的附着力小,易开松、分离和卷曲变形。单丝线密度越小,弯曲变形越容易,蓬松性就越好。含油率过大不易于开松,所以应对 BCF 的含油率加以控制。

第三节 新型聚丙烯纤维

聚丙烯纤维具有许多优良的性能,但也有蜡感强、手感偏硬、难染色、易积聚静电等缺点。因此,对其进行改性,开发新品种已成为聚丙烯纤维发展的主要方向。

一、可染聚丙烯纤维

聚丙烯纤维分子中无亲染料基团,分子聚集结构紧密,因此常规聚丙烯纤维一般难染。目前已开发出多种可染聚丙烯纤维技术,这些技术大体分为两类:一是通过接枝共聚将含有亲染料基团的聚合物或单体接枝到聚丙烯分子链上,使之具有可染性;二是通过共混纺丝破坏和降低聚丙烯大分子间的紧密聚集结构,使含有亲染料基团的聚合物混到聚丙烯纤维内,使纤维内形成一些具有高界面能的亚微观不连续点,使染料能够顺利地渗透到纤维中并与亲染料基团结合。共混法是目前制造可染聚丙烯纤维的主要且实用的方法。主要产品包括:媒介染料可染聚丙烯纤维;碱性染料可染聚丙烯纤维;分散染料可染聚丙烯纤维;酸性染料可染聚丙烯纤维。其中酸性染料可染聚丙烯纤维最有前途。

二、工业用丙纶长丝及高强聚丙烯纤维

丙纶高强丝的高拉伸强度和耐冲击强力,使其成为在产业领域中极具竞争力的产品,其柔韧性、耐化学药品性和经济性也显示出应用于产业领域的较好前景。目前,国外已将丙纶高强丝广泛应用于产业领域,国内生产的一些丙纶高强丝产品也较为畅销。利用丙纶高强丝质轻、强力高、断裂功大等优点,可织造各种工业吊带、建筑安全带、汽车安全带,以及用于飞机、火车、轮船、运动与游戏器械的安全带等。用有色丙纶高强丝织成各种宽度的箱包带、包装带、装饰带将发挥其强度高、价格低、不褪色的明显优势。将良好的柔韧性和高强力融于一体制成超级抗压织带,在高压水龙带制作方面也极有潜力。绳缆丙纶高强丝除了密度小、不吸湿、干湿强度一样外,还具有耐瞬间高应力冲击的性能。利用这种特性,特别适用于做绳缆。绳缆可浮在水面上,且表面不沾水,便于船员操作。目前,到南极和北极的船只,都用聚丙烯做船缆。

由于丙纶耐冲击性好,还可用于做登山绳、降落伞绳、体育运动安全绳及篷盖布用绳,也可用于包装袋的捆扎、行李的吊装等。利用丙纶高强丝的强度高、耐酸碱、抗腐防蚀、质轻、对化学药品稳定性好、滤物剥离性好等优点,可用于温度不超过100℃的过滤工程。利用其无毒和不发霉的特点可用于食品、制糖、饮料、酿酒、制药行业。利用丙纶高强丝强度高、耐酸碱、抗微生物、干湿强度一样等优良特性,制造的丙纶机织土工布对建造在软土地基上的土建工程(如堤坝、水库、铁路、高速公路等)起到加固作用,同时使用土工布后,使承载负荷均匀分散在土工布上,从而使路基沉降均匀,减少地面龟裂。除了上述用途之外,丙纶高强丝还可用于箱包面料、海上用品(如渔网网纲、拖网)等。工程上用的锚杆、起重吊装用的钢丝绳也可用丙纶高强丝的制成品作代用品。

三、细特及超细特聚丙烯纤维

普通聚丙烯纤维手感较硬,有蜡状感,因此主要用于地毯、非织造布、装饰布和产业用布等方面,只有很少一部分用于服装生产。随着可控流变性能树脂制造技术及短程纺、细特高速纺(POY、FOY)、纺丝拉伸联合(FDY)、纺丝拉伸加弹联合(细旦 BCF)等纺丝技术的开发,细特聚丙烯纤维得到迅速发展,也为其在服装领域的应用打下了基础。用细特聚丙烯长丝作为服用材料,具有密度小、静电少、保暖、手感好、有特殊光泽、酷似真丝等特点,并且有“芯吸”效应及疏水、导湿性,是制作内衣及运动服的理想材料。

国内用可控流变性能的聚丙烯切片在常规纺、高速纺及 FDY 设备上成功开发出单丝线密度达 0.7~1.2dex 的聚丙烯细特长丝。在空气污染装置、卷烟过滤嘴、采矿、医药及工业用滤网、饮料的微过滤装置等方面得到了广泛应用。超细聚丙烯纤维还可作离子交换树脂的载体及电绝缘材料。其生产方法有离心纺、熔喷纺和闪蒸纺等。

四、阻燃聚丙烯纤维

由聚丙烯纤维制成的织物易燃烧，这一点限制了它的使用范围。因此，阻燃聚丙烯纤维的研制成功将对聚丙烯纤维的发展起到促进作用。目前，聚丙烯纤维及织物的阻燃改性方法主要有两种：一是织物阻燃整理；二是共混阻燃改性。

织物阻燃整理的方法是采用含有 C—C 双键或羟甲基之类反应性基团的阻燃剂与有相似反应性基团的多官能度化合物（交联剂）在聚丙烯纤维织物上共聚形成聚合物，固着在织物上。由于等规聚丙烯结晶度高，大分子链中缺乏反应性基团，阻燃剂分子很难扩散到纤维中或与它发生化学结合，用整理法赋予织物阻燃性难以持久，且手感差，因此一般多用于地毯等洗涤次数较少的制品。

共混阻燃改性是选用溴系、磷系或含氮阻燃剂或它们的复合物与聚丙烯预先制成阻燃母粒，在纺丝时按比例与聚丙烯切片共混纺丝。燃烧时，聚丙烯形成碳质焦炭以阻碍其与氧气接触达到阻燃目的。也有使用磷或三氧化二锑与卤素协同作用的阻燃剂。例如，用 7.2%的八溴联苯醚与三氧化二锑的混合物与聚丙烯共混纺丝，其极限氧指数可从 18.1 提高到 28.1。

五、抗静电、抗菌及远红外聚丙烯纤维

（一）抗静电聚丙烯纤维

聚丙烯纤维的吸湿性低，是其特点之一，但作为卫生用品中的无毒基材时，却又是个缺点，因聚丙烯纤维的吸附能力仅为棉花的 1/2 左右，与水的接触角为 86°，几乎没有吸湿能力，因此静电现象严重，限制了它在被单、衣料、内衣裤、尿布、卫生巾、医用绷带等非织造布领域的应用。有许多工作者对改进聚丙烯纤维表面吸湿性进行了研究。现一般采用三种方法：与导电纤维混纤；加抗静电剂共混纺丝；对纤维和织物进行表面处理。从加工工艺、成本、效果综合考虑，采用第二种方法在实际应用中比较多。抗静电剂一般是与分散剂及载体加工成母粒，在纺丝中只要混合均匀，不但不影响纺丝，在一定程度上还会改善熔体的流变性。抗静电纤维包括永久抗静电纤维和暂时抗静电纤维两种。暂时抗静电纤维主要是为了防止合成纤维制造和加工过程中的静电干扰，所用抗静电剂多为各种表面活性剂，但这种纤维的耐洗涤和耐久性差，加工结束抗静电性能即消失；永久性抗静电纤维是通过树脂整理或特殊纺丝方法制造的具有永久抗静电性的纤维，耐洗涤、耐摩擦。

（二）抗菌聚丙烯纤维

抗菌改性大多采用添加抗菌剂的方法。抗菌剂按成分可分为三类：天然抗菌剂；有机类抗菌剂，如有机卤化物等；无机类抗菌剂，如含抗菌活性的银、铜、锌等金属的无机类，或光催化剂半导体陶瓷抗菌剂。制备抗菌丙纶的技术关键是要选择一种理想的抗菌剂，即要求选用能耐高温且与聚丙烯有良好相容性及分散性的抗菌剂，由于共混纺丝使抗菌剂均匀地分散于纤维内部，因而使制得的抗菌纤维及其制品具有优良的耐洗牢度，从而使抗菌效果持久。

（三）远红外聚丙烯纤维

将陶瓷粉混入聚丙烯纺成纤维可制得远红外敏感纤维，该纤维可吸收不同波长的远红外线，使织物具有保暖作用，也可在吸收红外线的同时放射出一定波长的远红外线，活化细胞组

织,促进血液循环,产生强身健体的作用,故可制成各类医疗保健制品。

思考题

1. 为什么聚丙烯纤维的生产需要选择等规聚丙烯作为原材料?请说明等规聚丙烯的结构特点。

2. 简述等规聚丙烯性能的影响因素,并结合上述性能阐明其如何决定聚丙烯纤维的性质。

3. 简述聚丙烯纤维熔体纺丝的成型工艺,并说明聚丙烯用纺丝机的结构特点。

4. 说明聚丙烯纤维的性质和用途。

参考文献

[1]李光. 高分子材料加工工艺学[M].3版. 北京:中国纺织出版社有限公司,2020.
[2]祖立武. 化学纤维成型工艺学[M]. 哈尔滨:哈尔滨工业大学出版社,2014.
[3]赵敏. 改性聚丙烯新材料[M].2版. 北京:化学工业出版社,2010.

第六章　聚丙烯腈纤维

本章知识点

1. 熟记聚丙烯腈纤维的化学结构、学名、商品名、英文缩写。

2. 熟悉亚砜法丙烯腈聚合流程、聚丙烯腈湿法纺丝流程和聚丙烯腈短纤维的后加工流程。

3. 理解双扩散、蒸发、自由基聚合、共聚合、链转移、初生纤维、冻胶、原液准备和后加工等基本概念和基本原理。

4. 熟记腈纶生产中常用的几种单体、几种溶剂、引发剂、增白剂和相对分子质量调节剂等的名称和主要特性，特别是毒性和易燃性。

5. 了解聚合、纺丝和后加工中的主要工艺条件。

6. 了解腈纶发展的历史和未来发展趋势。

7. 了解碳纤维的定义与分类。

8. 熟悉PAN基碳纤维的结构与性能。

9. 掌握PAN基碳纤维的生产工艺流程。

10. 了解碳纤维的用途和发展方向。

第一节　概述

聚丙烯腈纤维(polyacrylic fibre,PAN),是由丙烯腈(AN)结构单元含量大于85%的共聚物,经纺丝和后加工而成的纤维。改性聚丙烯腈纤维是由AN结构单元含量占35%~85%的共聚物纺制而成的纤维。

聚丙烯腈纤维在我国的商品名为腈纶,美国商品名有奥纶、阿克利纶、克丽斯纶、泽弗纶等,英国有考特尔,日本有开司米纶、依克丝兰、贝丝纶等商品名称。腈纶是三大合成纤维之一。特别是近十年来,通过化学和物理改性制成了多种改性聚丙烯腈纤维,商品名目繁多。

一、聚丙烯腈纤维的发展概况

1894 年,法国化学家姆劳(C. Mouraeu)发明了聚丙烯腈,但由于没寻找到合适的溶剂,未能将聚丙烯腈制成纤维。

1934 年,德国化学家莱茵(H. Rain)发明了硫氰酸钠(NaSCN)和氯化锌($ZnCl_2$)等无机溶剂,进行了湿纺聚丙烯腈纤维的试验。1942 年,莱茵与美国化学家霍乌兹(R. C. Houtz)几乎同时发现了二甲基甲酰胺溶剂,试验成功了干纺聚丙烯腈纤维。1950 年,美国杜邦公司首先进行工业生产,当时命名为奥纶(orlon)。之后又发现了多种溶剂,形成了多种生产工艺。1954 年,德国拜耳公司用丙烯酸甲酯与丙烯腈的共聚物制得纤维,改进了纤维性能,提高了实用性,推进了聚丙烯腈纤维的发展。

我国聚丙烯腈纤维的研究和生产已有近 60 年历史。1958 年开始研究,1969 年引进英国考陶尔德(Courtauld Ltd.)公司的 NaSCN 一步法湿纺腈纶成套设备,开始工业化生产,并将产品正式定名为“腈纶”。到 20 世纪末,已形成二甲基甲酰胺(DMF)干法、NaSCN 湿法和二甲基乙酰胺(DMAC)湿法等多种工艺路线并举的腈纶工业体系。目前我国腈纶的产能已达到世界总产能的 1/3,成为世界腈纶的主要生产基地。腈纶的性能与羊毛极为相似,有“合成羊毛”之称,而价格仅为羊毛的 1/50,因此,虽然国内腈纶产量逐年增加,但需求量增加更快,仍供不应求。

二、聚丙烯腈纤维的发展趋势

聚丙烯腈纤维的研发趋势可归纳为三方面:一是新型纺丝法的研究,如采用增塑剂法,以期通过降低聚丙烯腈大分子间的相互作用从而降低聚合物的熔点,采用熔融纺丝或提高干喷湿纺工艺中纺丝浆液的浓度,达到提高成纤后原丝力学性能的目的;二是研究聚丙烯腈纤维的新品种,如阻燃性聚丙烯腈纤维,高收缩性聚丙烯腈纤维,聚丙烯腈纤维纺丝过程中的在线着色技术,抗静电聚丙烯腈纤维,高吸水率聚丙烯腈纤维,细旦丝纤维,复合聚丙烯腈纤维,抗菌防臭聚丙烯腈纤维,远红外聚丙烯腈纤维,高强高模聚丙烯腈纤维等;三是研究生产碳纤维的聚丙烯腈基纤维。

我国有 NaSCN、DMF、DMAC、二甲基亚砜(DMSO)以及硝酸(HNO_3)5 种溶剂路线,其中 NaSCN 占 40.8%,DMAC 占 30.9%,DMF 占 28.3%。NaSCN 湿法二步法是未来腈纶发展的主流技术。我国腈纶差别化率仅 20%,低于全球平均差别化率 40%~50%,因此,进一步开发腈纶差别化纤维,提高产品的技术附加值,是我国腈纶发展的必由之路。腈纶长丝是碳纤维的原料之一,我国急需加强碳纤维专用原料的研发,提高自主创新能力,掌握核心技术。

三、聚丙烯腈纤维的主要性能和用途

聚丙烯腈纤维蓬松卷曲而柔软,弹性较好,伸长 20%时回弹率仍可保持 65%,保暖性比羊毛高 15%。强度一般为 22.1~48.5cN/tex,比羊毛高 1~2.5 倍。密度一般为 1.16~1.18g/cm^3,标准回潮率为 1.0%~2.5%。由于氰基(—CN)具有吸收紫外线并转化为热能的作用,因此腈纶的保暖性好且耐日晒,露天暴晒一年,强度仅下降 20%,在六大纶中居第一位,可做成窗帘、幕布、篷布、炮衣等。腈纶具有色彩鲜艳、毛感强、防霉防蛀等优点,但也有易起球、静电高的缺点,改性腈纶可从不同程度上弥补这些不足。腈纶可纯纺或与天然纤维混纺,如与羊毛混纺成毛线,或织成毛毯、地毯等,还可与棉、人造纤维、其他合成纤维混纺,织成各种衣料和室内用品。腈纶非常适合加工成膨体纱,主要用于毛毯、人造毛皮和玩具绒等领域。

聚丙烯腈纤维不仅是服用和装饰用纤维,而且是不可或缺的产业用纤维,是制造优质碳纤维的首选基纤维。

第二节　聚丙烯腈纤维的生产流程及原料

一、聚丙烯腈纤维的生产流程

聚丙烯腈纤维生产的主流程包括:主单体或第一单体丙烯腈的合成,丙烯腈的聚合或共聚,纺丝及后处理等主要工段。丙烯腈的结构式为 $CH_2═CH—CN$,丙烯腈的制备方法主要有丙烯氨氧化法、丙烷氨氧化法、环氧乙烷氢氰酸法和乙炔氢氰酸法等,实际生产中多采用丙烯氨氧化法。由丙烯腈生产的聚丙烯腈纤维还需加入其他共聚单体。以一步法(均相溶液聚合)为例,加入第二单体为丙烯酸甲酯,第三单体为衣康酸,溶剂为 NaSCN 水溶液。经溶液湿法纺丝制得初生纤维(冻胶丝),再经后加工(也称后处理),即拉伸、水洗、干燥致密化、卷曲、热定型、上油、切断和打包等一系列工序,最终得到短纤或毛条(牵切纤维)等成品纤维。聚丙烯腈短纤维和毛条生产工艺流程如图 6-1 所示。

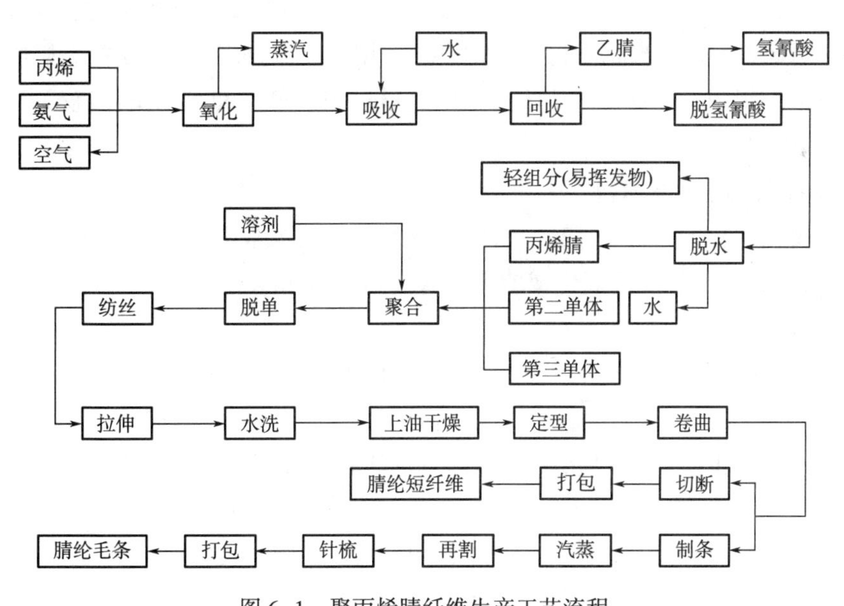

图 6-1　聚丙烯腈纤维生产工艺流程

二、丙烯腈的合成及性质

丙烯氨氧化法是丙烯在一种混合金属氧化物催化剂的作用下与氨气和氧气(或空气)反应

合成丙烯腈，其主反应为：

$$CH_2=CH-CH_3+NH_3+\frac{3}{2}O_2 \longrightarrow CH_2=CH-CN+3H_2O$$

丙烯、氨、氧在一定条件下发生反应，除生成丙烯腈外，有多种副产物生成，氢氰酸生成量约占丙烯腈质量的1/6，乙腈的生成量约占丙烯腈质量的1/7，副反应主要有：

$$CH_2=CHCH_3+3NH_3+3O_2 \longrightarrow 3HCN+6H_2O$$

$$CH_2=CHCH_3+NH_3+\frac{3}{2}O_2 \longrightarrow CH_3-CN+3H_2O$$

在常温常压下，丙烯腈是具有特殊杏仁气味、无色、易流动的液体。其溶解性在0℃水中的溶解度为7%，20℃时为3.1%，40℃时为8%。丙烯腈能与大部分有机溶剂以任何比例相互溶解，可与水、苯等形成恒沸物系。

作为聚丙烯腈纤维原料的丙烯腈，少量杂质的存在可明显影响聚合反应及成品质量，因此，除水外的各类杂质（如醛、氢氰酸、不挥发组分及铁等）的总含量不得超过0.005%。

三、丙烯腈的聚合

聚丙烯腈的化学结构式（共聚组分未标明）如下所示：

$$\left[CH_2-\underset{\displaystyle CN}{\underset{|}{CH}} \right]_n$$

均聚的聚丙烯腈纤维大分子结构很独特，侧基氰基极性很强，分子内相邻两个氰基互相排斥，使大分子呈螺旋形棒状构象；大分子柔性很小，大分子间氰基因极性方向相反而互相吸引，使分子敛集非常紧密，导致纤维刚性大和吸收性、服用性差；均聚的聚丙烯腈纤维柔弹性和染色性也很差，因此，纺织用腈纶都是丙烯腈共聚物。通过加入第二和第三单体进行共聚改善其性能，第二单体改善弹性和手感，第三单体改善染色性。

（一）主单体及其他基本原料

聚丙烯腈是由主单体丙烯腈、第二单体（丙烯酸甲酯或甲基丙烯酸甲酯等）和第三单体（丙烯磺酸钠等）经自由基共聚反应而生成的无规ABC型共聚物。

1. 单体

（1）主单体。即丙烯腈（AN），闪点为25℃，自燃点为48℃，爆炸极限为3%～17%，属于中闪点易燃液体，其蒸气与空气形成爆炸性混合物，遇明火、高热可引起燃烧爆炸，与氧化剂接触也能发生强烈反应。由于其蒸气比空气重，能在较低处扩散至相当远的地方，遇火源则引起回燃。丙烯腈遇高热可发生聚合反应并大量放热，引起容器破裂和爆炸事故。丙烯腈属于高毒类物质，我国规定其最高允许浓度为1.9mg/m^3，中毒可抑制呼吸引起头痛、恶心、眩晕、腹泻、呼吸困难等，严重者可产生痉挛、意识丧失甚至死亡。

（2）第二单体。常用的第二单体有丙烯酸甲酯（MA）、甲基丙烯酸甲酯（MMA）和醋酸乙烯酯（VAC）等，第二单体的作用是改善纤维的柔弹性和渗透性。

（3）第三单体。常用的第三单体有衣康酸（ITA）、丙烯磺酸钠（AS）或甲基丙烯磺酸钠（MAS）等，第三单体的作用是改善纤维的染色性。

2. 其他原料

(1)引发剂。常用引发剂为偶氮二异丁腈(AIBN),偶氮二异丁腈为白色晶体,属于易燃固体,遇明火、高热或与氧化剂混合经摩擦、撞击有引起燃烧爆炸的危险。受热时性质不稳定,103℃以上剧烈分解,甚至爆炸。禁忌受热或与强氧化剂接触。应存于阴凉通风的室内,防止阳光直射,室温不超过28℃。储存期不可过长,规定不超一个月。偶氮二异丁腈属于高毒类物质,大量接触可引起头痛、疲劳、流涎和呼吸困难,也可见抽搐和昏迷。

(2)相对分子质量调节剂。异丙醇(IPA)作相对分子质量调节剂,也称链转移剂。异丙醇叔碳原子上的氢很活泼,易与大分子链发生链转移反应,链转移反应会使聚合物平均分子量下降,所以添加异丙醇可达到控制相对分子质量的目的。

(3)浅色剂。加入氧化硫脲(TUD)或氯化亚锡($SnCl_2$)会提高纤维的白度。

(4)溶剂。聚合所用溶剂有无机和有机两种。二甲基甲酰胺、二甲基亚砜、二甲基乙酰胺和碳酸乙烯酯等属有机溶剂,硫氰酸钠、氯化锌和硝酸等属无机溶剂。

(二)丙烯腈的聚合工艺

聚丙烯腈是由一种或三种单体经自由基聚合或自由基共聚合反应而成的。因为自由基聚合速度快,放热量大,采用溶液聚合,冷凝回流可及时将聚合热引出聚合釜外,便于控制生产,防止爆聚。又因聚丙烯腈的熔点高于分解点,不能采用熔融纺丝,多采用溶液纺丝,所以聚合一般都采用溶液聚合工艺。

1. 丙烯腈聚合原理

丙烯腈聚合是典型的自由基聚合反应,由链引发、链增长、链终止还伴随有链转移等基元反应组成。聚合分为诱导期、初期、中期和后期四个阶段。

诱导期初级自由基为阻聚杂质所终止,无聚合物形成,聚合速率为零。诱导期过后,单体开始正常聚合,转化率为10%~20%的阶段称作初期。聚合中期链增长反应很快,链增长速率常数(K_p)很大。随着聚合的进行,体系黏度增大,长链自由基扩散困难,终止速率常数(K_t)减小。根据自由基聚合动力学研究,总聚合速率(V_p)与K_p成正比,与K_t成反比,所以聚合速率迅速增大,出现自动加速现象。聚合反应会大量放热,反应体系温度随反应时间快速升高,必须经冷却回流及时控制温度,否则会引起爆炸。聚合后期,体系的黏度进一步增大,开始阻碍单体的扩散,K_p变小,链增长的速率和链终止的速率相等,相对分子质量增长减缓,反应趋于平稳,温度基本不变。

此时,聚合基本完成,体系内的单体浓度已经很低,体系温度不再变化,如果延长聚合时间会增大转化率,但不会提高聚合物的相对分子质量。总之,丙烯腈聚合反应是放热的不可逆反应,单体一旦被引发就会立即长成大分子,不会停留在中间阶段,反应系统中只会分离出单体和聚合物,不存在中间产物。

在聚合时的不同阶段,搅拌速度是不一样的。加快搅拌速度,转化率和平均分子量减小,这是因为搅拌速度加快时,颗粒碰撞概率增大,增加了长链自由基的扩散机会,链终止常数K_t增大,结果使平均聚合度减小,平均分子量减小。

2. 丙烯腈聚合工艺路线

丙烯腈可采用不同的聚合工艺路线来进行聚合,如乳液聚合、悬浮聚合、溶液聚合、沉淀聚合、离子(引发)聚合、本体聚合,目前在腈纶实际生产中大多采用溶液聚合,已用于工业化生产的共有 12 种工艺路线。根据所用溶剂的不同,可分为均相溶液聚合和非均相溶液聚合。

(1)均相溶液聚合。单体和聚合产物都溶解于溶剂中,所得的聚合物溶液,只要经脱除单体、滤去杂质及脱泡后即可直接用于纺丝,这种工艺路线又称腈纶生产的一步法。其优点是反应热容易控制,产品均一,可连续聚合,连续纺丝。但溶剂对聚合有一定的影响,同时还要有溶剂回收工序。

(2)非均相溶液聚合。将单体经氧化—还原引发剂引发聚合后,所得聚合物不溶于水,不断从水相中析出,经回收单体、脱水、干燥后可制得聚丙烯腈共聚物,再将共聚物溶于合适的溶剂制成纺丝溶液,这种工艺路线又称腈纶生产的二步法。因非均相溶液聚合的介质通常采用水,所以又称水相沉淀聚合法。其优点是反应温度低,产品色泽洁白,可得到相对分子质量分布窄的产品,聚合速度快,转化率高,无溶剂回收工序等;缺点是在纺丝前要进行聚合物的溶解工序。

(三)一步法聚合与原液制备

选用既能溶解单体又能溶解聚合物的二甲基甲酰胺、二甲基亚砜(DMSO)、硫氰酸钠等溶剂进行均相溶液聚合,所得聚合液直接用于纺丝,形成聚合和纺丝的连续性生产,即一步法生产工艺,该法是优先选择的工艺路线。

采用二甲基甲酰胺或二甲基亚砜有机溶剂,对聚合物的溶解能力强,聚合溶液的浓度较高,有利于提高纺丝速度,溶剂回收也较简便,所得纤维性能较好,且对设备的材质要求较低。缺点是聚合速度慢,聚合时间一般在 10h 以上;采用硫氰酸钠等无机溶剂,聚合时间仅需 2h,所得纤维白度较好。缺点是溶剂具有腐蚀性,对设备的材质要求高,设备投资高。下面主要介绍二甲基亚砜法和硫氰酸钠法均相溶液聚合。

1. 二甲基亚砜一步法

二甲基亚砜一步法聚合与原液制备工艺流程如图 6-2 所示。

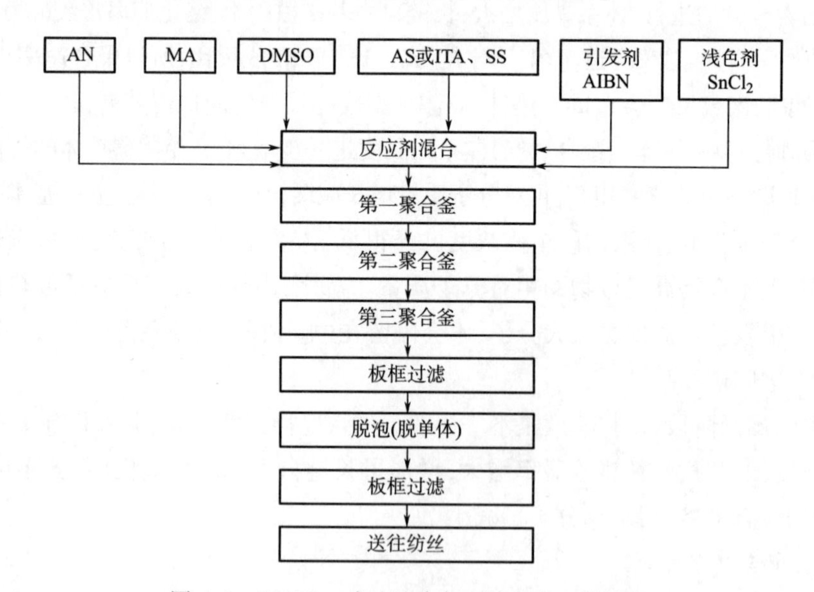

图 6-2 DMSO 一步法聚合与原液制备工艺流程

将单体丙烯腈、第二单体丙烯酸甲酯或甲基丙烯酸甲酯、第三单体衣康酸或丙烯磺酸钠、引发剂、浅色剂氧化硫脲或氯化亚锡、相对分子质量调节剂异丙醇和溶剂二甲基亚砜等按比例加入反应试剂混合罐中，混合均匀后进入聚合釜中发生聚合反应。在聚合过程中，聚合的温度是随着时间变化的，并与丙烯腈发生的自由基共聚合反应的各个阶段相关。

聚合产生的聚丙烯腈溶液首先要经过闪蒸取出未反应的单体，再经过负压脱泡和板框机过滤等纺前处理。这是因为丙烯腈浆化或溶解时，由于操作或机械的问题可能有部分浆块产生。大的浆块会堵塞管道，小的浆块则随原液一同进入喷丝头而堵塞喷丝头，造成纺丝停车。生产中最多的设有八道过滤，并扩大了烛型过滤器的面积以保证进入喷丝头前纺丝液的过滤质量。在原液输送过程中，机械搅拌作用或泵的泄漏也会使原液混进空气，而原液黏度高，在常压静止状态下气泡不易脱出。如果气泡直径大于喷丝孔直径会造成单纤维断裂，形成毛丝，如果气泡直径小于喷丝孔直径，气泡残留在纤维内造成气泡丝，使纤维产生空洞，因此必须进行真空脱泡。

2. 硫氰酸钠一步法

硫氰酸钠法的聚合及原液准备工序如图 6-3 所示，和二甲基亚砜法基本相同，不再复述。

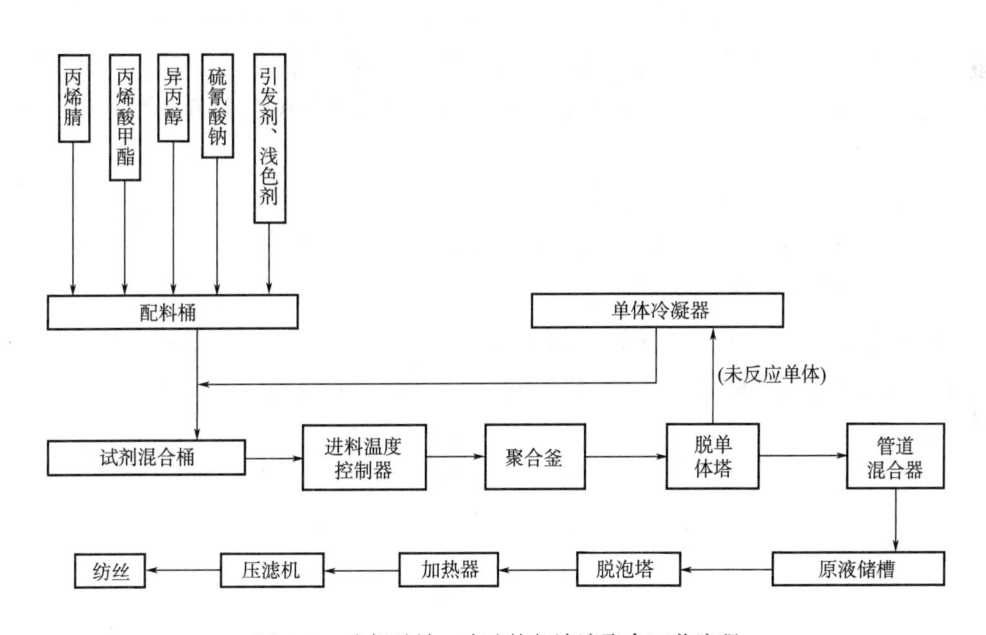

图 6-3　硫氰酸钠一步法均相溶液聚合工艺流程

聚合反应结束后，料液进入脱单体塔，将未反应的单体分离并抽提到单体冷凝器，由反应物混合液冷凝后带回试剂混合桶。对于低转化率聚合反应，出料混合物中非反应单体含量为 40%～45%，中转化率反应则含非反应单体 30%左右。料液中单体含量不应超过 0. 3%。脱单体后聚合物溶液经脱泡、调湿、过滤即可送去纺丝。

3. 一步法聚合与原液制备工艺参数

丙烯腈主单体、衣康酸共聚单体、引发剂偶氮二异丁腈和溶剂二甲基亚砜按配比投料，聚合釜内常压聚合,聚合后的混合液在40℃左右和负压条件下进行脱单体和脱泡,以脱去未反应的单体丙烯腈和气泡,脱出的单体丙烯腈经冷凝和精馏后可回用,脱泡时间为2~4h。其他工艺参数如下。

(1)引发剂浓度。当其他条件基本不变时,引发剂浓度增加,聚合速率提高,但聚合物的平均分子量下降,以偶氮二异丁腈为引发剂时,其含量一般为单体总质量的0.2%~0.8%。

(2)总单体浓度。单体浓度高,聚合速率就高,转化率也高,总单体质量分数一般约为20%。

(3)聚合温度。温度升高有利于引发及分解,聚合反应总速率提高。但升高温度自由基浓度增加,会使平均分子量下降和相对分子质量分布变宽,不利于提高产品质量。硫氰酸钠法和二甲基亚砜法的聚合温度都为76~78℃。

(4)聚合时间与聚合转化率。聚合时间长,单体转化率提高,但副反应增加,聚合物泛黄,白度降低。一般不采用长时高转化率,而采用短时低、中转化率。转化率低于70%时,聚合时间为1~2h。

(5)介质的pH。均相聚合时,由于聚丙烯腈的耐酸碱性较差,聚合物色泽随pH的增大而变深,pH一般控制在5左右。水相聚合时,碱性条件不能引发聚合,pH较低,控制在2左右。

(6)浅色剂。二氧化硫脲受热后产生尿素和次硫酸,这些都具有漂白作用。特别是次硫酸,可使杂质中棕色三价铁离子还原为浅绿色二价铁离子,起到浅色作用;同时二氧化硫脲还能阻止聚合物氧化着色,所以二氧化硫脲被称为浅色剂。但二氧化硫脲有阻聚作用,用量不宜太多,一般为总单体质量的0.5%~1.2%。

(7)相对分子质量调节剂。异丙醇易发生链转移反应,链转移会使相对分子质量下降,因此异丙醇被称为相对分子质量调节剂或链转移剂,加入异丙醇的量为总单体质量的1%~3%,可有效地控制相对分子质量。

(8)铁质。铁含量应小于1mg/kg。因为铁离子不仅有阻聚作用,而且会使成品白度下降。溶剂中的二价、三价铁离子对聚合反应有阻聚作用,使反应速率降低,化学反应如下所示:

$$CH_2{-}\underset{\displaystyle CN}{\underset{|}{C}H} + FeCl_3 \begin{cases} \nearrow\ HC{=}\underset{\displaystyle CN}{\underset{|}{C}H} + FeCl_2 + HCl \\ \searrow\ HC{=}\underset{\displaystyle CN}{\underset{|}{C}H} + FeCl_2 \end{cases}$$

(9)杂质。来自单体和溶剂的有机杂质,如氢氰酸、乙腈等容易引起链转移反应,使聚合度和转化率下降。单体的纯度应高于99.9%,用于碳纤维原丝时应更高。

(四)二步法聚合与原液制备

图6-4为连续式水相沉淀聚合工艺流程图。从图中可见,单体、引发剂和水等通过计量泵打入聚合釜,控制一定的pH,反应物料在釜内停留一定时间进行反应,达到规定转化率后,含单体的聚合物淤浆流到碱终止釜,用NaOH水溶液调整系统pH,使反应终止。再将含单体的淤浆送到脱单体塔,脱除单体后的聚合物淤浆经离心机脱水、洗涤后即得干净的丙烯腈共聚体。国

外的聚丙烯腈纤维厂大多采用二步法聚合,占聚丙烯腈纤维总产量的70%以上。

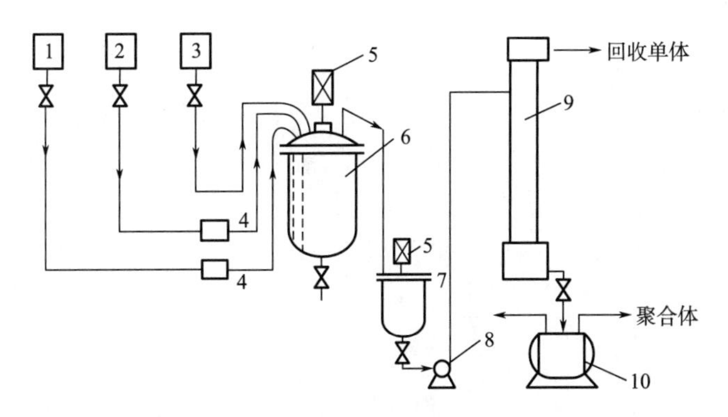

图6-4 连续式水相沉淀聚合工艺流程图

1—AN+MA 计量稳压罐 2—$NaClO_3$—Na_2SO_3,水溶液计量稳压罐 3—HNO_3+第三单体计量稳压罐 4—计量泵 5—搅拌及电动机 6—聚合釜 7—碱终止釜 8—输送泵 9—脱单体塔 10—离心脱水机

水相沉淀聚合所得的聚丙烯腈呈细小颗粒状,需将其溶解于有机或无机溶剂中,并经过混合、脱泡、过滤等工序,以制成符合纺丝工艺要求的纺丝液。

二步法制备聚丙烯腈纺丝原液时可选用的溶剂种类较多,见表6-1。在实际生产中,选择溶剂时,除考虑纺丝工艺、设备和纤维品质的要求外,还要考虑溶剂本身的物理、化学性质和经济因素。若单纯从纺丝工艺的角度考虑,对同一聚合物,当聚合物浓度一定时,用溶解能力较强的溶剂所得纺丝原液的黏度较低,即纺丝原液黏度相同时,聚合物浓度较高。不论采用何种溶剂,都要求制成的纺丝原液有较好的稳定性。

四、聚丙烯腈的性质

均聚的聚丙烯腈有两个差距较大的T_g,T_{g1}为85~100℃,T_{g2}为140~150℃。丙烯腈共聚物的两个玻璃化转变温度较接近,T_{g1}约为75℃和T_{g2}约为100℃。

聚丙烯腈外观为白色或略带黄色的不透明粉末,相对密度为1.12g/cm³,溶于二甲基甲酰胺、二甲基亚砜、环丁砜、硝酸亚乙基酯等极性有机溶剂,还能溶于硫氰酸盐、过氯酸盐、氯化锌、溴化锂等无机盐的浓水溶液,以及浓硝酸等特殊溶剂。它的软化温度和分解温度很接近,加热至200℃以上也不熔化,而是逐渐着色,以致碳化。理论熔点为317℃,但未等熔化便先行分解了。

聚丙烯腈耐酸碱性较差,在碱或酸作用下,氰基会转变成酰胺基,温度越高,反应越剧烈。生成的酰胺又能进一步被水解生成羧基。水解使聚丙烯腈转变为可溶性的聚丙烯酸而溶解造成纤维失重,强力降低,甚至完全溶解,反应式如下:

$$\sim CH_2-\underset{\underset{CN}{|}}{CH}-CH_2-\underset{\underset{CN}{|}}{CH}\sim \xrightarrow[\text{碱或酸水解}]{+H_2O} \sim CH_2-\underset{\underset{\underset{NH_2}{|}}{\underset{C=O}{|}}}{CH}-CH_2-\underset{\underset{\underset{NH_2}{|}}{\underset{C=O}{|}}}{CH}\sim \xrightarrow{+H_2O} \sim CH_2-\underset{\underset{\underset{OH}{|}}{\underset{C=O}{|}}}{CH}-CH_2-\underset{\underset{\underset{OH}{|}}{\underset{C=O}{|}}}{CH}\sim + 2NH_3$$

表 6-1　聚丙烯腈纺丝用溶剂的性质

性能	DMF	DMAC	DMSO	EG	NaSCN	HNO_3	$ZnCl_2$
	$[(H_3C)_2N-C(=O)-H]$	$[(H_3C)_2N-C(=O)-CH_3]$	$[(H_3C)_2S=O]$	$[(H_2C-O)_2C=O]$			
沸点/℃	153	165	189	248	132(51%水溶液)	86(100%) 120(67%)	—
熔点/℃	-55	—	18.2	36(100%) 22.8(87%)	—	-40(100%) -28(67%)	—
采用的溶剂浓度/%	100	100	100	100	51~52	63~70	60
纺丝原液稳定性	好	好	好	较差	好	差(在0℃以上会使氰基水解)	差
均相聚合过程中溶剂的传递常数(50℃)	28.33×10^{-5}	49.45×10^{-5}	7.95×10^{-5}	4.74×10^{-5}	很小	很小	很小
毒性	大	较大	小	小	无蒸气污染	蒸气刺激皮肤黏膜	无蒸气污染
爆炸性	较大	较大	不大	无	无	较大	不大
腐蚀性	一般	一般	小	一般	强(要用含钼不锈钢)	强(要用含钛不锈钢)	强

在碱性水解时释出的 NH_3 又能与未水解的聚丙烯腈中的氰基发生反应,使聚丙烯腈变黄。但聚丙烯腈的耐光性在六大纶中是最好的,这是因为氰基(—CN)能吸收紫外线,并将其转换为热能释放,从而保护大分子主链不被紫外线破坏。

聚丙烯腈可溶解于浓硫酸。其在很宽的温度范围内,对各种醇类、有机酸(甲酸除外)、碳氢化合物、油、酮、酯及其他物质的作用都较稳定。

第三节　聚丙烯腈纤维的纺丝

聚丙烯腈的熔点高于分解点,不能熔融纺丝,多采用溶液纺丝和冻胶纺丝。本节主要介绍溶液纺丝法。

聚丙烯腈数均分子量一般为 $5.3\times10^4 \sim 1.06\times10^6$,热分解温度($T_d$)为 200~250℃,理论熔点($T_m$)为 267℃。溶液纺丝法包括湿法纺丝、干法纺丝和干湿法纺丝三种,湿法纺丝纺速慢,主要用于纺短纤维,一般用万孔喷丝头或集装喷丝头来提高产量;干法纺丝用于纺长丝;干湿法纺丝用于纺碳纤维的基纤维。

一、湿法纺丝

实际生产中,聚丙烯腈湿法纺丝多采用硫氰酸钠和二甲基亚砜两种溶剂。由聚合和原液制备得到的纺丝原液,进入图 6-5(a)所示的进浆管中,经过纺丝计量泵和烛形过滤器,由喷丝头上的喷丝孔挤出形成原液细流,在凝固浴槽中脱溶剂凝固成初生纤维。

(一)湿法纺丝机及其附件

聚丙烯腈湿法纺丝机有斜底水平式和立管式两种,如图 6-5 所示。我国多采用斜底水平式纺丝机。纺丝机的主要附件有凝固浴槽、纺丝泵、烛形过滤器和喷丝头。凝固浴槽中的液体称为凝固浴液,如 NaSCN 或 DMSO 水溶液。凝固浴不停地缓慢流动,流出的凝固浴送至循环系

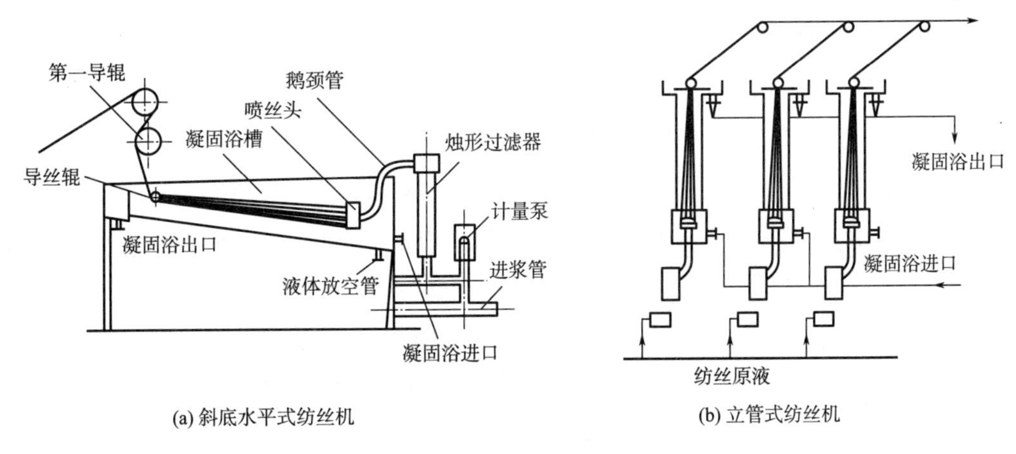

(a) 斜底水平式纺丝机　　(b) 立管式纺丝机

图 6-5　湿法纺丝机

统经调温调浓后重新进入凝固浴槽。纺丝泵主要给纺丝原液(PAN+NaSCN+H_2O 或 PAN+DMSO)计量和加压。烛形过滤器精细过滤纺丝原液,以免堵塞直径为 0.1~0.5mm 的喷丝孔。喷丝头上的喷丝板是纺丝机的核心部件,材质是防腐蚀钻—金或钽—铌合金等特殊材料。

1. 烛形过滤器

烛形过滤器是喷丝头前最后一道过滤,由滤头、滤栓、外壳及连接头等组合而成(图 6-6)。滤栓与外壳同心套在一起,滤栓系一空管,表面有螺纹及通液的小孔,在其外紧密地裹扎滤布。烛形过滤器按滤液的流向可分为两种:一种是由栓内流至外壳,称为里进外出式、外流式或内压式;另一种是由外壳流入栓内,称为外进里出式、内流式或外压式。里进外出式易因捆扎线被崩断,滤布破裂而失去过滤作用,但它不会像外进里出式那样产生因滤布紧贴滤栓表面的沟槽而引起过滤面积减少,使烛形过滤器的进口压力大幅上升,甚至导致计量泵的保险销折断。

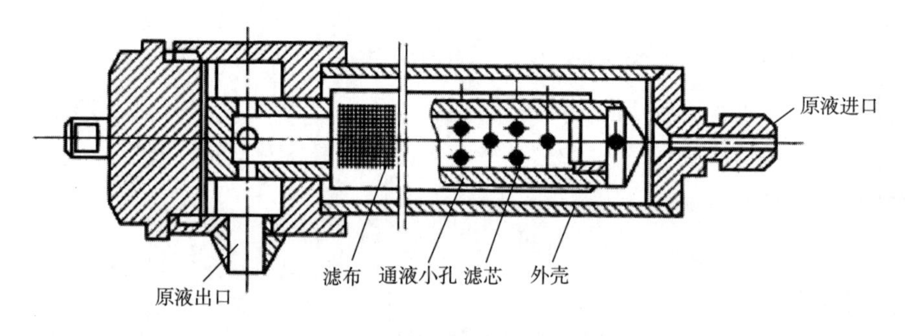

图 6-6　烛形过滤器结构示意图

2. 喷丝头

喷丝头的孔数、孔径及毛细孔的长径比对纺丝条件以及纤维的力学性能有很大影响。孔径的大小取决于纺丝方法、纺丝原液的组成和黏度、喷丝头拉伸以及成品单纤维所要求的线密度。通常湿法纺丝所用喷丝头孔径比熔融纺丝喷丝孔小,为 0.06~0.15mm。表 6-2 为腈纶湿法纺丝孔径与单丝线密度的关系。

表 6-2　腈纶湿法纺丝孔径与单丝线密度的关系

单丝线密度/dtex	1.1~1.67	1.67~2.78	2.78~5.56	5.56~16.7
喷丝孔径/mm	0.04~0.07	0.07~0.08	0.08~0.1	0.1~0.16

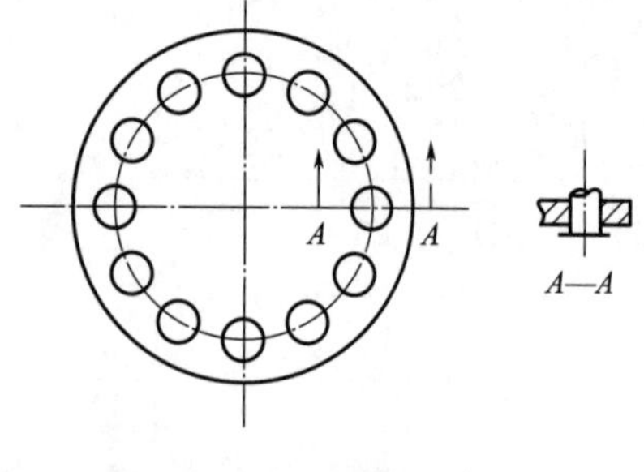

图 6-7　组合喷丝头示意图

喷丝头孔数的选择主要取决于纤维的总线密度和单纤维的线密度。喷丝头的形状多为圆形,但也有矩形或瓦楞形。纺制短纤维时一般都用几万孔至十几万孔的喷丝头,若制成圆形的喷丝头,则会因直径过大,受压时容易变形,所以可采用组合型喷丝头(图 6-7),如由 12 个 2000 孔的小喷丝头组合成 24000 孔的大喷丝头。组合喷丝头的优点是制造方便、组装简单,若其中某一个小喷丝头的若干孔遭到损坏,只需将坏的喷丝头换掉而不需调换整个喷丝头。其缺点是组件直径太大,易造成成型不均。喷丝头的材料要求既耐腐蚀,又有一定的强度,目前采用金和铂的合金。

异形喷丝板,由异形喷丝孔纺出的纤维,其截面形状是非圆形的,目的是获得某些特殊的性质,从而改变织物的服用性能。例如,三角形截面的纤维具有类似于蚕丝的光泽;星形截面的纤维具有手感好、覆盖性好和抗起球等优点;空心纤维具有质量轻、保暖、反射光线和不显灰尘等优点;不对称中空纤维可天然弯曲。常见的异形纤维截面与喷丝孔形状对应图,如图 6-8 所示。

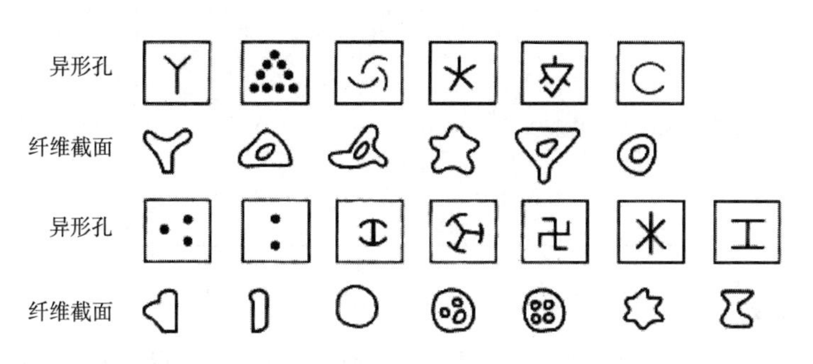

图 6-8 常见的异形纤维截面与喷丝孔对应图

(二)湿法纺丝凝固过程

湿法纺丝凝固过程主要是双扩散过程。

1. NaSCN 为溶剂的湿法纺丝凝固过程

原液细流是 PAN 为溶质,NaSCN+H_2O 为混合溶剂的三元体系。凝固浴中主要是 H_2O 和 NaSCN,H_2O 为凝固剂,NaSCN 为溶剂。原液细流中 NaSCN 的质量分数约为 40%,高于凝固浴中 NaSCN 的质量分数(约 15%)。根据扩散原理,分子会自发地由高浓度向低浓度扩散,所以原液细流中的 NaSCN 向凝固浴中扩散。同理,H_2O 的浓度是凝固浴中的高于原液细流的,凝固浴中的 H_2O 向原液细流内部扩散。通过双扩散,原液细流中的溶剂 NaSCN 逐渐减少,凝固剂中 H_2O 有所增加。当原液细流中溶剂 NaSCN 的浓度降低到临界值以下时,均相的原液细流发生相分离,凝固成聚丙烯腈初生纤维。

2. DMSO 为溶剂的湿法纺丝凝固过程

原液细流是 PAN 为溶质、DMSO 为溶剂的二元体系。凝固浴中主要是 DMSO 和 H_2O,DMSO 为溶剂,H_2O 为凝固剂。原液细流中 DMSO 的质量分数约为 80%,高于凝固浴中 DMSO 的质量分数(约 20%),所以原液细流中的 DMSO 向凝固浴中扩散,而凝固浴中的 H_2O 向原液细流内部扩散。通过双扩散,原液细流中的溶剂 DMSO 逐渐减少,原液细流发生相分离,固化成初生纤维。

(三)纺丝工艺参数

1. 聚丙烯腈的相对分子质量

湿法纺丝的聚丙烯腈相对分子质量一般为 5.0×10^4~8.0×10^4。

2. 纺丝原液中聚丙烯腈的浓度

纺丝原液中聚丙烯腈的浓度越高,所得初生纤维的密度就越高,纤维的结构比较均匀,有利于提高力学性能。但是,受溶剂溶解能力和纺丝液黏度等条件限制,纺丝液中聚合物的质量分数仅为20%左右,4种溶剂的参数见表6-3。

表6-3 湿法纺丝中4种溶剂的主要工艺参数

溶剂(质量分数)	纺丝原液(质量分数)	凝固浴组成(质量分数)		凝固浴温度/℃
		溶剂	凝固剂	
100% DMF	17%~25% PAN,75%~83% DMF	40%~60% DMF	60%~40% H_2O	5
100% DMAC	20% PAN,80% DMAC	40%~65% DMAC	60%~35% H_2O	20~30
100% DMSO	20% PAN,80% DMSO	50% DMSO	50% H_2O	10~40
40% NaSCN,47% H_2O	13% PAN,40% NaSCN,47% H_2O	15% NaSCN	85% H_2O	10

3. 凝固浴的组成

凝固浴由溶剂、凝固剂 H_2O 和缓凝剂硫酸锌(或其他硫酸盐)组成。4种溶剂的凝固浴浓度见表6-3。凝固浴中的溶剂浓度较高,浓度差小,双扩散过程缓慢,凝固就缓慢,初生纤维结构均匀,皮芯差异小,截面接近圆形;反之,皮芯差异大,截面为腰子形。然而,溶剂浓度过高,凝固太慢,会引起并丝等成型不良。

4. 凝固浴的温度

凝固浴的温度高,分子运动加快,相当于凝固浴中溶剂的浓度低,都会使双扩散加快,凝固速度加快,初生纤维结构疏松,皮芯差异大。不同溶剂的凝固浴温度见表6-3。

5. 凝固浴循环量

凝固浴循环量大,溶液的浓度落差小,有利于保持浴液温度和浓度恒定,从而使成型稳定均匀。然而,循环量过大,又会引起浴液湍流,容易产生毛丝。

6. 凝固浴中浸长

凝固浴中浸长指从喷丝头挤出的原液细流浸泡在浴液中的长度,相当于凝固浴槽的长度。当其他条件不变时,浸长增加,丝条在凝固浴中的停留时间就增加,凝固较充分,有利于改善纤维的质量。浸长过大,流体阻力也大,对成型不利,在经济上也不合理。浸长一般为3~4m。

二、干法纺丝

干法纺丝速度快,但因喷丝头喷出的细流固化慢,固化前易黏结,不能采用孔数较多的喷丝头,其适合纺长丝。纺丝溶剂都采用二甲基甲酰胺,所得纤维结构均匀致密,适于织制仿真丝织物。

(一)干法纺丝工艺流程

干法纺丝工艺采用易挥发的有机溶剂,多采用DMF溶解聚丙烯腈制成纺丝原液。将纺丝原液由纺丝计量泵输送至喷丝头,由喷丝板上的喷丝孔喷入具有夹套加热的纺丝甬道中,与通入甬道的热空气流反向前进,原液细流内部的溶剂被热空气加热汽化并带出,再经冷凝和回收利用。原液细流中的聚丙烯腈共聚物因脱溶剂而凝固,同时受到卷绕装置的牵引作用,被拉伸细化形成初生纤维。纺丝工艺流程如图 6-9 所示。

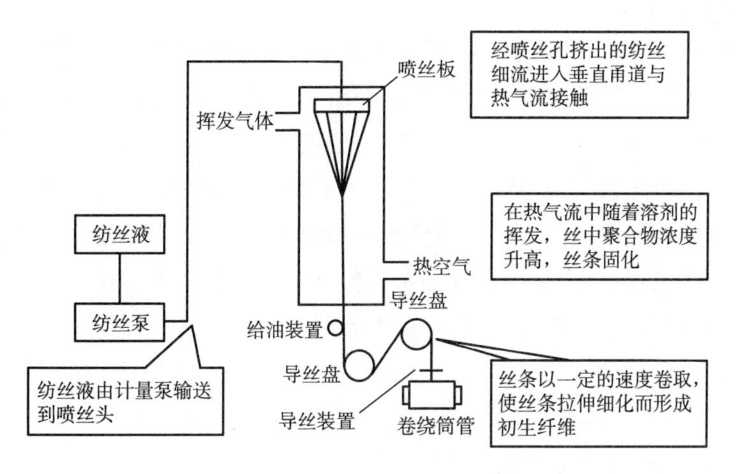

图 6-9 干法纺丝工艺流程

(二)干法纺丝工艺参数

1. 聚丙烯腈的相对分子质量

用于干法纺丝的聚丙烯腈相对分子质量较湿法纺丝的低,一般为 3.5×10^4 ~ 4.0×10^4,若超过 5.0×10^4,则可纺性变差。这是因为干法纺丝原液浓度高,若相对分子质量大,会使黏度过高,给过滤和喷丝等环节造成困难。

2. 原液的浓度

聚丙烯腈干法纺丝原液质量分数为 25%~30%,高于湿法纺丝原液质量分数。这是为了减少纺丝成型过程中溶剂的蒸发,既避免初生纤维相互黏结,又节能降耗。

3. 纺丝甬道长度

纺丝甬道长度一般为 4~8m。若纺速不变,增加甬道长度,可降低甬道中热空气温度,缓慢凝固,有利于纤维结构均匀致密。但甬道过长,操作不便,且要增加厂房高度。

4. 纺丝甬道中 DMF 的蒸气浓度

其他条件不变时,纺丝甬道中 DMF 蒸气浓度越高,成型的均匀性越好,纤维结构越致密。但甬道中 DMF 蒸气浓度太高,凝固太慢,会发生并丝或丝条局部粘连。所以,甬道内混合气体中溶剂 DMF 蒸气的浓度一般控制在 35~45g/m^3。

5. 纺丝温度

纺丝温度包括喷丝头出口处纺丝原液的温度、甬道中热空气的温度和甬道夹套温度。随着纺丝温度的降低,初生纤维中溶剂残存量增加。适当降低甬道中热空气温度有利于纤维成型的均匀性,纤维结构均匀,横截面趋于圆形。但温度过低,溶剂蒸发太慢,易造成丝条相互黏结;温度过高,溶剂蒸发太快,易产生气泡丝,造成纤维内部空洞,力学性能和外观质量差。一般甬道中热空气温度为230~260℃。

6. 纺丝速度

纺丝速度主要取决于纺丝细流在甬道中的溶剂蒸发速度，一般为100~300m/min。

（三）干法纺丝的特点

干纺聚丙烯腈纤维的横截面为犬骨形，而NaSCN法湿纺聚丙烯腈纤维的横截面为圆形，DMAC法湿纺聚丙烯腈纤维的横截面为豆形。干纺聚丙烯腈纤维的弯曲模量是NaSCN法湿纺聚丙烯腈纤维的52%~54%，是DMAC法湿纺聚丙烯腈纤维的61%~63%。因此，干纺聚丙烯腈纤维具有非常柔软的手感，且犬骨状截面在纺纱时纤维不易紧密靠拢，使线的密度降低。干纺聚丙烯腈纤维的蓬松性和覆盖性优于湿纺聚丙烯腈纤维，其织物具有轻、厚、保暖性好的优点。由于干法纺丝的条件比较缓和，制得纤维的结构较均匀密实，一般认为干纺的聚丙烯腈纤维比湿纺的性能更优良，但干纺投资大、能耗高，纤维上残留的DMF多，至今干法纺丝所残留的DMF对用户的危害性还在争论中。DMF干法纺丝的能耗比NaSCN湿法纺丝的能耗大20%左右，比DMAC湿法纺丝大50%左右。

（四）聚丙烯腈干法、湿法纺丝工艺比较

聚丙烯腈干法和湿法纺丝的比较见表6-4。

表6-4　干法和湿法纺丝的比较

干法纺丝	湿法纺丝
纺丝速度较高，一般为100~300m/min，最高可达600m/min	第一导辊线速度一般为5~10m/min，最高不超过50m/min
喷丝孔数较少，一般为200~300孔	喷丝孔数可达10万孔以上
适合纺长丝，但也可纺短纤维	适合纺短纤维，纺长丝效率太低
成型过程缓和，纤维内部结构均匀	成型过程较剧烈，易造成孔洞或产生失透现象
纤维力学性能及染色性能较好	纤维力学性能及染色性能一般不如干法纺丝
长丝外观手感似蚕丝，适于做轻薄仿真丝绸织物	长丝外观似羊毛，适宜做仿毛织物
溶剂回收简单	溶剂回收较复杂
纺丝设备较复杂	纺丝设备较简单
设备密闭性要求高，溶剂挥发少，劳动条件好	溶剂挥发较多，劳动条件较差
流程紧凑，占地面积小	占地面积大
只适用DMF为溶剂	有多种溶剂可供选择

三、干湿法纺丝

聚丙烯腈干湿法纺丝工艺是纺丝原液由喷丝头上小孔挤出，首先经过10~30mm的空气层进入凝固浴，经脱溶剂而凝固成初生纤维。由于刚出喷丝头的原液细流在空气中溶剂蒸发少，凝固速度很慢，皮层柔软，导致进入凝固浴的后续凝固均匀，皮芯差异小，结构均匀，经得起较高倍数的喷丝头拉伸。因此，干湿法纺丝不仅可提高纺速，而且可获得结构良好的初生纤维，为后

加工中高倍拉伸制得高强高模纤维打好基础。目前,干湿法纺丝速度高达 2000m/min,可制得强度超过 7cN/dtex 的纤维,用作碳纤维原丝。干湿法纺丝工艺流程如图 6-10 所示。

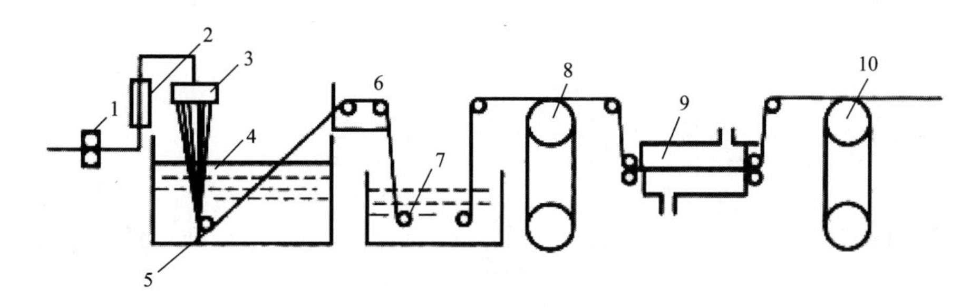

图 6-10 湿法纺丝工艺流程

1—计量泵 2—烛形过滤器 3—喷丝头 4—凝固浴 5—导丝钩 6—导丝盘 7—拉伸浴 8—干燥辊筒 9—蒸汽拉伸槽 10—松弛干燥辊筒

四、冻胶法纺丝

冻胶法纺丝工艺用于制备高强高模聚丙烯腈纤维,将相对分子质量大于 $5.0×10^4$ 的聚丙烯腈浓溶液在高温(略低于分解温度)下由喷丝头上小孔挤出,原液细流先被冷却固化成含有溶剂的冻胶丝,再经脱溶剂与高倍拉伸制得高强高模纤维。例如,将相对分子质量为 $1.0×10^6$ 的聚丙烯腈以二甲基甲酰胺为溶剂配成质量分数为 60%~80%的纺丝浓溶液,加热到 90~100℃,挤出后经 10mm 的空气层进入 0~5℃、75%DMF 的凝固浴中,快速冷却为形状稳定的冻胶丝,再经萃取浴脱溶剂处理和多级高倍拉伸,可制得强度为 12cN/dtex、模量为 222cN/dtex 的高强高模聚丙烯腈长丝。该长丝可用于优质碳纤维的原丝和复合材料的增强纤维等。

聚丙烯腈纤维有多种不同的生产方法,形成了各具特点的工艺路线。这些工艺路线的共同点是采用溶液纺丝法,有相应的溶剂回收处理等。不同点是共聚物的组成不同,聚合方法不同(非均相沉淀聚合或均相聚合),所用的溶剂不同(可采用二甲基甲酰胺、二甲基乙酰胺、二甲基亚砜、碳酸乙烯酯、硫氰酸钠、硝酸、氯化锌等),纺丝时凝固的方式不同(干纺热空气、湿纺凝固浴液)等。诸多不同因素中,最主要的是溶剂。溶剂的种类决定了纺丝液的制备条件、纺丝条件、溶剂回收方法和废水处理方法等一系列工艺特点,也影响到防火、防毒及设备选材等许多方面。

第四节 聚丙烯腈纤维的后加工

聚丙烯腈初生纤维是高度溶胀的冻胶体,内部含大量溶剂和水,聚合物分子间作用力和取向度都很低,必须经过一系列后加工才能制得满足纺织性能的成品纤维。

一、聚丙烯腈短纤维的后加工

聚丙烯腈短纤维的后加工也称后处理,一般有拉伸、水洗、干燥致密化、卷曲、热定型、上油、切断和打包等工序。初生纤维经引丝机牵引进入第一拉伸槽中,经拉伸水洗机完成第一段拉伸水洗,之后经多道水洗拉伸进入上油槽上油。上油后的纤维在干燥机中进行干燥致密化。聚丙烯腈短纤维的后加工有先拉伸后水洗和先水洗后拉伸两种工艺路线,如图6-11、图6-12所示。

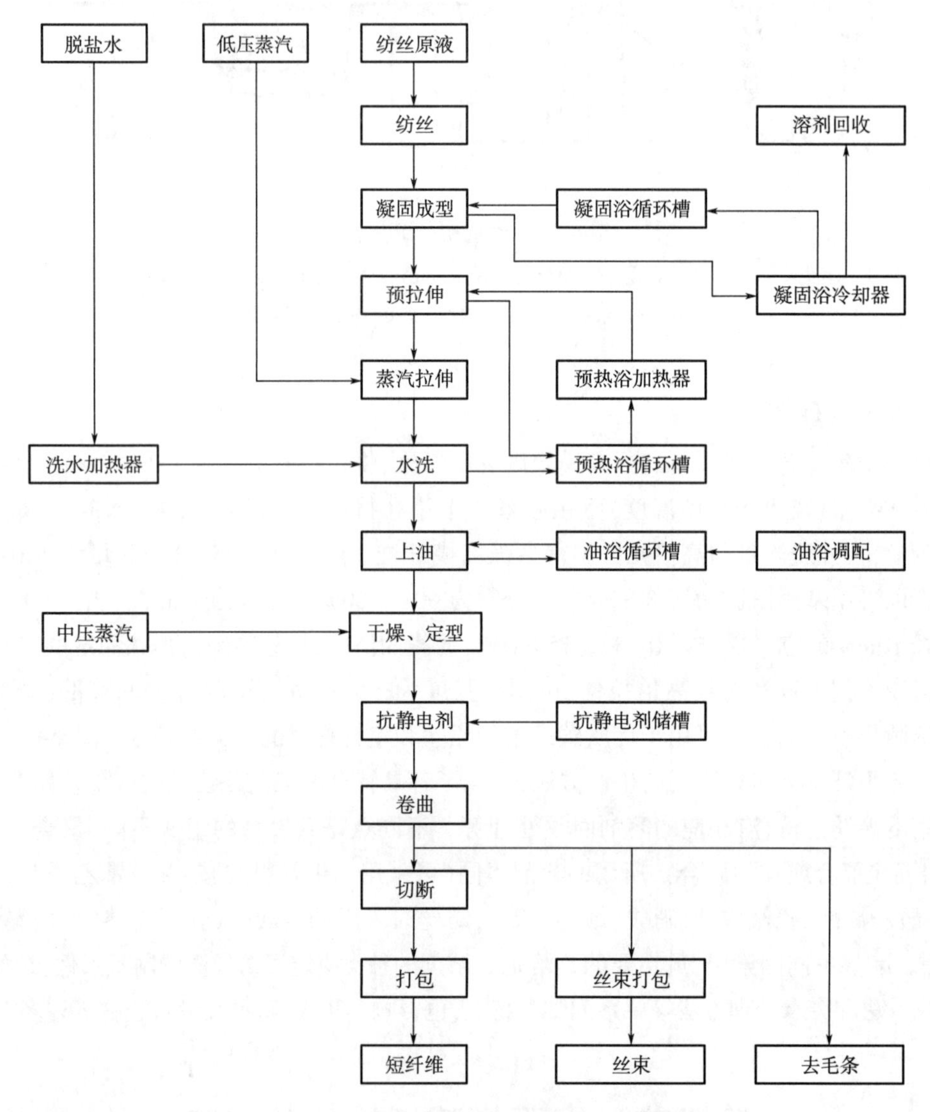

图6-11 先拉伸后水洗、干热定型工艺流程

(一)拉伸

1. 拉伸目的

聚丙烯腈纤维拉伸的目的是提高大分子沿纤维轴向的取向度,使聚丙烯腈初生纤维中的网络骨架发展成大分子链束组成的微纤。在拉伸过程中,纤维内的微孔被拉长,微纤间距离缩小,大分子间引力加强,使纤维强度提高,延伸度降低,从而获得优良的力学性能。

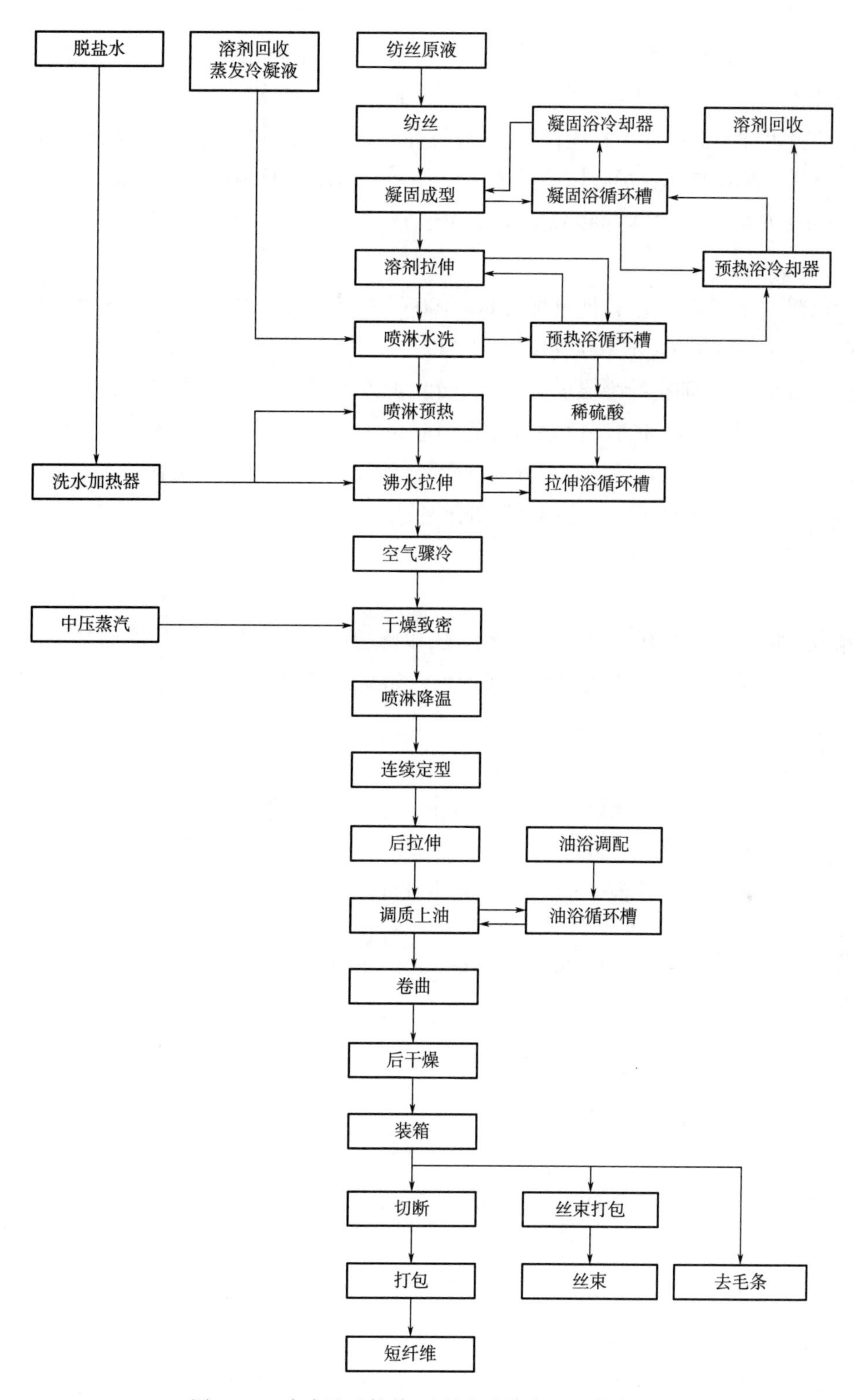

图 6-12　先水洗后拉伸、连续蒸汽热定型工艺流程

2. 拉伸工艺

聚丙烯腈短纤维有蒸汽浴拉伸和水浴拉伸两种方式。蒸气浴拉伸是纤维在蒸汽浴中加热拉伸,水浴拉伸是在纯水浴中或含有溶剂(NaSCN 或 DMSO)的水浴中拉伸。

聚丙烯腈短纤维的拉伸为多级拉伸,一级拉伸是含有溶剂的水浴拉伸,又称预拉伸。初生纤维强度很低,经不起高倍拉伸,拉伸倍数一般为 1.5~2.0,拉伸温度为 70~80℃。预拉伸目的是进一步脱除初生纤维中的溶剂(NaSCN 或 DMSO),提高纤维的密度和强度,为下一级拉伸做准备。

二级拉伸为纯水浴拉伸,拉伸温度为 80~100℃,拉伸倍数为 2.0~2.5。聚丙烯腈的玻璃化转变温度(T_g)为 85~95℃,水浴拉伸温度几乎与 T_g 相当,拉伸倍数过大,容易出现毛丝和断头。为了进行高倍拉伸,必须把纤维温度升至高于 T_g 约 25℃,因此生产中采用 0.2MPa 的蒸汽浴拉伸。三级拉伸为蒸汽浴拉伸,拉伸倍数较高,一般为 2.5~3.5 倍。在水蒸气介质中,丝条能被均匀地加热,在高温高湿的作用下,大分子链段因热运动而产生与张力方向一致的取向,从而进一步提高纤维的取向度和强度。聚丙烯腈纤维的总拉伸倍数达 10 倍左右。

(二)水洗

1. 水洗目的

湿法成型的聚丙烯腈纤维需立即进行水洗,以除去纤维表面所黏附的溶剂(NaSCN 或 DMSO)及其他杂质,否则纤维可能发生降解或变色。如硫氰酸钠法聚丙烯腈纤维的水洗是为了除去残留的腐蚀性硫酸钠和缓凝剂硫酸锌等。

2. 水洗设备

典型的聚丙烯腈纤维水洗设备如图 6-13 所示,其占地面积小,便于操作,洗净率高。每台三层洗槽,各层洗槽内有压辊、进水口和出水口,相当于三次洗涤。实际生产中,采用最多的是三台九次洗涤工艺。另有长槽式水洗机,但因占地面积大等缺点濒临淘汰。

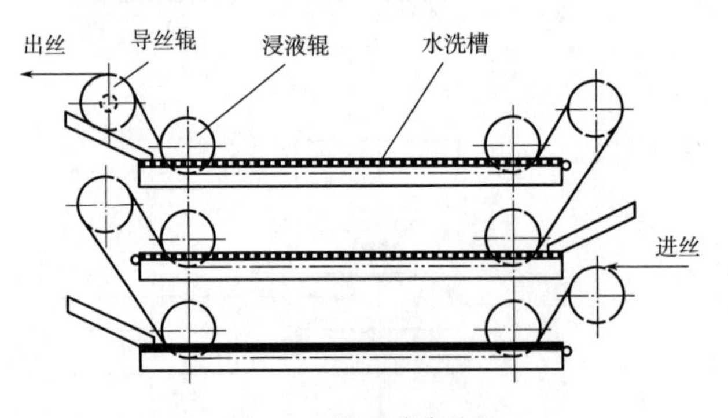

图 6-13 层叠式水洗机

3. 水洗温度

水洗温度一般为 60~80℃。要洗去纤维中残留的溶剂、缓凝剂硫酸锌和硫酸钙等,若水洗温度过低,不利于扩散溶出洗净;若水洗温度过高,造成洗出的溶剂挥发,既多消耗能量又污染生产环境。

（三）干燥致密化

干燥致密化是聚丙烯腈纤维生产中特别重要的环节。湿纺聚丙烯腈纤维的结构取决于凝固、拉伸和干燥致密化等主要工序。聚丙烯腈初生纤维结构中的微孔在拉伸过程中不可能彻底消除。拉伸后的聚丙烯腈纤维内部仍有裂隙和孔洞，在干燥过程中，若工艺控制不当，随着纤维内部水分的移出又会造成新的裂隙和空洞。在适当的温度下进行缓慢干燥，水分移出的同时，大分子链段运动、调整和靠拢，纤维内的裂隙和孔洞逐步闭合，纤维的密度增大，这就是干燥致密化。聚丙烯腈纤维干燥致密化的温度一般为120℃，高于聚丙烯腈的玻璃化转变温度30℃，大分子链段能充分运动，致密化效果最佳。若温度过高，干燥速度过快，大分子来不及运动，导致纤维皮硬内空，泛白失透；若温度过低，大分子链不能运动，也会导致纤维泛白失透。

聚丙烯腈纤维干燥致密化的效果，常用汞密度和甲苯密度两者的差异来衡量。甲苯密度中纤维的体积是将纤维浸泡到甲苯中测得的，因甲苯能渗透到纤维内的孔洞中，所以测得的体积是不包括孔洞体积的。汞密度中纤维的体积是将纤维浸泡到汞中测得的，因汞不能渗透到纤维内的空洞中，所以测得的体积包括了孔洞的体积。因此同一纤维的甲苯密度大于汞密度。差值越大，表明纤维中孔洞越多。

（四）热定型

聚丙烯腈纤维干燥致密化后，还需通过热定型进一步改善纤维的超分子结构，提高纤维的形状稳定性。热定型的工艺条件主要是定型温度和定型时间，聚丙烯腈纤维热定型温度一般为150℃，定型时间为20min。

（五）卷曲

未经卷曲的聚丙烯腈纤维表面光滑，抱合力很小，不利于纺织加工。为了增加聚丙烯腈纤维纯纺及与棉或毛混纺时的抱合力，必须进行卷曲加工。卷曲还可赋予聚丙烯腈纤维柔软性、弹性和保暖性。与棉混纺的聚丙烯腈短纤维要求的卷曲数为4~5.5个/cm，与毛混纺的聚丙烯腈短纤维要求的卷曲数为3.5~5个/cm。

（六）切断

为了使聚丙烯腈纤维能很好地与棉或羊毛混纺，需将纤维切成相应的长度。棉型聚丙烯腈短纤维的切段长度为38mm，粗梳毛型聚丙烯腈短纤维的切段长度为64~76mm，精梳毛型聚丙烯腈短纤维的切段长度为89~114mm。

二、聚丙烯腈高收缩纤维的后加工

（一）工艺流程

经过干法纺丝工艺制成的聚丙烯腈纤维丝束，先放入定型锅内经二次抽真空，用直接和间接蒸汽进行加湿和加热，再经保温处理及第三次抽真空、保温处理后，并通过相应三次排放定型锅内的水蒸气和冷凝液而制得高收缩纤维。对比定型前后丝束的性能指标，发现定型可使纤维的线密度增加5%~10%，延伸度增加3%~8%。用定型后的丝束加工收缩毛条，收缩率最高可达31%，定型后纤维上色率比定型前高4%~10%。用1~2根定型丝束生产的高收缩毛条代替普通的收缩条，可使普通膨体毛条的收缩率提高2%~5%。工艺流程如图6-14所示。

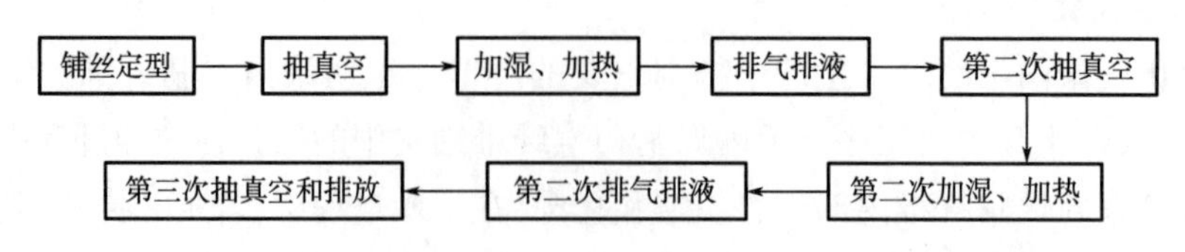

图 6-14　聚丙烯腈高收缩纤维的后加工工艺流程

(二)工艺条件

1. 铺丝定型

将干法纺丝工艺制成的聚丙烯腈纤维丝束,通过铺丝机铺在特制的铺丝箱内,并放入定型锅内,关上锅门进行铺丝定型。

2. 抽真空

第一次抽真空,当真空度达到-0.09~-0.07MPa 时,真空泵停止工作。

3. 加湿、加热

用直接和间接蒸汽对丝束进行加湿和加热,定型锅内温度控制在 120~140℃。当定型锅内压力达到 0.10~0.25MPa 时,停止加湿加热,并第一次保温,时间为 2~10min。

4. 排气排液

将定型锅内的水蒸气排放,同时也排放定型锅内的冷凝液。

5. 第二次抽真空

当真空度达到-0.09~-0.07MPa 时,真空泵停止工作。

6. 第二次加湿、加热

用直接和间接蒸汽对丝束进行第二次加湿和加热,定型锅内温度控制在 120~140℃,当定型锅内压力达到 0.10~0.25MPa 时,停止加湿、加热,并第二次保温,时间为 10~20min。

7. 第二次排气排液

将定型锅内的水蒸气排放,同时也排放定型锅内的冷凝液。

8. 第三次抽真空和排放

第三次抽真空,当真空度达到-0.09~-0.07MPa 时,真空泵停止工作,保温时间为 8~12min,将定型锅内的水蒸气排出,同时也排放定型锅内的冷凝液。打开定型锅门,从铺丝箱取出定型后的丝束,即高收缩毛条。

三、聚丙烯腈膨体纱的后加工

膨体纱是利用高收缩纤维与常规纤维按一定比例混合纺制而成的纱线。该纱经湿热处理,高收缩纤维收缩形成纱的芯部,常规纤维则发生屈曲形成纱的皮层,形成具有“皮芯”结构的蓬松、丰满和富有弹性的膨体纱。利用膨体纱生产的纺织品柔软、蓬松、保暖性好,主要用来制作秋冬季绒毛衫、内衣等。目前,在国际市场上流行一些毛类混纺及化纤仿毛膨体纱系列产品,该产品较传统毛纺产品轻薄、柔软、保暖性好,且掉毛少,特别是仿兔毛产品,更能突出掉毛少这一特点。

第五节 聚丙烯腈纤维的主要改性品种

第一个商品化规模生产的聚丙烯腈(PAN)纤维是 Orlon。1950 年,杜邦公司将其引入市场。它是继聚酰胺之后,杜邦公司工业化生产的第二个纤维大品种。作为代替羊毛的一种合成纤维,它具有较好的蓬松性、弹性、保暖性,但是相比于羊毛,其回弹性、卷曲性存在较大的差距。另外,合成纤维普遍所具有的吸湿性差的弊端也使其在使用过程中缺少天然纤维的舒适性。因此,需要对聚丙烯腈进行改性,提高产品附加值。

一、阻燃聚丙烯腈纤维

聚丙烯腈纤维具有不完整的准晶态结构,纤维热稳定性较差,属于易燃纤维,极限氧指数(LOI)仅约为 18,在合成纤维中最低,在空气中热氧化裂解会生成丙烯腈、HCN、乙腈、氨和水等热解产物以及可燃性气体(如 CO 及 CH_4、C_2H_6 等低级烃类)。提高聚丙烯腈纤维的阻燃性,可通过如下四种途径实现。

(一)大分子改性

在大分子主链中引入阻燃结构单元,如采用含氯、溴或磷化合物等阻燃性单体,带乙烯基的磷酸酯。较常采用偏二氯乙烯,可通过水相聚合制得改性原料。例如,Kanegafuchi 化学公司采用聚丙烯腈-氯乙烯-偏氯乙烯-乙烯基磺酸钠多元共聚物,所制得阻燃聚丙烯腈纤维的极限氧指数(LOI)可达 32.2。

(二)采用共混纺丝技术

通过共混纺丝,在纤维成型过程中引入具有阻燃性能的第二组分。例如,将聚氯乙烯、聚偏二氯乙烯等阻燃性高聚物与聚丙烯腈原液共混纺丝,或采用含有磷、溴、氯等元素的化合物共同构成复配型阻燃剂。采用共混纺丝技术制备阻燃聚丙烯腈纤维一般要求阻燃剂颗粒细,与聚丙烯腈基体相容性好,在聚合物纺丝原液中分散均匀,同时阻燃剂不溶于凝固浴和水。因此,阻燃剂的选择难度较大,常用添加型阻燃剂见表 6-5。

表 6-5 常用添加型阻燃剂

种类	常用的添加型阻燃剂
无机化合物	Sb_2O_3、$SbCl_3$、钛酸钡、草酸锌、磷酸锌、磷酸钙、硼酸锌、活性炭等
有机低分子物	卤代磷酸酯类、四溴邻苯二酸酐、有机锡化合物等
高分子物	聚氯乙烯、氯乙烯和偏二氯乙烯共聚物、丙烯腈和氯乙烯共聚物、丙烯腈和偏二氯乙烯共聚物、聚甲基丙烯酸甘油酯、含磷酸酯基团的(聚)丙烯酸酯、酚醛树脂、含烷氧基、芳氧基或氨基的聚膦嗪等。

(三)热氧化法

该法随着碳纤维发展而兴起,是一种制取高阻燃聚丙烯腈纤维的新方法。通常以制取碳纤维用的特殊聚丙烯腈纤维为原丝,使其在张力下连续通过 200~300℃的空气氧化炉,停留时间为几十分钟到几小时，利用高温和空气中氧的作用，使聚丙烯腈大分子发生氰基环化、氧化及脱氢等反应，进而形成一种梯型结构。当纤维密度达到既定的指标要求（1.38~1.4g/cm^3）时，即制成了聚丙烯腈氧化纤维，俗称聚丙烯腈预氧化纤维（PANOF）。

（四）后整理法

后整理法即对凝胶丝和纤维的分子链进行化学改性，或对纤维和织物进行表面阻燃涂覆。分子链的化学改性包括氰基的羧化、羧基的盐化、分子链的交联或环化、分子链接枝阻燃元素或基团等。表面涂覆整理是较早使用，也是最方便的阻燃改性方法。例如，用脲甲醛和溴化铵的水溶液、羟甲基化的三聚氰胺羟胺盐等作阻燃剂对 PAN 纤维或织物进行表面涂覆。表面涂覆对阻燃剂的要求不高，成本低、见效快，但阻燃效果不耐久，改性织物的手感差，部分阻燃剂还有一定毒性，对皮肤有刺激作用，因而限制了该法的普遍应用。

二、抗静电（导电）聚丙烯腈纤维

普通聚丙烯腈纤维在标准状态下的电阻率为 $10^{13}\Omega\cdot cm$，为降低聚丙烯腈纤维的静电积聚效应，制取抗静电聚丙烯腈纤维，常采用如下措施。

（一）大分子改性

把亲水性化合物通过共聚引入聚合体中，是制成高吸湿聚丙烯腈纤维抗静电改性的方法之一。例如，将丙烯酸甲酯用聚氧乙烯改性后再与丙烯腈共聚，将丙烯腈与不饱和酰胺的 *N*-羟甲基化合物和 $CH_2{=}CR_1COO(CH_2CH_2O)_nR_2$ 构成的混合物共聚，将 PAN 与 PEO、聚亚烷基衍生物、*N*-乙烯基吡咯烷酮甲基丙烯酸缩水甘油酯或 *N*-羟乙基甲基丙烯酰胺共聚。通过共聚改善纤维吸湿、抗静电的同时，还能提高纤维的染色性能。

（二）分子主链侧基反应

该类反应主要针对聚丙烯腈大分子中的氰基（—CN），例如，将聚丙烯腈纤维用含有 2%氢氧化钠的 DMF 溶液处理，使纤维表面氰基转变为羧基，从而提高纤维的吸湿性，这也是改善纤维抗静电性的有效途径。

（三）在纺丝中将导电或抗静电物质引入纤维基体中

对于抗静电聚丙烯腈纤维而言，在纺丝中将导电或抗静电物质引入纤维基体中可通过两种途径实现：一是通常所采用的共混纺丝法。即在纺丝原液中混入少量碳黑或金属氧化物等导电性物质，从而实现抗静电改性的目的。所添加的改性组分具有与前述阻燃改性相同的性能要求。二是将具有吸湿性能的表面活性剂直接加到纺丝原液中，制备永久性的抗静电聚丙烯腈纤维。例如，将聚氧乙烯化的直链醇硫酸钠盐阴离子表面活性剂加到三元共聚聚丙烯腈纤维纺丝液中，采用常规方法纺丝，即可制得在 23℃下体积比电阻为 $3\times10^2\Omega\cdot cm$ 的抗静电聚丙烯腈纤维。

（四）采用复合纺丝技术

复合纺丝是制备功能化纤维的有效途径。例如，日本东丽公司以含碳黑的聚合物为岛、PAN 为海制备海岛型导电纤维“SA-7”；1992 年钟纺公司以含 15%碳黑的聚氨酯为芯，以丙烯腈-甲基丙烯酸-甲基丙烯磺酸钠共聚物为皮，制备导电聚丙烯腈纤维，其体积比电阻达 $2.3\times10^3\Omega\cdot cm$。

三、服用亲和性改善的聚丙烯腈纤维

以丙烯腈(AN)为主的聚合物与丝蛋白共混或接枝的改性是改善 PAN 纤维服用亲和性的有效途径之一。如日本东洋纺织公司的酪素蛋白改性聚丙烯腈纤维(chinon),猪毛 α-蛋白改性聚丙烯腈纤维,蚕丝蛋白改性聚丙烯腈纤维等。为了改善聚丙烯腈与皮肤的亲和性,也可采用共混大豆蛋白的方式实现。

丝素纤维(SF)具有极好的光泽、柔滑的手感和优异的吸湿性,用其可改善 PAN 均聚物染色亲和力低、舒适性差、吸湿性差的问题。可用的合成方法主要分为以下两种:将 SF 和 AN 聚合物共混;将 AN 接枝到 SF 上。这些聚合物的黏结性差,而且力学性能比 PAN 均聚物差。因此,通过控制 AN 与丝蛋白肽(SFP)的乙烯基共聚反应,合成制备一种新的含丝蛋白的丙烯腈聚合物是更为有效的改性途径。例如,将 SFP 和 AN 在 60%(质量分数)$ZnCl_2$ 溶液中,以过硫酸铵为引发剂,Cu(Ⅱ)和 Fe(Ⅱ)为链转移剂,进行乙烯基共聚反应,可制得丙烯腈—丝蛋白肽共聚物,共聚物中 SFP 摩尔分数比共聚反应中 SFP 的投料摩尔分数要多,这主要是由 SFP 部分产生的位阻所引起。从吸湿性能与共聚反应中 SFP 单体原料比的关系可知,随着 SFP 单体原料比的增加,共聚物的吸湿性能提高。值得注意的是,在 SFP 原料比相同的情况下,改性共聚物纤维的吸湿性能比共聚物粉末的吸湿性能好,这可解释为纤维比表面积很大,且 SFP 能覆盖在纤维表面,从而可明显的改善其吸湿性能。

四、抗菌消臭聚丙烯腈纤维

聚丙烯腈纤维的抗菌改性方法是通过共聚方式将某些可反应的抗菌基团引入大分子中,或将抗菌剂共混加到纺丝原液中。例如,通过水相沉淀聚合法制备了 3-烯丙基-5,5-二甲基己内酰脲—丙烯腈共聚物,将不同配比的共聚物和聚丙烯腈溶于硫氰酸钠水溶液中配成纺丝液,采用二步法制备聚丙烯腈共混纤维。仅含质量分数 10%共聚物的共混纤维经氯漂后,对大肠杆菌的杀灭率可达 97.5%。也可通过把具有抗菌作用的基团接枝到纤维表面,例如,将聚丙烯腈与硫酸铜经还原将氰基与铜离子配位结合而螯合合化,赋予纤维抗菌性。在聚丙烯腈的大分子链上引入磺酸基团、磺酸盐基团、羧酸基团或乙烯酰胺基团,也可实现其与金属离子的进一步反应,形成金属盐或金属离子的复合物;或在聚丙烯腈的分子链中引入含叔氮的单元,经卤代烷烃处理后,使纤维带有季铵盐基团,从而具有抗菌性。同时,在聚丙烯腈中直接引入一定量的磺酸基团后,纺丝得到的纤维也具有抗菌性。

五、智能凝胶聚丙烯腈纤维

将聚丙烯腈和大豆分离蛋白(SPI)在 NaOH 水溶液中进行聚丙烯腈碱解,并在含有交联剂戊二醛和催化剂硫酸的饱和 Na_2SO_4 凝固浴中,室温下纺丝凝固、交联,制备水解聚丙烯腈水凝胶纤维(HPAN/SPI)。在环境 pH 变化的条件下,水凝胶纤维出现随 pH 响应滞后环,在整个 pH 响应过程中,酸性条件下的响应性比在碱中的快,同时具有较好的可逆溶胀/收缩性能。对水解聚丙烯腈/大豆分离蛋白凝胶纤维电刺激研究发现,在电解质溶液中,非接触直流电场作用下,聚丙烯腈/大豆分离蛋白凝胶纤维具有电刺激响应性,表现为凝胶纤维弯曲现象。随着凝胶网络中-COOH 含量的增加,纤维的弯曲度呈阶段性增加,较高的聚丙烯腈含量使这种现象更为明显。

六、腈氯纶

腈氯纶为一种改性聚丙烯腈纤维,其丙烯腈含量为 40%~60%,相应氯乙烯或偏二氯乙烯含量则为 60%~40%。这种含大量第二组分的丙烯腈共聚物,通常以丙酮或乙腈为溶剂配制成纺丝原液,经湿法或干法纺丝而制成纤维。

丙烯腈—氯乙烯的共聚是采用氧化还原系统作为引发剂(过硫酸钾—亚硫酸氢钠或亚硫酸钠—二氧化硫等),由于丙烯腈参与聚合反应的速度较氯乙烯快,因此,欲制得组成均匀恒定的共聚物,氯乙烯单体的用量必须比共聚物组成中应有的含量高。例如,聚合刚开始时,丙烯腈、氯乙烯的配比为 7∶93,聚合过程中不断加入丙烯腈使共聚期间单体的比例为 18∶82,才能得到符合要求的共聚物组成。丙烯腈与氯乙烯的共聚反应可按不同的方法进行,但适合制造纤维的共聚物,以乳液聚合法为宜。

腈氯纶的性能介于聚丙烯腈与聚氯乙烯之间,具有质轻、保暖、耐气候、耐化学药品性的特点,并有一定的防火阻燃性,其极限氧指数可达 26~34。

第六节　聚丙烯腈基碳纤维的原丝生产

一、概述

(一)国外碳纤维发展概况

1878 年,英国科学家约瑟夫·斯旺(Joseph Swan)用棉纱制成灯泡用碳丝。1879 年,托马斯·爱迪生(Thomas Edison)以油烟与焦油、棉纱和竹丝试制碳丝。1959 年,美国联合碳化公司(UCC)制成了低模量黏胶基碳纤维。1962 年,日本学者进藤昭男发明了聚丙烯腈基碳纤维。1963 年,英国科学家瓦特(Waat)和约翰逊(Johnson)发明了在张力下碳化处理的新技术,开发出高模量 PAN 基碳纤维。1965 年,日本学者大谷杉郎发明了沥青基碳纤维。1980 年,美国金刚砂(Carborundum)公司研发出酚醛基活性碳纤维。

国外碳纤维的生产商主要有日本的东丽(Toray)公司、东邦人造丝(Toho)公司和三菱人造丝(Mitsubishi Rayon)公司,美国的卓尔泰克(Zoltek)公司、阿克萨·诺贝尔公司和阿尔迪拉(Aldili)公司,以及德国的西格里碳素(SGL)公司等。

日本东丽公司是碳纤维技术水平非常高的公司。1967 年,日本东丽公司生产的 PAN 基碳纤维,设定型号为 T300A,成为东丽公司的第一品牌和起家名牌。1971 年,东丽公司生产的碳纤维强度达到 3530MPa,型号设为 T300,成为世界公认的通用级碳纤维品牌。此后,东丽公司相继推出了 T700、T800、T1000 和 M30、M35、M60 等型号的碳纤维。东丽公司的高强度"T"系列和高模量"M"系列的产品型号,已经成为全球碳纤维公司的标杆,衡量着所有碳纤维的规格。例如,行业内所谓 T300 级,指强度为 3200~3800MPa 的碳纤维,T800 级指强度为 5490~

5880MPa 的碳纤维。不同厂商有不同型号,东邦公司的型号有 HTA40 和 HTS40 等,阿克萨·诺贝尔公司的型号有 A38 和 A49 等。

国外较先进的碳纤维公司均可生产出 T800 级以上水平的优质碳纤维,这些碳纤维已成功应用在固体火箭发动机壳体和波音 B777 和 B787 飞机等高科技领域。

(二)我国碳纤维发展概况

我国 PAN 基碳纤维的研发始于 20 世纪 60 年代。1972 年成功研制碳纤维,1975 年实现了年产数吨的工业化生产。2005 年以来,我国碳纤维快速发展,通用级碳纤维质量达到 T300 级水平,T700 级碳纤维已基本完成工程化研究并投入生产,T800 级碳纤维已经实现技术突破,正在进行工程化研究,T1000 级碳纤维已开展相关基础研究工作。2015 年,中复神鹰碳纤维有限公司的干喷湿纺高性能碳纤维关键技术及产业化项目通过鉴定,成为继日本东丽公司和美国赫氏公司后世界上第三家实现高性能干喷湿纺碳纤维产业化的企业。且我国自主研制出了高效换热的大型反应釜,实现了高均匀性、高可牵伸性聚合物溶液的制备,开发了多工位、长稳态、高纺速干喷湿纺工艺,突破了原丝细旦化、高取向化和快速预氧化技术。

目前,我国约有 11 个公司生产碳纤维,各有不同的产品型号。吉林市神舟碳纤维有限责任公司的产品型号为 JT-300A;吉林方大江城碳纤维有限公司的产品型号为 GDGQ42;中复神鹰碳纤维有限公司的产品型号为 SYT35、SYT50 和 SYT55,其中,SYT35 强度为 3500MPa,模量为 230MPa,与 T300 相当,SYT50 和 SYT55 产品性能也达到国际同类产品的水平。

(三)碳纤维发展趋势

碳纤维生产工艺流程长,技术关键点多,技术壁垒高,是多学科、多技术的集成。碳纤维工业已成为高技术产业之一。航空航天飞行器各项性能的不断提高,对结构件材料的性能要求也越来越高,国内外碳纤维主要生产商都在积极地开发超高强度、超高模量的碳纤维。

按原子间结合力推算得到碳纤维的理论拉伸强度可高达 180GPa,但目前全世界最高碳纤维的实际拉伸强度为 9.13GPa,仅达到理论强度的 5%;碳纤维的理论模量为 1020GPa,目前的实际拉伸模量达 640GPa 以上,达到理论值的 65%左右。实际强度与理论强度之间存在如此大的差距,表明碳纤维性能的提高尚有巨大的空间。

高纯化、致密化、均质化和细旦化是碳纤维发展的趋势。原丝的直径越小,预氧化丝和碳纤维的质量越均匀,碳纤维产品的强度越高。随着原丝细旦化,纳米碳纤维问世,拉伸强度将显著提高。

碳纤维力学性能的改进和提升是碳纤维发展的重要方向之一。大丝束碳纤维是碳纤维发展的第二大方向。大丝束碳纤维工艺比较简单,在性能方面不像小丝束碳纤维要求那么严格,成本相对较低,具有良好的发展前景。

二、碳纤维的定义和分类

(一)碳纤维的定义

碳纤维(carbon fiber,CF)是化学组成中碳元素质量分数为 90%以上的纤维,碳纤维是有机纤维在惰性气氛中经高温碳化而成的纤维状碳化物。碳纤维是无机类高性能纤维的代表。

高性能纤维一般指强度大于 17.6cN/dtex,弹性模量在 440cN/dtex 以上,具有高强高模、耐高温和耐腐蚀等特殊性能的纤维。高性能纤维可分为无机纤维和有机纤维两类,碳纤维和玻璃纤维等属于无机类,芳纶、高强高模聚乙烯纤维和聚苯并咪唑纤维等属于有机类。

(二)碳纤维的分类

碳纤维一般有五种分类方法:按原丝(基纤维)类型分类、按性能分类、按生产工艺条件分类、按丝束中单纤维数量分类、按功能和用途分类。

1. 按原丝类型分类

按原丝类型分类
- 聚丙烯腈基碳纤维
- 黏胶基碳纤维
- 沥青基碳纤维
- 木质素纤维基碳纤维
- 其他有机纤维基碳纤维

生产碳纤维的原料称为原丝或基纤维。只有在碳化过程中不熔融,不剧烈分解的有机纤维才能作为碳纤维的原丝,有的原丝要经过预氧化处理后才能满足这个要求。由聚丙烯腈纤维制造的碳纤维力学性能良好,因此得到了迅速发展。目前,聚丙烯腈基碳纤维(PAN-CF)占全球碳纤维总产量的90%以上,是碳纤维工业化生产的主流产品。

2. 按性能分类

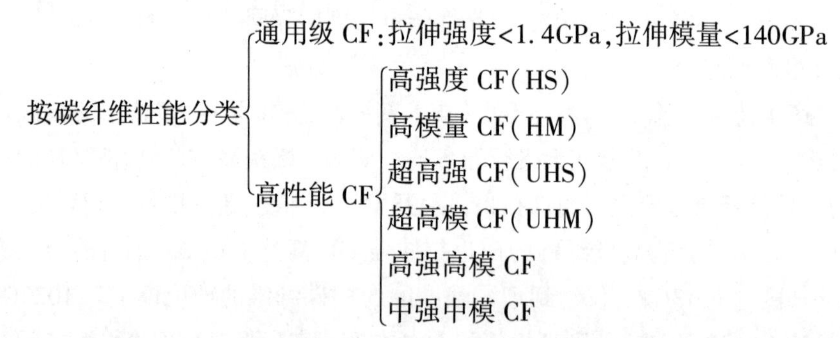

根据主要力学性能可分为通用级碳纤维和高性能碳纤维,或普通型碳纤维和高强型碳纤维。例如,日本产的T300和HTA40,美国产的A30,还有我国产的SYT35都属于通用级或普通型碳纤维。日本产的T800和T1000属于高性能碳纤维。

根据性能不同,日本东丽公司分为T系列和M系列。T系列以强度为主设定型号,如T800和T1000;M系列以模量为主设定型号,如M40JB和M50JB。

3. 按生产工艺条件分类

按生产工艺条件分类见表6-6。

表6-6 按生产工艺条件分类

纤维类型	碳纤维	石墨纤维	活性碳纤维	气相生长碳纤维
工艺条件	碳化温度1200~1500℃,碳含量95%以上	石墨化温度2000℃以上,碳含量99%以上	气体活化法,CF在600~1200℃用水蒸气、CO_2、空气等活化	惰性气氛中将小分子有机物在高温下沉积成纤维晶须或短纤维

4. 按丝束中单纤维数量分类

丝束中所含单纤维数量称为丝数,丝数用“*K*”表示。“*K*”代表 1000,1*K* 的含义为单束碳纤维中含有 1000 根纤维。按丝束中所含单纤维数量可分为大丝束碳纤维和小丝束碳纤维。小丝束碳纤维是 1K~24K,大丝束碳纤维是 48K~54K。工业上多采用大丝束碳纤维,因此又称工业级碳纤维。大丝束碳纤维的生产对原丝的质量要求较低,产品成本低。小丝束碳纤维的生产追求高性能化,其标志着碳纤维发展的先进水平,主要用于航空航天等高端领域。

5. 按功能和用途分类

按功能和用途分类,碳纤维分为受力结构型、耐焰型、导电型、润滑型和耐磨型等。

三、碳纤维的生产原理

聚丙烯腈基碳纤维是高科技纤维之一,生产工艺比较复杂,涉及有机化学、高分子化学和物理等多学科,属于高难技术产业。

作为碳纤维原丝的聚丙烯腈纤维,比用于服装的聚丙烯腈纤维质量要求高得多,所以虽然生产过程基本相同,但工艺要求不同,技术精度和难度都高。

直接以碳为原料制得碳纤维是不可能的,只能采用间接法,即以有机纤维为原丝来生产碳纤维。这是因为各种碳物质,如焦炭、木炭、金刚石、石墨等碳元素的各种同素异形体,在空气中 350℃以上会不同程度地氧化;在隔绝空气的惰性气氛中(常压),高温也不熔化,而会升华,所以不能熔融纺丝。碳又不溶于任何溶剂,所以也不能溶液纺丝。

碳纤维必须是以含碳量较高的纤维作为原丝(基纤维),经过高温碳化去除原丝中的非碳原子,才能将白色原丝加工成黑色的含碳量高于 90%的碳纤维。选择原丝的必要条件是原丝加热时不熔融、可牵伸、产率高。选择原丝的充分条件是强度高、杂质少、线密度均匀、细旦化和低成本等。

全球工业化生产的碳纤维有聚丙烯腈基碳纤维、沥青基碳纤维和黏胶基碳纤维三大类。其中聚丙烯腈基碳纤维是当今碳纤维的主流,全球 90%以上的厂家采用聚丙烯腈作原丝,生产的碳纤维产品简称 PAN 基碳纤维。PAN 基碳纤维的工艺原理是通过原丝预氧化使纤维初具一定的耐热性,然后高温碳化,将 PAN 原丝在特定的工艺气氛中逐步加热到 1000℃以上,除去 PAN 原丝中的氮、氢等非碳元素,使 PAN 原丝转化为含碳量 93%以上的碳纤维。

四、聚丙烯腈基碳纤维的生产流程

聚丙烯腈基碳纤维的生产工艺流程可分为丙烯腈共聚物的制备、纺丝、预氧化、碳化和后处理等工段。具体工艺流程如图 6-15 所示。

丙烯腈为第一单体,丙烯酸甲酯为第二单体,衣康酸为第三单体,第二、第三单体统称共聚单体,引发剂一般用偶氮二异丁腈。生产中多采用二甲基亚砜为溶剂的一步法聚合纺丝工艺。原丝生产工艺过程主要包括原料精制、原料配制、聚合、脱单体、脱泡、纺丝、牵伸、水洗、上油、干燥牵伸、热处理、收丝、包装及溶剂回收等工序。碳化过程包括放丝、张力调节、氧化、碳化、表面处理、上浆、干燥和收丝等工序。

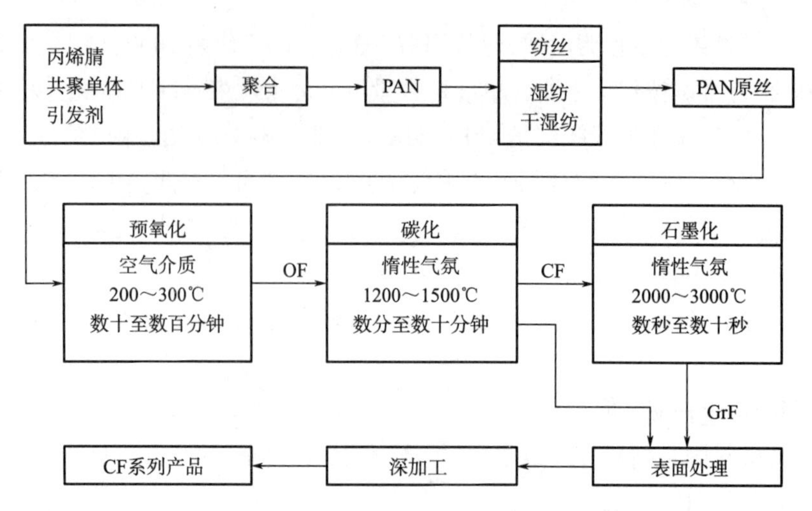

图 6-15　聚丙烯腈基碳纤维生产工艺流程

目前国内产能为:一条原丝生产线年产 800~1000t,一条碳化生产线年产 300~400t。碳纤维单线产能千吨级国产化技术方案正在实施中。

五、聚丙烯腈基碳纤维的原丝生产工艺

聚丙烯腈基碳纤维的原丝必须是高纯度、高密度和高强度的优质纤维。因此,生产工艺要求聚合的单体等原料纯度要高,纺丝的初生纤维不匀率要低,后加工的拉伸倍数要高。

(一)聚合工艺

单体丙烯腈首先被加热蒸馏,脱去阻聚剂,备用。新鲜溶剂二甲基亚砜和回收二甲基亚砜混配备用。第二单体丙烯酸甲酯和第三单体衣康酸用二甲基亚砜稀释后备用。备好的单体和溶剂按比例计量后加入聚合釜内,然后将引发剂偶氮二异丁腈加入釜内。通过控制聚合温度和聚合时间来控制聚合转化率。采用四个聚合釜串联,转化率达到规定指标后,聚合液进入真空脱单体塔。脱单体后的聚合液经过滤后送到脱泡釜进行脱泡。脱泡后由出料泵送到纺丝工序。

聚合主要工艺参数。聚合压力为常压;聚合温度为 50~70℃;聚合时间为 15~24h;过滤压力≤2.0MPa;过滤温度为 60℃;脱单体真空度为-0.07~-0.04MPa;脱单体温度为 60℃;脱泡真空度为-0.096~-0.092MPa;脱泡温度为 60℃。

聚合反应时,加入共聚单体的目的是在后续预氧化过程中有利于链状大分子发生环化反应,并且可缓和化学反应放热的剧烈程度,使预氧化反应容易控制。

可作为共聚单体的物质除丙烯酸甲酯外,还有甲基丙烯酸甲酯、顺丁二酸、甲基反丁烯酸等不饱和羧酸类单体,其含量一般控制在 3%~5%(质量分数)。

制备碳纤维原丝时,除了要求单体和溶剂等原料纯度高以外,还要求水的纯度高,并要求车间内无尘,容器设备耐腐蚀,使原丝中杂质含量(包括金属离子含量)降到最低,因为杂质会增加原丝缺陷,降低碳纤维的性能。

(二)聚丙烯腈的纺丝工艺

纺丝工艺通常采用湿法纺丝,不用干法纺丝。因为干法纺丝生产的纤维中有少量溶剂残留,并且不容易洗净,在后续热处理过程中,溶剂的挥发或热分解会造成原丝内部缺陷及纤维之间粘连,影响碳纤维产品质量。

来自聚合釜的纺丝液,经静态混合器混合后,送入纺丝机,经计量泵加压后由喷丝头的喷丝孔挤出,原液细流进入凝固浴槽中凝固成型。凝固浴槽中的初生纤维分别通过导辊引出凝固浴。水洗后在100℃的水浴中拉伸,再经过热蒸汽拉伸,然后干燥上油,卷绕成卷装原丝。纺丝及工艺参数:凝固浴温度为60℃,凝固浴质量分数为60%。

近年来也有采用干湿法纺丝的,纺丝原液从喷丝孔挤出后,先经过一小段空气层再进入凝固浴。此法可提高纺丝液浓度,在空气层中增加有效拉伸作用,不但提高纤维的取向度,而且增加纺丝速度,可得到高质量的PAN原丝。

(三)聚丙烯腈纤维的后加工工艺

后加工工艺参数。水洗温度为60~70℃,停留时间为1~2min;水浴拉伸温度为60~100℃,水浴拉伸倍数为10~20倍;蒸汽拉伸时,蒸汽压力0.4~0.6MPa,蒸汽温度为150~170℃,蒸汽拉伸倍数为2.5倍;干燥温度为110~140℃,停留时间为0.5~1min;收缩率为1%~2%;上油温度为50~70℃;卷绕速度为200~300m/min;卷装质量为300kg/卷。

丝束粗、卷装大是碳纤维原丝与服用聚丙烯腈纤维的显著区别。

(四)聚丙烯腈原丝的质量指标

聚丙烯腈原丝12K❶,质量300kg/卷,其他指标见表6-7。

表6-7 PAN原丝的技术规格

指标名称	指标要求
线密度/dtex	1.20~1.30
单丝强度/(cN·dtex^{-1})	≥5.0
单丝模量/(cN·dtex^{-1})	≥60
断裂伸长率/%	14±4
直径不匀率/%	≤8.0
含水率(质量分数)/%	≤1.3
含油率(质量分数)/%	0.5~1.5
沸水收缩率/%	≤6.0
总金属离子含量/%	≤1

(五)提高聚丙烯腈原丝质量的途径

聚丙烯腈原丝相对分子质量为7万~10万,密度为1.17~1.19g/cm^3,不溶于烃类、酮类、酯

❶ "K"即"千","12K"表示聚丙烯腈原丝是由12000根聚丙烯腈单丝组成。

类、醇类等溶剂,溶于二甲基甲酰胺、二甲基亚砜及无机酸、无机盐等水溶液。热稳定性好,在200℃氧化并分解,可燃。经高温处理可得到预氧化纤维或碳纤维。

聚丙烯腈基碳纤维的核心技术是原丝的制备,聚丙烯腈原丝的质量直接决定着最终碳纤维产品的质量、产量和生产成本,原丝质量水平的落后是制约我国碳纤维水平提高的瓶颈。提高原丝质量应从以下四个方面考虑。

(1)提高原料的纯度。提高单体及溶剂等原料的纯度,对于碳纤维强度的提高具有关键作用。

(2)提高聚合物的相对分子质量。进一步提高聚合物的相对分子质量,有利于获得力学强度更高的碳纤维原丝。

(3)提高纺丝技术。原丝成型过程中产生的大孔是影响碳纤维强度的最主要原因。热致变凝胶化原理的新型纺丝方法,有望获得圆形截面、无大孔、皮芯结构均一且有利于可控预氧化进行的优质原丝,使阻挠碳纤维强度提高的原丝瓶颈问题迅速得到解决。

(4)提高序态结构。对聚丙烯腈纤维的准晶(介晶)序态结构特征的深入研究,有助于掌握聚合和纺丝后处理PAN序态和取向演变规律,有利于原丝性能的提高。

第七节 聚丙烯腈原丝的碳化工艺

一、聚丙烯腈原丝的预氧化工艺

(一)预氧化的目的

预氧化的目的是使线型分子链转化成耐热的梯形六元环结构,提高分子结构的热稳定性,从而提高纤维耐热性,在高温碳化时能够不熔不燃,保持纤维形态。

PAN原丝若不经预氧化而直接高温碳化会燃烧分解,高温碳化之前必须先进行预氧化处理。预氧化是将PAN丝在200~280℃的空气介质中热处理,使原丝发生环化、氧化等复杂反应,使其线型分子转化为环状梯形结构,初具耐热性,经得起后续的高温碳化。预氧化过程中,纤维的颜色变化为由白→黄→棕褐色→黑色。

预氧化处理后的纤维称为预氧丝或预氧化丝。预氧丝作为半成品,可经高温碳化加工成高端产品碳纤维或石墨纤维,如图6-16所示。预氧丝也可作为成品直接用于普通耐热阻燃材料。

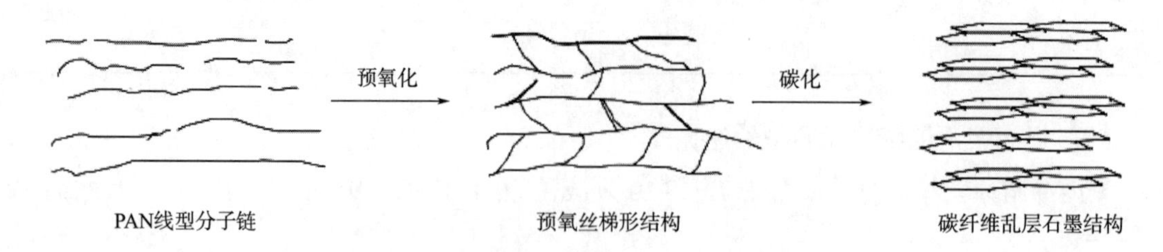

图6-16 生产PAN基碳纤维过程中两次结构转化示意图

(二)预氧化和碳化过程的化学反应

1. 环化反应

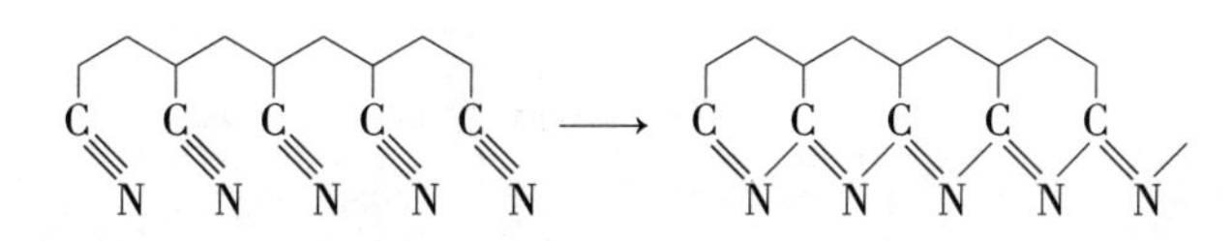

线型分子　　　　梯形,六元环耐热

由聚丙烯腈原丝加工成无机碳纤维的过程中,纤维的化学结构要经过两步重大变化。第一步是大分子侧基的环化,称为环化反应。预氧化过程还有脱氢反应和吸氧反应,聚丙烯腈分子链由预氧化而结合的氧占预氧丝总质量的8%~10%。吸氧后,活泼的氧原子与相邻的氮、氢原子结合,进一步发生脱氢,使六元环上的部分饱和单键转变为双键。

第二步结构转化是在碳化过程中300~1800℃惰性气体的保护下,环状梯形结构经过热解使非碳原子逸走,生成乱层石墨结构或石墨结构,最终生成含碳量在92%以上的无机纤维。第二步结构转化的化学反应更为复杂,待进一步研究。

2. 脱氢反应

未环化的聚合物链或环化后的杂环可由于氧的作用而发生脱氢反应,形成以下结构的中间产物:

3. 吸氧反应

氧可以直接结合到预氧丝的结构中,主要生成羟基(—OH)、羧基(—COOH)和羰(C ═O)等,还可生成环氧结构的中间产物:

或

(三)预氧化和碳化工艺流程

图6-17为美国哈泊(Harper)公司碳纤维生产工艺流程示意图。

聚丙烯腈原丝经开卷纱架开卷加湿后引入预氧化炉。从预氧化炉引出的预氧丝经冷却后相继进入低温碳化炉和高温碳化炉,再经表面处理和上浆后在收丝机上卷绕成碳纤维筒丝(图6-18)。

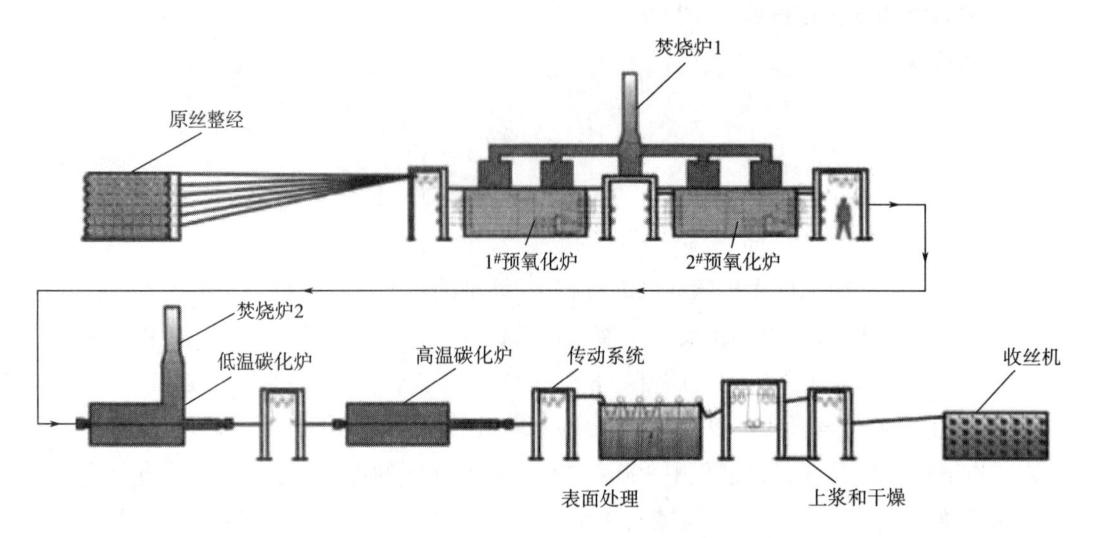

图 6-17　预氧化和碳化工艺流程图

图 6-18　碳纤维生产现场

二、预氧化丝的碳化和石墨化工艺

(一)预氧化丝碳化和石墨化的目的

高温碳化又称石墨化。碳化的目的是去除预氧化纤维中所含的氮、氢和氧等非碳元素,形成含碳量 92%以上的碳纤维。

石墨化的目的主要是引起纤维石墨化晶体取向,使之与纤维轴向的夹角进一步减小,以提高碳纤维的弹性模量。石墨化过程中,结晶碳含量不断提高,可达 99%以上,乱层石墨结构向类似石墨的层状结晶结构转换,纤维结构不断完善。

(二)预氧化丝碳化和石墨化工艺过程

预氧化丝在惰性气体保护下进入碳化炉。碳化炉内部温度为1200~1500℃,在这个温度区纤维结构发生剧烈变化,预氧化丝质量的30%~40%要热解逸走,这是结构转化的关键阶段。大分子结构中的氢、氮主要以H_2O、HCN、NH_3、H_2和N_2的形式分离逸出。同时氧以H_2O、CO_2和CO的形式分离逸出。碳化炉内炉膛4~8mm厚的耐热耐蚀不锈钢板,一般分5~6个温度区,由低到高形成温度梯度,使热解过程循序渐进,使纤维中碳含量从约60%升至90%以上。这些热解产物必须瞬间顺利排出,否则会造成纤维污染、表面缺陷,影响碳纤维的质量。纤维碳化时会有物理和化学收缩,所以需要对碳纤维施加适量的张力进行拉伸,以提高大分子主链方向的择优取向。

为了进一步提高碳纤维的模量,可将碳纤维在3000℃高温下进行石墨化热处理,使纤维的含碳量升至99%以上,以改进纤维的结晶在大分子轴向的有序和定向排列。在高温碳化炉内进行石墨化反应,环状梯形大分子交联后转变为稠环状结构,形成梯形六元环连接的乱层状石墨片结构。

三、碳纤维的质量指标

碳纤维产品质量的主要性能指标见表6-8。

表6-8　碳纤维产品主要性能指标

项目	性能指标
规格	12K
拉伸强度/GPa	≥3.53,批次间离散系数≤8%
拉伸模量/GPa	≥225,批次间离散系数≤5%
断裂延伸率/%	≥1.5,批次间离散系数≤8%
线密度/($mg \cdot kg^{-1}$)	800
体积密度/($g \cdot cm^{-3}$)	1.76
碳含量(质量分数)/%	≥93
灰分(质量分数)/%	≤0.5

日本东丽公司采用干湿法纺丝,以DMSO为溶剂,分别以丙烯腈/丙烯酸甲酯及丙烯腈/衣康酸为单体生产聚丙烯腈原丝,可生产T300~T1100G、M30S~M17J系列的碳纤维。其开发的高强型T1000系列碳纤维,抗拉模量达294GPa,拉伸强度达7.06GPa;高强高模M65J型碳纤维的抗拉模量达640GPa,拉伸强度为3.60GPa。东丽公司实验室已研制出拉伸强度为9.13GPa的碳纤维,比T1000碳纤维的拉伸强度提高了30%。

四、碳纤维的后整理工艺

为了在后续的生产过程中对碳纤维起到保护作用,提高碳纤维在制造复合材料时的浸润性,碳纤维需要进行表面上浆。由于经过高温处理的碳纤维表面非常光滑,为了提高碳纤维与上浆剂(树脂)的黏合性,需要利用电解的方法对碳纤维进行处理,使碳纤维的表面达到一定的粗糙度,以利于上浆。

经过电解处理后的碳纤维要进行清洗,以除去附着在碳纤维上的电解液,清洗后的碳纤维要通过干燥炉去除水分然后再进行上浆。上浆后的碳纤维,经干燥后便可按客户的要求进行卷绕、包装,完成全部生产过程。其中,碳酸氢铵电解液[$(NH_4)HCO_3$]的质量分数为8%~10%,上浆剂(水基环氧树脂)为2.5%。

五、碳纤维的表面处理工艺

碳纤维多用于复合材料的增强纤维。碳纤维很细,比表面积很大,与基体树脂复合后两界面面积很大,因此两相黏结的程度对终端材料的整体性能起着关键作用。

未经处理的碳纤维表面是光滑和惰性的,与基体树脂的黏接性差,因此要对碳纤维进行表面处理。处理的原则是既提高表面性能又尽量不(显著)破坏其力学性能。表面处理的方法有表面涂层法、表面氧化法、γ射线辐射法和电化学聚合法等。

(一)表面涂层法

不同的用途可采用不同的表面涂层物质。例如,采用化学镀镍法对碳纤维表面进行镀镍,可提高碳纤维的导电性。将体积分数为2.5%、5%、7.5%、10%的镀镍碳纤维作为导电填料制备镀镍碳纤维/环氧树脂复合材料。碳纤维化学镀镍后,表面形成了一层均匀的复合镀层,镀层中镍的质量分数高达94%,镀镍碳纤维的电阻值仅为碳纤维的1/54。镀镍碳纤维/环氧树脂复合材料的电磁屏蔽能力较碳纤维原丝有所提高。复合材料的屏蔽效能随镀镍碳纤维添加量的增加而升高。在低频段(kHz频段),复合材料的屏蔽能力主要取决于材料的本征参数。不同镀镍碳纤维含量的镀镍碳纤维/环氧树脂复合材料的屏蔽能力相差不大,在中高频段(MHz、GHz频段),镀镍碳纤维/环氧树脂复合材料的屏蔽效能主要取决于材料的电阻率。

(二)γ射线辐射法和电化学聚合法

可采用γ射线辐射法、电化学聚合法改善碳纤维表面。例如,以三缩四乙二醇为接枝单体,在不同的辐照剂量下辐照处理碳纤维,以及电化学聚合衣康酸改性碳纤维。用扫描电子显微镜、X光电子能谱仪、电子万能试验机观察处理前后碳纤维的表面形貌、复合材料的断面形貌、表面化学组成及复合材料层间剪切强度(ILSS)的变化。两种处理方法都能有效提高碳纤维的表面活性,使其与环氧树脂的浸润性提高,复合材料断面纤维拔出明显减少。在200kGy的辐照剂量下处理得到的碳纤维与环氧树脂复合材料的ILSS提高幅度最大,达31.2%。同时,经电化学聚合处理后的碳纤维与环氧树脂复合材料的ILSS提高幅度大于经γ射线辐照处理后的试样,达40%。

思考题

1. 丙烯腈三元共聚物中第二、第三单体的作用是什么?
2. 聚丙烯腈的不规则螺旋状分子结构是怎样形成的?

3. 聚丙烯腈湿法纺丝中，DMF 溶剂路线和硫氰酸钠溶剂路线有何优缺点？
4. 简述聚丙烯腈湿法纺丝和干法纺丝的工艺。两者有什么区别？
5. 聚丙烯腈后加工中，干燥致密化的目的是什么？其工艺如何控制？
6. 聚丙烯腈膨体纱的制造原理是什么？
7. 腈纶为什么具有热弹性和极好的耐日晒牢度？
8. 为什么说未拉伸纤维中溶剂含量越少，拉伸温度应越高？
9. 什么是双扩散？扩散速度与截面形状有何关系？
10. 改性聚丙烯腈纤维有哪些主要品种？
11. 写出原丝预氧化和预氧丝碳化过程的主要化学反应。
12. 预氧化的目的是什么？
13. 碳化必须在惰性气氛中进行，为什么？
14. 黏胶纤维与棉都是纤维素纤维，为何用黏胶作碳纤维原丝而不用棉？

参考文献

[1]李光. 高分子材料加工工艺学[M]. 3 版. 北京：中国纺织出版社有限公司，2020.
[2]闫承花，王利娜. 化学纤维生产工艺学[M]. 上海：东华大学出版社，2018.
[3]肖长发，尹翠玉. 化学纤维概论[M]. 3 版. 北京：中国纺织出版社，2015.
[4]祖立武. 化学纤维成型工艺学[M]. 哈尔滨：哈尔滨工业大学出版社，2014.
[5]王琛，严玉蓉. 聚合物改性方法与技术[M]. 北京：中国纺织出版社有限公司，2020.

第七章　再生纤维素纤维

本章知识点

1. 掌握黏胶浆粕制造工艺。
2. 重点掌握黏胶纺丝原液的制备工艺，普通黏胶短纤维和长丝的纺丝工艺。
3. 掌握黏胶生产过程的化学反应方程。
4. 掌握几种常见高湿模量黏胶纤维的原液制备及纺丝工艺特点。
5. 了解功能化改性黏胶纤维。
6. 了解环境友好型纤维素纤维。
7. 重点掌握天丝纤维的生产工艺。
8. 了解天丝纤维的性能及用途。

第一节　概述

纤维素是自然界最丰富的天然高分子物质，不仅来源丰富，而且是可再生资源。纤维素可广泛应用于人类的日常生活中，与人类生活和社会文明息息相关。自古以来，人们就懂得用棉花织布及用木材造纸。利用纤维素生产再生纤维素纤维是纤维素应用较早和非常成功的应用实例。早在1891年，克罗斯(Cross)、贝文(Bevan)和比德尔(Beadle)等首先以棉为原料制成纤维黄酸酯溶液，该溶液的黏度很大，故命名为“黏胶”。后来，他们发现黏胶遇酸后纤维素可重新析出，并于1893年将其作为一种制造纤维素纤维的方法申请专利，这种纤维就被命名为“黏胶纤维”。1905年，米勒尔(Muller)等发明了一种稀硫酸和硫酸盐组成的凝固浴，首先实现了黏胶纤维的工业化生产。目前，再生纤维素纤维的生产方法具体有以下几种。

(1)黏胶法。用于生产黏胶纤维。

(2)溶剂法。用于生产铜氨纤维[溶剂是$Cu(OH)_2$和液氨]、莱赛尔(Lyocell)纤维等。

(3)纤维素氨基甲酸酯法(CC法)。用于生产纤维素氨基甲酸酯(cellulose carbamate)纤维。

(4)闪爆法。用于生产新纤维素纤维。

(5)熔融增塑纺丝法。用于生产新纤维素纤维。

近年来,国内外生产企业陆续推出了各种功能性黏胶纤维产品,例如,兰精(Lenzing)公司与科恩(Kelheim)公司于2010年共同推出的命名为“Viloft”的黏胶纤维,该纤维的扁平截面可提高纤维保暖功能;德国科恩纤维公司开发了具有持久拒水性的黏胶纤维 Olea;我国也开发了磷系阻燃黏胶纤维、抗菌除臭黏胶纤维等。

环境友好并可工业化生产的有生产第三代纤维素纤维的 *N*-甲基吗啉-*N*-氧化物(NMMO)法和 CC 法。但是,目前纤维素纤维的主要生产方法还是以黏胶法为主,产量占90%以上。

黏胶纤维是一类历史悠久、技术成熟、产量巨大、用途广泛的化学纤维,根据其结构和性能划分的品种如图7-1所示。

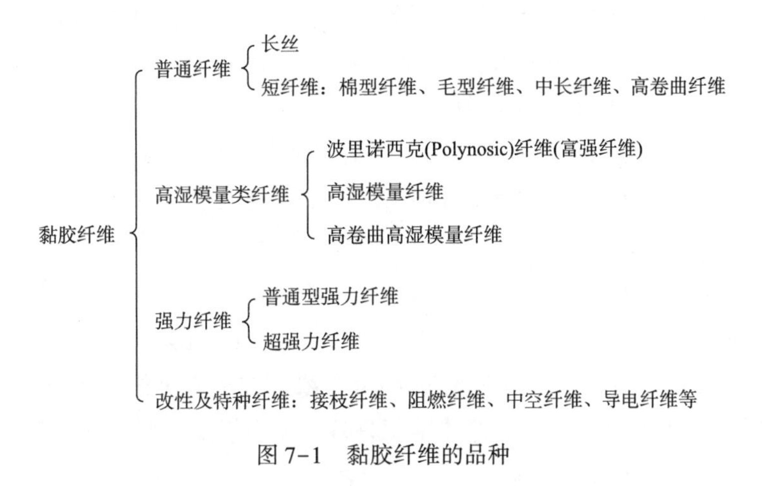

图7-1　黏胶纤维的品种

第二节　再生纤维素纤维的原料

再生纤维素纤维的基本原料是纤维素浆粕,而纤维素广泛存在于自然界的各种植物的表皮、茎秆和叶片中,以及植物种子周围,例如,树木有木材纤维,麻秆韧皮有麻纤维,芦苇秆叶中有禾本科植物纤维,棉籽周围的棉花和棉籽绒纤维。其中,木材纤维、禾本科植物纤维和棉籽绒等纤维太短,且难以与其他杂质分离,不能直接用于纺纱,适于制造再生纤维素纤维的浆粕。

一、纤维素的结构、分类及性能

(一)纤维素的结构

纤维素是一种由大量葡萄糖残基彼此按照一定的连接原则,即通过第一个、第四个碳原子用β键连接起来的不溶于水的直链状大分子化合物。其分子通式为$(C_6H_{10}O_5)_n$,n代表D-葡萄糖酐的数目,即聚合度。纤维素结构包括纤维素分子链结构及纤维素聚集态结构。其化学结构式如下：

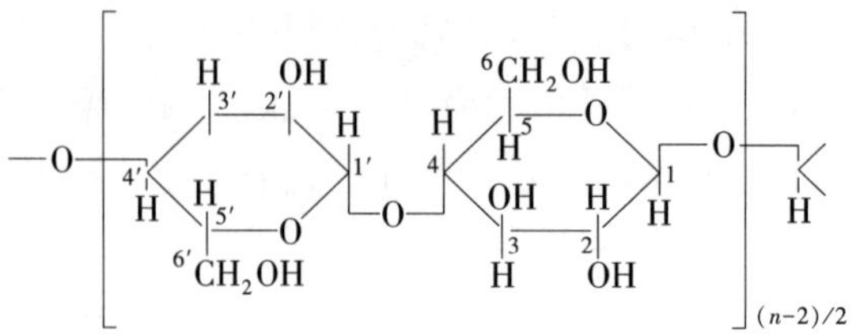

(二)纤维素的分类

纤维素不是均一的物质，而是不同相对分子质量的物质组成的混合物。在工业上分为 α-纤维素、β-纤维素、γ-纤维素，后两种纤维素统称为半纤维素。

α-纤维素是植物纤维素在特定条件下不溶于 20℃ 的 17.5%(质量分数) NaOH 溶液的部分，溶解的部分称为半纤维素。β-纤维素是以上溶解部分用醋酸中和又重新沉淀分离出来的那一部分纤维素，不能沉淀的部分为 γ-纤维素。

聚合度越低，纤维素越易溶解，显然，α-纤维素的聚合度高于半纤维素的聚合度。α-纤维素的聚合度一般在 200 以上，β-纤维素为 140~200，而 γ-纤维素为 10~140。浆粕的 α-纤维素含量越高越好。

(三)纤维素的物理性质

纤维素是白色、无味、无臭的物质，密度为 1.5~1.56g/cm^3，比热容为 1.34~1.38J/(g·℃)，不溶于水、稀酸、稀碱和一般的有机溶剂，但能溶解在浓硫酸和浓氯化锌溶液中，同时发生一定程度的分子链断裂，使聚合度降低。纤维素能很好地溶解在铜氨溶液和复合有机溶液体系中。

纤维素对金属离子具有交换吸附能力。纤维素含杂质(如木质素及半纤维素)越多，对金属离子的吸附能力越强。纤维素对金属离子的交换吸附能力与溶液的 pH 有关，pH 越高，交换吸附能力越强；纤维素一般具有良好的对水或其他溶液的吸附性，吸附性的强弱与纤维素结构及毛细管作用有关；纤维素在 200℃ 以下热稳定性尚好，当温度高于 200℃ 时，其表面性质发生变化，聚合度下降。影响纤维素裂解的因素除温度和时间外，水分和空气的存在也有很大关系。

(四)纤维素的化学性质

纤维素分子结构中，每个葡萄糖残基含有三个羟基(—OH)及一个末端醛基，在某些化学试剂的作用下，纤维素可发生一系列化学反应。

1. 氧化反应

纤维素对氧化剂十分敏感。受氧化剂作用时，纤维素分子中的部分羟基被氧化成羧基(—COOH)或醛基(—CHO)，同时分子链发生断裂，聚合度降低。

2. 与酸反应

纤维素与酸作用时，在适当的条件下会发生酸性水解。这是由于纤维素大分子的配糖连接对酸不稳定引起的。纤维素的酸性水解可分为多相及单相水解。多相水解时，水解后的纤维素形态仍保持固态，并不溶解，这种不溶解的纤维素称为水解纤维素，水解后，纤维素聚合度降低；单相水解时，纤维素首先溶解，然后发生水解，聚合度下降。如条件剧烈，水解的最终产物为葡萄糖。

3. 与碱反应

纤维素与碱作用时，在适当条件下发生配糖连接、碱性降解及端基的“剥皮”反应，导致纤维素的聚合度降低。纤维素与浓 NaOH 溶液作用，生成碱纤维素。碱纤维素是制备纤维素酯或醚的中间产物。

4. 酯化反应

纤维素与各种无机酸和有机酸反应，生成各种酯化物，如硝化纤维素、醋酸纤维素酯、纤维素黄原酸酯等。

5. 醚化反应

纤维素与卤代烷、卤代酸或硫酸酯作用生成纤维素醚，比较重要的有纤维素甲基醚、纤维素乙基醚及羧甲基纤维素（CMC）等，它们有着广泛的用途。

二、纤维素浆粕的制造及质量要求

（一）纤维素浆粕的制造

纤维素浆粕的生产过程与造纸工业的制浆过程区别不大，但对浆粕的化学纯度及反应性能要求严格，对力学强度等物理性质无特殊要求。原材料经过备料、蒸煮、漂白、抄浆、脱水及烘干等工序最终可制得浆粕，其生产工艺流程如图 7-2 所示。不同的生产原料、制造工艺、方法和设备，不同的纤维品种，对黏胶浆粕的质量要求也不同，但为了保证纺丝的顺利进行，均要求浆粕中的纤维素高，杂质少，聚合度分布均匀一致，分布带越窄越好，反应性能优良，纤维长度分布均匀，浆粕成分均一性好。

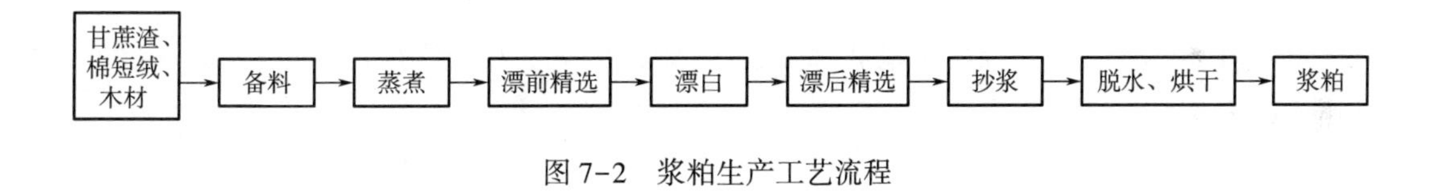

图 7-2　浆粕生产工艺流程

1. 备料

备料工序实际上是对制浆原料进行预处理，选用的原料不同，则备料的内容会有所差异。当采用的原料为甘蔗渣时，要对其进行开松、除髓，以除去其中的蔗髓及机械杂质；若采用的原料为棉短绒，则要进行开松、除尘，以除去砂粒和矿物性杂质及棉籽壳等；若采用的原料是木材，则要经过剥皮、除节、切片等处理。

2. 蒸煮

蒸煮是制浆的重要工序之一，其基本方法是将经预处理的原料与蒸煮药剂混合，在一定温度与压力下进行蒸煮，使其成为浆料。蒸煮会使纤维细胞发生膨润，破坏其初生壁，可提高浆粕的反应性能，降低浆粕的聚合度。蒸煮条件取决于原料种类、化学组成、密度、水分、成熟程度及浆粕的品质要求，这些因素若发生变化，则蒸煮条件需相应地改变。

根据蒸煮药剂的不同，可将制浆方法分为亚硫酸盐法、预水解硫酸盐法和苛性钠法。不同的方法适用于不同的原料,例如,结构紧密的针叶木类原料适合采用亚硫酸盐法进行制浆,树脂和多缩戊糖含量高的落叶松、阔叶树和甘蔗渣适合采用预水解硫酸盐法进行制浆,棉短绒则适合采用苛性钠法进行制浆。

3. 精选

浆料经过蒸煮之后,需进行精选。所谓精选,就是对浆料进行洗涤、打浆、筛选、除砂、浓缩等处理,从而提高浆料的纯度,同时进一步提高其反应性能。

4. 漂白、漂后精选

漂白是为了除去浆料中的有色杂质和残存的木素、灰分和铁质,从而进一步提高纤维素的反应性能,最终调节纤维素的聚合度。

5. 抄浆、脱水、烘干

漂白且精选后的浆料送至抄浆机,在此完成成型、脱水、烘干,即成为浆粕成品。

(二)黏胶纤维浆粕的质量要求

由于浆粕生产原料不同,纤维素纤维的品种及制造方法、工艺、设备不同,所以对纤维素浆粕的质量要求也不尽相同,但均应具有纯度高、碱化及黄化时能与化学试剂迅速而均匀地反应、纤维素酯在碱溶液中扩散及溶解性能良好等特点,并且有良好的过滤性能,以保证纺丝顺利进行。浆粕的理想质量见表7-1。

表7-1　浆粕的理想质量

指标	理想质量要求	指标	理想质量要求
纤维素含量	越高越好	反应性能	优良
杂度	越低越好	纤维长度分布	均匀
聚合度分布	均匀一致,分布带越窄越好	浆粕成分均一性	好

α-纤维素含量高、半纤维素含量低,标志着浆粕纯度高。在纤维生产中浆粕及 CS_2 的单位消耗低,容易进行碱的回收。

第三节　黏胶纤维纺丝原液的制备

黏胶纤维的原料和成品,其化学组成都是纤维素,仅形态、结构及力学性能发生了变化。黏胶纤维的生产,就是通过化学和机械的方法,将浆粕中很短的纤维制成各种形态并具有所要求品质、适合各种用途的纤维成品。各种黏胶纤维的生产都必须经过下列四个过程:黏胶的制备、纺前准备、纤维成型、纤维的后处理。其具体生产工艺流程如图7-3所示。

浆粕先经过浸渍、压榨和粉碎工艺后得到碱纤维素,经老成和黄化后得到纤维素黄原酸酯,经溶解得到黏胶溶液,再经过混合、过滤、熟成和脱泡工序,最终得到纺丝用的黏胶原液。

一、碱纤维素的制备

将混合好的不同批次的浆粕,通过浸渍、压榨和粉碎等工序即可制得碱纤维素,这三道工序

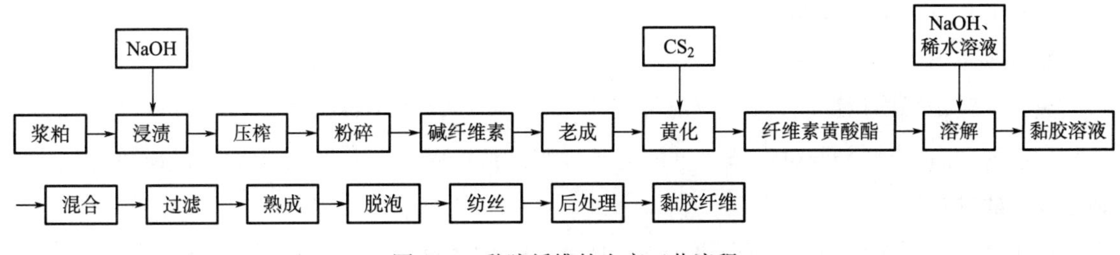

图 7-3 黏胶纤维的生产工艺流程

通常是利用浸压粉联合机(联浸机)来实现的。制备好的碱纤维素再经过老成,适当调节黏度,生产中常用老成鼓来实现。

1. 浆粕的准备

浆粕的生产是分批进行的,为了减小各批浆粕间的品质差异,避免该差异对黏胶品质产生影响,通常采用多批混合的方法。混合时,各批浆粕之间的品质差异应处于一定的范围,品质差异太大则不适合相互混合。

2. 纤维素的浸渍

纤维素的浸渍是黏胶纤维溶液制备的重要工序,该过程主要发生化学及物理化学变化、溶胀和部分低分子溶出现象。通过浸渍,纤维素的聚合度会有所下降,纤维素的形态结构也受到破坏,超分子结构发生变化。此外,纤维素对各种化学试剂的反应能力会有所提高,有利于黄化反应的进行。

3. 碱纤维素的压榨与粉碎

为避免过量的水和碱对黄化反应的影响,经过浸渍的浆粕,需与过剩的碱液进行分离,该过程即为压榨。经压榨后的碱纤维素十分致密,表面积减小,必须再进行粉碎,使其呈细小的松屑粒状,从而增加其反应表面积,确保随后各工序的反应可均匀进行。

4. 碱纤维素的老成

碱纤维素的老成是在空气的氧化作用下,使碱纤维素分子链断裂,聚合度下降,从而达到适当调整黏胶黏度的目的。老成程度的控制主要通过调节老成时间、老成温度以及选用氧化剂或催化剂来达到。

二、纤维素黄酸酯

(一)纤维素黄酸酯的制备

1. 黄化反应

碱纤维素的黄化是黏胶制造工艺中十分重要的一步。通过黄化,难溶的纤维素变为可溶的纤维素黄酸酯。黄化过程通常是在黄化机中完成,黄化反应式如下所示:

$$C_6H_9O_4ONa+CS_2 \rightleftharpoons C_6H_9O_4OCS_2Na$$

或

$$C_6H_{10}O_5NaOH \cdot nH_2O+CS_2 \rightleftharpoons C_6H_9O_4OCS_2Na+(n+1)H_2O$$

通常用酯化度 r 值来表示黄化反应程度。r 值指平均每 100 个葡萄糖基环结合 CS_2 的摩尔数。实际上其反应机理很复杂。

2. 反应机理

黄化反应是气固相反应，其反应过程包括 CS_2 蒸气从碱纤维素表面向内部扩散渗透的过程，以及 CS_2 在渗透部分与碱纤维素上的羟基进行反应的过程。该反应为放热反应，故低温有利于反应的进行。

黄化反应是可逆反应，主要取决于 NaOH 和 CS_2 的浓度。在溶解过程中，甚至在以后的黏胶溶液中，CS_2 继续向微晶内部渗透，被称为"后黄化"。所以，CS_2 的扩散和吸附对反应起着很重要的作用。

（二）纤维素黄酸酯的溶解和混合

1. 溶解

纤维素黄酸酯的溶解过程在带搅拌的溶解釜中进行。块状分散的纤维素黄酸酯经过连续搅拌和循环研磨，逐步被粉碎成细小颗粒，逐渐溶解于溶剂中。其机理是纤维素黄酸酯与溶剂接触，黄酸基团发生强烈的溶剂化作用，纤维素溶胀，大分子间距增大，纤维素晶格彻底破坏，大分子不断分散，直到形成均相的黏胶溶液。

2. 混合

碱纤维素黄酸酯的溶解过程包括两个阶段：粉碎阶段和混合阶段。开始溶解时，由于存在黄酸酯团块，研磨粉碎是该阶段的主要作用；随着黄酸酯团块的消失，主要就是进行混合。此外，溶解结束后，为了尽量减小各批黏胶间的品质差异，使其均匀一致，利于纺丝，需将溶解完成的数批黏胶进行混合。

三、黏胶的熟成

由于纤维素黄酸酯在热力学上不稳定，即便是在常温下也会逐步分解。故在黏胶放置过程中发生的一系列化学和物理化学变化，称为黏胶的熟成。

1. 熟成过程中的化学反应

黏胶熟成过程中发生的化学反应主要有水解反应和皂化反应，其反应式如下：

水解反应：

$$\mathrm{C(OC_6H_9O_4)(=S)SNa} + H_2O \longrightarrow \mathrm{C(OC_6H_9O_4)(=S)SH} + NaOH$$
$$\mathrm{C(OC_6H_9O_4)(=S)SH} \longrightarrow CS_2 + C_6H_{10}O_5$$

皂化反应：

$$3\mathrm{C(OC_6H_9O_4)(=S)SNa} + 3NaOH \longrightarrow 3C_6H_{10}O_5 + 2Na_2CS_3 + Na_2CO_3$$

以上两种反应在熟成过程中同时存在。一般黏胶溶液中碱的质量分数为 4%～7%，而当该质量分数低于8%时，以水解为主。由此可见，黏胶熟成过程中主要发生的是水解反应。除上述反应外，一些热力学上潜能较高的副产物（如硫代碳酸盐等）不断转化为潜能较低的碳酸钠和硫化钠等。

2. 熟成过程中的黏度变化

熟成过程中黏度的变化如图 7-4 所示，黏度随着熟成时间的增加先急剧下降到最低点，之后缓慢上升，最后急剧上升。开始阶段的急剧下降，原因是黏胶中游离的纤维素黄酸酯进入纤维素的结晶部分，引起后黄化，导致部分结晶区继续分散溶解于碱液中，分散粒子逐渐变小。缓慢上升的原因是随着熟成的继续进行，酯化度 r 下降，致使脱溶剂化和结构化程度增加。最后的急剧上升，原因是随着副产物的增加，酯化度进一步下降，纤维素大分子间由于氢键作用而不断凝聚，直至形成凝胶。

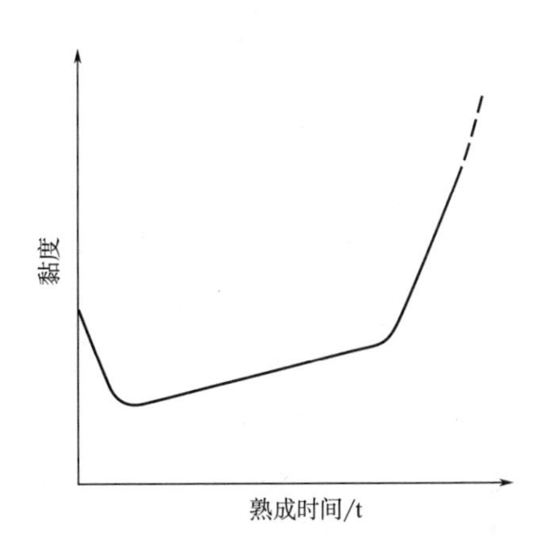

图 7-4　黏胶溶液的黏度随熟成时间的变化

3. 熟成过程中熟成度的变化

黏胶的熟成度是指黏胶对凝固作用的稳定程度，通常用 NH_4Cl 和 NaCl 的值来表示。即在 100mL 黏胶中，加入质量分数为 10%的 NH_4Cl 水溶液，直至黏胶开始胶凝时所用的 NH_4Cl 溶液的量即为 NH_4Cl 值。在熟成过程中，熟成度的变化趋势是先急剧上升到最大值，然后再逐渐减小。熟成度是黏胶的重要指标之一，它直接影响纺丝成型过程的速度及成品纤维的性能。

四、过滤和脱泡

1. 过滤

溶解后的黏胶溶液含有大量微粒，这些微粒包括未反应的纤维及其片段、未溶解的纤维和溶解不完全的凝胶粒子，以及半纤维素与 Fe、Ca、Cu 的螯合体等，还包括通过原料、设备和管道带入的杂质。为防止以上微粒在纺丝过程中阻塞喷丝孔，导致单丝断头或影响成品纤维质量，故需要进行过滤。纺前黏胶通常采用绒布或细布进行三道过滤。

2. 脱泡

由于黏胶黏度较高，通过搅拌、输送或过滤容易带入大量大小不一的气泡，若不加以去除，则会加速黏胶的氧化。此外，气泡对过滤和成型等都会造成一定的影响。过滤时气泡的存在会破坏滤材的毛细结构，导致凝胶粒子渗漏；成型时气泡的存在会导致纤维断头或产生疵点，小气泡还会导致纤维强度的降低。因此，黏胶溶液中的气泡含量需严格控制。通常采用抽真空方式加速去除气泡，控制气泡在黏胶中的体积分数小于 0.001%。

第四节　普通黏胶纤维的纺丝成型

普通黏胶纤维分为普通黏胶短纤维和普通黏胶长丝两类，两者在纺丝工艺及后处理工艺上不尽相同。

一、普通黏胶短纤维

(一)纺丝工艺流程

黏胶纤维通常只能用湿法纺丝。由于纤维素未能熔融即分解,不能采用熔融纺丝。因为要在纺丝过程中完成纤维素黄原酸钠分解的化学过程,故难以采用干法纺丝。只是在某些研究中,黏胶纺丝采用干湿法纺丝。按照纺丝浴槽的数量及要求不同,黏胶纤维纺丝方法通常分为一浴法和二浴法,个别情况还采用三浴法。一浴法纺丝是黏胶的凝固和纤维素黄原酸钠的分解在同一浴槽内完成(如普通黏胶长丝成型);二浴法纺丝则是黏胶的凝固主要在第一浴,纤维素黄原酸钠的分解主要在第二浴(如强力黏胶纤维)。

黏胶纤维的品种繁多,但纺丝流程比较相似。图 7-5 为黏胶短纤维纺丝拉伸工艺流程图。原液通过计量泵,由喷丝头喷出的原液细流在凝固浴中凝固成丝条,之后经导丝杆、纺丝盘和塑化浴拉伸,最终集束成丝束。

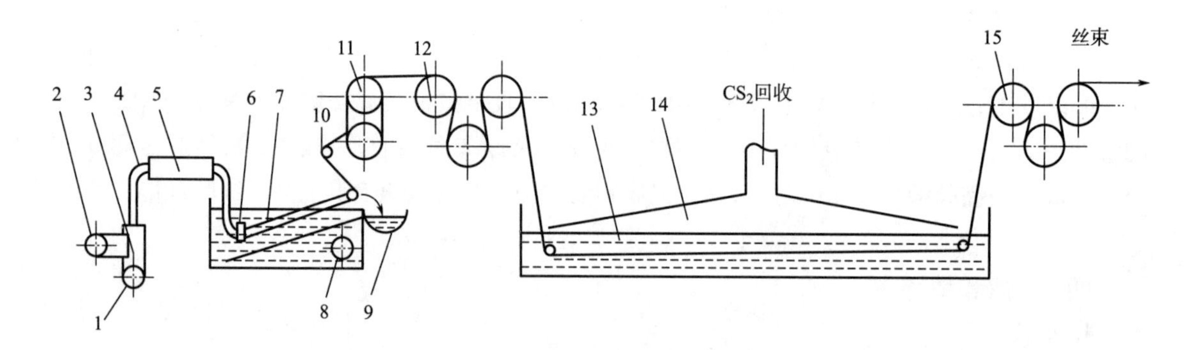

图 7-5 黏胶短纤维纺丝拉伸工艺流程图

1—黏胶管 2—计量泵 3—桥架 4—曲管 5—烛形过滤器 6—喷丝头组件 7—凝固浴 8—进酸管 9—回酸管 10—导丝杆 11—纺丝盘 12—前拉伸辊 13—塑化浴 14—罩盖 15—后拉伸辊

(二)凝固浴的组成与作用

凝固浴是由硫酸(H_2SO_4)、硫酸钠(Na_2SO_4)和硫酸锌($ZnSO_4$)按一定比例组成的。之所以要用三者的组合溶液,而不单独使用 H_2SO_4 水溶液,是因为单独的 H_2SO_4 水溶液虽能用于黏胶纤维成型,但所得纤维质量很差。故一般要用组合凝固浴,且纤维品种不同,凝固浴的组成及成型温度也会随之发生变化。凝固浴三种组分的作用如下。

(1)H_2SO_4 的作用。第一,使纤维素黄酸钠分解,再生出纤维素和 CS_2;第二,中和黏胶中的 NaOH,使黏胶凝固;第三,分解黄化所产生的副产物。纤维品种不同、黏胶的熟成程度不同、黏胶的组成不同、纺丝速度及喷丝头大小不同都决定着所需采用的硫酸浓度。

(2)Na_2SO_4 的作用。第一,抑制 H_2SO_4 的离解,延缓纤维素黄酸钠的再生速度;第二,促使黏胶脱水而凝固,从而改善纤维的力学性能。

(3)$ZnSO_4$ 的作用。第一,与纤维素黄酸钠作用生成稳定的中间产物纤维素黄酸锌,该中间产物分解速度比纤维素黄酸钠要慢,利于拉伸,从而得到强度较高的纤维;第二,纤维素黄酸锌的交联结构可形成结晶中心,避免大块结晶体的形成,从而提升纤维结构的均匀性,提高强度、延伸度和钩接强度;第三,硫酸锌的加入可改进纤维的成型效果,使纤维具有较高的韧性及优良的耐疲劳性。

(三)纺丝工艺

1. 成型特点

(1)喷丝头。黏胶短纤维采用的喷丝头为直径较大或组合式的,单头孔数为几千至几万孔,丝束线密度大于百万分特,纺丝机的单台生产能力较大。

(2)成型条件。喷丝孔排列和分布要合理,酸浴的分配和流向要均匀。相比普通长丝而言,短纤维的成型条件较缓和,纺丝浴组成中的 $ZnSO_4$ 含量最少,H_2SO_4 含量略低,Na_2SO_4 含量略高。在塑性状态下丝条可经受较大的拉伸。

(3)双浴成型。所谓双浴成型,是指丝束经凝固成型后,还要在专门的塑化槽中进行拉伸,纤维素在此完成再生。一浴中纺出的丝束,合并成丝束后,在二浴中(95~100℃)进行 60%~100%的拉伸,并且充分分解为水化纤维素。

2. 成型原理

黏胶通过喷丝孔形成细流进入含酸凝固浴,黏胶中的碱液被中和,细流凝固成丝条,纤维素黄酸钠分解再生成水化纤维素。该过程中既有化学变化,也有物理化学变化。

(1)化学变化。纤维素黄酸钠遇酸分解等反应如下:

$$C_6H_9O_4OCS_2Na+H_2SO_4 \longrightarrow C_6H_{10}O_5+Na_2SO_4+CS_2\uparrow$$

黏胶中的碱与酸中和反应如下:

$$2NaOH+H_2SO_4 \longrightarrow Na_2SO_4+2H_2O$$

纤维素黄酸钠和硫酸锌的过渡反应如下:

$$C_6H_9O_4OCS_2Na+ZnSO_4 \longrightarrow C_6H_9O_4O-\overset{\overset{S}{\|}}{C}-S-Zn-S-\overset{\overset{S}{\|}}{C}-C_6H_9O_4$$

黏胶中的杂质遇酸后的副反应如下:

$$NaCS_3+H_2SO_4 \longrightarrow Na_2SO_4+H_2S\uparrow+CS_2\uparrow$$

$$Na_2S+H_2SO_4 \longrightarrow Na_2SO_4+H_2S\uparrow$$

$$Na_2S_x+H_2SO_4 \longrightarrow 2Na_2SO_4+H_2S\uparrow+(x-1)S\downarrow$$

$$Na_2S_2O_3+H_2SO_4 \longrightarrow Na_2SO_4+H_2\uparrow+SO_2+S\downarrow$$

(2)物理化学变化。黏胶经过喷丝孔时,在切向力作用下形成各向异性的黏胶细流。黏胶细流与凝固浴各组分的双扩散结果,使纤维素黄酸钠被分解而析出再生纤维素。细流被离析为双相,即凝胶相和液相,最终在纤维的表面形成皮膜,溶剂通过皮膜向内部渗透,从而形成截面结构不均匀的皮芯结构。

3. 拉伸作用

由于凝固纤维所处状态不同,故不同部位拉伸所得的效果也不同。黏胶短纤维的拉伸一般有三个阶段,即喷丝头拉伸、导丝盘拉伸和塑化拉伸。

(1)喷丝头拉伸。喷丝头拉伸率是指第一导丝盘的线速度相对于黏胶从喷丝头喷出速度提高的比率。喷丝头拉伸率的计算如式(7-1)所示:

$$喷丝头拉伸率=\frac{第一导丝盘线速度-黏胶喷出速度}{黏胶喷出速度}\times 100\% \tag{7-1}$$

喷丝头喷出的黏胶尚处于黏胶态,不宜施加过大的拉伸,否则易造成断头和毛丝。喷丝头拉伸率根据纤维品种和酯化度的不同而有较大差异。

(2)导丝盘拉伸。也称空气浴拉伸,指导丝盘与第一集束辊之间的拉伸。此时的丝束上附有部分凝固浴液,纤维素黄酸钠继续凝固并分解,大分子的活动能力降低,拉伸的纤维素大分子可沿轴向达到一定程度的排列,但该阶段的拉伸率较小。

(3)塑化拉伸。指第一集束辊和第二集束辊之间的拉伸。丝束在高温酸性塑化浴中得到完全再生,同时也使丝条处于可塑状态,大分子链有较大的活动余地,对其加以强烈的拉伸,能够使大分子和缔合体沿拉伸方向取向。拉伸的同时,纤维素基本全部再生,使拉伸效果得以巩固。故该阶段拉伸是拉伸中最有效的部分。

(四)后处理工艺

1. 后处理方式及工艺

黏胶短纤维经过喷丝头喷出、集束、拉伸后,纤维中含有许多杂质,如丝条带出的凝固浴液、成型过程中产生的胶态硫黄、附着在纤维上的 Ca 和 Mg 等金属盐类,这些杂质必须去除,以免对纤维质量及纺织加工产生影响。通常,普通黏胶短纤维的后处理有三种工艺流程,如图 7-6 所示,既可先切断再后处理,也可先后处理再切断。

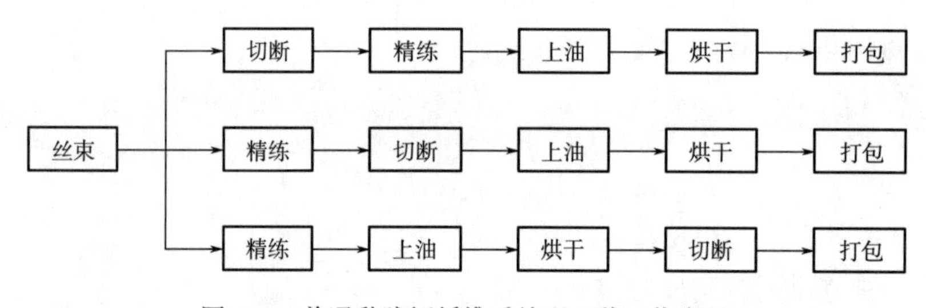

图 7-6 普通黏胶短纤维后处理三种工艺流程

目前最常用的后处理方法是切断后再进行后处理,其详细的工艺流程如图 7-7 所示。

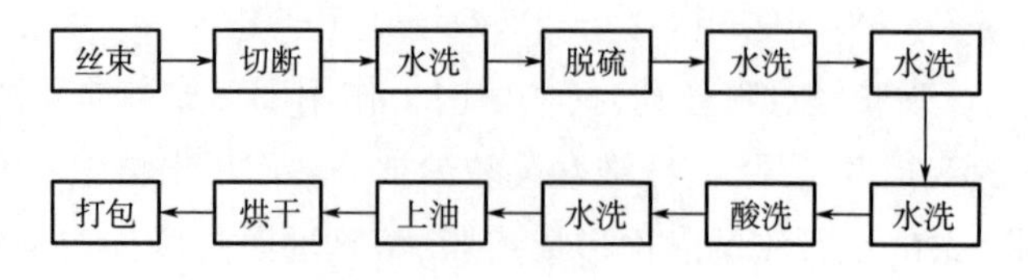

图 7-7 普通黏胶短纤维常用后处理工艺流程

2. 各工序的作用

(1)水洗。从图7-7中可以看到,在整个后处理过程中需经过四次水洗。最开始水洗的作用是将纤维上的硫酸、硫酸盐及部分硫黄洗去。化学处理后的水洗,其作用是去除化学处理药液及生产中形成的杂质。水洗温度要控制适当,以便提高水洗效果。另外,为了节约用水,除第一次水洗后的水排放外,其余各道洗水都回收利用。此外,还采用逆流的方式,后一道洗水送到前一道使用。为防止硬水对纤维造成影响,后处理过程中使用的均为软水。

(2)脱硫。纤维上附着的硫黄会导致纤维呈淡黄色,且手感粗糙,在后续的纺织加工中会产生灰尘,恶化车间环境,故需要去除。纤维表面的硫黄在热水中即可被洗掉,内部的胶质硫黄难以用热水去除,通常要借助化学药剂(脱硫剂),常用的有 NaOH、NaOH 和 Na_2S 的混合液及 Na_2SO_4,它们可与不溶性的硫生成可溶于水的多硫化物和硫代硫酸盐,从而被去除。

(3)漂白。原料及生产中带入的各种色素会降低纤维的白度,若对纤维的白度要求较高,就需对其进行漂白。常用的漂白剂是 H_2O_2。

(4)酸洗。纤维处理过程中产生的不溶性氢氧化铁及其他重金属会影响纤维的质地和外观,故需通过酸洗去除。常用的酸是盐酸或硫酸。

(5)上油。上油的作用是改善纤维的纺织加工性能,调节纤维表面摩擦力,使纤维柔软、平滑且抱合力适当。上油率关系到上油效果,其通常控制在0.15%~0.30%为宜。纤维用油剂要求既能改善纤维的纺织加工性能,又具有较好的稳定性,同时要求无臭、无腐蚀性、洗涤性好且价廉易得。

(6)烘干。烘干前,纤维要先脱水,使其含水率由300%~400%降低到130%~150%。短纤维一般采用轧辊脱水机脱水,热风烘干,烘干速度取决于热空气的温湿度、循环速度及纤维厚度和开松程度。烘干后的纤维含水率一般为6%~8%。

(7)打包。经过烘干和开松后的短纤维,借助气流或输送带送入打包机,打成一定规格的包,便于贮存和运输。包上一般注明生产厂家、纤维规格等级、重量、批号、包号等信息。

二、普通黏胶长丝

(一)纺丝工艺流程

普通黏胶长丝通常采用离心式纺丝机进行纺丝,图7-8为黏胶长丝纺丝工艺流程。黏胶原液通过计量泵、烛形过滤器,从喷丝头喷出原液细流,在凝固浴中凝固成丝条,依次经过导丝钩、下纺丝盘、导丝棒、上导丝盘、漏斗导丝器,进入离心罐,最终形成丝饼。

(二)纺丝工艺

1. 长丝用浆粕的特点

长丝用浆粕与短纤维用浆粕不完全相同,长丝用浆粕具有如下特点:

(1)α-纤维素含量要高。国内规定长丝用浆粕α-纤维素的含量不低于89%,国外则高达95%~96%。

(2)半纤维素含量要低。如果半纤维素含量高,会导致浸渍、老成、黄化及碱液回收等工艺

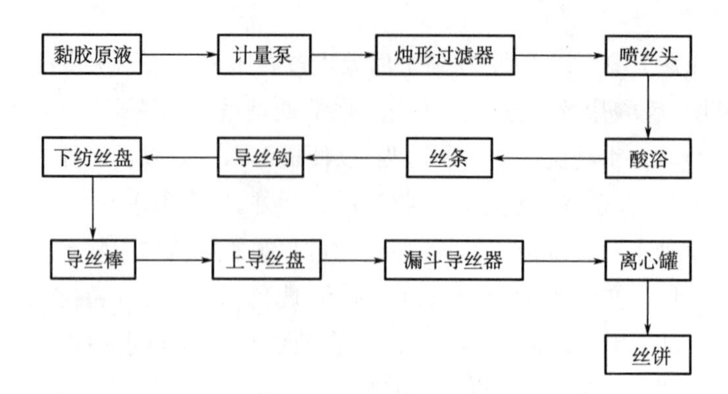

图 7-8　普通黏胶长丝纺丝工艺流程

过程困难,影响黏胶纤维质量,从而影响长丝的力学性能。

(3)杂质含量要低。长丝用浆粕要求杂质含量低,如果杂质(树脂、蜡质、Ca、Mg、Fe、Si 等灰分)含量高,则会增加黏胶过滤和纺丝的困难,并降低长丝的白度。

(4)聚合度及其分布适中,波动范围小。

(5)工艺条件较短纤维缓和而严格。

(6)老成温度不宜过高,适宜用低温或中温,温度控制严格,不可有较大波动。

(7)黏胶过滤次数一般不低于三道,过滤介质要密,出口压力要低。

2. 黏胶长丝的成型

(1)成型工艺。黏胶长丝也采用湿法进行纺丝。黏胶原液通过喷丝孔形成细流进入凝固浴中,黏胶溶液中的碱被凝固浴中的酸中和,细流凝固为丝条,纤维素黄酸钠分解再生成水化纤维素。根据凝固与分解是否同时发生,可分为一浴法、二浴法和多浴法。其中,凝固与分解同时在一浴中完成的称为一浴法纺丝,黏胶长丝采用的是一浴法纺丝。

(2)工艺条件。

①成型速度。成型速度随所采用纺丝机类型的不同而不同。例如,筒管式纺丝机的成型速度为 65~90m/min,离心式纺丝机的成型速度为 60~100m/min,连续式纺丝机的成型速度一般为 50~80m/min。

②凝固条件。凝固浴的温度一般为 40~55℃。温度太高,纤维素黄酸钠分解太快,易出现毛丝、缠辊等现象;温度太低,则出现丝条凝固慢、成品中胶块多等现象。凝固浴的组成根据喷丝头规格、拉伸方式及其分配、纺丝速度等来确定。

③浸没长度。丝条在凝固浴中的浸没长度一般为 20~38cm,浸没时间为 0.1~0.2s。浸没长度越长,成型越均匀,纤维强度越高,柔软性及韧性越好。

④凝固浴的循环速度。为保证凝固浴浓度和温度均匀,凝固浴的循环量每锭不少于 40L/h,控制凝固浴中的硫酸落差不大于 2g/L。

(三)后处理及加工工艺

黏胶长丝的后处理工艺与黏胶短纤维基本相同,但使用的设备及后处理方式有所不同。此外,黏胶长丝经后处理后还需进行加捻、络筒、分级及包装等后加工工序。一般长丝在成型过程中已加捻,所以加捻工序可省去。目前,我国采用连续式纺丝生产黏胶长丝,纺丝、后处理及后加工全部在纺丝机上完成,生产效率高,生产成本低。

1. 络筒

络筒是把处理好的丝饼打成筒子或成丝绞,以便丝绸厂使用,大多数打成筒子。对于先染色后织造的品种,使用绞装较为方便。成筒在络筒机上进行,成筒重量一般为 1.6~1.7kg。成绞在成绞机上进行,通常单绞重量为 120g。

2. 分级包装

黏胶长丝在出厂前需进行检验升级,确定等级,以便用户使用。丝筒和丝绞经分级后按照包装要求进行包装。

第五节　高性能黏胶纤维

高湿模量纤维(HWM)是指一种具有高干湿强度、高湿模量的纤维素纤维。高湿模量纤维分为波里诺西克(Polynosic)纤维和变化型高湿模量纤维两种。波里诺西克纤维由日本开发,是高湿模量纤维的一种,日本商品名为“虎木棉”,中国商品名为“富强纤维”;变化型高湿模量纤维简称高湿模量纤维,20 世纪 60 年代由华东纺织工学院(现东华大学)研制成功。

一、富强纤维

(一)富强纤维定义

国际波里诺西克协会(AIP)规定凡符合下列指标的纤维才能称为波里诺西克纤维。

(1)未处理纤维润湿时,于 0.44dN/tex 负荷下延伸度在 4%以下;在 20℃、经质量分数为 5%的 NaOH 溶液处理后,纤维润湿时,于 0.44dN/tex 负荷下延伸度在 8%以下。

(2)用质量分数为 5%的 NaOH 溶液处理后,纤维润湿时断裂强度在 1.76dN/tex 以上。

(3)打结强度在 0.4dN/tex 以上。

(4)纤维素聚合度在 450 以上。

(二)浆粕制备工艺及特点

1. 对浆粕的要求

富强纤维的浆粕要求纯度较高,平均聚合度大于 800,其中大于 500 的约占 75%,低于 250 的不超过 5%,聚合度分布较窄。

2. 浸渍和粉碎

常温下进行浸渍和粉碎,为避免过多地降低纤维素大分子的聚合度,粉碎后的碱纤维素一般不再进行老成。

3. 黄化

黄化时 CS_2 用量较大(不低于 α-纤维素质量的 45%),为获得均匀的高酯化度纤维素黄酸钠,开始加入 CS_2 时的温度不宜超过20℃,当 CS_2 充分均匀地扩散到碱纤维素内部后,再升高温度,加快黄化过程。

4. 溶解

为防止纤维素大分子间羟基的结合由于碱的离子化而被破坏,一般将纤维素黄酸钠直接溶于纯水中,从而降低黏胶中 NaOH 的含量。黏胶组成中 α-纤维素与 NaOH 的质量比一般不超过1∶0.62。

5. 脱泡、过滤、熟成

由于富强纤维采用的浆粕聚合度高,且低温粉碎后省略了老成过程,加之黏胶中碱含量较低,故黏胶的黏度较高,不能采用常法脱泡,需采用快速脱泡法。过滤与普通黏胶相同,但是需增加过滤面积,以缩短总的熟成时间。要尽量缩短熟成时间,尤其是对纤维素黄酸钠酯化度较高的富强纤维,因为随着熟成时间的增加,天然纤维素的结构逐渐消失,导致纤维素湿强度下降,塑性较大。

(三)纺丝工艺及特点

1. 凝固浴组成

(1) H_2SO_4 浓度。富强纤维生产中的 H_2SO_4 浓度一般控制在30g/L以下,这样有利于形成具有天然纤维结构的纤维,但也不是一成不变的,随着黏胶含碱量、纺前黏胶的熟成度、纺丝速度以及喷丝头大小的变化要进行适当调整。

(2) Na_2SO_4 浓度。富强纤维生产用凝固浴中 Na_2SO_4 的浓度控制在60g/L以下,一般为45~55g/L。另外,随着 H_2SO_4 浓度的提高,Na_2SO_4 的浓度也要相应提高。

(3) $ZnSO_4$ 浓度。最初生产富强纤维,凝固浴中不含 $ZnSO_4$,加入 $ZnSO_4$ 是为了增加纤维的韧性。凝固浴中 $ZnSO_4$ 的浓度一般不超过1g/L,通常采用0.4~0.6g/L。

2. 凝固浴温度

凝固浴的温度直接影响各种离子的扩散速度及化学反应速率。富强纤维的成型常与低酸低纺速相适应。采用的凝固浴温度较低,通常为20~25℃,一般不超过35℃。

3. 纺丝速度

富强纤维所采用黏胶的酯化度和盐值较高,加上低酸、低盐、低温缓和成型条件,故需采用低的纺速。纺速太高,会拉断丝束或形成毛丝。通常纺速控制在20~25m/min。

4. 拉伸条件

富强纤维与普通黏胶纤维的拉伸条件不同,它是先经喷丝头负拉伸,后进行强烈的正拉伸,再经适当的松弛完成的。

(四)富强纤维的结构与性能

富强纤维的平均聚合度为500~600,横截面呈圆形,全芯结构,有原纤结构,结晶度高。故富强纤维的力学性能也反映出芯层的特点,即高强度、低伸度、脆性大、钩接强度差、在水中的膨润度高、吸湿性较低及密度较大。对碱液稳定性好,能经受丝光化处理。与普通黏胶纤维比较,富强纤维的性能见表7-2。

表 7-2　几种黏胶纤维的力学性能

性能	普通黏胶纤维	富强纤维	变化型高湿模量纤维
干强度/($cN \cdot dtex^{-1}$)	2.0~3.1	3.1~5.8	3.1~5.4
干伸度/%	10~30	6~12	8~18
湿强度/($cN \cdot dtex^{-1}$)	0.9~2.0	2.4~4.0	2.2~3.8
干模量/($cN \cdot dtex^{-1}$)	55~80	70~150	70~150
湿模量/($cN \cdot dtex^{-1}$)	2.7~3.6	18~65	9~22
钩接强度/($cN \cdot dtex^{-1}$)	0.3~0.9	0.6~1.0	0.6~2.7

二、变化型高湿模量纤维

变化型高湿模量纤维简称高湿模量纤维，该纤维有圆滑而较厚的皮层，结构均一，具有较高的干湿强度及湿模量。由于其性能与普通黏胶纤维不同，故其对浆粕的要求、黏胶制备的工艺特点及成型工艺都不同于普通黏胶纤维。高湿模量纤维生产中所用黏胶是加入多种变性剂的高碱化黏胶，在高锌凝固浴内纺丝成型。

（一）制备工艺及特点

制造高湿模量黏胶纤维的浆粕，α-纤维素含量较高，浆粕聚合度较高，分布不能太宽。通常采用预水解硫酸盐浆粕或精制亚硫酸盐浆粕，所用浆粕质量指标见表 7-3。

表 7-3　高湿模量黏胶纤维浆粕的主要性质

性质	数值范围
α-纤维素/%	92.0~97.5
不溶于 18% NaOH 溶液的部分/%	92.5~99.0
灰分/%	0.03~0.08
萃取物/%	0.01~0.25
聚合物(*DP*)	800~900

1. 浸渍、压榨

浸渍时 NaOH 溶液质量分数通常为 18.5%左右，碱液中半纤维素质量分数要求小于 3%，碱液中不能含 Fe、Cu、Mn 等金属。且为了改善吸碱性，浸渍时通常会加入 0.1%~0.3%的渗透剂。压榨后碱纤维素中 α-纤维素的质量分数为 33%左右，NaOH 的质量分数为 15%~16%。

2. 老成

老成温度要不低于粉碎终温，否则碱纤维素内会产生冷凝水，影响老成过程中碱纤维素降聚的均匀性。

3. 黄化

高湿模量纤维的黏胶酯化度比普通黏胶纤维要求更高，所以，黄化时 CS_2 加入量较高。CS_2

使用量与浆粕的反应性能、设备的作用效果、黏胶含碱量及纤维质量要求有关。

4. 溶解

黏胶中的NaOH质量分数为5%~10%，α-纤维素质量分数为5%~8%，碱与α-纤维素之比控制在1~1.2。变性剂可随溶解碱加入，也可在溶解结束前加入，要保证与黏胶均匀混合。

5. 过滤、脱泡及熟成

高湿模量黏胶的过滤方式与普通黏胶相似，只是由于高湿模量黏胶的黏度较高，需适当提高过滤压力。高湿模量黏胶纤维制备中加入的变性剂多为表面活性剂，它将黏胶中的气泡分散成众多的小气泡，所以静止脱泡不易脱尽气泡，应采用连续脱泡。

高湿模量黏胶纤维纺前要求黏胶熟成程度较低，所以熟成温度较低。熟成后的高湿模量黏胶组成及性质见表7-4。

表7-4 高湿模量纤维和富强纤维的黏胶组成及性质对比

组成和性质	高湿模量纤维	富强纤维
纤维素/%	5~8	4~7
NaOH/%	30~40	2.5~5.5
CS_2(对α-纤维素)/%	5~10	45~55
变性剂(对纤维素质量)/%	0.2~5.0	0~1.0
碱纤维素聚合物(*DP*)	450~600	600~800
黏度/(Pa·s)	100~150	150~600
酯化度	35~45	55~100
盐值(NaCl)	8~12	10~20

(二)纺丝工艺及特点

高湿模量黏胶纤维凝固浴中$ZnSO_4$和Na_2SO_4的浓度较低，这样可形成较大结构单元，所制得的纤维湿模量高。凝固浴温度较低，纤维素黄酸钠的再生率降低，所得纤维强力低，应采用喷丝头负拉伸。采用二浴成型，在低酸高温的二浴中可进行再生，此时纤维素的塑性较大，可进行大倍率拉伸。高湿模量纤维及富强纤维的纺丝条件见表7-5。

表7-5 高湿模量纤维及富强纤维的纺丝条件

纺丝条件	高湿模量纤维	富强纤维
H_2SO_4/%	6~9	2~4
Na_2SO_4/%	10~14	4~6
$ZnSO_4$/%	2.0~5.0	0~1.0
浴温/℃	20~40	5~35
纺丝速度/($m \cdot min^{-1}$)	30~60	10~30
拉伸倍数/%	120~160	90~200

1. 凝固浴组成及温度

(1) H_2SO_4 质量分数。凝固浴中 H_2SO 的质量分数直接影响黏胶的熟成度、黏度、黏胶中 α-纤维素含量和碱含量,也影响纤维的湿模量,故一般控制在 6%~9%。

(2) $ZnSO_4$ 质量分数。$ZnSO_4$ 含量的增加可改善纤维的弹性,但会降低纤维的湿模量,故一般控制在 2%~5%。

(3) Na_2SO_4 质量分数。Na_2SO_4 的质量分数随着凝固浴 H_2SO_4 质量分数的增加而增大。而 Na_2SO_4 质量分数增加,纤维的湿模量略有降低。故一般控制在 10%~14%。

(4) 凝固浴温度。凝固浴温度降低,可使纤维结构缓慢形成,有利于生成高侧序,提高纤维的湿模量。一般凝固浴温度控制在 20~40℃。此外,由于凝固浴中过多的 H_2S 会导致 ZnS 和 $ZnCS_4$ 在喷丝头上沉积,造成毛丝或断头,故 H_2S 浓度要小于 10mg/L。

2. 喷丝头

喷丝头采用铅—铱(9∶1)合金,具有良好的可纺性。喷丝头孔数一般为 20000~50000 孔。多孔喷丝头可采用组合喷丝头。喷丝头通常采用圆锥形孔道,目前逐渐采用双曲线形孔道,可提高纺丝速度,改善纤维成品质量。喷丝孔的大小和均匀性直接影响丝条的线密度均匀性,故喷丝孔的直径要严格控制。

3. 纺丝速度

高湿模量黏胶纤维的形成条件较为缓和,故纺丝速度较慢,一般为 30~50m/min。

4. 拉伸条件

高湿模量黏胶纤维丝条出一浴时要尽可能保持较高的剩余酯化度,使凝固丝条在二浴中能承受较大的拉伸。在二浴中其拉伸率达 110%~140%,拉伸主要发生在进二浴的初期,拉伸初期完成全部拉伸的 40%~60%,之后再进行较缓慢的拉伸。纤维经拉伸后,弹性较差,故纤维出二浴后常会回缩。

(三)高湿模量纤维的结构与性能

高湿模量黏胶纤维的平均聚合度为 450~500,介于普通黏胶纤维和富强纤维之间。横截面为圆形或近似圆形,皮芯结构。其性能也介于普通黏胶纤维和富强纤维之间,几种黏胶纤维及棉纤维的主要性能对比见表 7-6。

表 7-6　几种黏胶纤维及棉纤维的主要性能对比

性能	高湿模量纤维	富强纤维	普通黏胶纤维	棉纤维
干强度/($cN \cdot dtex^{-1}$)	3. 1~5. 4	3. 1~5. 8	2. 0~3. 1	2. 10~3. 52
湿强度/($cN \cdot dtex^{-1}$)	2. 2~3. 8	2. 4~4. 0	0. 9~2. 0	2. 3~3. 7
干伸度/%	8~18	6~12	10~30	7~12
湿伸度/%	19~23	10~16	20~30	9~14
湿模量/($cN \cdot dtex^{-1}$)	9~22	18~65	2. 7~3. 6	6. 2~14. 1
湿强/($cN \cdot dtex^{-1}$) (质量分数为 5%的 NaOH 处理后)	1. 3~1. 8	1. 8~2. 6	±0. 9	±3. 0

三、高湿模量永久卷曲黏胶短纤维

高湿模量永久卷曲黏胶短纤维是在高湿模量纤维和永久卷曲黏胶短纤维成型基础上发展起来的一个新品种。该种纤维同时具备高湿模量纤维和永久卷曲黏胶短纤维的优良特性,既高强高湿又高卷曲、高弹性。

(一)黏胶制备工艺及特点

高湿模量永久卷曲黏胶短纤维所用浆粕与高湿模量纤维所用浆粕要求相同,无其他特殊要求。

1. 黄化条件

碱纤维素的制备条件及其组成与 HWM 纤维相同,碱纤维素黄化时加入的 CS_2 较多,为 α-纤维素质量的 34%~38%,具体工艺条件见表 7-7。

表 7-7 高湿模量永久卷曲黏胶短纤维制备工艺条件

项目		工艺条件
黏胶组成	纤维素/%	7.0~7.5
	NaOH/%	6.5~7.5
CS_2 用量/%		34~38
变性剂用量(对纤维素)	二甲胺/%	0.8~1.5
	聚乙二醇/%	0.8~1.5
纺丝黏胶	黏度/(Pa·s)	80~100
	盐值(NaCl 值)	4.0~6.0
H_2SO_4/%		5.0~5.5
Na_2SO_4/%		15.0
一浴	$ZnSO_4$/%	2.0~3.0
	浴温/℃	35~45
拉伸值/%		90~100
二浴	H_2SO_4/%	2.5~3.5
	浴温/℃	>90
纺丝速度/($m \cdot min^{-1}$)		30~50

2. 黏胶组成

高湿模量永久卷曲黏胶短纤维对黏胶组成无特殊要求,黏胶中的碱与纤维素用量见表 7-7。

3. 变性剂

变性剂种类与 HWM 纤维相同,多采用混合变性剂、复合变性剂或复合—混合变性剂。用量稍低于 HWM 纤维,一般为纤维素质量的 1.5%~3%,具体见表 7-7。变性剂的作用是提高纤维的断裂强度和断裂伸长,但对卷曲率无明显影响。

(二)纺丝工艺及特点

1. 凝固浴组成

为实现卷曲纤维的不对称截面结构,凝固浴需高盐低酸,见表 7-7。高湿模量永久卷曲黏胶短纤维的凝固浴中 H_2SO_4 体积分数为 5%～5.5%，Na_2SO_4 体积分数为 15%。

2. 凝固浴温度

温度提高，有利于卷曲率的提高，故凝固浴温度偏高，见表 7-7，一浴的浴温为 35～45℃。

3. 拉伸条件

凝固浴组成及凝固浴温度是形成纤维不均匀截面结构的主要条件，拉伸是赋予纤维不均匀内应力的必要条件，同时也是决定纤维能否卷曲的主要因素。此外，拉伸还可提高纤维的断裂强度。故卷曲纤维成型时，要尽量提高纤维的拉伸度。

第六节　环境友好型纤维素纤维

由于纤维素不溶于常见的溶剂中，因而在纤维素工业或理论研究中，常把它转化成衍生物。黏胶纤维是再生纤维素纤维的重要代表。它是以天然纤维素纤维（如棉短绒或木浆等）为原料，经碱化、老成、黄化（与 CS_2 反应得到可溶性的纤维素黄酸酯）等工序，溶于稀碱制成黏胶溶液，再经过滤、脱泡，由喷丝孔进入酸性凝固浴中凝固，在此阶段纤维素黄酸酯在酸中水解还原成纤维素，再经过牵伸、水洗、干燥得到黏胶纤维。但是在黏胶纤维的制备过程中，涉及溶剂 CS_2 的使用，因此，其生产所带来的环境污染也不容忽视。

研究纤维素的新溶剂，如果能把纤维素直接溶解成溶液，工业上又可直接加工成型，将给纤维素工业带来很大的变革。环境友好并可工业化生产的，有生产第三代纤维素纤维的 *N*-甲基吗啉-*N*-氧化物（NMMO）法和纤维素氨基甲酸酯（CC）法。另外，还有一些其他的环境友好型纤维素纤维的生产技术，如 LiCl/DMAc 体系法、蒸汽闪爆法和离子液体增塑纺丝法、碱/尿素溶液溶解纤维素法等。

一、NMMO 溶剂法生产莱赛尔（Lyocell）纤维

莱赛尔（Lyocell）纤维是荷兰阿克苏（Akzo）公司于 1976 年开始研究，以 N-甲基吗啉（简称 NMMO）为溶剂生产的再生纤维素纤维，于 1980 年申请并取得发明专利。它被誉为 21 世纪的“绿色纤维”。英国考陶尔兹（Courtaulds）公司生产的 Lyocell 纤维命名为“Tencel”。Lyocell 纤维于 20 世纪 90 年代中期进入中国市场，我国商品名为“天丝”。2004 年 5 月，奥地利兰精公司全面收购了考陶尔兹公司 Lyocell 纤维的生产业务，一度垄断了全球市场。

“十四五”期间，纺织行业将“纤维新材料持续创新升级”列为五大重点工程之首。莱赛尔（Lyocell）纤维专用浆粕、溶剂、交联剂和差别化莱赛尔纤维关键技术的突破是行业“十四五”期间发展的重点任务之一。

莱赛尔纤维以自然界中取之不尽用之不竭的木、竹等为原料，采用无毒的 N-甲基吗啉-N-氧化物（NMMO）为溶剂，整个生产过程为封闭过程，而且溶剂可得到 99%以上的回收，避免废液废料的处理和环境污染问题，整个生产过程绿色环保，且纺丝流程比黏胶纤维短。纤维具有棉的舒适性、涤纶的强度、毛织物的豪华美感和真丝的独特触感及柔软垂坠，在干或湿的状态下

均极具韧性，凭借自身的优异性能，虽在中国起步较晚，但发展迅速。

近年来，兰精公司推出了各种功能性天丝纤维产品。2011 年推出具有美容功效的新型纤维“天丝 C”，该纤维是一种具有亲肤性能的天丝纤维与壳聚糖物质的结合体。2014 年推出了可冲散性天丝纤维，该纤维可生物降解且强韧，适于织造优质湿巾和个人护理湿巾。2015 年推出了“天丝 R100”纤维，该纤维是第一种实现工业化生产的高度复合纤维素纤维，是添加高岭土作为阻燃剂进行纺丝，所得纤维在燃烧时能形成稳定隔热层，从而达到阻燃的要求。

(一)生产工艺流程

国外制造莱赛尔纤维的工艺，一般都是分步进行的，先将纤维素浆粕与 NMMO 溶液在真空容器中脱水制备黏胶，再送入双螺杆机纺丝。我国的制造工艺是 NMMO 溶液先浓缩结晶，再在双螺杆机中与纤维素浆粕混合，进行溶解、制胶并纺丝。

生产莱赛尔纤维采用的是一种溶剂循环封闭式干湿法纺丝，其工艺流程如图 7-9 所示。

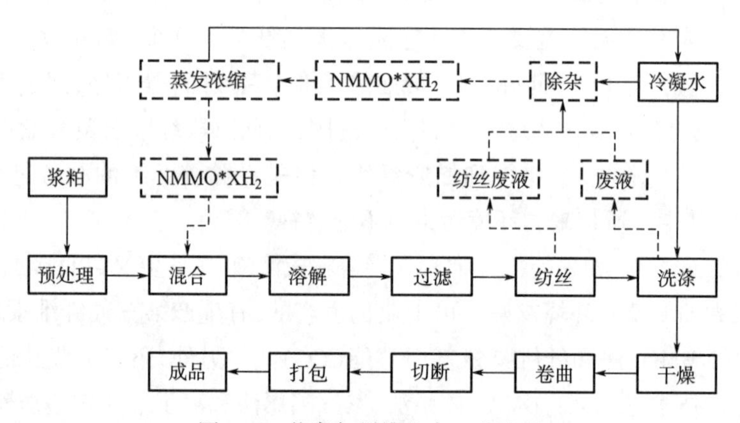

图 7-9　莱赛尔纤维生产工艺流程

(二)浆粕的要求

莱赛尔纤维的强度要求较高，要求所用浆粕具有较高的聚合度，一般控制在 700 左右。浆粕中的半纤维素和杂质含量有严格要求，灰分、树脂等杂质会影响纺丝溶液的过滤性能、可纺性能及纤维成品质量，故也要严格控制其含量。天丝纤维生产用浆粕主要指标见表 7-8。

表 7-8　天丝纤维生产用浆粕主要指标

项目	指标
α-纤维素/%	≥96.5
聚合物(*DP*)	600~700
灰分/%	≤0.1
Fe/($mg \cdot kg^{-1}$)	≤0.05
Cl/($mg \cdot kg^{-1}$)	≤1.0
Cu/($mg \cdot kg^{-1}$)	≤0.01
Mn/($mg \cdot kg^{-1}$)	≤0.02
其他元素/($mg \cdot kg^{-1}$)	≤0.01

(三)纺丝原液的制备

莱赛尔纤维纺丝原液的制备,与传统黏胶纤维生产工艺相比,省去了浸渍、老成、黄化、熟成等工序,只有溶解、脱泡、过滤和输送四个环节。

1. 溶解

溶解是在一定温度下,将纤维素溶解于具有与纤维素相似结构的溶剂 NMMO 中。NMMO 是一个环氨氧化物,其结构式如下:

$$\begin{array}{ccccc} & & CH_2-CH_2 & & \\ & / & & \backslash & \\ H_3C-N & & & & O \\ \vdots & \backslash & & / & \\ O & & CH_2-CH_2 & & \end{array}$$

NMMO 在室温下是固体,熔点约 170℃,不太稳定,易吸水,可与水形成含有四个分子水的水合物。NMMO 与一分子的水结合可组成一个有高度溶解能力的体系,且具有较好的稳定性。溶解纤维素的溶剂一般是 NMMO 的高度水合产物,它具有良好的稳定性,熔点较低。

NMMO 中的 N—O 键有较强的极性,可同纤维素中的—OH 形成强的氢键,生成纤维素—NMMO 络合物。这种络合作用先是在非晶区内进行,破坏了纤维素大分子间原有的氢键。由于 NMMO 的存在,络合作用逐渐深入晶区内,最终使纤维素溶解。溶解过程基本上可视为只有溶胀和溶解而没有化学反应的物理溶解过程。这是 Lyocell 纤维与黏胶纤维溶解过程的最大区别。

溶解过程分为五个环节,即混合、浸润、膨润、溶胀和溶解。整个溶解过程为非连续式,溶解过程中温度和施加强剪切力是两个技术关键。温度不稳定会增加溶解过程的复杂性,温度需根据溶解温度与 NMMO 水合物熔融温度的相关曲线来确定。生产中通常控制 NMMO 的含水率为 13%~15%,温度一般不宜超过 120℃。如果溶剂采用 50%左右的 NMMO 水溶液,在 80~90℃温度下溶解较适宜。施加强剪切力,提高剪切速率可降低体系黏度,提高高黏度溶液的混合与溶解速度。

2. 脱泡

天丝纺丝原液的黏度远远高于传统的黏胶溶液,采用抽真空脱泡,且同时增加脱泡表面,适当升高溶液温度,降低溶液黏度,方可彻底脱泡。

3. 过滤

莱赛尔纤维纺丝溶液采用多道过滤的方式进行过滤。第一道为粗过滤,滤去较大粒子的杂质;第二道为细过滤,滤去中等尺寸的粒子;第三道为精过滤,滤去更细的粒子和部分凝胶颗粒等。经多道过滤后,可提高溶液的可纺性。

4. 输送

天丝纤维生产中溶液黏度大,需由一定功率的设备进行输送。此外,还需提高输送温度,从而改善其流动性,缩短输送时间,以免多纤维素在溶液输送中发生降解。

(四)纺丝工艺

莱赛尔纤维的成型采用的是干喷湿纺新技术,该技术提高了生产效率和纤维性能,同时也增加了凝固成型的难度。纤维出凝固浴后的水洗、拉伸、上油等工序与普通湿法纺黏胶短纤维工艺流程类似。值得注意的是,需采用多道水洗、循环喷淋等措施,以确保丝条中NMMO的含量降到1%以下,溶剂回收率达99.6%以上。

(五)NMMO溶剂的回收

莱赛尔纤维生产中所使用的NMMO溶剂,其毒性比酒精还低,且99.6%以上可回收利用,这也是天丝纤维环境友好的一个重要体现。但是NMMO溶剂价格昂贵,其回收率直接决定着天丝纤维工业化的成败,只有将其最大限度地回收,才具备工业化生产的经济价值。所以NMMO溶剂的回收也是一个研究热点。韩增强等通过大量试验,对NMMO溶剂回收工艺条件进行了优化。结果表明,NMMO的氧化回收率高达96%,纯化回收后的NMMO各项性能指标与标准BASF商品溶剂相当,符合再溶解和纺丝生产的要求,且再溶解成丝质量优良。另外,蔡剑针对NMMO循环利用过程中存在的NMMO先稀释到再浓缩的过程中能量消耗巨大的问题,建议采用低温三效蒸发组合蒸气喷射式热压缩系统流程,并且将该法应用于千吨级天丝生产线上,获得了显著的节能效果。

(六)莱赛尔纤维的结构及性能

1. 莱赛尔纤维的结构

莱赛尔纤维横截面为圆形或椭圆形,内部无肉眼可见的孔隙,纤维表面光滑,无纵向沟槽,如图7-10所示。而黏胶短纤维的横截面是一个不规则的多边形,呈扁平状,内部有孔隙,纵向有多条沟槽。不规则的形状和内部的孔隙造成了多处应力集中,因此,黏胶纤维的强度低,尤其当纤维处于湿态时。

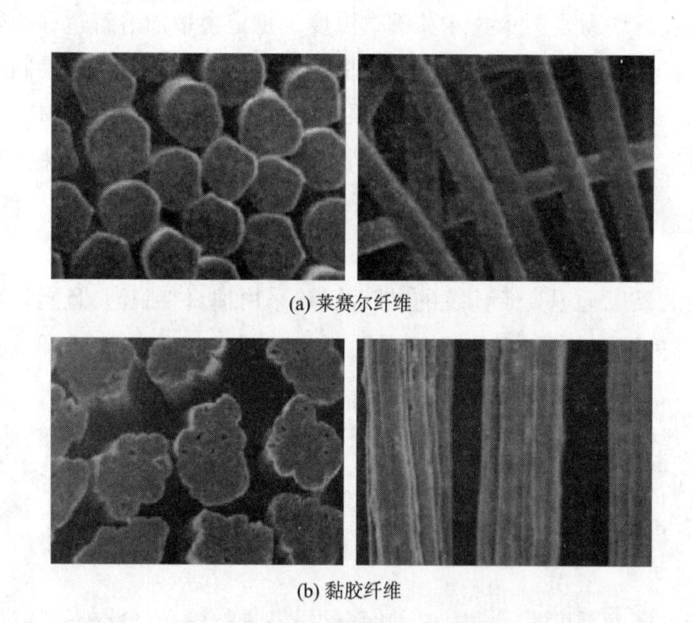

(a) 莱赛尔纤维

(b) 黏胶纤维

图7-10 莱赛尔纤维与黏胶纤维的横截面及纵向形态

莱赛尔纤维的平均线密度为0.17tex,平均密度为1.51g/cm^3,基本上由全芯层组成,皮层很薄,是高结晶纤维。晶体排列成行,具有较高的聚合度,纤维分子取向性好。莱赛尔纤维的聚合度、结晶度、取向度及沿纤维轴向的规整性均高于其他再生纤维素纤维。因此,纤维无定形区侧面横向连接少且弱,容易开裂而形成原纤,造成加工困难,形成棉结及短绒。

2. 莱赛尔纤维的性能

莱赛尔纤维分为标准型、LF 型和 A100 型三类,三类纤维之间最大的区别在于有无原纤化。莱赛尔标准型纤维是原纤化纤维,这一特点使得莱赛尔纤维面料具有手感柔软、类似桃皮绒般的布面效果。天丝 A100 型纤维是无原纤化纤维,该类纤维对染料有非常好的亲和性,上色好且色牢度强。莱赛尔 LF 型纤维则介于莱赛尔标准型纤维和天丝 A100 型纤维之间,表现出适度原纤化。三类莱赛尔纤维的具体物理指标见表 7-9。

表 7-9　莱赛尔纤维的物理指标

组成和性质	标准型	LF 型	A100 型
线密度/dtex	1.30	1.33	1.40
长度/mm	37.5	38.1	37.5
长度偏差率/%	-1.3	0.1	-1.3
断裂强度/($cN \cdot dtex^{-1}$)	3.69	3.89	4.00
强度不匀率/%	13.0	12.8	13.5
伸长率/%	13.46	12.50	10.20
伸长率不匀率/%	15.1	15.3	16.1
疵点/[$mg \cdot (100g)^{-1}$]	0.2	0	0.2
回潮率/%	12.73	12.60	12.50
含油率/%	0.23	0.20	0.28

注　引自周群梯,邹小祥的《天丝纤维性能与纺纱措施》。

天丝纤维具有如下性能:

(1)织物手感挺爽,吸湿透气性好,具有丝绸的悬垂性,触感可由棉变化到毛、真丝以及其他感觉。

(2)较高的干湿强力。干强接近涤纶,比棉高 1 倍,湿强仅下降 15%,远远优于黏胶纤维(黏胶纤维降低 57%),可承受多次机械和化学处理,优异的湿模量(为棉的 2.7 倍、黏胶的 5.4 倍),吸水性和保水性略高于棉,服用舒适。

(3)尺寸稳定性好。织物收缩率低(低于 2%),可洗性好。

(4)较高的溶胀性。干湿体积比为 1∶1.4。

(5)热稳定性。天丝纤维在 150℃以下时,性质稳定,不产生分解;温度高于 170℃时,强力逐渐下降;温度达到 300℃时,开始快速分解;温度达到 420℃时,在控制状态下被氧化和炭化。

(6)耐酸碱性。天丝纤维遇到热稀无机酸和冷浓无机酸,产生水解现象。在碱溶液中膨胀,在 25℃、9%的 NaOH 溶液条件下会出现最大膨胀,并最终裂解,但并不受普通有机溶液和干态清洁剂的影响。

(7)良好的可纺性。

(8)染色性能好于其他纤维素纤维。可通过常规方法漂白染色,具有有效的染料吸收性,产生自然亮泽。但由于天丝纤维易原纤化,染色时纤维易溶胀,一般采用多活性基团活性染料缓解这一现象。多活性基团活性染料的抗原纤化作用与活性基团在染料分子上的位置、活性基团间距、发色基团的大小和数目、染料分子桥基的弹性、反应基团活性和染料扩散能等有关,并且上染的能力还直接受染色深浅的影响。

(9)独特的原纤化特性。经处理后,可获得独特的皮绒风格。

(10)可进行广泛的物理化学处理,诸如酸洗、石洗、酶处理、刷绒、仿鹿皮等,以获得各种手感。免熨性好,缩水率低,吸湿性能好,具有良好的生理穿着性能。

(11)环保性。天丝纤维被称作绿色纤维,与黏胶纤维或其他人造纤维完全不同,它的生产过程和废物处理过程对自然环境几乎无危害。生产天丝纤维的主要原料是木质纤维和水。纺丝液由木浆粕和氨基氧化物混合、加热制备而成,该液体作为生产过程中必不可少的部分,可经提纯、恢复,循环使用,下脚料极少且无害。天丝纤维及其制品的废弃物处理方法简便,既可彻底烧毁,也可废物土埋,制成混合肥料。

(七)天丝纤维的产品及用途

天丝纤维的线密度在 1.1~3.8dtex,主要为 1.4dtex 和 1.7dtex,有棉型的 38mm 和 58mm 短纤维,也有 60~90mm 的中纤维和 82~114mm 的长纤维。可与棉、麻、毛等纤维混纺,也可单独使用。利用它的原纤维,可通过纤维素酶加工桃皮绒类织物,或生物抛光成表面光滑柔和的丝绸状织物。莱赛尔纤维易于采用现有的短纤维纺纱机纺纱,包括转杯纺及长、短纤维环锭纺;可采用传统的织造技术,包括喷气织机、剑杆织机和片梭织机等;织物规格厚薄皆宜,从厚重的斜纹布到轻薄的凡尔纱等。

莱赛尔纤维的产品种类繁多,且新产品不断被开发,具有多种用途。在纯纺和多组分混纺方面出现了大量研究成果,纯纺产品有莱赛尔水波纹双面针织物、赛络纺莱赛尔牛仔包芯用纱及莱赛尔拉舍尔毛毯等;混纺纱线产品有莱赛尔/竹纤维/牛奶纤维/真丝混纺线、莱赛尔/大豆纤维/棉混纺纱线、莱赛尔/莱卡弹力纱和天丝/绢丝混纺纱等。

二、纤维素氨基甲酸酯(CC)法生产纤维素纤维

20 世纪 30 年代中期,黑尔(Ill)和杰克森(Jacobsen)用纤维素与尿素反应,第一次报道了所获得的产物可溶解于稀的氢氧化钠溶液中,溶液在酸液中析出成纤或成膜。因为他们还没有认识到该产品的化学特性,故称其为“尿素-纤维素”。

20 世纪 70 年代末期至 80 年代初期,芬兰内斯特(Neste)和克米拉(Kemira OY)公司合作,开始开发纤维素氨基甲酸酯的潜在应用,并取得了大量的发明专利,如用 CC 法生产出纤维素短纤维,商品名为赛乐卡(Cellca)。此方法克服了黏胶纤维生产中的“三废”问题,扩大了纤维素纤维的应用范围。但是,这种生产工艺并不完善,生产过程中需要低温,能量消耗过大,所以还需对 CC 法进行进一步的研究。20 世纪 80 年代末期,特派克(Teepak)公司、IAP 特尔陶(IAP Teltow)公司及波兰罗兹化学纤维研究所(IW Ch Lodz)对纤维素氨基甲酸酯工艺进行了大量研究;90 年代,德国齐默(Zimmer)公司开始开发自己的技术,即齐默的卡博赛尔(Carbcell CC)工艺,这一专利在 1998 年获得批准。

提出纤维素氨基甲酸酯纤维(CC 纤维),是因为 Lyocell 纤维制备中所需的有机溶剂 *N*-甲基吗啉-*N*-氧化物(NMMO)价格昂贵,纤维原料的制备及纤维成型过程需要特定的设备,投资较大,为其推广应用造成一定的障碍。它是另一种纤维素纤维的制备方法——碱溶剂法成型工艺,即在纤维的制备过程中采用尿素为溶剂,无毒无污染,完全避免了环境污染问题,与传统黏胶纤维生产相似,仅需对常用生产设备稍作改动便可实现。这种纤维的生产工艺流程如图 7-11 所示。

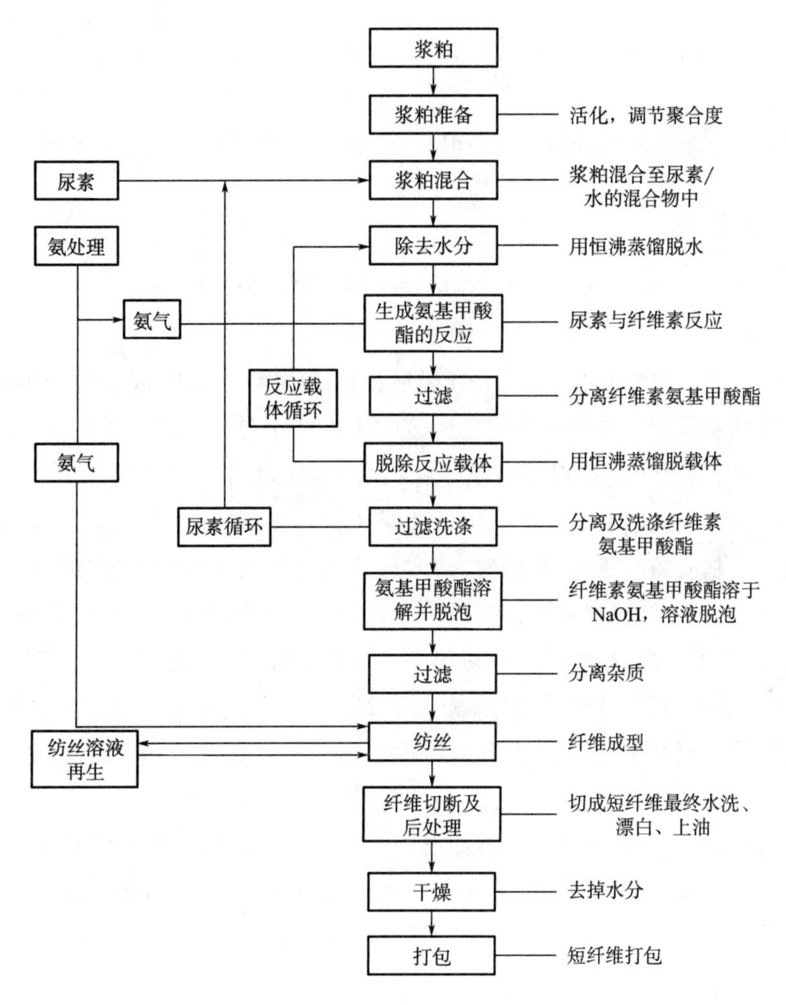

图 7-11 CC 法生产纤维素纤维工艺流程

CC 法的基本原理是用尿素与纤维素反应,得到稳定的中间产物纤维素氨基甲酸酯,其反应可用如下化学方程式表示:

$$NH_2—\overset{\overset{\displaystyle O}{\|}}{C}—NH_2 \longrightarrow HNCO+NH_3\uparrow$$

$$HNCO+Cell—OH \longrightarrow Cell—O—\overset{\overset{\displaystyle O}{\|}}{C}—NH_2$$

此反应需在140~165℃的高温下进行，以达到最佳反应效果。反应前浆粕必须进行预处理。采用各种活化方法使原料浆粕产生一定的降解，控制纤维素的聚合度大小（一般在400以下），使其晶区发生改变，CC中的氨基甲酸酯基团必须均匀分布在纤维素分子链上，从而使纤维素氨基甲酸酯有较好的溶解性，进而有较理想的可纺性。

实际上，纤维素和尿素进行反应更为复杂，并有一系列副反应发生，如下式所示。

主反应：

$$\mathrm{NH_2—\overset{\overset{C}{\|}}{C}—NH_2 \xrightarrow{\triangle} HNCO+NH_3\uparrow}$$

$$\mathrm{HNCO+Cell—OH \longrightarrow Cell—O—\overset{\overset{O}{\|}}{C}—NH_2}$$

副反应：

$$\mathrm{HNCO + H_2C—\overset{\overset{C}{\|}}{C}—NH_2 \rightleftharpoons H_2N—\overset{\overset{C}{\|}}{C}—NH—\overset{\overset{O}{\|}}{C}—NH_2}$$

$$\mathrm{HNCO+NH_3 \longrightarrow NH_4^+NCO^-}$$

在生成纤维素氨基甲酸酯的反应中，异氰酸（HNCO）是中间体，尿素和纤维素的反应实际上是异氰酸和纤维素反应。异氰酸又与主反应中生成的小分子氨发生副反应，生成氰铵 NH_4^+ NCO^-；另一副反应是尿素和异氰酸形成缩二脲。由于副反应生成了大量的副产物，所以控制反应条件使反应尽量生成纤维素氨基甲酸酯就非常关键。CC的使用是安全无毒的，它能很好地溶解在稀碱溶液中制成纺丝原液，利用酸、盐或加热的方法可使纤维素氨基甲酸酯从溶液中析出，经后处理可制成再生纤维素纤维。在该生产流程中，最关键的是合成一定取代度的纤维素氨基甲酸酯，它决定了其溶解、纺丝的难易程度。纤维素氨基甲酸酯的应用范围广泛，除用于制造纤维素纤维外，还可用于生产纤维素薄膜、特种纸张及非织造布等。在所有应用中，最终产品可以是凝聚的纤维素氨基甲酸酯，或是从纤维素氨基甲酸酯转化成再生纤维，这取决于最终的处理方式。

结合我国黏胶纤维厂的实际情况，在原有设备基础上进行改造就能利用纤维素氨基甲酸酯法生产纤维素纤维。我国是黏胶纤维第一生产大国，目前的问题是环境污染严重，同时又不能投入大量资金新建莱赛尔法生产厂。如果上述方法能够获得成功，对于我国黏胶纤维工业的改造具有非常重要的意义。

三、LiCl/DMAC体系法生产纤维素纤维

特巴克（Turbak）提出，使用LiCl/DMAC溶剂溶解纤维素可得到较高浓度的纤维素溶液，纤维素降解少，甚至不降解，溶解过程中不形成纤维素衍生物。关于它的溶解机理，恩兹赫林格（Heinz Herlinger）教授认为 Li^+ 先在 *N*，*N*-二甲基乙酰胺羰基和氮原子之间发生络合，游离出的 Cl^- 再与纤维素羟基络合，以减少纤维素分子间的氢键，使之溶解。反应式如下：

$$H_3C—CO—N(CH_3)_2 \xrightleftharpoons{LiCl} H_3C—{}^{+}C(O—Li)—N(CH_3)_2 \quad Cl^-$$

$$Cell—OH + H_3C—CO—N(CH_3)_2 + LiCl \longrightarrow Cell—O(H\cdots Cl^{\ominus})\cdots Li^{\oplus}\leftarrow O—C(NH_3)—N(CH_3)_2$$

所得的溶液非常稳定,在室温下放置数年其聚合度仅下降50左右,纺丝前只需除去粗大的杂质即可。为使脱泡和过滤容易进行,可通过加热降低溶液黏度,即使加热至100℃也不会产生不良影响。

含纤维素6%~14%的该纺丝溶液可采用常规的干法、湿法和干湿法纺丝工艺成型。湿法纺丝可用水、丙酮、甲醇、乙腈等物质为凝固剂,所得纤维性能优良。溶剂可回收循环使用。这种溶剂体系在德国已进行实验室生产。

该溶剂体系另一个非常突出的优点是LiCl/DMAC溶剂同时溶解CellOH(纤维素)和PAN,比单独溶解纤维素的溶解性能还好,通过CellOH/PAN/LiCl/DMAC溶液纺丝,可得到既具有毛感非常强的PAN纤维性质,又具有纤维素纤维吸湿性好等优点的共混纤维素纤维。

四、蒸汽闪爆法生产纤维素纤维

蒸汽闪爆技术的由来是蒸汽闪爆制浆,它最初是用于植物纤维的高效分离,即用于制浆过程,由玛松(Mason)于1927年首先提出,并取得专利。此后,蒸汽闪爆制浆引起许多研究者的关注。美国、加拿大、新西兰、法国和中国等国家的研究人员对蒸汽闪爆制浆做了进一步研究,并研究出蒸汽闪爆高得率制浆新方法,应用于针叶木、阔叶木和非木材纤维的制浆研究中。

蒸汽闪爆技术应用于纯纤维素——碱溶性纤维素的制备,由日本上田(Kamide)等于1984年完成,首先在特定的条件下,从纤维素铜氨溶液中获得具有明显纤维素非晶态结构的再生纤维素(纤维素Ⅱ)样品,该样品在4℃时能完全溶解于8%~10%(质量分数)的NaOH水溶液中构成稳定溶液。研究还发现,对纤维素溶解度起重要和决定作用的是纤维二糖环分子内氢键断裂的程度,即纤维素在NaOH水溶液中的溶解度不仅取决于其结晶度,而且取决于纤维素分子链上的分子内氢键。这里的分子内氢键主要指在第三位碳原子的羟基与相邻葡萄糖苷环的氧原子之间产生的键($O_3 \cdot H \cdots O_5'$)。

基于以上认识,20世纪90年代初,上田及其同事将蒸汽闪爆技术应用于纯纤维素,以提高纤维素分子间和分子内氢键的断裂程度,从而制得能在NaOH水溶液中以分子形式溶解的碱溶性纤维素(纤维素Ⅰ)。

蒸汽闪爆处理纯纤维素的原理是:纤维素先受到水的膨润并被水浸入深处,再在密闭的容器里受高温加热,高温水蒸气对纤维素产生复合物理作用。水蒸气在2.9MPa的压力下通过浆粕纤维孔隙,渗入微纤束内。在渗透过程中,水蒸气发生快速膨胀,然后剧烈地排入大气中,从而导致纤维素超分子结构的破坏,使吡喃葡萄糖 C_3 与 C_6 位置上的分子间氢键断裂比率增加。在处理中,纤维素分子受到内力与外力的双重作用。内力是因水分子急剧蒸发产生所谓的闪蒸效应所导致;外力主要是分子间的撞击和摩擦作用。在蒸汽闪爆处理中,纤维素超分子形态的变化程度取决于纤维素原料的孔隙度。而且,浆粕纤维素在高压蒸汽作用下产生的解聚,在动力学机理上与常见的纤维素酸解过程相似。

因此,经蒸汽闪爆处理后,可获得能完全溶解于 NaOH 的碱溶性纤维素。碱溶性纤维素(含水 8%~12%)溶解于 9.1%(质量分数)的 NaOH 水溶液中,4℃下间歇搅拌保持 8h,然后脱除杂质及气泡,送入湿法纺丝机进行纺丝。第一凝固浴槽长 80cm,凝固剂采用 20%(质量分数)的 H_2SO_4,凝固浴温度为 5℃,第二凝固浴槽长 50cm。用 20℃水洗涤,水洗槽长 100cm。沸水浴槽长 50cm。纤维通过上油辊后进入四辊加热器(第一辊 180℃,第二辊 130℃,第三辊 120℃,第四辊 30℃),最后卷取得到新纤维素纤维。

新纤维素纤维的横截面呈圆形,纤维表皮层较薄且多孔。新纤维内层结构也多孔隙,平均孔径为 110nm。新纤维的断裂强度为 1.4~1.6cN/dtex,与普通再生纤维素纤维差不多,但是抗拉伸伸长则低于普通再生纤维素纤维。溶液从喷丝板出来时受到的剪切速率小于 $10^4 s^{-1}$ 就能使断裂强度提高。在牵伸比为 1.1~2.6 时,纤维的断裂强度不受牵伸比大小的影响。新纤维素纤维的结晶度较高(0.65~0.67),而常规黏胶法再生纤维素纤维的结晶度只有 0.6 左右。从 X 射线衍射分析可知,新纤维素纤维属于纤维素Ⅱ晶型。新纤维素纤维的取向度远低于普通再生纤维素纤维。

蒸汽闪爆技术制备碱溶性纤维素的重要意义在于改变传统的黏胶生产工艺,大幅度地简化纤维素纤维生产工艺,减轻黏胶法生产对环境的污染。此法可用于生产纤维、玻璃纸、薄膜及其他纤维素制品。

五、离子液体增塑纺丝法生产纤维素纤维

离子液体(IL)是一种熔点在 100℃以下的有机熔融盐,具有高热稳定和化学稳定以及高溶解能力等性质。2002 年,美国阿拉巴马州立大学的 Swatloski 和 Rogers 等首次报道了纤维素可直接溶解在离子液体中的现象,开创了离子液体成纤研究的先河。之后,该小组合成了一系列能溶解纤维素的离子液体,其阳离子主要是含 C1~C6 的烷基咪唑等少数离子,阴离子包括 Cl、Br、SCN、$[BF_4]$、$[PF_6]$及有机酸根等离子,并申请了美国专利。2005 年 11 月,Rogers 研究组和 BASF 化学公司签署框架协议,共同开发离子液体用于纤维素加工的工业化技术,从此开始了以离子液体为溶剂纺制纤维素纤维的系统研究。2007 年,该小组报告了以 1-乙基-3-甲基咪唑氯盐(EMIMCl)离子液体为溶剂纺制的磁性纤维素纤维。同年,日本东京农业技术大学的 Yukinobu Fukaya 等发现了一种新的具有较好溶解纤维素能力的离子液体 *N*-乙基-*N'*-甲基咪唑甲基磷酸盐$[C_{2mim}][(MeO)_2PO_2]$,这种离子液体能在 45℃、30min 的条件下溶解 10%(质量分数)的纤维素而不需要预处理。2006 年,BASF 化学公司离子液体小组的 Uerdingen 博士与德国 Denkendorf 纺织化学和化学纤维研究所(ITCF)及 Rudolstadt 图林根纺织和合成纤维研究所

(TITK)合作,用醋酸1-乙基-3-甲基咪唑盐为溶剂纺制了纤维素纤维。

(一)离子液体溶解机理

溶解纤维素的机理是液体中带正电的基团与纤维素羟基中的氧原子形成氢键,带负电的基团与纤维素羟基中的氢原子产生氢键,从而破坏纤维素分子链间的大量氢键使其溶解(图7-12)。Singh等揭示了纤维素链和离子液体之间的相互作用强于纤维素分子链/水或链/甲醇之间的相互作用。除了阴离子与纤维素羟基形成氢键外,一些阳离子也可通过疏水相互作用与纤维素糖环作用,由此确认了阳离子在纤维素溶解中的重要影响。Rabideau等研究了纤维素分子束在离子液体中的破坏和重整过程,证明离子液体的阴离子可以和纤维素分子束外围的羟基紧密结合,形成带有负电的复合体,而阳离子随后插入分子束之间,由于电荷的不平衡,促进纤维素分子链之间的分离导致溶解。纤维素在离子液体中的溶解度受多因素影响,不仅取决于离子液体的有效性和形成氢键的能力,还取决于其熔化温度、黏度和添加剂等因素。

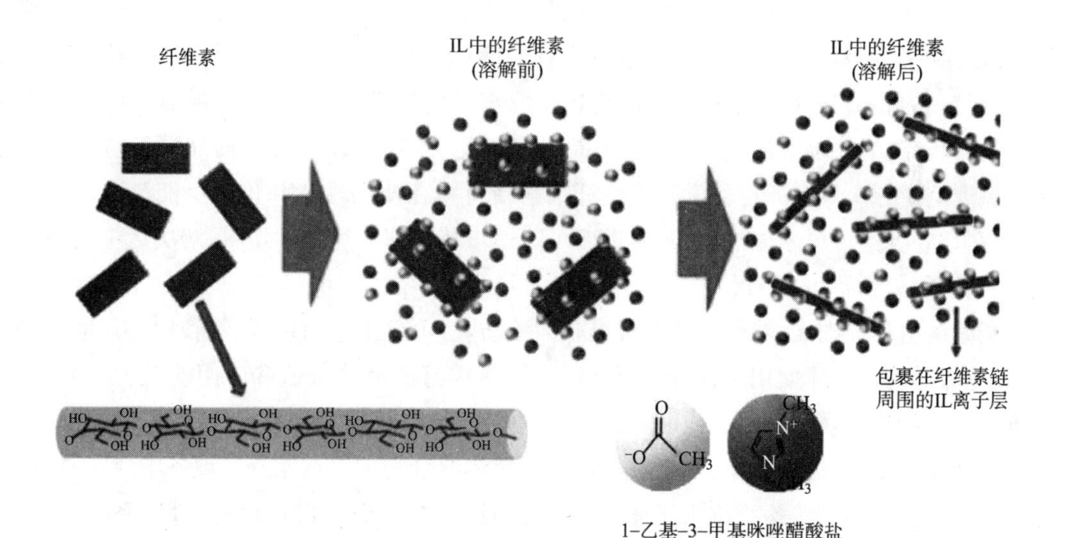

图7-12 1-乙基-3-甲基咪唑醋酸盐(EMIMAc)离子液中的纤维素溶解机理

(二)离子液体溶液体系的再生材料

国内研究人员在离子液体用于纤维素的研究方面开展得也较早。2003年,中国科学院化学研究所的张军研究小组成功合成了1-烯丙基-3-甲基咪唑氯盐(AMIMCl),并且发现这种离子液体对纤维素有很好的溶解能力,进一步研究发现,其溶解性能甚至超过了1-丁基-3-甲基咪唑氯盐(BMIMCl)。张军等还利用离子液体作溶剂溶解纤维素的溶解机理,在离子液体体系中实现了纤维素的均相酯化反应,制备出一系列纤维素基新材料。他们用AMIMCl溶解纤维素,并通过再生—超临界干燥过程,成功制备出高孔隙率、纳米多孔结构的纤维素气凝胶材料。由于该材料中存在大量的极性基团羟基,液体电解质能够快速地被吸收,同时凝胶材料中的离子电导率也得以提升。通过调节溶解的纤维素浓度,得到的气凝胶材料的孔隙率从94.7%降低至37.2%,比表面积也相应地从281.9m^2/g降低至96.2m^2/g,但材料的强度从0.99MPa提高到67.7MPa。通过电化学测试分析证明,当纤维素的浓度为4%(质量分数)时,材料的放电容量高达 138.1mA h/g,并且材料具有优异的热稳定性,在 300℃时未出现分解峰,表明该材料在锂离子凝胶聚合物电解质基质中具有潜在的应用。2008 年,东华大学的王华平采用多种离子液体为溶剂溶解并纺制了纤维素纤维,该小组与山东海龙股份有限公司开发出离子液体纺丝的示范性生产线,并通过专家组验收。

在纤维素多种晶型中,天然纤维素Ⅰ型的溶解及利用最具挑战性。Yang 等开发出 3 种廉价的多元醇铵盐离子液体溶解玉米秸秆中的Ⅰ型纤维素,由此为提取生物质中的纤维素提供了新方法。他们在 2-羟基-*N*,*N*-二(2-羟乙基)-*N*-甲基乙基铵甲磺酸盐([BNEM]-mesy)中,140℃下处理 6h,可得到 90%(质量分数)的Ⅰ型纤维素。其分离机理为秸秆中的木质素和半纤维素在[BNEM]-mesy 中降解成不同的单体小分子,通过高效液相色谱法证明这些小分子为芳香烃、戊醛糖和低聚糖,该离子液体为分离提取再生纤维素提供了新思路。同时,由于离子液体具有较高的溶解能力,可以很好地溶解纤维素及其他天然高分子。

通常再生纤维素材料是Ⅱ型纤维素,其结晶度往往低于自然界中原本的Ⅰ型纤维素,聚集态结构缺乏有序性,因此,通过溶液再生法制备的纤维素材料往往强度不是太高。尽管近些年新型"绿色"溶剂的开发及利用为纤维素的开发带来了新的机遇,但仍需加强对溶解机理以及再生条件的研究,为纤维素能更好地溶解(提高溶解度及溶液稳定性)及提高再生材料的有序结构提供理论指导。只有通过科学技术使纤维素新材料在使用性能和价格上能与合成高分子材料相竞争,纤维素材料才能进入市场,进而可能逐步替代非生物降解塑料,解决污染问题。

(三)离子液体增塑纤维素

离子液体增塑纤维素,获得高浓度纤维素溶液纺丝,不仅工艺简单,能制备出高强度纤维素纤维,还能降低离子液体使用量,生产过程环保,具有很好的经济价值和应用前景,是目前纤维素纤维研究的新热点之一。

离子液体增塑纤维素,主要是将纤维素/离子液体混合物加入双螺杆等设备中,在一定温度下,经混合、捏合及压缩等使纤维素迅速溶解,通过此方法可获得高浓度的溶液体系。目前,文献报道的以离子液体为溶剂制备的纤维素纤维,其纺丝液浓度均较低。Hermanutz 报道了 1-乙基-3-甲基咪唑醋酸盐(EMIMAc)溶解棉短绒制备的纺丝液浓度为 20%,Kosan 比较了 BMIMCl、EMIMCl、1-丁基-2,3-二甲基咪唑氯盐(BDMIMCl)、1-丁基-3-甲基咪唑醋酸盐(BMIMAc)及 EMIMAc 在捏合机中制备的木浆纤维素溶液浓度、黏度及其纤维强度后,发现 EMIMAc 纺丝液最大浓度达 19.6%。而采用双螺杆挤出机制备后,纤维素溶液浓度有所增大。张慧慧等以 BMIMCl、EMIMAc 为溶剂,采用双螺杆挤出机制备了 25%的纤维素/离子液体纺丝原液。程博闻课题组采用 AMIMCl 增塑聚合度为 620 的木浆,经双螺杆挤出机制备了质量分数为 30%的纤维素纤维。

六、碱/尿素溶液溶解纤维素制备再生纤维

(一)NaOH 或 LiOH/尿素水溶液体系

张俐娜等突破有机溶剂高温加热溶解纤维素的传统方法,利用碱/尿素水体系低温成功溶解了纤维素。他们开发了一系列碱性水体系溶剂,证明可在低温下迅速溶解纤维素,并且具有

一定的普适性。纤维素可溶解于预冷到-12℃的7%(质量分数)NaOH/12%(质量分数)尿素溶液或4.6%(质量分数)LiOH/15%(质量分数)尿素水溶液中。该溶解机理如下:NaOH水合物与纤维素链形成氢键配体,以尿素水合物为壳包裹在NaOH-纤维素链周围,形成管状结构的包合物(IC),导致纤维素溶解。动、静态光散射(DL和LLS)和透射电子显微镜(TEM)实验结果和理论计算模型表明,纤维素IC以蠕虫链构象存在于水溶液中(图7-13)。此外,利用脉冲梯度场核磁共振的新方法定量地研究了锂离子和钠离子与纤维素大分子的相互作用,结果表明,锂离子与纤维素的结合比例显著高于钠离子,大约是其5倍。这证实了锂离子与纤维素大分子有更强的结合能力,从而导致氢氧化锂水溶液对纤维素有更强的溶解能力。他们通过核磁共振、红外光谱、溶致变色法等实验室手段,首次在碱性水体系溶液中证明尿素与纤维素分子间的弱相互作用。尿素与纤维素之间的相互作用不是通过氢键而是来源于尿素分子的色散力作用,尿素与纤维素之间的弱相互作用通过削弱纤维素分子的疏水作用而促进其溶解,同时维持大分子的良好分散和溶液稳定性。

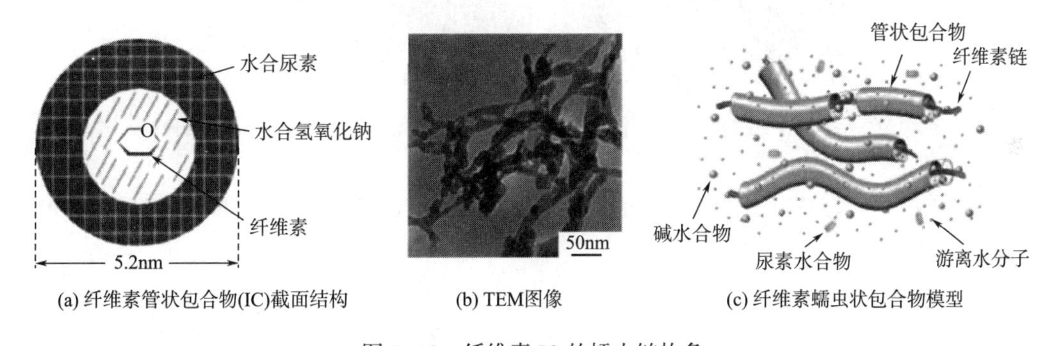

(a) 纤维素管状包合物(IC)截面结构　(b) TEM图像　(c) 纤维素蠕虫状包合物模型

图7-13　纤维素IC的蠕虫链构象

(二)碱/尿素溶液体系的再生材料

由于碱/尿素体系的溶解机理为破坏高分子间的氢键,而天然高分子往往以氢键相互作用聚集在一起,因此,碱/尿素体系是一种良好的天然高分子共溶剂。碱/尿素溶液低温快速溶解纤维素的方法,实现了不产生有机废弃物的绿色溶解理念。张俐娜等通过低温快速溶解纤维素再生,制备出纤维、膜、水凝胶、气凝胶和微球等新材料,并证明它们具有优良的性能和各种功能。实验证明,这些新材料在纺织、包装、生物医用材料、储能材料、水处理材料以及纳米催化剂载体材料等方面有广泛的应用前景,而且符合国家战略需求。

为了实现“绿色”溶剂纺丝的工业化,张俐娜和傅强等提出“自下而上”诱导纳米纤维形成的湿法纺丝新方法。他们利用15%(质量分数)的植酸溶液作凝固浴,在低温下再生制备出高强度再生纤维素丝(图7-14)。由于植酸相对分子质量较大,当凝固浴温度较低时,纤维素纺丝液进入凝固浴后,溶剂/非溶剂间的交换相对较慢,致使刚性纤维素分子链充分平行排列并堆砌成较完整的纳米纤维,由此制备出由直径约为25nm的纳米纤维组成的再生纤维素丝。同时,纺丝过程经过多级牵伸,所形成的纤维素纳米纤维进一步平行排列,得到的再生纤维素丝力学强度明显增强,远高于黏胶丝,其干、湿态力学性能分别达到3.5cN/dtex和2.5cN/dtex,由此为

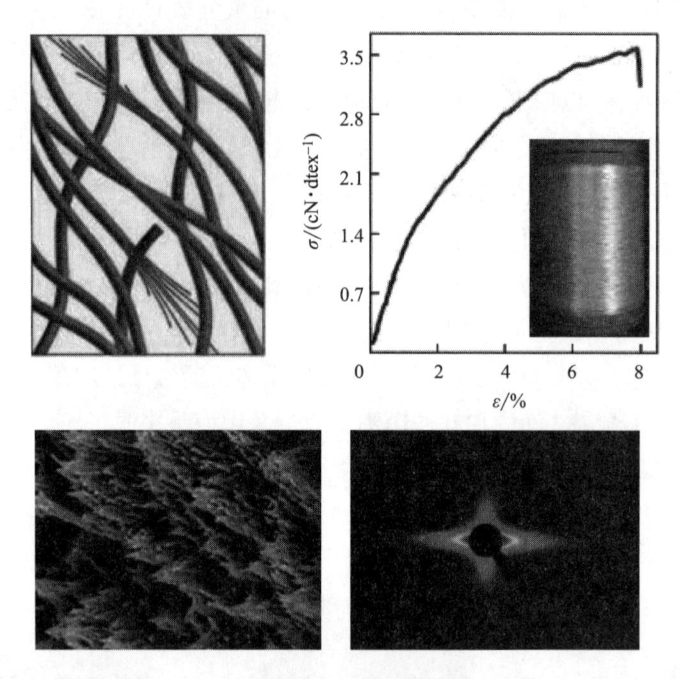

图 7-14 “自下而上”诱导纳米纤维形成的湿法纺丝新方法制备的高强度再生纤维素丝

生产高强度纤维素丝提供了纳米纤维纺丝的新思路。此外,傅强等利用纳米纤维素作为增强剂,使纤维强度达到 3.92cN/dtex。

(三)有机碱溶剂体系

吕昂等研究了有机碱溶剂体系,包括甲基氢氧化铵、三乙基甲基氢氧化铵、苄基三甲基氢氧化铵等。在这些溶剂中,纤维素的溶解随阳离子的变化而变化。他们运用了 XY-P 偏光显微镜观察纤维素的溶解、核磁共振、流变学、动态光散射及分子动力学模拟,实验证明,由于疏水相互作用的影响,纤维素在 5 种季铵盐氢氧化物水溶液中的溶解度和稳定性较碱水溶液均有较大的提高。该工作不仅验证了疏水相互作用在纤维素碱性水溶液中低温溶解的本质作用,而且提供了几种新型的、可回收再利用的纤维素溶剂。

在全国大力提倡环保及绿色经济的环境下,离子液体增塑法纺丝生产纤维素纤维为黏胶企业提供了一个可靠的技术支撑,为再生纤维素纤维行业的发展注入了新的活力,将大大促进行业的健康发展。

思考题

1. 黏胶纤维可分为几类?其生产工艺有何优缺点?
2. 黄化过程发生了哪些主要反应?
3. 简述纤维素黄酸酯的溶解历程。
4. 简述黏胶纤维的纺前准备过程。为什么要进行纺前准备?
5. 凝固浴的组成及作用是什么?

6. 黏胶纤维成型过程中的化学反应主要有哪些？对成型有何影响？
7. 什么是二浴成型？
8. 黏胶纤维湿法成型与其他合成纤维湿法成型（如腈纶、维纶等）的重要区别是什么？
9. 黏胶纤维后加工中如何进行物理脱硫和化学脱硫？
10. NMMO 的结构特点及溶解特性是什么？
11. 高湿模量纤维与普通黏胶纤维的拉伸条件有何区别？为什么？
12. 什么是“绿色”纤维？请从生产方面解释天丝纤维是绿色环保纤维。

参考文献

[1]李光．高分子材料加工工艺学[M].3 版．北京：中国纺织出版社有限公司，2020.
[2]闫承花，王利娜．化学纤维生产工艺学[M]．上海：东华大学出版社，2018.
[3]肖长发，尹翠玉．化学纤维概论[M].3 版．北京：中国纺织出版社，2015.
[4]祖立武．化学纤维成型工艺学[M]．哈尔滨：哈尔滨工业大学出版社，2014.
[5]王琛，严玉蓉．聚合物改性方法与技术[M]．北京：中国纺织出版社有限公司，2020.
[6]段博，涂虎，张俐娜．可持续高分子—纤维素新材料研究进展[J]．高分子学报，2020，51（1）：66-86.

第八章　其他化学纤维

本章知识点

1. 掌握聚乙烯醇纤维的结构及性能关系。
2. 掌握聚乙烯醇纤维后加工及缩醛化的目的、原理、工艺及控制条件。
3. 熟悉聚氨酯弹性纤维的纺丝成型及其相应原理。
4. 掌握聚乳酸熔融纺丝纤维干燥的目的及要求。
5. 熟悉芳香族聚酰胺纤维的主要分类及纺丝方法。
6. 熟悉超高分子量聚乙烯醇纤维的制造方法及应用。

第一节　聚乙烯醇纤维

一、PVA 纤维的发展概况

聚乙烯醇(polyvinyl alcohol,PVA)纤维是合成纤维的主要品种之一,其常规产品是聚乙烯醇缩甲醛纤维,国内简称维纶(PVF)。其产品大多是切断纤维(即短纤维),其形状与棉花相似。

早在 1924 年,德国 Hermann 和 Haehnel 就将聚醋酸乙烯醇解制得聚乙烯醇(PVA),随后又以其水溶液用干法纺丝制得纤维。20 世纪 30 年代,德国 Wacker 公司生产得到聚乙烯醇纤维,定名为赛因索菲尔(Synthofil),主要用作手术缝线。

我国第一个维纶厂于 1964 年建成投产。国内维纶生产企业主要有四川维纶厂、上海石化维纶厂、北京维纶厂、福建维纶厂、湖南湘维有限公司等。目前国内维纶生产量 3×10^4 ~ 4×10^4t/年。

近年来,由于化纤市场的生产能力供过于求,涤纶、腈纶、锦纶等原料竞争激烈,价格不断降低,利润大幅缩小。而维纶是一种具有耐酸、耐碱性能的环保型产品,在产业用领域中拥有很大的发展空间。例如,国外采用维纶替代石棉,在建筑领域开拓了新的市场。日本开发了高强力维纶“K-Ⅱ纤维”和“索菲斯塔”,利用高技术、新工艺进行凝胶纺丝制成纤维,其强度和模量可以和凯夫拉纤维与碳纤维相媲美,成本仅为凯夫拉纤维的 1/5。利用聚乙烯醇的水溶性,通过化学交联等方式开发的水溶性纤维、中空纤维、阻燃纤维等功能纤维也颇具特色,是其他合成纤维难以匹敌的。在民用服装上,改性维纶也已亮相市场。从工艺技术上看,聚乙烯醇纤维的纺丝方法已有湿法纺丝、干法纺丝、熔融纺丝、凝胶纺丝以及含硼碱性硫酸钠纺丝等多种工艺。选用不同的纺丝工艺,可赋予纤维不同的特殊性能。

二、PVA 纤维的结构与性能

(一)PVA 纤维的结构

聚乙烯醇纤维是以聚乙烯醇为原料纺丝制得的,其结构如下所示:

$$\left[CH_2 - \underset{\displaystyle OH}{\underset{|}{CH}} \right]_n$$

(二)PVA 纤维的性能

聚乙烯醇纤维的相对密度为 1.2~1.3g/cm^3,与羊毛、聚酯纤维、醋酯纤维接近,比聚酰胺纤维、聚丙烯腈纤维稍重一点,但比棉纤维和黏胶纤维轻得多。另外,聚乙烯醇纤维强度较好,普通短纤维断裂强度为 3.54~5.75cN/dtex,比棉纤维高一倍,工业用纤维的断裂强度在 6.19cN/dtex 以上,湿态下的强度为干态的 80%。除此之外,聚乙烯醇纤维的伸长弹性比羊毛、聚酯纤维、聚丙烯腈纤维等差,但比棉纤维和黏胶纤维好。一般 3%伸长的弹性度为 70%,5%伸长的弹性度为 60%。PVA 纤维最显著的特点是吸湿性特别好,其在标准状态下的回潮率达 4.5%~5.0%。

三、PVA 纤维的生产工艺

(一)纺丝原液的制备

目前大规模生产都以水为溶剂配制聚乙烯醇纺丝原液,其工艺流程如下。

PVA→水洗→脱水→精 PVA→溶解→混合→过滤→脱泡→纺丝原液

1. 水洗和脱水

水洗的目的是:

①淋洗聚乙烯醇中的游离碱、醛类等化合物,使醋酸钠的质量分数控制在 0.2%以下,否则将在纺丝后处理过程中使丝条呈碱性而易着色变黄;

②除去原料中相对分子质量过低的聚乙烯醇,以改善其相对分子质量的多分散性;

③使聚乙烯醇发生适度的膨化,从而有利于溶解。聚乙烯醇有颗粒和片状两种类型,粒状(或絮状)聚乙烯醇采用逆流喷淋式在金属网或水洗机上水洗,片状聚乙烯醇采用浸泡式。粒状和片状聚乙烯醇水洗工艺流程如图 8-1 和图 8-2 所示,两种水洗方法的对比见表 8-1。水洗过程中的主要参数是水洗温度、水洗时间和洗涤水量。

聚乙烯醇水洗后需经挤压脱水,以保证水洗后聚乙烯醇的醋酸钠含量和稳定的含水率。前者为了避免纤维热定型时碱性着色,后者为了避免溶解时浓度控制发生困难。其控制指标为含水率或压榨率。

$$含水率=\frac{湿\ PVA(质量)-干\ PVA(质量)}{湿\ PVA(质量)}\times 100\% \tag{8-1}$$

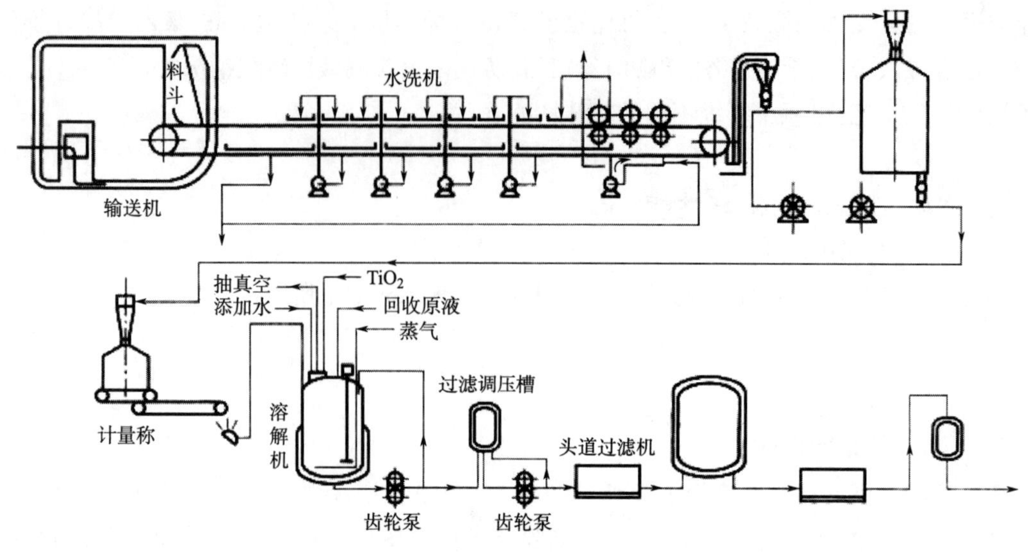

图 8-1 粒状 PVA 水洗工艺

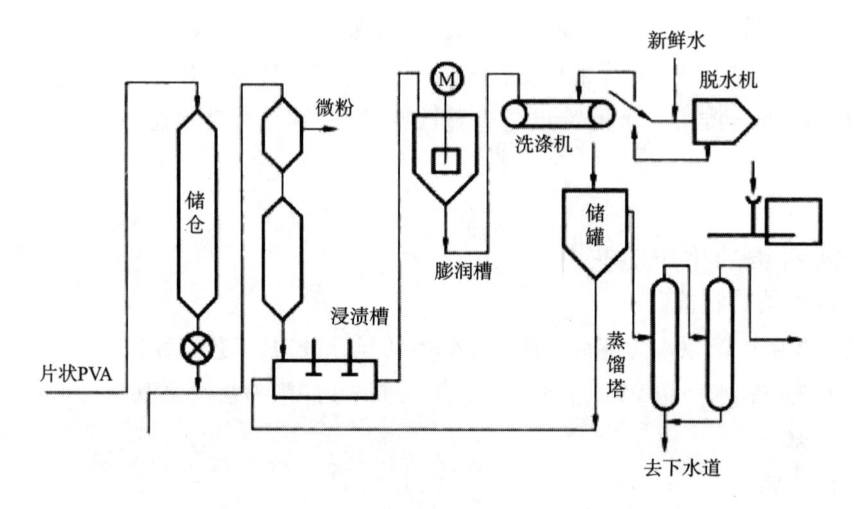

图 8-2 片状 PVA 水洗工艺

$$\text{压榨率}=\frac{\text{湿 PVA(质量)}-\text{干 PVA(质量)}}{\text{干 PVA(质量)}}\times 100\% \tag{8-2}$$

水洗后聚乙烯醇的质量波动直接影响纺丝、拉伸、热处理等工序的进行以及纤维的质量。因此，在水洗工序中必须控制原料的膨润度、水洗温度、水洗机速度等主要参数。生产工艺规定精聚乙烯醇的含水率应控制在60%~65%，相应压榨率约为170%。如果原料聚乙烯醇的膨化度大（大于200%），或水温过高（高于45℃），都将使水洗后聚乙烯醇的脱水过程发生困难。

表 8-1 两种水洗方法对比

聚乙烯醇形态	粒状	片状
聚乙烯醇特性	结构疏松，膨润度大，容易洗涤，洗涤约 10min 即可达到要求	结构紧密，膨润度小，含有较多甲醇，难以洗涤，洗涤约 70min 才可达到要求

续表

聚乙烯醇形态	粒状	片状
洗涤方式	逆流水喷淋式	浸泡喷淋式
洗涤特点	1. 软化水调温在25～30℃，通过9只喷淋筛。物料铺在连续运转的金属网上，料层为100mm×1200mm（厚×宽）；网速为1.05m/min 2. 逆流喷淋洗涤，洗涤水量为$10m^3/h$；洗涤时间为9.2min，洗涤能力为23t/（d·台）。接收槽内的水位经常保持在溢流状态，以保证洗涤水流量在103m/h 3. 三对包胶罗拉压榨脱水，通过调节罗拉压力，控制水洗聚乙烯醇的含水率	1. 聚乙烯醇在浸渍槽内预膨润20min，浸渍槽由12只搅拌机组成，槽内温度为30℃，液面高1.5m，容积$24m^3$，循环水量$56m^3$ 2. 预膨润后的聚乙烯醇在膨润槽内再膨润40min，膨润槽回转笼12等分，槽内设有爪形突落装置，回转1/12周出料一次 3. 靠膨润槽与水洗机位差将聚乙烯醇压入水洗机，淋洗料层为300mm×1200mm（厚×宽），淋洗9min 4. 离心脱水机脱水 5. 二塔式蒸馏浓缩回收甲醇
洗涤效果	1. 醋酸钠的质量分数为（0.22±0.04）% 2. 含水率为（63±2）%，实际含水率波动1.7%	1. 醋酸钠的质量分数为（0.22±0.04）% 2. 含水率为（41±2）%，实际含水率波动1.1% 3. 回收甲醇1.3%

2. 溶解

溶解是在间歇式溶解釜内进行的。水洗后的聚乙烯醇一般含有一定的水分，经计量后，对于湿法纺丝用原液，配成质量分数为14%～18%的聚乙烯醇水溶液；若为干法纺丝用原液，则配成质量分数为30%～40%的溶液。必要的情况下，在聚乙烯醇溶解的同时可添加少量添加剂（如消光剂、有色料、硼酸等），以满足生产消光纤维、有色纤维和具有特殊性能纤维的需要。

3. 过滤和脱泡

经过溶解工序后，原液中尚有部分未完全溶解的凝胶粒子和其他机械杂质，并在搅拌下产生大量的气泡，如果直接送去纺丝，则会堵塞喷丝头或造成大量断头。和所有溶液纺丝的工艺要求一样，原液在送入纺丝前必须经过过滤和脱泡。聚乙烯醇纺丝液应在98℃下进行过滤和脱泡。

（1）过滤。用二道板框式过滤机过滤，过滤的动力是齿轮泵输送的392kPa压缩空气。为了保证纺丝所需的原液质量，尽量减少杂质，在溶解后先进入第一道过滤机，滤布选用三层绒布和一层细布，可除去大量的杂质。脱泡后的原液在进入纺丝机前再进行第二道过滤，主要起补充过滤的作用，并除去脱泡中产生的凝胶物，所用滤布为一层绒布和一层细布。

原液过滤可采用恒量过滤与恒压过滤。恒量过滤就是单位时间内过滤机的滤出量固定，而压力却不断增加；恒压过滤是使过滤压力保持不变，单位时间原液的滤出量随着时间的增加而减少。当生产量较大时，恒量过滤较合适，因为每批原液通过过滤机的时间是一定的，便于生产能力前后平衡；生产量较小时，采用恒压过滤，可通过调节压力来调节过滤时间，使两批原液间的过滤时间不致太长。恒量过滤时，用溶解机上的齿轮泵把原液送往调压槽，再用过滤齿轮泵使原液通过过滤机后压向脱泡桶。随着过滤批数的增加，过滤机的压力自然上升，入口压力升高，达到工艺设定的0.392MPa或0.529MPa时，就必须切换到新的过滤机上。拆下的滤布洗净后可再使用。恒压过滤时,由齿轮泵把原液从溶解机打入中间桶,在中间桶以一定压力的压缩空气使原液通过过滤机后进入脱泡桶。

(2)脱泡。聚乙烯醇原液脱泡采用常压静置脱泡,原液在脱泡桶中静止4~6h。由于气泡的密度比原液小,所以能够自动上升到液面而除去。脱泡桶有夹套保温,使原液温度保持在98℃,原液经脱泡后即送往纺丝机,原液在脱泡桶中用压缩空气加压,经过两道过滤及纺丝调压槽,使纺丝机头的原液压力不低于98kPa。纺丝调压槽的液面用仪表自动控制,以调节脱泡桶的压力,使调压槽的液面保持不变,送去纺丝的原液压力保持恒定。脱泡桶用人工切换,决不能使空气进入原液,否则会造成空料事故,甚至使纺丝全线断头。

(二)纤维的成型

聚乙烯醇纤维纺丝主要有湿法纺丝和干法纺丝。湿法纺丝即聚乙烯醇原液经烛形过滤器过滤后,从喷丝头喷出进入凝固浴中,在浴中脱水凝固而成纤维。干法纺丝是聚乙烯醇原液经喷丝头喷出后,在热空气浴中使水分蒸发而成型。干法纺丝一般用于长丝的生产,其原液浓度较高(一般达35%左右),喷丝头孔数较少(100~200孔),纺丝速度较快(200m/min以上)。干法纺丝产量和规模都不大,而大规模生产多采用湿法纺丝。

1. 湿法纺丝成型

(1)纺丝原液在不同凝固浴中的凝固机理。湿法纺丝用的凝固浴有无机盐水溶液、氢氧化钠水溶液以及某些有机液体组成的凝固浴等,其中以无机盐水溶液为凝固浴在生产上应用最普遍。

①以无机盐水溶液为凝固浴。无机盐一般能在水中解离,生成的离子对水分子有一定的水合能力,常把大量水分子吸附在自己的周围,形成一定水化层的水合离子,当原液细流进入凝固浴后,通过凝固浴组分和原液组分的双扩散作用,原液中的大量水分子被凝固浴中的无机盐离子所攫取,从而使原液细流中的大分子脱除溶剂并互相靠拢,最后凝固成纤维,可认为聚乙烯醇原液细流在无机盐水溶液中的凝固是一个脱水—凝固过程。

②以氢氧化钠水溶液为凝固浴。原液细流在氢氧化钠水溶液中凝固时,其中聚乙烯醇的含量基本不变。随着凝固浴中的氢氧化钠渗入细流内部,原液的含水量只是稍有下降。凝固历程不是以脱水为主,而是因大量氢氧化钠渗入原液细流(约相当于PVA质量的131%),使聚乙烯醇水溶液发生凝胶化而导致固化。以氢氧化钠水溶液为凝固浴所得纤维的结构较为均匀,看不到有颗粒组织,截面形状基本为圆形,只有当浴中氢氧化钠的含量超过一般标准时(大于450g/L),脱水效应渐趋明显,截面才慢慢趋于扁平。

③以有机液体为凝固浴。此法可用于纺制那些不能进行水洗的水溶性聚乙烯醇纤维。虽然有机液体对聚乙烯醇水溶液脱水能力较弱,但其凝固历程仍主要为脱水—凝固过程。正是由于其脱水能力较弱,使所得纤维的截面形状比较圆整,但还是可以看到有皮芯层之分,其差异程度随所用有机液体脱水能力的下降而减小。

(2)以硫酸钠水溶液为凝固浴的湿法纺丝工艺。该工艺是目前生产中应用最广泛的一种成型方法。凝固浴中除硫酸钠外,还含有少量硫酸、硫酸锌等组分,添加这些物质的目的主要是控制初生纤维的酸度,以防在后续热处理过程中发生碱性着色,使成品纤维有较好的白度。聚乙烯醇纤维湿法成型及后处理工艺流程如图 8-3 所示。

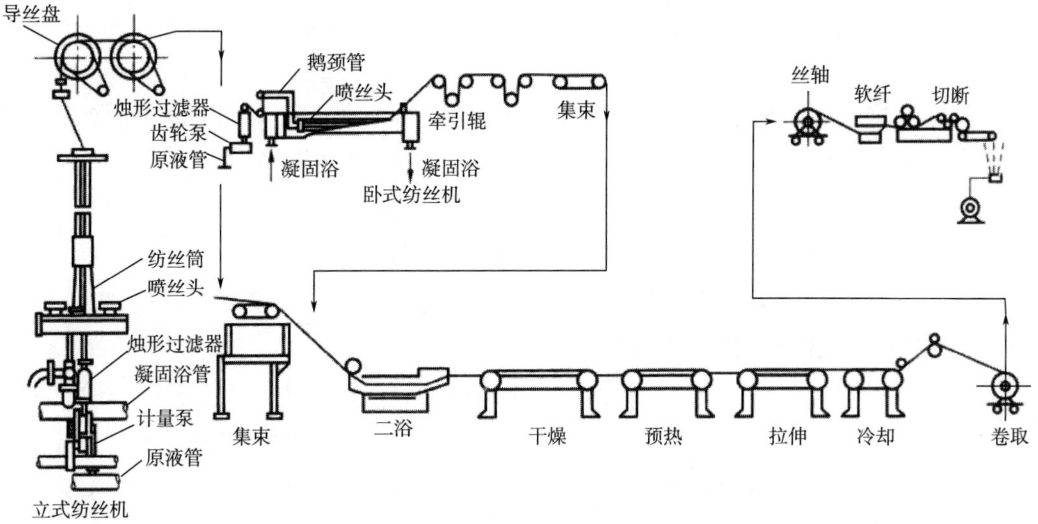

图 8-3　PVA 纤维湿法成型及后处理工艺流程

①凝固浴中各组成的作用。

a. Na_2SO_4 的凝固脱水作用。聚乙烯醇纤维成型不同于黏胶纤维成型,其成型机理主要不是化学反应,而是硫酸钠的水化作用。由于聚乙烯醇原液细流与凝固浴中的 Na_2SO_4 作用,钠离子吸附聚乙烯醇水溶液中大量的水而形成了大量水化离子,聚乙烯醇纺丝溶液细流因脱水而被凝固析出,于是形成了聚乙烯醇纤维。因此,聚乙烯醇纤维成型主要是一个物理化学的脱水凝固过程。

b. 醋酸钠的中和作用。因为聚乙烯醇纺丝液中不可避免地带有少量醋酸钠,因此凝固浴中应添加少量硫酸和醋酸,使之中和醋酸钠,以防止聚乙烯醇纤维在以后的纺丝热处理中发黄。凝固浴的酸度以原液中要中和的醋酸钠的含量来确定,和纤维的成型无关。

c. 硫酸锌的作用。硫酸锌是由原来凝固浴中的硫酸钠带入的,主要作用是控制酸度,且具有缓冲作用,对防止纤维发黄也有一定好处。

②湿法纺丝工艺对凝固浴的要求。

a. 凝固浴浓度。凝固浴浓度主要指凝固浴中硫酸钠的含量。随着硫酸钠含量的增加,凝固浴浓度增加,纤维的强度也提高。如果采用已达到饱和浓度的硫酸钠为凝固浴,也会给生产带来许多困难。一是大量硫酸钠会在丝条接触的纺丝机零件上结晶析出,致使行进中的丝条损伤;二是凝固浴的循环会因硫酸钠的析出而发生困难。因此在确定硫酸钠浓度时,既要考虑有高的凝固能力,避免并丝,使生产稳定,还要考虑硫酸钠结晶析出给生产带来的困难。目前生产中常用接近于饱和浓度的硫酸钠水溶液为凝固浴,即 $1.315\sim1.325kg/m^3$(相当于 Na_2SO_4 的浓度为 $2800\sim2900mol/m^3$)。

b. 凝固浴酸度。凝固浴的酸度主要是根据精制 PVA 原料带入原液的醋酸钠的量,通过添加硫酸来调节。酸度偏高和偏低均不利于得到所需白度的纤维,pH 偏高时的影响尤为显著。实际上凝固浴中存在的酸有两种:一是所添加的硫酸;二是有残存醋酸根或由醋酸钠转化而来的醋酸。在这两种酸中,硫酸属无机酸,它的过量也会引起纤维酸性着色。而醋酸不会使纤维发生酸性着色,因此对纤维的色相影响不大。

综上,凝固浴中有一部分硫酸消耗于与醋酸钠反应,因此纺丝原液中的醋酸钠含量会直接影响凝固浴中的硫酸含量。在凝固浴的含酸量(g/L)与原液中 PVA 的醋酸钠含量之间有下列经验关系:

$$凝固浴含酸量=1.09\times原液中\ PVA\ 的醋酸钠含量 \tag{8-3}$$

式中,凝固浴含酸量是指以硫酸表示的凝固浴中的全部酸含量(包括醋酸在内)。实际上,一般要求凝固浴中硫酸和醋酸的质量之比为(2~3)∶1。

c. 浸浴长度。浸浴长度即浸长,是保证初生纤维能在凝固浴中获得充分凝固的主要因素之一。纺丝原液从喷丝孔挤出成细流,并在凝固浴中脱水、拉长、变细并凝固。为了使纤维在浴中能充分凝固,浸长必须足够长,浸长不足则会导致丝条间发生粘并,以致成型不稳定和后加工困难。另外,未充分凝固的纤维往往总拉伸倍数增加,但强度不增大。浴中浸长与凝固浴的凝固能力、纺丝速度等因素密切相关。以硫酸钠为凝固浴,丝条在浴中的停留时间不少于 10~12s,否则所得纤维品质明显降低,并且还会使成型过程的稳定性下降。对于立式纺丝机,浸长等于纺丝管的长度是不能改变的,只能改变凝固浴的浓度和温度以便纤维充分凝固。

d. 凝固浴温度。通常凝固浴温度应选定在 41~46℃,此温度范围内硫酸钠在水中的溶解度达到最大值,故凝固能力最强。当温度低于或高于此温度范围时,由于硫酸钠在水中的溶解度降低,浴中硫酸钠结晶析出,使原液细流的凝固时间加长,并造成操作困难。另外,当凝固浴温度提高时,纤维成型过程中的双扩散速度加快,因而使凝固浴的凝固能力提高。但在聚乙烯醇纤维成型过程中,随着体系温度的升高,聚乙烯醇大分子的热运动增强,同时也使其在凝固浴中的溶润性增大。因此,当这种效应显著时,凝固浴温度过高反而抑制大分子的凝集,并出现不完全凝固,致使纤维质量下降。实践证明,这一转折点大致出现在 48℃左右。生产中为使初生纤维凝固良好,凝固浴温度一般不超过 48℃,最常用的是 43~45℃。

e. 连续纺丝中凝固浴的流量。即单位时间内凝固浴补充新鲜浴液的质量,生产中以凝固浴允许落差表示,一般维持落差在 10kg/m^3 左右。流量不足,凝固浴浓度偏低,影响凝固效果;流量太大,对丝条的冲击大,不利于纺丝。影响凝固浴透明度的因素主要是铁离子、钙离子以及低平均聚合度聚乙烯醇的含量。

f. 喷丝头拉伸。在湿法成型过程中,喷丝头拉伸一般取负值。因为随着喷丝头拉伸的增大,纤维的成型稳定性变差,纤维结构的均匀性降低,结果造成纤维拉伸性能变差,成品纤维的强度降低。当要求获得高强度纤维时,纺丝速度相应选择较低,以有利于实现高倍拉伸。在纺丝过程中,喷丝头拉伸率取-30%~-10%,随着凝固浴的凝固能力降低,喷丝头负拉伸值应有所减小。

2. 干法纺丝成型

干法长丝具有线密度小、端面均匀、强度高、延伸度低和弹性模量比较大的特点。作为衣用纤维,其染色性能也较湿法纺丝所得纤维好,色泽鲜艳,并且外观和手感近似蚕丝。另外,干法成型时,纤维不与盐接触,不存在盐析问题。生产需要的辅助化工原料比湿法少,而且消除或减少了污染物质的排出。

干法纺丝的缺点是:首先,由于原液的浓度和黏度较高,故原液的制备以及纺前准备等技术较为复杂。其次,由于水的蒸发潜热比较大,故纺丝所需能耗远比其他干法合成纤维品种的高,纺丝速度也相应较低。而且喷丝头孔数较少,因此生产能力远比湿法纺丝低。

干法成型分为两类,即低倍喷丝头拉伸法和高倍喷丝头拉伸法。这两种方法的区别在于喷丝头拉伸比的范围不同。低倍喷丝头拉伸法采用的喷丝头拉伸比为 1 或小于 1,而高倍喷丝头拉伸法一般大于 1,有时达到几十。低倍喷丝头拉伸法适用于纺制强力高、线密度大的长丝,而高倍喷丝头拉伸法适用于纺制线密度小的长丝。

(1)低倍喷丝头拉伸纺丝。

①冻胶颗粒的制备。低倍喷丝头拉伸纺丝所用的纺丝原液含量高达 40%以上,在常温下呈固态。因此,这种纺丝原液的制备过程与熔体纺丝相似,先是将聚乙烯醇粉末与水按一定比例混合,然后将混合料挤压成颗粒状混合物,再送到纺丝工序待用。

混合料的造粒过程如图 8-4 所示。先将聚乙烯醇粉末放入水洗机中水洗,水洗后的聚乙烯醇用泵送至连续混合器中加热并捏合成块,然后将聚乙烯醇块冷却,并送到切割机切成颗粒,再把颗粒送至调节器中,按需要加入水和添加剂,使颗粒的含水量调节至预定值,最后将调配好的颗粒放入储槽中待用。

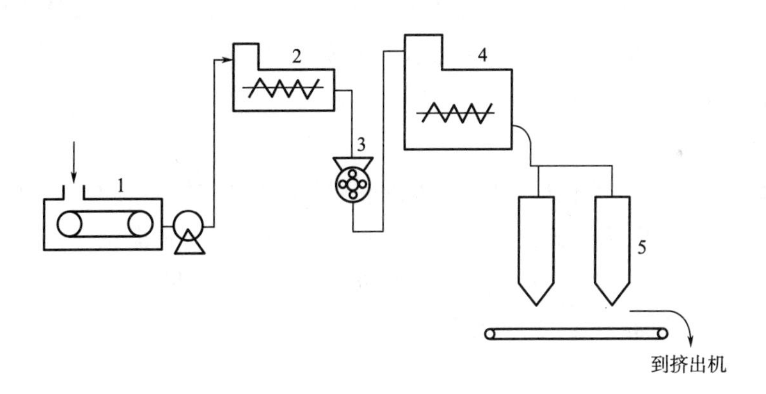

图 8-4　PVA 造粒过程示意图

1—水洗　2—混合器　3—切割机　4—调节器　5—储槽

②纺丝。干法纺丝的纺丝原液制备是将储槽中的聚乙烯醇颗粒加入挤出机中,在挤出机中聚乙烯醇颗粒被加热、压缩和熔融成高浓度的聚乙烯醇水溶液,然后经过滤器和连续脱泡桶分别除去杂质和气泡。已脱泡的纺丝原液经纺前过滤器过滤后再送到喷丝头。由于纺丝原液黏度高,当纺丝原液温度降低时易形成冻胶,因此,所有制备纺丝原液的设备和管道都要求用蒸汽夹套加热和保温。纺丝原液从喷丝孔中喷出,进入纺丝甬道的空气中,在甬道中原液细流冷却凝固的同时被拉伸,然后经干燥机干燥,在卷绕机中卷绕成筒。PVA 干法纺丝工艺流程示意图

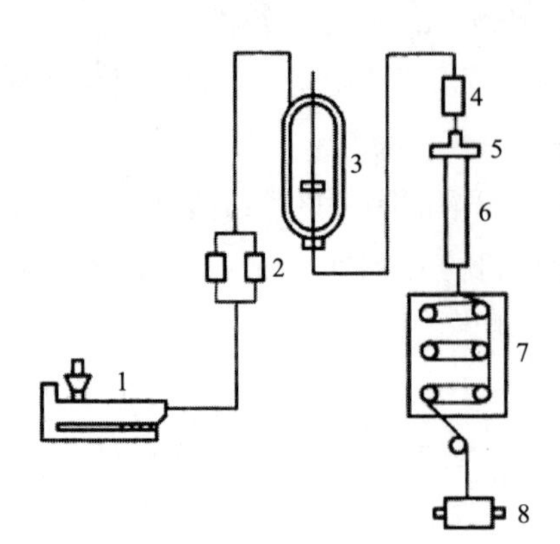

图 8-5 PVA 干法纺丝工艺流程示意图
1—挤出机 2—过滤器 3—连续脱泡桶
4—过滤器 5—喷丝头 6—纺丝甬道
7—干燥机 8—卷绕机

如图 8-5 所示。

(2)高倍喷丝头拉伸纺丝。高倍喷丝头拉伸纺丝所用的纺丝原液黏度比低倍喷丝头拉伸纺丝的低。纺丝原液由喷丝孔挤出形成原液细流,并在湿度和温度均加以严格控制的空气中经受高倍的喷丝头拉伸,然后干燥和卷绕成筒。

①纺丝原液的制备。高倍喷丝头拉伸纺丝的纺丝原液制备方法与低倍喷丝头拉伸纺丝的基本相同。当聚乙烯醇的聚合度为 1750±50 时,纺丝原液的质量分数为 28%~43%。

②纺丝。高倍喷丝头拉伸纺丝的纺丝过程,除纺丝甬道中空气的温度、湿度等条件与低倍喷丝头拉伸纺丝不同外,其他基本相同。

纺丝原液的温度为 90~95℃,由喷丝孔挤出形成的原液细流,从顶部进入甬道,在拉伸区内经受高倍拉伸,拉伸区的温度通过吹入空气的温度和加湿器来控制,使温度保持在 40~60℃,相对湿度保持在 60%~85%。丝条经拉伸后进入高温(120~150℃)干燥区除去水分,此区的温度通过夹套中的过饱和高压蒸汽和由空气进口通入的干燥空气来保持恒定,最后将丝条卷绕成筒。

拉伸区空气的湿度和温度对最大纺丝速度的影响很大,空气的相对湿度增加,最大纺丝速度也增加。当空气温度为 38℃,相对湿度从 40%提高到 85%时,最大纺丝速度则从 70m/min 提高到 650m/min。当拉伸区温度在 30~60℃范围内变化时,最大纺速不受温度变化的影响。当温度降低时,最大纺速将显著减小。

(三)后加工

聚乙烯醇纤维后加工一般包括拉伸、热处理、缩醛化、水洗、上油、干燥等工序。生产短纤维还包括丝束的切断或牵切,生产长丝则还需要加捻和络筒等。与其他化学纤维生产过程相比,通常聚乙烯醇纤维生产中还需进行缩醛化处理,以进一步提高其耐热水性。但对某些专用纤维则可省去缩醛化工序,如帘子线、水溶性纤维等。

1. 拉伸

拉伸过程中,纤维大分子在外力作用下沿纤维轴向择优排列,取向度和结晶度都明显提高。在实际生产中,聚乙烯醇纤维的拉伸一般是在不同介质中分段进行的。其所能承受的最大拉伸倍数为 10~12。

(1)导杆拉伸。导杆拉伸是离浴的丝条在导丝杆和第一导丝盘之间完成的。拉伸率较小,一般为 15%。此时不是主要拉伸。

(2)导盘拉伸。导盘拉伸是在纺丝机上两个不同转速的导丝盘之间进行的。导盘拉伸主要是为下一步进行较高温度下的湿热拉伸做准备,一般在室温空气介质中进行,拉伸率在 130%~160%。

(3)湿热拉伸。湿热拉伸是在第二导丝盘和干燥机之间进行的。拉伸温度较高(高于

90℃)，拉伸介质为接近该温度下饱和浓度的硫酸钠水溶液。拉伸率控制在80%以下，否则进一步的干热拉伸将难以进行，对成品纤维的品质也将带来不利影响。

(4)干热拉伸。湿法纺丝纤维的干热拉伸在210~230℃下进行，干法纺丝纤维则在180~230℃下进行。干热拉伸倍数随纺丝方法和前段拉伸情况而异。例如，对已经进行多段预拉伸的湿法纺丝纤维，干热拉伸率一般为50%~80%。对未经预拉伸的干法纺丝纤维，干热拉伸倍数视纤维用途而异。如衣用纤维、干热拉伸倍数为6~8；工业用纤维，则可拉伸至8~12倍。

2. 热处理

聚乙烯醇纤维的热处理与一般化学纤维相比，除具有提高纤维尺寸稳定性、进一步改善力学性能的目的外，还有一个重要作用——提高纤维的持水性，使纤维能承受后续的缩醛化处理。

聚乙烯醇纤维在热处理过程中，在除去剩余水分和大分子间形成氢键的同时，纤维的结晶度可达60%左右，随着结晶度的提高，纤维中大分子的自由羟基减少，耐热水性即水中软化点得到提高。

聚乙烯醇纤维的热处理有湿热处理和干热处理两种形式。实际生产中以热空气作为介质的干热处理较多。长丝束状聚乙烯醇纤维的干热处理温度以225~240℃为好。相应的热处理时间为1min左右。短纤维的干热处理时间较长，为6~7min，温度以215~225℃为宜。热处理中给予适当的热收缩，也有利于提高纤维的结晶度和水中的软化点，一般控制收缩率为5%~10%。

3. 缩醛化

纺丝、拉伸和热处理后的聚乙烯醇纤维已具有良好的力学性能。但纤维的耐热水性仍较差，在接近沸点的水中，其收缩率过大。为了改进纤维的耐热水性，需要进行缩醛化处理。

(1)缩醛化反应。指聚乙烯醇大分子上的羟基与醛作用，使羟基封闭的反应。工业生产中最常用的醛是甲醛。聚乙烯醇缩甲醛纤维有较好的耐热水性，在水中的软化点达到110~115℃。除弹性、染色性能较差外，其他性能指标与未经缩醛化处理的纤维接近。

缩醛化反应中，甲醛与聚乙烯醇大分子上的羟基主要发生分子内缩合：

$$\sim CH_2-\underset{\substack{|\\OH}}{CH}-CH_2-\underset{\substack{|\\OH}}{CH}\sim + HCHO \xrightarrow{[H^+]} \sim CH_2-\underset{|}{CH}-CH_2-\underset{|}{CH}\sim + H_2O$$
$$O-CH_2-O$$

为描述缩醛化进行的程度，生产上常使用缩醛度这一概念，其定义为：

$$\text{缩醛度(摩尔分数)}=\frac{\text{进入缩醛化反应的羟基数}}{\text{大分子上原来所含全部羟基数}}\times 100\% \tag{8-4}$$

常用缩醛度的测定方法有分解滴定法、增重法等。

缩醛化反应主要发生在纤维大分子中未参加结晶的自由羟基上。随着缩醛度的提高，纤维大分子中的自由羟基数逐渐减少，纤维的耐热水性增强。

(2)缩醛化过程的主要参数。聚乙烯醇纤维生产中，一般常用甲醛为缩醛化剂，硫酸为催化剂,硫酸钠为阻溶胀剂,配成一定浓度的水溶液喷淋在短纤维上,或使长丝束反复通过缩醛化浴进行反应。生产中常用缩醛化浴的组成见表 8-2。

表 8-2　常用缩醛化浴的组成

种类	短纤维/($g \cdot L^{-1}$)	长丝束/($g \cdot L^{-1}$)
HCHO	25±2	32±2
H_2SO_4	225±3	315±4
Na_2SO_4	70±3	200±10

实际生产中,缩醛化温度一般控制在 70℃左右。温度过低,缩醛化反应慢,缩醛度低;温度太高,甲醛损失量增大,劳动条件恶化。缩醛化时间的长短因生产形式而异,如喷淋式的缩醛时间为 20~30min,浸没式为 10~12min。缩醛度一般为 25%~30%。

四、PVA 纤维的主要用途

聚乙烯醇纤维的应用和其性能是分不开的。聚乙烯醇纤维的主要特点是强度高、伸长低、模量大、剪切功大、韧性好、耐冲击性强,可制成高强高模纤维,因此在各种产业用材料以及国防军工领域得到了广泛的应用。例如,由于聚乙烯醇纤维具有强度高、耐腐蚀、质量轻、不需晒干及使用寿命长的特点,所以适合制作渔网用绳索、船舶用缆绳、吊装绳等制品。另外,在过滤布、橡胶制品以及建筑材料方面也有所应用。

石棉的自然资源缺乏,是一种致癌物质,1990 年起已逐渐被禁止使用。因此,水泥增强聚乙烯醇纤维作为石棉的替代品具有十分重要的意义。此外,聚乙烯醇纤维具有较强的吸收冲击能力,采用芳纶和高强高模聚乙烯醇纤维混用,选用适宜的黏结树脂,可制成防弹靶板用热塑性复合材料。用聚乙烯醇纤维取代芳纶制备防弹材料,不但可降低成本,还有良好的防弹效果。

第二节　聚氨酯弹性纤维

一、聚氨酯弹性纤维的发展概况

聚氨酯弹性纤维(polyurethane elastic fibers)在我国简称氨纶,国际上称为“斯潘得克斯”(Spandex),指分子链中含有 85%(质量比)以上聚氨基甲酸酯组分,由具有线性链结构的高分子化合物制成的弹性纤维。其组成是由二元醇与二异氰酸酯加成并经扩链反应而得的软硬段相嵌的聚合物。目前,市售商品有聚酯型和聚醚型两种,以后者为主。

1937 年,Bayer 和 Rinke 首先用六亚甲基二异氰酸酯(HDI)和 1,4-丁二醇(BDO)合成了 PU 材料,牌号为贝纶 U,其特点是具有刚性与低吸湿性,可制成鬃丝与纤维,但未能工业化生产。随着对 PU 深入研究,人们逐渐认识了 PU 的多种优异性能,高弹性机理也被深入研究。

1959 年,美国杜邦公司 Ater 报道了以聚四氢呋喃(PTMEG)和甲苯二异氰酸酯(TDI)制取 PU 弹性纤维的技术,开始实现工业化生产,并命名为 Lycra(莱卡)。从 20 世纪 60 年代开始,许多国家生产氨纶,欧洲、日本等世界各地陆续建立不少生产装置,至 1967 年厂商已有 30 家左右。20 世纪 70 年代,世界氨纶总产量为 0.7 万吨/年。

我国 PU 纤维工业起步较晚。氨纶生产工艺技术和装置主要从美国、日本、韩国及德国引进,其他仅有郑州中远氨纶技术工程有限公司自主开发的连续干法氨纶成套生产技术和大连合成纤维研究所与 B. F. Goodrich 化学公司合作开发的熔融纺丝技术。中国氨纶技术与发达国家之间仍存在差距,产品质量也存在明显差距。未来我国氨纶行业的发展路线有 3 条:

增加国内消费量;减少进口量;加大出口量。无论采取哪一条都将引发激烈的市场竞争。在竞争中取得主动权的最好办法是依靠技术进步降低成本,生产各种高性能和环保型氨纶,促进产品升级换代。在世界格局大结构调整的背景下,我国应借鉴国外研究开发经验,积极进行适用于市场急需的新产品、新技术的研发,拓宽市场,增加竞争力。

二、聚氨酯弹性纤维的结构与性能

(一)聚氨酯弹性纤维的结构

聚氨酯纤维的分子结构由软段和硬段两个部分组成,硬段的聚集态为纤维的支撑骨架,软段为纤维的连续相,为纤维提供高弹态基团。其结构式如下所示:

$$\sim R_e-O-\underset{\substack{\parallel\\O}}{C}-\underset{\substack{|\\H}}{N}-R_1-\underset{\substack{|\\H}}{N}-\underset{\substack{\parallel\\O}}{C}-\underset{\substack{|\\H}}{N}-R_2-\underset{\substack{|\\H}}{N}-\underset{\substack{\parallel\\O}}{C}-\underset{\substack{|\\H}}{N}-R_1-\underset{\substack{|\\H}}{N}-\underset{\substack{\parallel\\O}}{C}-O-R_e\sim$$

式中:R_e 为脂肪族聚醚二醇或聚酯二醇基;R_1 为次脂肪族基,如—CH_2—CH_2—;R_2 为次芳香族基。

由于聚氨酯纤维具有高弹态特性,其断裂伸长率通常可达 400%~800%。在机械变形后,几乎可完全回复到初始形状,其弹性回复率可达 95%~98%。聚氨酯纤维链结构中软段和硬段的组分不同,软段、硬段的排列也不同,因此对聚氨酯纤维的性能存在很大影响。

(二)聚氨酯弹性纤维的性能

1. 线密度小

氨纶的线密度范围为 22~4778dtex,最细的氨纶可达 11dtex。而最细的挤出橡胶丝约为 156dtex,比氨纶粗十几倍。

2. 强度大,延伸性好

氨纶是弹性纤维中强度最大的一种,强度为 0.5~0.9cN/dtex,是橡胶丝强度的 2~4 倍。由于氨纶在同样伸长下比橡胶丝有更大的张力(模量高),所以其织物具有更高的松紧度。氨纶的断裂伸长率和橡胶丝相差无几。另外,在湿润状态下氨纶的强度和断裂伸长率与干态时几乎无差异。

3. 弹性回复好

氨纶的瞬时弹性回复率可达 90%以上(伸长 400%时),与橡胶丝相差无几。

4. 其他性能

聚氨酯弹性纤维的耐热性、吸湿性以及耐光性也非常好。

三、聚氨酯弹性纤维的生产工艺

（一）原料的准备

1. 芳香族二异氰酸酯

芳香族二异氰酸酯与低分子二羟基或二胺基化合物反应制得高熔点、易结晶的“硬段”。常用的芳香族二异氰酸酯有二苯基甲烷 4,4′-二异氰酸酯（MDI）或 2,4-甲苯二异氰酸酯（TDI），此外，还有 2,6-甲苯二异氰酸酯、1,5-萘二异氰酸酯等。

2. 多元醇

一般选用分子量为 800~5000，分子两个末端基均为羟基的脂肪族聚酯或聚醚。聚醚醇是组成聚氨酯的软段之一，用环氧化合物水解开环聚合制得，其相对分子质量越大则聚合物分子链越柔软，一般相对分子质量控制在 1500~3500。用于合成聚氨酯的聚醚二醇有聚氧乙烯二醇醚、聚氧丙烯二醇醚（PPG）和聚四亚甲基乙二醇（PTMEG，也称聚四氢呋喃二醇醚，PTHF）等；聚酯二醇也是构成聚氨酯弹性纤维的软段之一，主要采用二元羧酸和二元醇缩合制得，其分子量为 1000~5000。用于合成聚氨酯的聚酯二醇有聚己二酸乙二醇酯、聚己二酸丙二醇酯、聚己二酸丁二醇酯等。

3. 扩链剂

扩链剂在化学反应中起分子链增长作用，几乎不起交联作用。用于纤维级聚氨酯生产的扩链剂主要为低分子化合物，有二胺类（芳香族二胺为扩链剂制备的纤维耐热性好，脂肪族二胺为扩链剂制备的纤维强力和弹性好）、二肼类（耐光性较好，但耐热性下降）或二元醇。

4. 添加剂

一般添加催化剂（叔胺类化合物或有机锡化合物）、抗氧化剂（抗氧化剂 3114）、抗静电剂（烷基三甲基氯化铵）、光稳定剂、消光剂（二氧化钛）、润滑剂、颜料等。

（二）聚氨酯嵌段共聚物的制备

用于干法纺丝、湿法纺丝和熔体纺丝的聚氨酯嵌段共聚物均为线型结构，其合成过程一般分两步完成。

首先由脂肪族聚醚或脂肪族聚酯与二异氰酸酯加成生成预聚体，预聚体的端基为异氰酸酯基（—NCO），平均相对分子质量较低，一般在 5000 以下；然后在预聚体中加入扩链剂进行反应，扩链剂（低分子二醇或二胺）中的双官能团（—OH 或—NH_2）与预聚体分子中的异氰酸酯基反应，使分子链进一步扩展，生成分子量为 2×10^4~5×10^4 的嵌段共聚物。

（三）聚氨酯弹性纤维的纺丝成型

聚氨酯弹性纤维可用干法纺丝、湿法纺丝、反应法纺丝及熔体纺丝而成型。聚氨酯弹性纤维的四种纺丝方法流程图如图 8-6 所示。

1. 干法纺丝

干法纺丝是氨纶生产的主流方法。世界上约 80%的厂家采用干法纺丝制备氨纶。干法纺

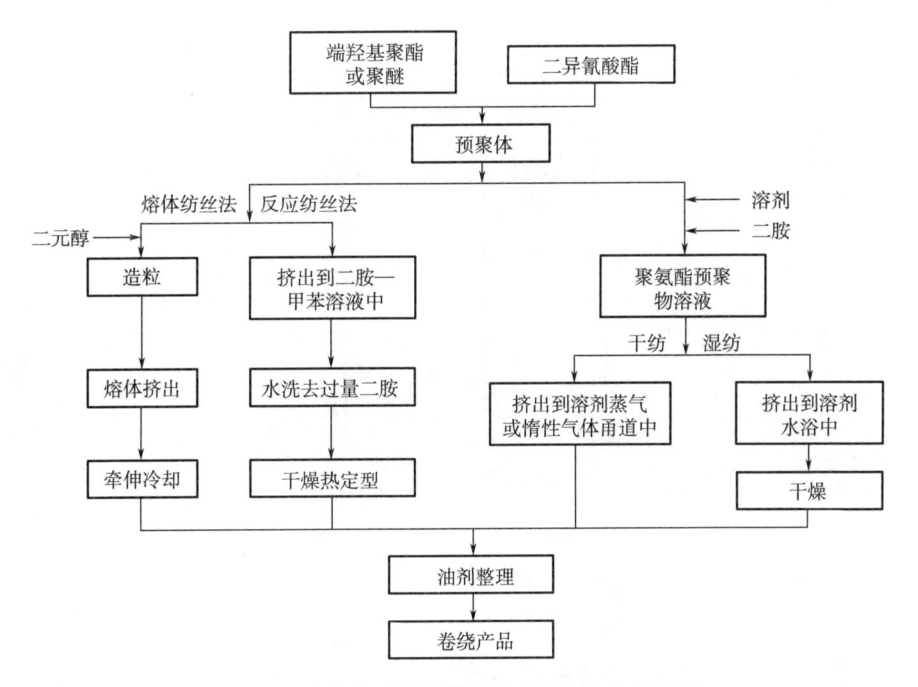

图 8-6　聚氨酯弹性纤维的四种纺丝方法流程图

丝工艺流程复杂,装置设备投资大,对环境有一定污染,但工艺技术成熟,纺速高,制成的纤维质量和性能优良。我国氨纶企业多采用干法纺丝。

干法纺丝的优点为:产品质量优良、强度高、弹性回复率好、丝卷均一、适用面光;产品规格齐全,以生产细旦及中旦丝为主,线密度为 2.2~29.2dtex;纺速较湿法快,一般为 300~600m/min,有的甚至高达 1000m/min。由于受溶剂挥发速度的限制,干法纺丝的速度总比熔体纺丝低。干法纺丝的丝条固化慢,丝条之间容易粘连,故喷丝板孔数比湿法纺丝少,单位纺丝产量低于湿法纺丝。

(1)纺丝原液准备。成纤聚合物原液的制备是将相对分子质量为 1000~3000 的含两个羟基的脂肪族聚酯或聚醚与二异氰酸酯按 1∶2 的摩尔比进行反应生成预聚物。为了避免影响最终聚合物的溶解性能,必须特别注意,不能使用三官能团(或更多官能团)的反应物,并严格控制适当的反应条件,以最大限度地减少副反应的发生。

(2)纺丝成型。干法纺制氨纶纤维时,虽然在处理模量非常低的单丝发黏等问题时,需要特别的技术和设备,但氨纶的干法纺丝还是与聚丙烯腈的干法纺丝很相似。氨纶干法纺丝生产工艺流程如图 8-7 所示。

聚氨酯纺丝原液由精确的齿轮泵在恒温下计量,然后通过喷丝板进入直径为 30~50cm、长为 3~6m 的纺丝甬道,由溶剂蒸气和惰性气体(N_2)所组成的加热气体,由甬道的顶部引入并通过位于喷丝板上方的气体分布板向下流动。由于甬道和甬道中的气体都保持高温,所以溶剂能从原液细流中很快地蒸发出来,并移向甬道底部。单丝的线密度一般保持在 0.6~1.7tex 范围内。

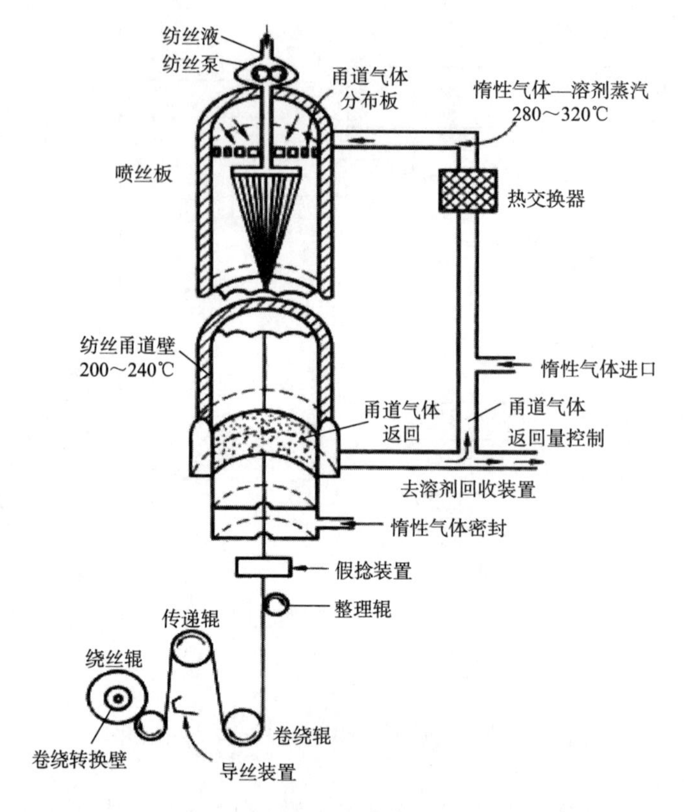

图 8-7 氨纶干法纺丝生产工艺流程

干法纺制氨纶一般采用多根单丝或组合多根单丝的生产工艺。在纺丝甬道的出口处,单丝经组合导丝装置按设计要求的线密度组成丝束。根据线密度的不同,每个纺丝甬道可同时通过1~8个弹性纤维丝束。从纺丝甬道下部抽出的热气体,进入溶剂回收系统中回收以备重新使用。在甬道上设有氮气进口,可不断地向体系内补充氮气。集束后的丝束经第一导丝辊后经上油装置上油,再经第二导丝辊调整张力后卷绕成卷装。卷绕前还要进行后处理,如上油等,以避免纤维发生黏结和后加工中产生静电,通常采用经过硅油改性的矿物油为油剂。卷绕速度一般为300~1000m/min。

2. 熔体纺丝

熔体纺丝是利用高聚物熔融的流体进行纤维成型的一种方法。熔体纺丝工艺流程简单,设备投资低,生产效率高,不使用溶剂、凝固剂,无废水、废液处理问题,生产成本低,具有很大的发展潜力,是目前研究的热点之一。熔纺氨纶的生产方法大致分为二种:一步法、二步法。

(1)一步法。一步法合成工艺是将聚氨基甲酸酯作为原材料,或将聚醚二醇与二异氰酸酯(MDI)和短链脂肪族二醇扩链剂按一定配比(二异氰酸酯需过量)在螺杆挤出机中熔融聚合、造粒,经干燥、熔融、计量、纺丝、卷绕、上油、平衡等工序,即得到熔融纺丝氨纶产品。一步法生产以可乐丽公司为代表。

(2)二步法。二步法又称预聚体法,是将聚氨酯切片熔融后,加入二异氰酸酯基过量的预聚体,和羟基过量的聚氨酯发生交联反应,修补断裂的软段,改善纤维的热性能和弹性回复率。

用预聚体作添加剂的二步法生产的纤维强度高，生产过程稳定，是一种比较理想的熔法纺丝工艺路线。目前熔体纺聚氨酯的生产厂家多采用二步法技术。

氨纶熔融纺丝在生产中需注意以下两个方面的问题：第一，防止 TPU 降解。由于聚酯型 TPU 的耐水解性能较差，如果切片的含水率较高，在纺丝过程中会造成 TPU 熔体的严重降解。因此切片的干燥条件应严格控制，一般要求切片的含水率低于 0.02%。另外，由于氨纶熔融纺丝的温度在 200℃左右，与 TPU 的热降解温度相当接近，如何改善 TPU 的耐热性，是制备高质量熔纺氨纶的关键。日本的可乐丽公司选用聚碳酸酯二醇为原料，制备出耐热性优良的 TPU。制成的纤维产品的断裂强度达 1~1.3cN/dtex，断裂伸长率为 400%~550%，弹性回复率为 80%~93%。日本的钟纺公司则是采用在 TPU 熔体中加入预聚体的方法来改善纺丝加工条件和成品的力学性能。具体方法是将 TPU 切片经螺杆挤出机熔融(图 8-8)，在其出口处加入由二异氰酸酯和聚酯或聚醚二醇反应而成的预聚体，经静态混合器均匀混合后再进行纺丝。加入预聚体可降低 TPU 切片的熔化温度，使纺丝可在较低的温度下进行。第二，需考虑氨纶熔融纺丝过程动力学的复杂性。虽然氨纶的熔融纺丝速度仅为 400~800m/min，属常规纺丝的范围，但由于 TPU 结构与性能的特殊性，使得氨纶熔融纺丝过程与 PET 等热塑性树脂的纺丝相比，显示出更大的复杂性。首先，TPU 是软、硬段交替排列的嵌段共聚物，在纺丝过程中软、硬段之间的微相分离动力学，对于微区结构的形成和稳定以及纤维的力学性能都有显著的影响。其次，TPU 大分子链表现出很大的低弹性，即使丝条冷却固化后，在纺丝卷绕力的作用下，纤维仍会发生较大的弹性伸长。因此，研究氨纶熔融纺丝过程动力学对于制造高质量熔纺氨纶至关重要。

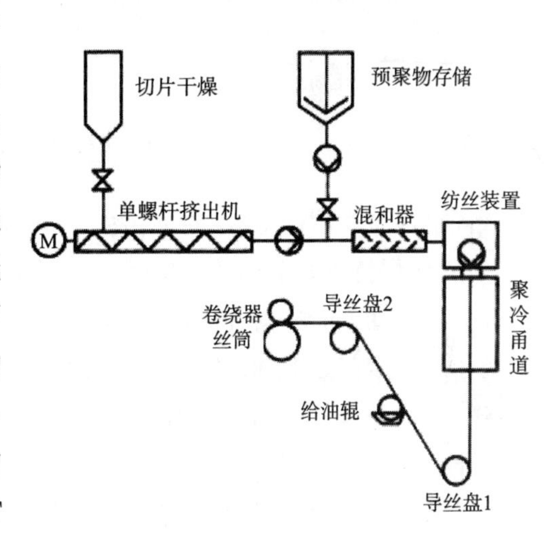

图 8-8　熔纺聚氨酯纤维工艺流程

3. 反应纺丝

反应纺丝法也称化学纺丝法或化学反应法溶液纺丝，是高聚物制成溶液经扩链剂使其发生化学反应而固化成丝的方法。初生纤维经卷绕后，还应在加压的水中进行硬化处理，使纤维内层未起反应的那部分两端含二异氰酸酯的预聚物，很快地在大分子之间建立起具有尿素结合形式的横向连接，从而转变为具有三维结构的聚氨酯嵌段共聚物。该法与湿法纺丝相似，但使用的纺丝浴较少，工艺可分三步：预聚体制备—预聚体溶液配制—扩链固化过程。

4. 湿法纺丝

湿法纺丝是原液在凝固浴中经双扩散作用固化成丝的方法。湿法纺丝约占 10%，其代表为日本富士纺公司。湿法纺丝采用 DMF 为溶剂，纺丝原液的准备与干法纺丝的类似。典型的湿法纺丝工艺流程如图 8-9 所示。纺丝原液用计量泵定量挤出通过喷丝板，然后原液细流进入由水和溶剂组成的凝固浴。和干法纺丝相似，单丝的线密度一般保持在 0.6~1.7tex，以使溶剂的脱除率保持在最佳状态。在凝固浴的出口按所要求的线密度集束,然后经过萃取浴除去残余的溶剂,并在加热筒中进行干燥、松弛热定型,最后经后整理,卷绕成筒。一条湿法纺丝生产线,可同时生产 100~300 束丝束。

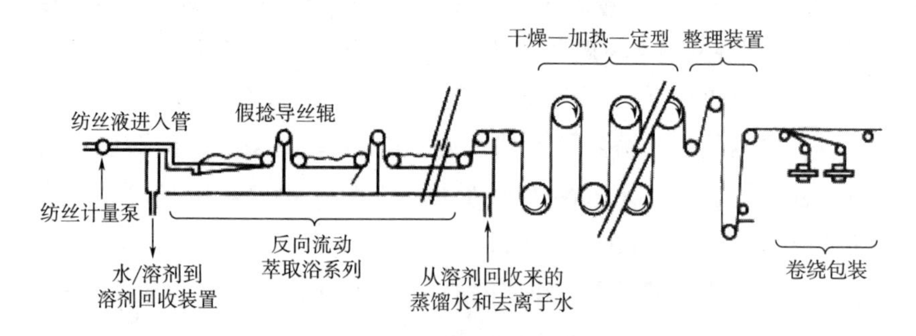

图 8-9　氨纶湿法纺丝生产工艺流程示意图

凝固浴由水和溶剂组成,凝固浴中 DMF 的质量分数要保持在以 15%~30%,为使质量分数波动较小,应保持凝固浴的循环更新。对湿法纺丝的合成纤维,其纤维中含有大量的溶剂,萃取液与丝条的运动方向相反,向机头方向流动。浴槽需 20m 长,前几浴为凝固浴,后几浴为水洗浴。为了保持溶剂浓度的恒定,必须连续除去溶剂—水混合物,并不断地添加蒸馏回收的溶剂以补充。湿法纺丝的溶剂需蒸馏后回收。

与干法纺丝相比,湿法纺丝生产过程中污染大、纺丝速度慢、成本高。湿法纺丝生产的聚氨酯纤维的截面为非圆形,具有皮芯结构,耐氯性优于干法纺丝,但质量较干法纺丝差。

表 8-3 是各种氨纶纺丝方法的工艺、产品规格、质量及所占比例的对比。由表可见,由于干法纺丝产品质量好,是当前氨纶最主要的生产方法。反应纺丝和湿法纺丝由于纺速低、成本高、对环境污染大,正逐步退出氨纶的生产领域。熔体纺丝工艺的最大特点是可生产细旦丝,其强度高于干法纺丝产品。在同样线密度下,熔体纺丝产品的断裂伸长率低于干法纺丝产品。

表 8-3　四种氨纶纺丝方法的对比

纺丝方法	熔体纺丝	干法纺丝	湿法纺丝	反应法纺丝
纺丝液状态	熔体	溶液	溶液或乳液	溶液
纺丝液质量分数/%	100	18~45	12~35	15~40
纺丝温度/℃	160~220	200~230	≤90	—
卷绕速度/(m · min^{-1})	600~1600	300~1000	18~200	50~150
线密度/dtex	22~1100	22~1244	44~440	44~6000
环境影响	基本无污染	污染较大	污染严重	污染严重
生产成本	成本低	成本高	成本高	成本高
占氨纶总产量比例/%	8	80	10	2
产品质量	最好	尚可	10	尚可

四、聚氨酯弹性纤维的产品类型

聚氨酯弹性纤维作为一种重要的纺织原料，其服装制品柔软而富有弹性，穿着既贴身又无约束感，十分舒适。世界聚氨酯弹性纤维约95%用于增加服装和家纺类面料的弹性，如内衣、紧身衣、游泳衣、滑雪服、运动服、高档服装面料、医疗保健用品织物（护膝、护腕、弹性绷带）、手套、袜类（短、中、高筒袜）、带类、军需装备及宇航服等。

（一）氨纶纱的类型

提供给纺织厂织造弹性织物的氨纶丝（纱）有裸丝、包覆纱、包芯混纺纱及合捻纱（图8-10）。

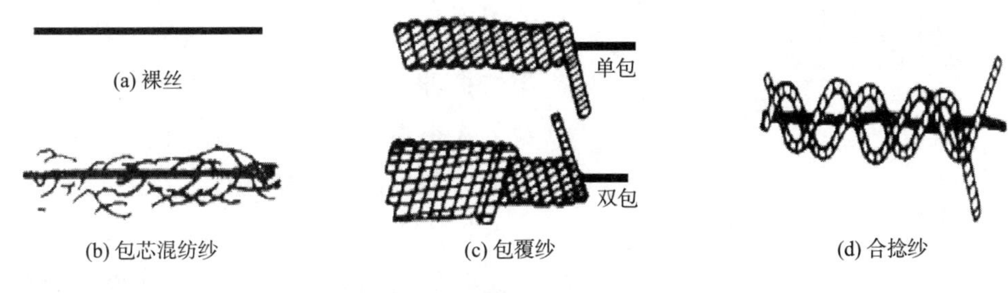

图8-10　氨纶纱的几种类型

1. 氨纶裸丝

氨纶裸丝即氨纶原丝，由于它易于染色，具有良好的耐磨性和柔软性，并有一定的强力，故其能以不包皮的形式使用。在传统的纺织设备上，借助于特殊的进料方式和拉伸方式，可用氨纶裸丝制造延伸率范围很宽的织物。如服装用的弹力网、服装和泳衣上用的弹性筒形针织物、服装和女内衣中的支撑经编织物、女用袜子（长筒）、短袜口部分的编织带等。由于氨纶的弹性很大，要用特殊的整经机（如Liba 23E-560型整经机）进行整经，以保持张力均匀。氨纶整经时拉伸倍数为1.8~2。

2. 包芯混纺纱

包芯混纺纱又称芯纺纱，是由氨纶经其他品种的短纤维纱线包裹而成。包芯混纺纱的生产流程图如图8-11所示。经拉伸的氨纶丝进入精纺机，短纤维纱线也经拉伸和加捻进入精纺机，从而在纺成的纱线中心形成一条连续的纱芯，并在张紧的状态下把包芯混纺纱卷绕成筒。

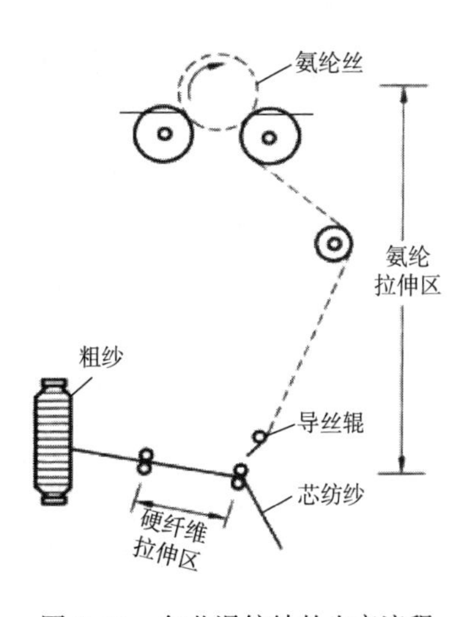

图8-11　包芯混纺纱的生产流程

3. 包覆纱

包覆纱是外层包覆其他品种长丝的氨纶纱。包覆纱有单层包覆纱和双层包覆纱两种。

单层包覆纱的生产过程为：通过拉伸使氨纶丝以伸长状态进入包覆机，被其他类型的长丝呈螺旋状包裹，单螺旋的包覆纱由于存在扭转力而使其具有明显的扭曲,但通过使用具有交替 S 捻和 Z 捻的纱线可消除这种扭曲,如使用假捻变形的锦纶弹力丝。

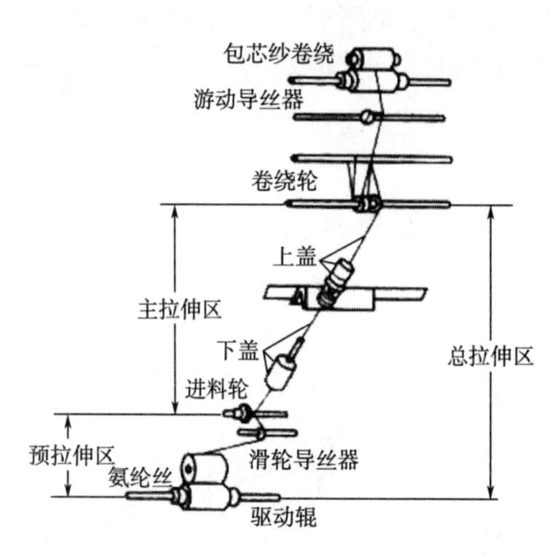

图 8-12　双层包覆纱的生产流程

双层包覆纱的加工过程为:在单层包覆纱上以单包覆螺旋状相反方向包裹第二层,这样可得到不再发生扭结的稳定纱线。图 8-12 为氨纶双层包覆纱的单锭生产流程示意图,包覆纱机双面共 80 锭,氨纶所需的拉伸在两个区域中进行。第一个区域是从绕满氨纶丝的绕丝筒开始到第一个拉伸辊为止,拉伸倍数大约为 1.3;第二个区域为主拉伸区,从第一拉伸辊开始到第二拉伸辊为止,拉伸倍数为 2.5~4。拉伸倍数的大小主要取决于氨纶丝的伸长率、细度、生产能力和经济效益等因素。包覆用的纱由两个装在锭子上的线轴供给,两个线轴是以相反方向旋转的,在拉伸着的弹性丝上绕以硬纱包皮,以使包覆纱能保持所要求的拉伸度。底部的纱用来控制拉伸度,而上部的包覆用纱则用来使扭曲的纱平衡,并使外观平整。卷绕的速度应该稍低于第二拉伸辊的速度,以使卷绕的纱保持在松弛状态。

4. 合捻纱

合捻纱又称并捻纱,是由 1~2 根普通棉纱、毛纱或锦纶与氨纶合并加捻而成,常用来织造弹力劳动布。

合捻纱是在捻线机上生产的,通常将氨纶在拉伸 2.5~4 倍下与其他纤维进行加捻。

(二)氨纶织物的类型

1. 机织物

机织物一般选用包覆纱或芯纺纱,其伸长率为 100%左右。在织造过程中,要注意控制张力,以免在织物的表面形成褶皱。经向弹力织物主要用于制作灯芯绒、滑雪裤等。纬向弹力织物大量用于劳动布、宽幅哔叽及游泳衣。

2. 针织物

(1)经编针织物。经编针织物包括弹力网眼经编织物、特里科经编织物、经缎网眼织物等。弹力网眼织物和双向特里科经编织物适合用于各种女内衣,通常使用氨纶裸丝、锦纶和棉纱针织。在生产过程中,氨纶丝的整经非常重要,一般使用专门的整经机,以使纱线整理后具有均匀的伸长率。

(2)纬编针织物。为了使这类织物具有良好的弹性回复率和高模量,在生产时,在基本纤维中混合少量氨纶丝进行针织。氨纶裸丝、包覆纱、芯纺纱和合捻纱均可使用。裸丝的成本虽然较低,但加工困难,可能会在加工缝纫时跑出,故需使用吸入式喂入裸丝装置或用张力调节器来控制裸丝的喂入张力。而包覆纱、芯纺纱和合捻纱的张力控制较容易。

氨纶裸丝用在连裤袜腰围的弹力带上，单层包覆纱和芯纺纱用于便袜和运动袜的螺纹袜口上。双层包覆纱用于连裤袜的腰带和短袜的螺纹口上，具有永久弹性。

(3)窄幅织物。所谓窄幅织物，即带类织物。含氨纶的带类织物就是平时所说的松紧带，它是在织带机上生产出来的。一台织带机可同时生产 40~60 根带条，所用原料为粗旦氨纶裸丝，占原料总量的 50%~70%，其余为 167tex 涤纶等网络丝。含氨纶的松紧带要比含橡胶丝的松紧带的使用寿命长，白度好。

第三节　聚乳酸纤维

一、聚乳酸纤维的发展概况

聚乳酸纤维(polylactic acid fiber)，简称 PLA 纤维，又称玉米纤维，它是由玉米、木薯等淀粉原料经过发酵、聚合、纺丝制成的。聚乳酸纤维能够在自然界完全降解成二氧化碳和水，燃烧时也不会散发任何毒气，对人体没有毒害，对环境也没有任何污染，成为 21 世纪新一代“绿色”纤维。其具有良好的生物相容性和生物可吸收性，能够应用到医疗领域。聚乳酸纤维集天然纤维和合成纤维的优点于一体，具有良好的服用性能。如极好的悬垂性、滑爽性、吸湿透气性和良好的耐热性、抗紫外线功能，并富有光泽和弹性。

我国在 2000 年前后开始研发 PLA 生产技术。聚乳酸纤维具有与聚酯纤维相似的高结晶度和取向度，具有良好的手感及回弹性，优良的卷曲性及卷曲稳定性，有一定的自熄性，被广泛应用于服装、家用纺织品、农业用及生物医用材料等领域。目前，我国聚乳酸纤维生产规模达到 1.5 万吨/年。

二、聚乳酸纤维的结构与性能

(一)聚乳酸纤维的结构

聚乳酸纤维的化学结构式如下所示：

$$H\!\left[O-\underset{}{\overset{CH_3}{\overset{|}{C}H}}-\overset{O}{\overset{\|}{C}}\right]_n OH$$

聚乳酸纤维的结构分子是一种简单的手性分子，它的重要特征是能以两种旋光异构体存在，即 L-乳酸(左旋)和 D-乳酸(右旋)。左旋异构体可使光的偏振面按逆时针方向旋转，左旋含量高乳酸聚合体是结晶体，可用来生产纤维等产品；右旋异构体使光的偏振面按照顺时针方向旋转，右旋含量高(大于 15%)的聚合体则生成非结晶产品。从分子结构看，聚乳酸纤维属于脂肪族聚酯纤维。

聚乳酸纤维可采用溶液纺丝、熔体纺丝和静电纺丝等加工方法生产，大多采用熔体纺丝法。其纤维结构为圆柱体，表面光滑，光泽明亮，横截面近似圆形，如图 8-13 所示。

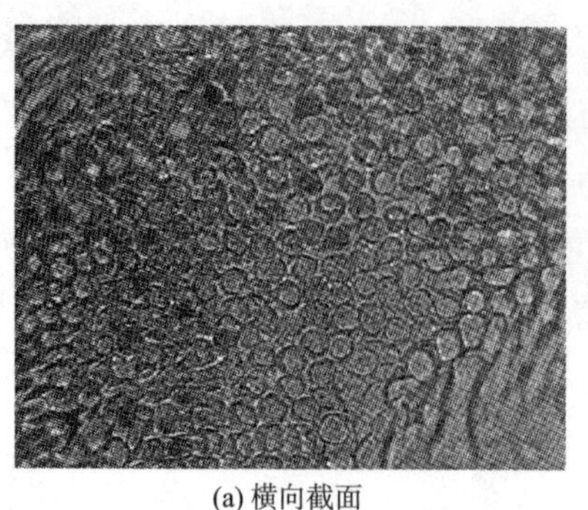
(a) 横向截面

(b) 纵向表面

图 8-13　聚乳酸纤维的外观形态

（二）聚乳酸纤维的性能特点

1. 物理性能

聚乳酸纤维的物理性能介于聚酯纤维（涤纶）和聚酰胺纤维（锦纶，又称尼龙）之间，其拉伸强度与聚酯纤维接近，模量较低，玻璃化转变温度及熔点低，折射率低，且有良好的透明度和抗紫外线性能。表 8-4 列出了聚乳酸纤维与聚酯、聚酰胺纤维（PA6）的性能。聚乳酸纤维制成的织物手感柔软，悬垂性很好。聚乳酸纤维与聚酯纤维具有相似的耐酸碱性能，这是由其大分子结构决定的，其综合性能优于涤纶。

表 8-4　聚乳酸纤维与聚酯、PA6 纤维的性能比较

项目	聚乳酸纤维	聚酯纤维	PA6 纤维
密度/$(g \cdot cm^{-3})$	1.25	1.39	1.14
玻璃化转变温度/℃	57	70	40
熔点/℃	170	255	215
断裂强度/$(cN \cdot dtex^{-1})$	3.0~4.5	4.0~4.9	4.0~5.3
断裂伸长率/%	30~50	25~30	25~40
燃烧热/$(MJ \cdot kg^{-1})$	19	27	31
极限氧指数/%	26	20~22	20~24
折射率	1.35~1.45	1.54	1.52

2. 生物可降解性和相容性

与其他多数热塑性聚合物相比，聚乳酸具有良好的降解性能。影响聚乳酸降解速度的因素主要有结晶度、玻璃化转变温度、相对分子质量和介质 pH 等。Fukuzaki 等的研究指出，结晶度对降解速度的影响显著。当聚乳酸的玻璃化转变温度低于水解温度时，其水解速度加快。相对分子质量越小，分子质量分布越宽，聚乳酸降解速度越快。酸和碱都能催化聚乳酸水解。

聚乳酸纤维的废弃物在自然界中自动降解，不污染环境，且产物可被植物吸收，通过光合作用再次生成淀粉。聚乳酸纤维及织物在土壤或水中，一般情况下经过数月或者 1~2 年内可完全生物降解成 CO_2 和 H_2O。除此之外，聚乳酸在人体内通过酸或酶等水解为乳酸，而乳酸是细

胞的一种代谢产物，可再经过酶的进一步代谢生成 CO_2 和 H_2O。因此，聚乳酸纤维还具有很好的生物相容性。

3. 吸湿性

聚乳酸具有良好的吸湿性能。研究表明，棉纤维中的亲水基团多于聚乳酸纤维，而聚乳酸纤维中的亲水基团多于聚酯（PET）纤维，所以聚乳酸纤维的吸湿性比 PET 纤维好，但比棉纤维差。在导湿方面，聚乳酸纤维的极性氧键与水分子连接，使水分子可以快速转移，从而赋予织物导湿快干性能。

4. 抗紫外线性能

聚乳酸纤维分子结构中含有大量的—CH、C—C 键，这些化学键不吸收照射到地球表面波长大于 290nm 的紫外线；另外，聚乳酸是纯度达 99.5%的乳酸在真空条件下缩聚而成的，因此聚乳酸纤维的化学结构和高纯度使其具备了优良的抗紫外线性能，甚至日照 500h 后，仍保持 90%以上的强力。

5. 燃烧性能

聚乳酸纤维的燃烧产物为 CO_2 和 H_2O，不产生任何有毒气体，是一种无污染的纤维；其极限氧指数能达到 26%以上，属于难燃纤维；聚乳酸纤维由淀粉组成，燃烧产生的燃烧热为 19MJ/kg，燃烧热低，只有聚酯纤维的 1/3，且燃烧时发烟少，离火后自动熄灭，非常适合作为建筑材料使用。

三、聚乳酸纤维的生产工艺

聚乳酸的制备方法主要有直接聚合法（简称一步法）、丙交酯开环聚合法（简称两步法），以及丙交酯与其他单体的共同聚合法（简称共聚法），其中两步法和一步法生产技术较为成熟。两步法是目前合成聚乳酸最常见的方法。其生产工序为：首先将乳酸脱水环化制成丙交酯，然后将丙交酯开环聚合制得聚乳酸。

一步法是指由精制的乳酸直接进行缩聚制得聚乳酸的方法，一步法是最早也是最简单的聚乳酸制备方法，其主要特点是生产工艺流程短，成本低，生产过程对环境友好，具有一定的技术优势，但不足之处是制得的 PLA 平均相对分子质量较低。一步法生产又分为简单溶液聚合法和熔融聚合法两种。

（一）熔融纺丝

熔融纺丝是将聚合物加热熔融通过喷丝孔挤出，在空气中冷却固化形成纤维的纺丝方法，是至今为止聚乳酸纤维最经济化的纺丝方法。

聚乳酸的熔融纺丝与现有涤纶生产和各种纺丝工艺相近（图 8-14），但聚乳酸的熔纺成型比涤纶难控制，原因是聚乳酸熔体的黏度高以及对温度敏感，对于相同相对分子质量的聚乳酸熔体，其黏度远高于涤纶熔体的黏度。为达到纺丝成型时较好的流动性，聚乳酸必须具有较高的纺丝温度，但聚乳酸在高温下尤其是经受较长时间的高温容易分解，造成纺丝成型的温度范围较窄，因此，聚乳酸熔纺工艺的良好控制非常关键。聚乳酸熔纺工艺具有重现性好、环境污染小、生产成本低、便于自动化和柔性化生产的特点，因此成为聚乳酸纤维的主要生产方法。

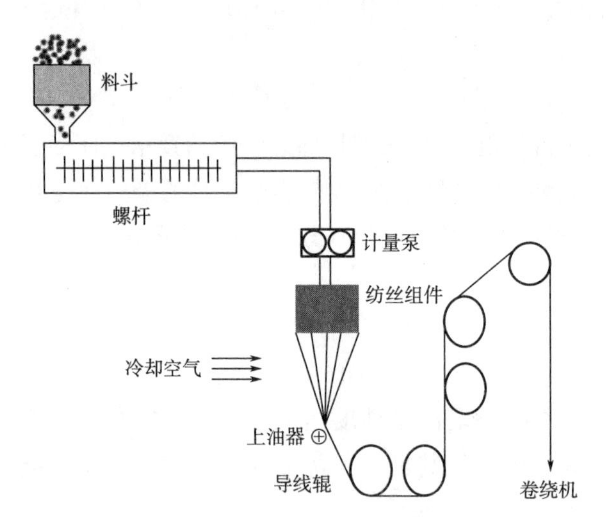

图 8-14 聚乳酸熔融纺丝工艺示意图

目前,熔融纺丝法生产聚乳酸的工艺和设备正在不断地改进和完善,市场上商品化的聚乳酸纤维均采用熔纺工艺,已成为工业化聚乳酸纺丝成型加工的主流。此外,还有溶液纺丝和静电纺丝。溶液纺丝包括干法纺丝、湿法纺丝和干湿法纺丝;静电纺丝包括溶液静电纺丝、熔体静电纺丝和激光熔体静电纺丝。

1. 工艺过程

聚乳酸是线型热塑性树脂,其纤维熔融纺丝工艺与涤纶(PET)比较类似,都可采用高速纺丝一步法、纺丝—拉伸两步法。高速纺丝既可提高产量,还可通过本身的热拉伸过程得到取向或部分取向的纤维。纺丝—拉伸两步纺丝法比较成熟的工艺流程为:聚乳酸酯→真空干燥→熔融挤压→过滤→计量→喷丝板出丝→冷却成型→卷绕→热盘拉伸→上油→成品丝,两步法成本低、污染小,便于自动化生产。

纺丝和拉伸工艺基本上可采用和尼龙、涤纶等传统合成纤维相同的方式,例如,对于生产聚乳酸纤维,可先纺丝得到 UDY,然后拉伸得到 FDY;也可高速纺丝直接得到 FDY;还可先高速纺丝得到 POY,然后进行拉伸和假捻变形加工制成 DTY 等;也可能超高速纺丝生产 HOY。

2. 干燥工艺控制

(1)干燥目的及要求。聚乳酸分子结构中存在酯键,而酯键易水解,酯键的水解是聚乳酸降解的主要方式,导致低分子量水溶性产物产生。并且,纺丝时熔体中的水分会形成气泡,气泡夹杂在自喷丝孔吐出的熔体细流中,极易产生纺丝飘丝、毛丝、断丝或在单丝中留下隐患,在后拉伸时造成毛丝或断头。另外,经过干燥的切片会形成部分结晶,使软化点大大提高。结晶度越高,软化点越高,切片越硬,这样的切片进入螺杆挤压机后,就会避免产生"环结"现象。

因此,在纺丝高温工艺之前必须对聚乳酸切片进行干燥处理,严格去除水分。要求切片含水率:纺制普通短纤维时≤0.012%,纺制普通长丝时≥0.007%,高速纺丝时≤0.005%,甚至≤0.003%。

(2)干燥设备及工艺。少量聚乳酸切片干燥时可用真空转鼓干燥装置,该装置工艺成熟、控制方便、干燥质量较高,但缺点是干燥时间长、间歇式操作、劳动强度大、生产能力低。

在干燥过程中,由于聚乳酸切片容易降解或氧化裂解,所以可抽真空,真空度应控制在98.6kPa左右,也可充氮气以隔绝氧气。干燥过程可采用由低温到高温分阶段干燥,如三阶段干燥:80℃、4h,100℃、4h,110℃、20h。

大量聚乳酸切片连续干燥还可用沸腾结晶充填干燥装置,该装置将预结晶和主干燥分开进行工艺控制。这类设备又分为间歇式和连续式两种。间歇式沸腾结晶充填干燥装置生产能力大,自动化程度高,切片不但含水率低于0.003%,而且均匀一致,粉末少,切片运送过程全封闭,不会再度吸湿。整个系统不需要蒸汽,只要电加热,尤其适用于要求较高的高速纺丝用切片干燥。

3. 纺丝工艺控制

聚乳酸纤维的熔融纺丝是在熔融纺丝机上进行的,一般经过加热、挤压、冷却、上油、拉伸、卷绕等过程。纺丝工艺参数(如纺丝温度、纺丝速度、拉伸倍数、拉伸温度等)影响最终制得的聚乳酸纤维的品质。

(1)纺丝温度。在熔融纺丝中,聚乳酸的流动性随纺丝温度升高而变好。要使聚乳酸在纺丝成型时具有好的流动性,必须达到一定的纺丝温度,但聚乳酸在高温下又极容易降解,这就是聚乳酸的热敏性与熔体高黏度之间的矛盾。因此,聚乳酸纺丝成型的温度范围极窄,在熔融纺丝中相对分子质量的损失是个倍受关注的问题。

纺丝温度影响聚乳酸长丝的成型外观。纺丝温度适宜时,长丝丝面光洁,表面无毛丝;纺丝温度非正常时,卷装毛丝较多,丝束凌乱纠缠,丝束上还出现丝圈。随着纺丝温度升高,聚乳酸纤维的相对热降解加速,导致纤维的相对分子质量下降。不同温度下聚乳酸纤维的降解率见表8-5。

表8-5 不同纺丝温度下聚乳酸纤维的降解率

纺丝温度/℃	180	185	190	195	200	205	210	215
降解率/%	7.15	10.14	11.86	13.95	18.55	21.75	24.92	26.75

聚乳酸纤维的纺丝温度应严格控制在适宜范围(一般为190~195℃)。温度过低,熔体流动困难,流变性差,不具备可纺性;温度过高,纤维的色泽由白变黄,长丝表面出现毛丝,降解严重,甚至会在熔体内部出现大量气泡,导致无法纺丝。

(2)纺丝速度。当聚乳酸熔体被挤出喷丝孔时,会接触到空气中的氧气和水分而导致大分子链发生热降解和水解,相对分子质量下降。而随着纺丝速度的增大,聚乳酸接触空气的时间缩短,可发生热降解和水解的时间减少。因此纺丝速度越高,聚乳酸纤维在纺丝过程中的降解率越小。不同纺丝速度下聚乳酸纤维的降解率见表8-6。但过高的纺丝速度会使聚乳酸结晶时间过短,结晶不完全,拉伸时极易断头,因此纺丝速度应控制在合适的范围。例如,在两步法纺丝中,刘淑强等的研究表明,纺丝速度为1000m/min时,聚乳酸长丝的综合性能达到最优。

表 8-6 不同纺丝速度下聚乳酸纤维的降解率

纺丝速度/($m \cdot min^{-1}$)	600	700	800	900	1000
降解率/%	29.71	23.51	19.15	18.72	13.15

(3)拉伸倍数。拉伸过程对聚乳酸纤维力学性能和结构的改善十分重要。轴向外力拉伸会使纤维内大分子沿纤维轴取向,同时分子取向诱导大分子结晶,结晶度和密度增加,使拉伸丝的杨氏模量和断裂强度增加,断裂伸长率下降,取向度增大。一般随着拉伸倍数的提高,聚乳酸纤维断裂强度增大,断裂伸长率减小,取向度变大。不同拉伸倍数下聚乳酸纤维的力学性能见表 8-7。当然,过大的拉伸倍数易破坏分子的链段连接,从而产生大面积毛丝而导致丝束缠辊,难以顺利拉伸,以致无法纺丝。

表 8-7 不同拉伸倍数下聚乳酸纤维的力学性能

拉伸倍数	2.0	2.5	3.0
断裂强度/($cN \cdot dtex^{-1}$)	1.03	1.26	1.66
断裂伸长率/%	102.60	66.17	41.42
取向因子	0.1757	0.4172	0.4997

(4)拉伸温度。拉伸温度即热盘温度,拉伸温度对聚乳酸长丝的拉伸稳定性起到极为关键的作用。表 8-8 为不同拉伸温度下聚乳酸纤维的力学性能。

表 8-8 不同拉伸温度下聚乳酸纤维的力学性能

拉伸温度(热盘 $T_1/T_2/T_3$)/℃	72/76/77	75/80/82	78/84/87
断裂强度/($cN \cdot dtex^{-1}$)	1.71	2.26	1.80
断裂伸长率/%	33.47	36.71	35.17
取向因子	0.3558	0.5358	0.4246

拉伸温度低时,由于聚乳酸分子链段未完全“解冻”,拉伸时易发生脆性断裂,产生毛丝和断头。随着拉伸温度的提高,一方面,由于聚乳酸大分子在拉伸过程中发生取向,伸直链段的数目增多,而折叠链段的数目减少;另一方面,由于拉伸过程中发生了结晶,片晶之间的连接链相应增加,从而提高了聚乳酸纤维的强度和抗拉性。表现在纤维的力学性能上是纤维的断裂强度明显增大,断裂伸长率也增加。拉伸温度过高时,分子链的活动能力太强,拉伸应力变小,会加快聚合物分子链滑动,丝条的抖动加剧,影响拉伸的稳定性,容易导致毛丝的产生,大分子的取向度反而随温度的升高而降低,达不到提高强度的目的。

(5)预过滤器和喷丝组件。聚乳酸熔体中的杂质会引起聚乳酸分子量的急剧降低,使最终纺制的纤维性能恶化,因此需采用 20μm 的预过滤器对聚乳酸熔体进行预过滤以除去杂质。

喷丝板的长径比需要适当调整。经多次试纺得知,24f 和 48f 喷丝板的孔径从原来的 0.25mm 适当降低为 0.20mm,长径比同步由 2.0~2.5 调大为 2.3~3,熔体破裂现象比未调整前有明显改善的趋势。可能由于调整后的孔径和长径比有利于剪切速率的提高,增加了纺丝的稳定性。在组件安装上，在 24f 和 48f 喷丝板底部分别装 20%～35%的金属砂，与海砂分层混装，在可纺性相同的情况下降低初始压力，此时纺丝情况尚可，断头较少，能有效控制组件滴浆。

（二）溶液纺丝

聚乳酸纤维溶液纺丝法主要采用干纺—热拉伸工艺，一般纺丝原液采用二氯甲烷、三氯甲烷或甲苯作溶剂。由于溶液纺丝法的工艺较复杂，所采用的溶剂有毒，需经特殊处理才能达到医疗卫生的要求，同时纺丝溶剂回收困难，纺丝环境差，而且在本来聚乳酸合成成本较高的基础上，再加较高的纺丝成本，使最终的纤维成本非常高，从而限制了其应用。到目前为止，溶液纺丝法制备聚乳酸纤维还处于试验阶段，尚未见到相关商业化生产报道。

四、聚乳酸纤维的主要用途

聚乳酸纤维有长丝、短纤维、复丝及非织造布等不同种类和品种，可广泛应用于纺织、服装、装饰、医疗、农林、食品、卫生、土木建筑等领域，具体应用见表 8-9。

表 8-9　聚乳酸纤维在各个领域的应用举例

领域	应用举例
医疗	手术缝合线、外用脱脂棉、吊绳、针织布、纱布、绷带等，非织造布可用作手术衣、口罩、手术覆盖布等
服装	衬衫、T 恤、夹克衫、裙子、礼服、运动服、睡衣、围巾、内衣、长袜、领带及婴儿用品等
卫生	妇女卫生品、尿布、纱布等
日常生活	手帕、毛巾、浴巾、纸袋带子、礼品包装材料、购物袋、背包、排水口滤袋、茶叶袋、厨房垃圾漏水网、咖啡过滤袋、雨伞、旗帜、帽子、帷帐、窗帘、毛毯、被子、桌布、床罩、靠垫、枕头等
农、林、水产业	攀岩绳、防寒帐、捆扎带、防草用地膜、防虫网、防鸟绳索、防兽网、果实袋、苗木保护用膜材、育苗床用材、树根包扎袋、移植栽种盆、养殖网、渔具等
土木建筑	土工布、植被网、防草布、污泥脱水袋、薄膜绳索、土壤增强材料等

第四节　芳香族聚酰胺纤维

芳香族聚酰胺是指酰胺键直接与两个芳环连接而成的线型聚合物，由该聚合物纺制的纤维即为芳香族聚酰胺纤维。1974 年，美国贸易联合会将芳香族聚酰胺纤维命名为“aramid fibers”，泛指至少含有 85%的酰胺键和两个芳环相连的长链合成聚酰胺，我国称为芳纶。芳香族聚酰胺纤维具有优异的耐热性、耐化学性，一些芳香族聚酰胺纤维还具有出色的力学性能。

芳香族聚酰胺纤维有两大类：全芳族聚酰胺纤维和杂环芳族聚酰胺纤维。全芳族聚酰胺纤维主要包括对位的聚对苯二甲酰对苯二胺和聚间苯甲酰胺纤维、聚间苯二甲酰间苯二胺和聚间苯甲酰胺纤维、共聚芳酰胺纤维，以及引入巨型侧基的其他芳族聚酰胺纤维；杂环芳族聚酰胺纤维是指含有氮、氧、硫等杂原子的环聚酰胺纤维等。

虽然可合成的高性能芳酰胺有 20 多种，但目前可供应用的品种主要是聚对苯二甲酰对苯二胺（PPTA）、聚间苯二甲酰间苯二胺（PMIA）、聚对苯甲酰胺（PBA）和共聚芳酰胺纤维等。芳香族聚酰胺的主要品种及其分子式见表 8-10。

表 8-10　芳香族聚酰胺的主要品种

名称	分子式
聚对苯二甲酰对苯二胺（PPTA）	$\left[NH-C_6H_4-NH-CO-C_6H_4-CO \right]_n$
聚间苯二甲酰间苯二胺（PMIA）	$\left[NH-C_6H_4-NH-CO-C_6H_4-CO \right]_n$
聚对苯二甲酰对苯二胺 3,4′-二氨基二苯醚（PPD/POP-T）	$\left[NH-C_6H_4-NH-C(=O)-C_6H_4-CO \right]_n \left[NH-C_6H_4-O-C_6H_4-NH-C(=O)-C_6H_4-CO \right]_m$
聚对苯甲酰胺（PBA）	$\left[NH-C_6H_4-NH-CO \right]_n$
聚对苯二甲酰 4,4′-二苯砜胺	$\left[NH-C_6H_4-SO_2-C_6H_4-NH-CO-C_6H_4-CO \right]_n$

一、芳香族聚酰胺纤维的发展概况

20 世纪 60 年代初，美国杜邦公司首先开发出具有优良热稳定性的间位芳香族聚酰胺聚合物，并于 1962 年实现了 Nomex 纤维的工业化，此纤维的纺织性能与棉纤维相似，但因其优异的耐热、耐燃性而广泛应用于消防服、高温过滤材料和电绝缘纸等领域；1966 年，杜邦公司又生产出了对位芳纶，即 Kevlar 纤维，该纤维是芳香族聚酰胺中最有代表性的高强度、高模量和耐高温纤维；1972 年，日本帝人公司也开始生产商品名为 Conex 的 PMIA 纤维；1986 年，荷兰阿克苏·诺贝尔公司开始生产 PPTA 纤维，商品名为 Twaron，打破了杜邦公司独家垄断 PPTA 纤维的局面；此外，由日本帝人公司 1987 年实现工业规模化生产的商品——共聚型芳香族聚酰胺纤维 Technora，其抗疲劳和耐化学药品性优于 PPTA 纤维，在轮胎帘子线等方面具有较强的竞争力；1990 年，德国赫斯特公司采用由聚合物溶液直接纺丝生产的新型对位芳纶，在力学性能方面可与 PPTA 纤维相媲美，而且密度比 PPTA 小，特别是耐酸碱性能远优于 PPTA。我国于 1972 年开始进行芳纶的研制工作，并于 1981 年通过了芳纶 14 的鉴定，1985 年又通过了芳纶 1414 的鉴定，它们分别相当于美国杜邦公司的 Kevlar 29 和 Kevlar 49。我国山东烟台和四川均有商业化的芳纶产品，对位芳纶 Taparan 和间位芳纶 Tametar。目前，芳纶 1313 的主要供应商依次为美国杜邦、烟台泰和新材、日本帝人。美国杜邦公司年产能约 2.5 万吨，商品名为 Nomex，在全球处于垄断地位。烟台泰和新材年产能 5600 吨，为全球第二大芳纶 1313 供应商，其商品名为 Tametar，是美国杜邦的主要竞争对手。日本帝人也是世界上最早的芳纶 1313 供应商之一，其年产能约 2300 吨，商品名为 Conex。

二、PPTA 和 PMIA 纤维的结构与性能

(一)PPTA 纤维的结构与性能

PPTA 纤维的结构与性能和普通聚酰胺、聚酯等有机纤维有很大差别。常规纤维大分子链多数为折叠、弯曲和相互缠结的形态，就是经拉伸取向后，纤维的取向和结晶度也比较低，其结构常用缨状胶束多相模型来描述，但这些理论已经不能解释高强高模的 PPTA 纤维。PPTA 大分子的刚性规整结构、伸直链构象和液晶状态下纺丝的流动取向效果，使大分子沿着纤维轴的取向度和结晶度相当高。虽然与纤维轴垂直方向存在分子间酰胺基团的氢键和范德瓦耳斯力，但这些凝聚力比较弱，因此大分子容易沿着纤维纵向开裂产生微纤化。

用 X 射线衍射、扫描电镜以及化学分析等方法对 PPTA 纤维的结构进行解析，得到许多结构模型，比较有代表性的如 Dobb 等提出的“轴向排列褶裥层结构”模型，Ayahian 等提出的“片晶柱状原纤结构”模型，Prunsda 及李历生等提出的“皮芯层有序微区结构”模型，这些微细构造的模型示意图如图 8-15 所示，基本上反映了 PPTA 纤维的主要结构特征。

(a) 轴向排列褶裥层结构　(b) 片晶柱状原纤结构　(c) 皮芯层有序微区结构

图 8-15　PPTA 纤维的几种微细构造模型

(1)纤维中存在伸直链聚集而成的原纤结构。

(2)纤维的横截面上有皮芯结构。

(3)沿着纤维轴向存在 200~250nm 的长周期，与结晶 c 轴呈 0°~10°夹角相互倾斜的褶裥结构(pleated sheet structure)。

(4)氢键结合方向是结晶 b 轴。

(5)大分子末端部位，往往产生纤维结构的缺陷区域。

通常纤维的抗拉强度主要取决于聚合物的相对分子质量、大分子的取向度和结晶度、纤维的皮芯结构以及缺陷分布。

图 8-16 所示是 PPTA 纤维的强度与相对分子质量(特性黏数)的关系，随着特性黏数的增加，纤维强度迅速上升。显然，随着 PPTA 相对分子质量的增加，大分子链长度变长，

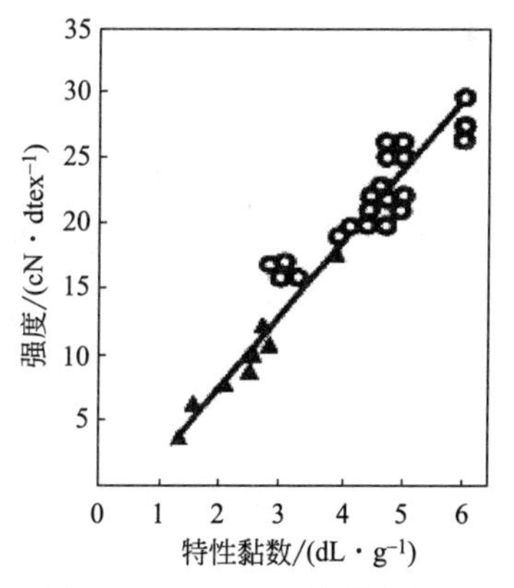

图 8-16　PPTA 纤维强度与特性黏数的关系

同时减少了分子末端数,改进了分子的规整性,有利于纤维强度的提高。对 PPTA 初生纤维进行张紧热处理,可进一步完善纤维的结晶结构,提高纤维的模量。表 8-11 是 PPTA 系列纤维力学性能的比较。

表 8-11　PPTA 系列纤维力学性能比较

性能	K-29	K-49	K-149	K-129	DPEPPTA
强度/GPa	2.9	2.8	2.3	3.4	3.1
模量/GPa	68	124	173	96	70
实测结晶模量/GPa	153	156	—	—	91
理论模量/GPa	182	182	—	—	—
伸长率/%	3.6	2.5	1.5	3.3	4.4
密度/($g \cdot cm^{-3}$)	1.43	1.45	1.47	1.44	1.39
吸水率/%	6.0	4.3	1.5	4.3	2.0

注　K-29 为普通型 PPTA 纤维,K-49 为高模型 PPTA 纤维,K-149 为超高模量 PPTA 纤维,K-129 为超高强度 PPTA 纤维,DPEPPTA 为共聚型 PPTA 纤维。

PPTA 纤维的理论强度为 30GPa,理论模量为 182GPa,现在纤维的实际强度达到 3GPa 左右,模量最高达到 173GPa,实测结晶模量已达到 156GPa。可以看出,纤维的实际模量和理论值相当接近,而纤维的实际强度只有理论值的 1/10,差距很大。这一方面说明高强度纤维的强度受到纤维结构缺陷的影响,另一方面反映了目前有关纤维结构缺陷的理论还有许多不完善的地方,是今后研究的重要方向。

(二) PMIA 纤维的结构与性能

PMIA 大分子链呈锯齿状,具有优良的力学性能,如强度、断裂延伸率等,同时还具有极佳的耐火和耐氧化性。PMIA 的主链结构具有高度的规则性,大分子是以十分伸展的状态存在,具有耐高温、防火、耐化学腐蚀及较高的力学性能和抗疲劳性。其强度为钢的 3 倍,为强度较高的涤纶工业丝的 4 倍;初始模量为涤纶工业丝的 4~10 倍,为聚酰胺纤维的 10 倍以上。PPTA 的热稳定性好,在 150℃下热收缩率为 0,在高温下仍能保持较高的强度。如在 260℃下仍可保持强度的 65%。PPTA 的耐温性能高于 PMIA,连续使用温度范围为-196~204℃,在 560℃的高温下不分解、不熔化。

PMIA 纤维是由酰胺基团相互连接间位苯基所构成的线型大分子,和 PPTA 纤维相比,间位连接的苯环共价键没有共轭效应,键的内旋转位能相对低些,大分子链呈现柔性结构,其弹性模量的数量级和柔性链大分子处于相同水平,其大分子的结晶模量与其他大分子结晶模量的比较见表 8-12。

表 8-12　各种大分子的结晶模量比较

种类	纤维模量/GPa	结晶模量/GPa	
		实测值	理论值
PPTA	68.0~132.0	156	183

续表

种类	纤维模量/GPa	结晶模量/GPa	
		实测值	理论值
PMIA	6.7~9.8	88	90
PET	19.5	108	122
PP	9.6	27	34
PAN	9.0	—	86

PMIA 纤维具有优良的力学性能，强度比棉稍大些，伸长也大，手感柔软，耐磨牢度好。和其他无机耐高温纤维，如玻璃纤维等比较，PMIA 纤维的纺织加工性能良好，穿着舒适耐用，它与几种常用纤维的力学性能比较见表 8-13。

表 8-13　几种常用纤维的力学性能比较

性能		芳纶 1313	Nomex	锦纶	涤纶	棉
强度	$cN \cdot dtex^{-1}$	2.6~4.8	3.5~5.5	3.9~6.6	4.1~5.7	2.5~4.3
	GPa	0.5~0.7	0.5~0.8	0.4~0.7	0.6~0.8	0.4~0.7
伸长率/%		20~50	35~50	25~60	20~50	6~10
模量	$dN \cdot tex^{-1}$	52~80	48~71	9~27	22~62	60~80
	GPa	7.5~10.9	6.7~9.8	1.0~3.0	3.1~8.5	9.5~12.0
密度/($g \cdot cm^{-3}$)		1.37	1.38	1.14	1.38	1.54
LOI		28~32	29~32	20~22	20~22	19~21
炭化温度/℃		400~420	400~430	250 熔化	255 熔化	140~150

PMIA 纤维常温下的力学性能和通常的服用纤维相近，因此纺织加工性能也相近。美国杜邦公司 Nomex 纤维的力学性能见表 8-14。

表 8-14　Nomex 纤维的力学性能

产品型号	430		450	455/462	N301
线密度/dtex	2.0dpf	2.7dpf	1.5dpf	1.5dpf	1.5dpf
密度/($g \cdot cm^{-3}$)	1.38	1.38	1.37	—	—
回潮率/%	4.0	4.0	8.2	8.3	8.3
强度/($cN \cdot dtex^{-1}$)	5.4	5.3	3.2	2.8	3.1
断裂伸长/%	30.5	31.0	22.0	21.0	19.0
初始模量/($cN \cdot dtex^{-1}$)	102.0	92.5	—	—	—
钩结强度/($cN \cdot dtex^{-1}$)	4.5	4.3	—	—	—
纤维截面形状	椭圆至犬骨型	椭圆至犬骨型	椭圆至犬骨型	椭圆至犬骨型	椭圆至犬骨型
长径/μm 均值(范围)	20(17~22)	—	17(15~18)	18(15~20)	18(15~20)
短径/μm 均值(范围)	11(9~13)	—	10(8~12)	10(8~12)	10(8~12)

PMIA 纤维有很好的阻燃性能,极限氧指数为 26%~30%。在火焰中不会发生熔滴现象。如果在会熔滴的化学纤维中混纺少许的 PMIA 纤维也能够防止熔滴现象。PMIA 纤维离开火焰会自熄,在 400℃的高温下纤维发生炭化,成为一种隔热层,能阻挡外部的热量传入内部,起到有效的保护作用。此外,PMIA 纤维在高温下分解产生的烟气较少,对人体的危害较小。

PMIA 化学结构相当稳定,赋予纤维优良的耐化学腐蚀性能,其中耐有机溶剂和耐酸性好于尼龙,但比聚酯纤维略差,常温下的耐碱性很好,但在高温下的强碱中容易分解。

三、PPTA 和 PMIA 纤维的生产工艺

(一)PPTA 纤维的生产工艺

1. 聚对苯二甲酰对苯二胺的合成

(1)PPTA 单体。PPTA 用缩聚的方法合成,由于其熔融温度高于分解温度,故不能用熔融缩聚的方法,只能用界面缩聚、溶液缩聚或乳液聚合的方法,作为研究,还有固相缩聚和气相聚合的方法。工业生产上常用低温溶液缩聚和界面缩聚的方法,由芳香族二胺与芳香族二酰氯,在酰胺型溶剂体系中反应制备聚合物。合成 PPTA 所需的单体主要为对苯二胺(PPD)和对苯二甲酰氯(TCl),其反应式如下:

$$Cl-\overset{\overset{O}{\|}}{C}-C_6H_4-\overset{\overset{O}{\|}}{C}-Cl + NH_2-C_6H_4-NH_2 \longrightarrow \left[-\overset{\overset{O}{\|}}{C}-C_6H_4-\overset{\overset{O}{\|}}{C}-\overset{\overset{H}{|}}{N}-C_6H_4-\overset{\overset{H}{|}}{N}-\right]_n + 2nHCl$$

其反应是 Schotten-Baumann 型反应,如下所示:

$$\sim Ar-\underset{\underset{X}{|}}{\overset{\overset{O}{\|}}{C}} + H-\underset{\underset{H}{|}}{\ddot{N}}-Ar'\sim \rightleftharpoons \sim Ar-\underset{\underset{X}{\vdots}}{\overset{\overset{O^{\ominus}}{|}}{C}}\cdots\underset{\underset{H}{|}}{\overset{\overset{H}{|}}{N^{\oplus}}}-Ar'\sim \longrightarrow \sim Ar-\overset{\overset{O}{\|}}{C}-\underset{\underset{H}{|}}{N}-Ar'\sim + HX$$

因此反应与—X 基团的性质有关,能形成酰胺键的—X 有卤素、OR(R 为 H,烷基,芳基)。

这些化合物中,当—X 为卤素—Cl 时,作为反应单体活性最高,因此芳香族二酰氯是首选单体。工业生产上使用低温溶液缩聚法制备 PPTA 时,以对苯二甲酰氯(TCl)和对苯二胺(PPD)为单体,$NMP—CaCl_2$ 即酰胺—盐溶剂体系为缩聚溶剂。选择合理的缩聚反应工艺,是得到高相对分子质量、具有伸展链结构 PPTA 的关键。

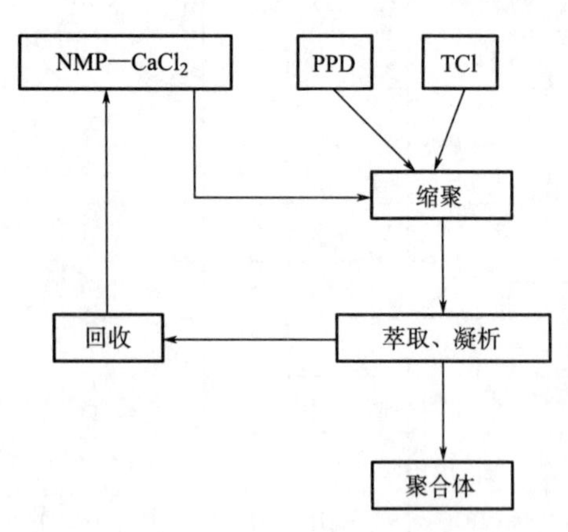

图 8-17　低温溶液缩聚工艺流程

(2)PPTA 的缩聚。对苯二胺与对苯二甲酰氯的低温溶液反应工艺流程如图 8-17 所示,它和通常的缩聚反应一样,遵循 Flory 有关缩聚的公式:

$$P=1/(1-\rho) \tag{8-5}$$

$$P=1+[A_0]kt \tag{8-6}$$

$$P=(1+r)/(1-r) \tag{8-7}$$

可见聚合度 P 与反应程度 ρ、单体摩尔配比 $r=[A_0]/[B_0]$、反应时间 t 密切相关,其中$[A_0]$、$[B_0]$分

别是两个单体的初始摩尔数。工业化生产时，由于设定 ρ、t 条件相同，因此两个单体的摩尔配比 r 对聚合物的相对分子质量影响就特别明显。由表 8-15 可知，对苯二甲酰氯的纯度稍有变化，对聚合物的相对分子质量对数比浓黏度（η_{inh}）影响相当大，因为纯度使单体配比发生偏差，所以要获得高的相对分子质量，酰氯纯度要求在 99.9%以上。同样，另一个单体对苯二胺也要求纯度高，只有这样才能精密计量，如果对苯二胺纯度不高，还会使聚合物的颜色变深。

表 8-15　对苯二甲酰氯纯度与 PPTA η_{inh} 的关系

纯度/%	PPTA/η_{inh}/(dL·g^{-1})
99.91	5.50
99.70	4.30
99.42	3.92

低温溶液缩聚反应使用大量的溶剂，而对苯二甲酰氯反应活性大，只有热力学上的惰性溶剂才可使用。同时为了获得高相对分子质量，要尽量增加聚合物在溶液中的溶解度，以便提高反应程度，所以只有酰胺型溶剂体系才符合上述条件，它们的性质列于表 8-16。

表 8-16　酰胺型溶剂的性质

名称	结构式	熔点/℃	沸点/℃	密度/(g·cm^{-1})	黏度/(×10Pa·s)	偶极矩	酸度系数 pKa(在水中)
六甲基磷酰胺(HMPA)	$[(CH_3)_2N]_3PO$	7.2	230	1.02	3.47	5.45	—
N-甲基吡咯烷酮(NMP)	H_2C—CH_2 / H_2C C=O / N / CH_3（五元环）	-24.4	202	1.027	1.65	4.50	0.20
N,N-二甲基乙酰胺(DMAc)	CH_3—C(=O)—$N(CH_3)_2$	-20.0	165	0.937	0.92	3.79	0.10
N,N-二甲基甲酰胺(DMF)	H—C(=O)—$N(CH_3)_2$	-61.0	153	0.944	0.80	3.25	-0.70
二甲基亚砜(DMSO)	CH_3—S(=O)—CH_3	-18.21	89	1.100	2.47	3.90	—
四甲基脲(TMU)	$(CH_3)_2NC(=O)N(CH_3)_2$	-1.2	177	0.969	—	3.37	0.40
N-乙酰基吡咯烷酮	H_2C—CH_2 / H_2C C=O / N—$COCH_3$（五元环）	—	231	—	—	—	—

专利曾报道，制造高相对分子质量 PPTA 常使用酰胺类混合溶剂体系，它比单一溶剂效果更好，如 HMPA-NMP、HMPA-DMAC 等混合溶剂，其中因为 HMPA 能很好地吸收反应副产物盐酸，两个溶剂产生协同效应，对 PPTA 的溶解性也高。但是 1975 年后，人们发现 HMPA 有致癌作用，且回收有难度，所以被放弃。工业生产上改用酰胺—盐溶剂，如 NMP-$CaCl_2$、NMP-LiCl 等体系。溶剂中存在的金属阳离子将增加体系溶剂化作用，加强溶剂体系与 PPTA 之间亲和，增加 PPTA 的溶解性，促进缩聚反应程度，在 NMP-$CaCl_2$ 体系中，$CaCl_2$ 的含量对聚合物的对数比浓黏度 η_{inh} 的关系如图 8-18 所示。不同的溶剂体系对 PPTA 合成反应的影响也是不同的。

缩聚反应是逐步聚合过程，缩聚公式表明相对分子质量与反应时间有关，PPTA 合成时，其 η_{inh} 随反应时间的变化如图 8-19 所示，其反应速率极快，反应开始 30~90s，反应体系产生乳光效应，几分钟后产生“爬杆现象”，随即发生冻胶化，对初生冻胶体加以强力剪切作用，聚合物的 η_{inh} 会增加，反应后期 η_{inh} 不再增加。

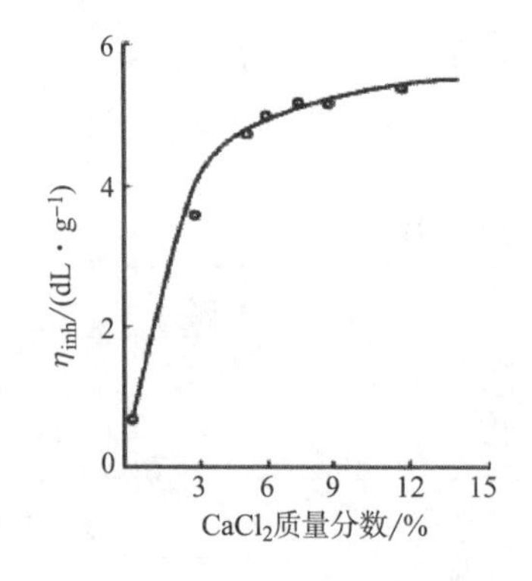

图 8-18　PPTA η_{inh} 与溶剂中 $CaCl_2$ 质量分数的关系

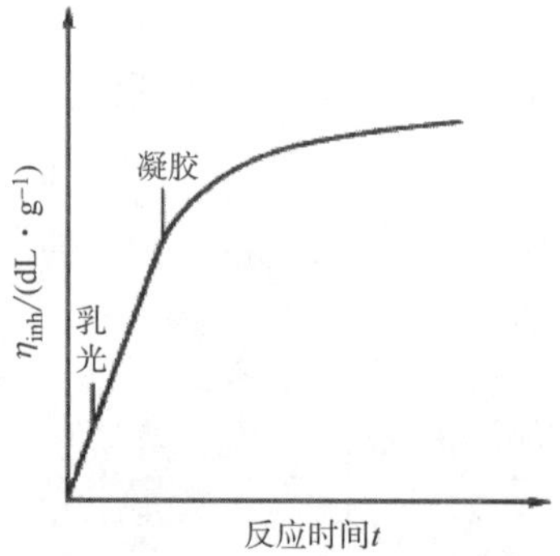

图 8-19　PPTA η_{inh} 与反应时间的关系

对苯二胺与对苯二甲酰氯的缩聚反应速度极快，又是一个放热反应，反应体系温度过高，将会增加副反应和聚合物的降解，选择低的反应初始温度，有利于得到高相对分子质量的聚合物，其 η_{inh} 为 5~6dL/g 时，适合制造高强高模纤维。

PPTA 工业化生产采用连续缩聚装置，对苯二胺的酰胺—盐溶液和熔融的对苯二甲酰氯由计量泵精确地连续送进特殊的反应混料器，物料迅速反应，停留极短时间后，立即进入双螺杆反应器，在高剪切下完成缩聚反应，排除反应热量使温度控制在较低的范围内，最后高相对分子质量的聚合物以粉碎颗粒形式排出，缩聚溶剂回收利用。

PPTA 在浓硫酸溶液中，特性黏数 $[\eta]$ 与相对分子质量 M 有如下关系。

$$[\eta]=7.9\times10^{-5}M^{1.06} \tag{8-8}$$

通常特性黏度值在 4 以上时，PPTA 相对分子质量大于 27000。

PPTA 其他的合成方法有气相缩聚法、固相缩聚法等。还有直接采用对苯二甲酸和对苯二胺，在吡啶及苯基亚磷酸盐催化剂作用下发生直接缩聚的方法。

由于 PPTA 规整的刚性大分子结构和分子间氢键的作用，溶解性能不理想，缩聚溶剂和纺丝溶剂不一样而带来诸多不便。PPTA 纤维开发成功后，为了改进性能，对共聚 PPTA 进行开发，其中具有代表性的是日本开发的芳香族共聚酰胺，由3，4′-二氨基二苯醚（3，4′-ODA）、对苯二胺与对苯二甲酰氯在NMP酰胺型溶剂中低温溶液缩聚，反应方程式如下所示：

$$n\mathrm{H_2N{-}C_6H_4{-}NH_2} + n\mathrm{H_2N{-}C_6H_4{-}O{-}C_6H_4{-}NH_2} + 2n\mathrm{Cl{-}\overset{O}{\overset{\|}{C}}{-}C_6H_4{-}\overset{O}{\overset{\|}{C}}{-}Cl} \longrightarrow$$

$$\left[\left(\mathrm{NH{-}C_6H_4{-}NH{-}\overset{O}{\overset{\|}{C}}{-}C_6H_4{-}\overset{O}{\overset{\|}{C}}}\right)\left(\mathrm{NH{-}C_6H_4{-}O{-}C_6H_4{-}NH{-}\overset{O}{\overset{\|}{C}}{-}C_6H_4{-}\overset{O}{\overset{\|}{C}}}\right)\right]_n + 2n\mathrm{HCl}$$

得到的聚合物溶液用氧化钙中和，调整溶液中聚合物的质量分数为6%就成为纺丝原液，这个溶液呈现各向同性，反应产物能够溶解在缩聚溶剂中，简化了溶剂回收和纺丝工艺。

（3）PPTA的纺丝。将PPTA溶解在适当的溶剂中，在一定条件下溶液显示液晶性质。这种液晶态聚合物溶液称为溶致性液晶。液晶态时，溶液体系具有浓度高而黏度低的特点。PPTA不溶于有机溶剂，但可溶解于浓硫酸。目前PPTA的纺丝成型多采用以浓硫酸为溶解溶液的液晶纺丝，即干湿法纺丝。PPTA/H_2SO_4溶液体系中，质量分数为20%的溶液在80℃下从固相向向列型液晶相转变，到140℃时又向各向同性溶液相转变。因此，PPTA的液晶纺丝喷丝板的温度必须控制在80~100℃，而且为了使液晶分子链通过拉伸流动沿纤维轴向取向，必须具有足够的纺丝速度，通常为2000m/min左右。为了满足这两个要求，采用在喷丝板与凝固浴之间放置空气层的干湿法纺丝最为有利。凝固浴的凝固剂（水）温度应控制得较低（0~4℃），以利于PPTA大分子取向状态的保留和凝固期间纤维内部孔洞的减少。空气层允许存在高温原液和低温凝固浴的独立控制，可使水温与纺丝温度之间保持较大的温差，同时也有利于提高纺丝速度。利用这一工艺可制造出强度和初始模量比传统纺丝纤维高2~4倍的纤维。

2. 纤维成型工艺

PPTA是典型的刚性链聚合物，其硫酸纺丝溶液是溶致性液晶溶液，可采用干喷湿纺的液晶纺丝方法，制取高强度高模量PPTA纤维。和传统的熔体纺丝、湿法纺丝及干法纺丝相比，在工艺技术上引进了新的概念和理论基础。

（1）纺丝原液的制备。刚性链的PPTA在大多数有机溶剂中不溶解，也不熔融，只在少数强酸性溶剂中，如浓硫酸、氯磺酸和氟代醋酸等强酸溶剂里才溶解成适宜纺丝的浓溶液。几种强酸溶剂的物理性质见表8-17。

表8-17　强酸溶剂的物理性质

溶剂	熔点/℃	沸点/℃	密度/（$g\cdot cm^{-3}$）	比热容/（$kJ\cdot kg^{-1}\cdot K^{-1}$）
甲磺酸	—	167	1.48	—
氯磺酸	-80	155~156	1.77	1.2
硫酸	10.5	257	1.83	1.4
发烟硫酸	—	69.8	2	1.59

从工业化生产考虑，选择浓硫酸作 PPTA 的溶剂比较适合。硫酸分子与刚性链 PPTA 分子可能以下列形式化合。

由于硫酸给予质子，沿着 PPTA 大分子链发生质子化作用，因此促进了溶解进程。浓度为 99%~100%的硫酸，对 PPTA 的溶解性最好。PPTA-H_2SO_4 溶液黏度与浓度的关系如图 8-20 所示。随着 PPTA 溶液的浓度增加，溶液黏度开始上升，当到达临界浓度后，溶液黏度又开始下降。因为 PPTA 为刚性棒状大分子，初始时无序，溶液是各向同性体，所以黏度随着浓度提高而上升，当溶液浓度过了临界浓度，刚性分子聚集形成液晶微区（domain），在微区中大分子呈平行排列，形成向列型液晶态（nematic liquid crystal），但各个微区之间的排列呈无规状态，当溶液受到一点外力场作用时，这些微区很容易沿着受力方向取向，因此黏度又开始下降。随着温度上升，曲线向右移动，表明临界浓度值向高浓度一侧移动，有利于高浓度液晶纺丝原液的生成和提高纤维的强度。对于溶液纺丝来说，希望聚合物的相对分子质量尽量大些，纺丝原液的浓度高些，而其黏度低些，以利于成型加工，从 PPTA-H_2SO_4 纺丝原液的相图（图 8-21）来看，当聚合物浓度（质量分数）为 18%~22%，溶液温度在 90~120℃时，处于可纺性良好的低黏度区（图 8-20），低于 80℃时体系呈固态。所以相图和相转变的研究，对于纺丝原液的制备及纺丝工艺条件的制订十分重要。

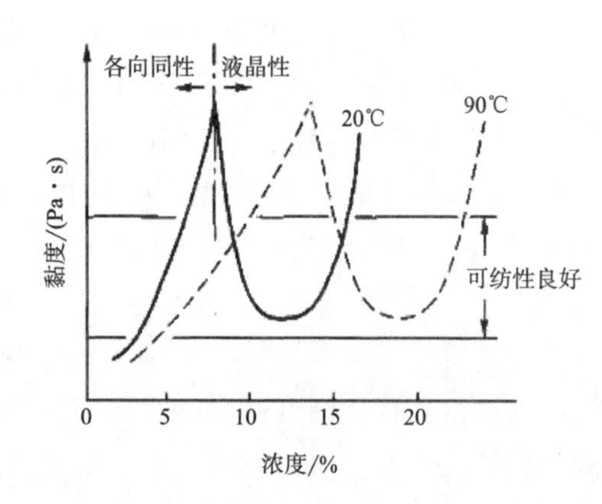

图 8-20 PPTA-H_2SO_4 溶液的浓度与体系黏度的关系

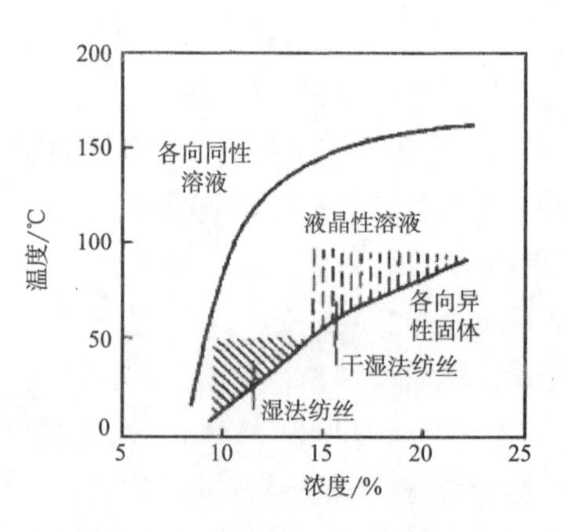

图 8-21 PPTA-H_2SO_4 的相图

溶液纺丝时要求凝固浴的温度低一些，有利于大分子取向状态的保留和凝固期间纤维内部孔洞的减少，低温凝固浴的温度为 0~5℃，而纺丝原液是高温状态，因此喷丝头不能浸入凝固浴中，而干喷湿纺过程，允许高温原液和低温凝固浴的独立控制。

（2）纤维成型。用高分子量 PPTA 制备的高浓度硫酸溶液，具有典型的向列型液晶结构。纺丝原液通过喷丝孔时，在剪切力和拉伸流动下，向列型液晶微区沿纤维轴向取向，刚出喷丝孔就已经取向了的原液细流，在空气层中进一步伸长取向，到低温的凝固浴中，冷却凝固形成冻胶液晶相，因此初生丝无须拉伸就能得到高强高模纤维。纺丝装置示意图如图 8-22 所示。这种纺丝装置充分发挥了液晶纺丝的优点，中间空气层间隙可使高温纺丝喷丝头和低温凝固浴保持温差，同时在空气层中进行适宜的喷头拉伸，增加了取向度，并且纺丝速度也比湿法纺丝速度高得多，可达200~800m/min，有些研究试验已达到2000m/min的高速，这显然有利于工业化生产。

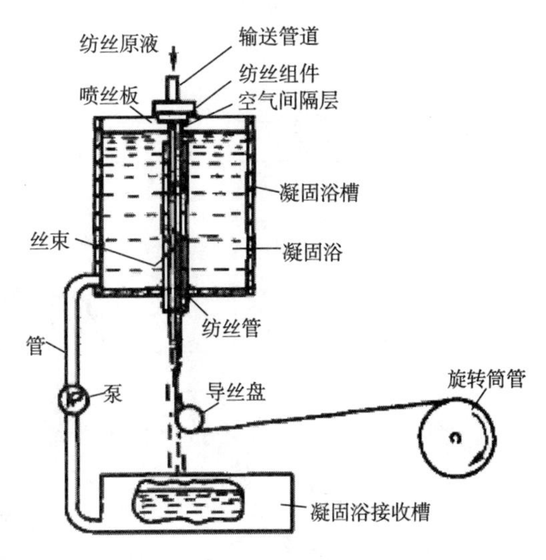

图8-22　干喷湿纺纺丝装置

图8-22所示干喷湿纺法纺丝装置中，引导凝固浴流动的一根管子，称作纺丝管。在纺丝管中原液细流和凝固浴按同一个方向流动，这样减少了相互之间的摩擦，使丝束受到的张力变小，有利于纺丝速度的提高。按照下述的经验公式，纺程中的丝束张力F与卷绕速度v_1、凝固浴流速v_2、纺丝管长度L及纺丝温度T等有关。

$$F=2.17\times10^{-9}T^{1.5}(v_1-v_2)L \qquad (8-9)$$

所以$v_1/v_2\to1$时，丝束受力最小，而凝固浴的流速与纺丝管的形式和结构有关，一般封闭式纺丝管比敞开式纺丝管其凝固浴流速要高4~5倍，v_2的增加也有利于卷绕速度的提高。因此纺丝管的结构是纺丝工艺中一个重要的参数。

纺丝工艺参数中，喷丝头拉伸比SSF(spin stretch factor)是纺丝过程中重要的参数，图8-23是SSF与初生丝强度的关系。随着SSF增大，原液细流的拉伸流动取向增强，纤维强度迅速增加。因为液晶大分子取向后，其松弛时间比较长，伸直取向的分子结构还来不及解取向，就在冷的凝固浴中被冻结凝固成型，使纤维保持高强度和高模量，纺出的丝束用纯水洗涤，除去残留的硫酸，上油后卷绕成筒管，即为PPTA长丝产品。把水洗中和好的丝束，经过500℃以上高温热处理后，纤维的模量几乎增加一倍左右，而强度变化很小，如图8-24所示。

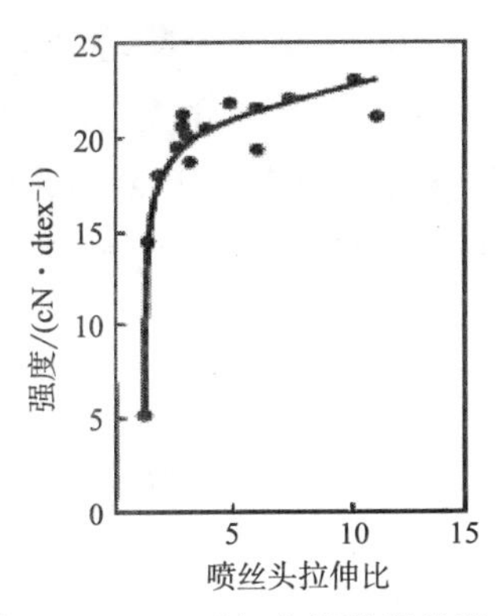

图8-23　SSF对初生丝强度的影响

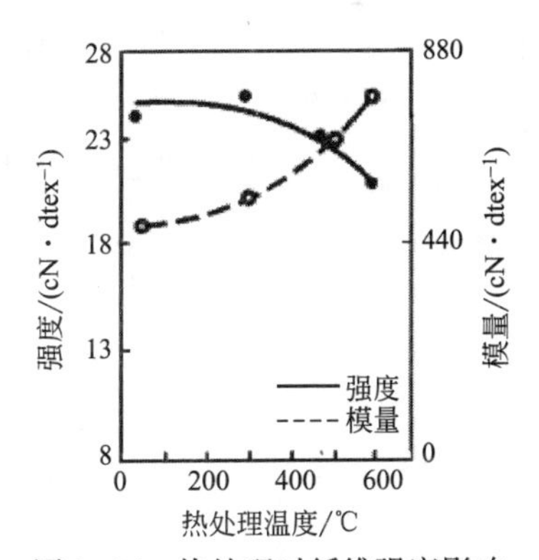

图8-24　热处理对纤维强度影响

PPTA的液晶纺丝开创了生产刚性链高性能纤维的先例。但是它在合成时，聚合物从NMP-$CaCl_2$溶剂中沉析，再重新溶解于浓硫酸制成纺丝原液，工艺复杂，设备要求耐强酸的腐蚀。为了改进聚合物的溶解性，采用共聚芳纶DPEPPTA，在大分子主链上引入柔性链节(3,4′-ODA)，共缩聚后得到聚合物溶液，该溶液呈各向同性，经过浓度调整后即可直接进行纺丝，初生纤维经高温高倍拉伸,也能得到高强度纤维。它与 PPTA 液晶纺丝的工艺路线比较如图 8-25 所示。

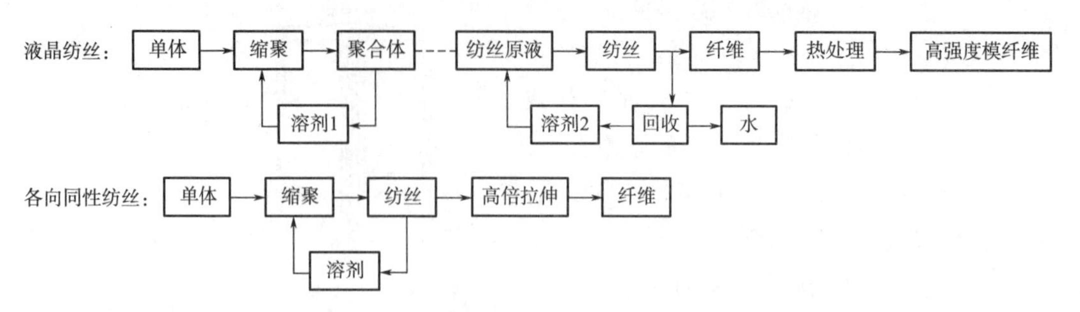

图 8-25　各向同性溶液纺丝与液晶纺丝工艺路线比较

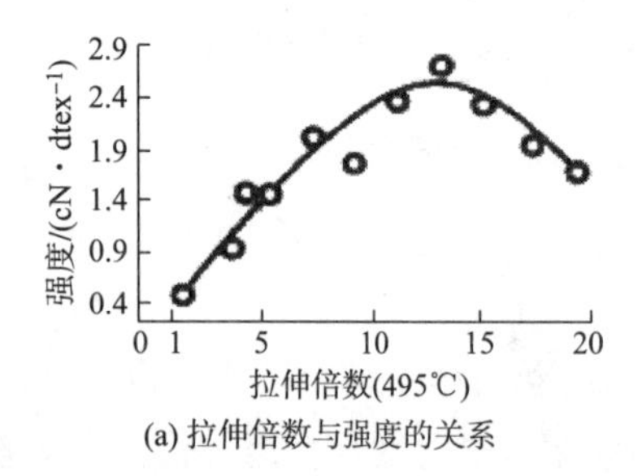

(a) 拉伸倍数与强度的关系

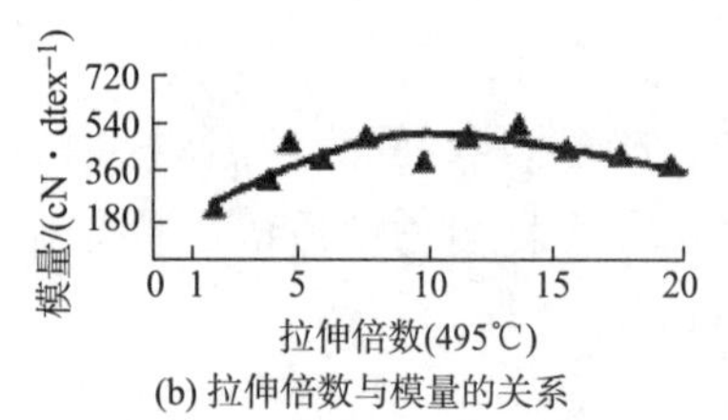

(b) 拉伸倍数与模量的关系

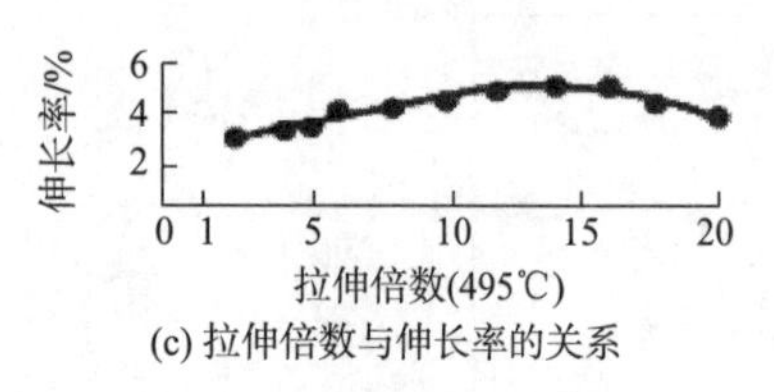

(c) 拉伸倍数与伸长率的关系

图 8-26　DPEPPTA 纤维拉伸倍数与性能的关系

刚纺出的 DPEPPTA 初生丝,强度比较低,要经过高温(500℃左右)高倍拉伸,纤维的强度才能上升,拉伸倍数与性能的关系如图 8-26 所示。一般拉伸 10 倍以上,纤维的强度可达 2.2~2.5cN/dtex,模量为 521.9cN/dtex 左右,这种超高倍拉伸的方法,引起纤维界人士很大的兴趣。

(二) PMIA 纤维的生产工艺

芳香族聚酰胺纤维中另一个大品种就是聚间苯二甲酰间苯二胺纤维,我国称为芳纶 1313,美国称为诺曼克斯(Nomex)。它具有优良的耐高温性和难燃性,纺织加工性能与天然棉相似。耐高温纤维是指在 200℃ 高温下能连续使用而不出现热分解,同时保持一定的力学性能而不脆化的纤维。以前工业上广泛应用的天然石棉纤维是很好的耐高温纤维,但近年发现石棉对人体有危害,对环境有污染,已逐步减少使用。20 世纪 30~40 年代开发的玻璃纤维,有耐热性、绝缘性和强度上的优势,在电气和塑料增强材料方面得到应用。

1. PMIA 的合成

和 PPTA 一样,由于 PMIA 未熔融就已分解,所以它的合成采用界面缩聚法及低温溶液缩聚法,由间苯二胺(MPD)和间苯二甲酰氯(ICL)缩合反应而得,反应式如下:

$$n\left[H_2N-C_6H_4-NH_2\right]+n\left[ClOC-C_6H_4-COCl\right]\longrightarrow \left[HN-C_6H_4-NHCO-C_6H_4-CO\right]_n+nHCl$$

近年来,世界各地的科学家对聚间苯二甲酰间苯二胺的聚合方法进行了深入研究。和脂肪族聚酰胺一样,PMIA 由缩聚反应生成,但因其熔融温度高于分解温度,不能采用熔融缩聚,主要的缩聚方法是溶液聚合、界面聚合、乳液聚合和气相聚合。目前工业化生产采用的是溶液聚合和界面聚合。和界面聚合相比，溶液聚合的产物可直接用于纺丝，省去了聚合物洗涤、再溶解和维持溶液稳定性的工序。两种聚合方法的工艺流程如图 8-27 所示。

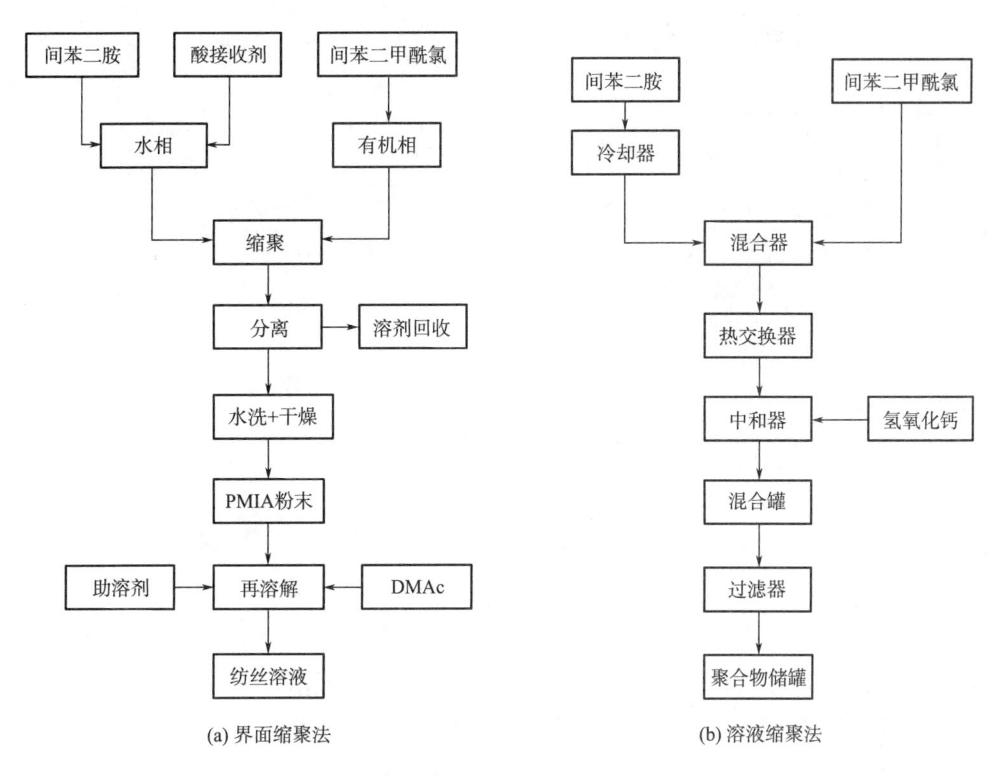

图 8-27　界面缩聚法和溶液缩聚法工艺流程

界面缩聚法是将 IPC 溶解于有机溶剂中，在强烈搅拌下注入 MPD 的碳酸钠水溶液中，在两相的界面上立即发生缩聚反应，生成 PMIA 的聚合物沉淀，然后经分离、洗涤、干燥后得到固体聚合物。有机相溶剂是不和 IPC 发生反应的四氢呋喃、二氯甲烷、四氯化碳等。在水相中可加入少量的酸吸收剂，以中和反应生成的氯化氢，加快反应进程，提高反应程度，得到高分子量的聚合物。

PMIA 的溶液聚合是先将 MPD 溶解在酸胺类溶剂中，冷却至 0℃以下，在搅拌下加入间苯二甲酰氯，反应体系自升温到 50~70℃反应 1h 至平衡，然后加入中和剂以中和反应生成的氯化氢，中和产物作为助溶剂增加体系的稳定性，所得的溶液可直接进行纺丝。

2. PMIA 的纺丝

PMIA 的纺丝成型可采用干法、湿法、干喷湿纺法和热塑挤压法。

(1) 干法纺丝。干法纺丝产品有长丝和短纤维两种。干法纺丝工艺流程如图 8-28 所示。

干法纺丝的流程为将低温缩聚溶液用 $Ca(OH)_2$ 中和后，得到质量分数为 20%聚合物及 9% $CaCl_2$ 的黏稠液，经过滤后加热到 150~160℃进行干法纺丝。得到的初生纤维因带有大量无机盐，需经多次水洗后，在 300℃左右进行 4~5 倍的拉伸，或经卷绕后的纤维先进入沸水浴进行拉伸、干燥,再于300℃下张紧处理后制得成品。

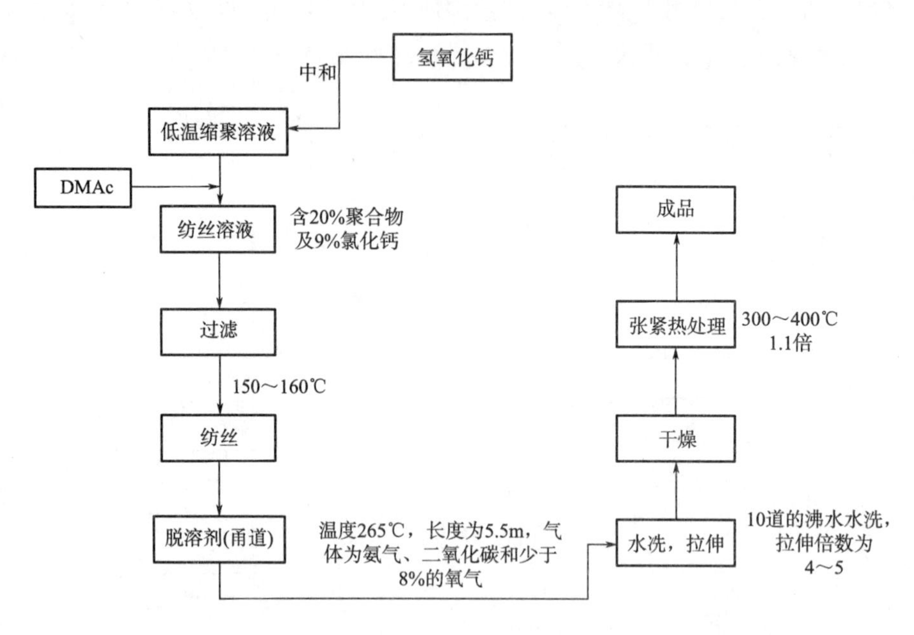

图 8-28　干法纺丝工艺流程

(2)湿法纺丝。湿法纺丝的纺丝原液是由界面聚合得到的聚合物粉末再重新溶解于溶剂中得到,此纺丝原液的助溶剂——盐含量通常为3%以下。低温溶液聚合所得的纺丝溶液因盐含量过高,一般不适合于湿法纺丝。纺丝原液温度控制在22℃左右,原液进入密度为1.366g/cm^3的含二甲基乙酰胺和$CaCl_2$凝固浴中,浴温保持在60℃,得到的初生纤维经水洗后在热水浴中拉伸2~3倍接着再进行干燥,干燥温度为130℃,然后在320℃的热板上再拉伸约1.5倍而制得成品。帝人公司Conex的产品主要为短纤维,即普通短纤维、原液染色短纤维、毛条短切纤维,还有高强度长丝等品种,还有高强PMIA纤维的湿法纺丝工艺流程如图8-29所示。

该法制得的纤维抗拉强度可达8.4~9.2cN/dtex,伸长率为25%~28%,300℃时的热收缩率为5.6%~6.0%。高强Nomex纤维的性质与其超分子结构中的高结晶及高取向是分不开的,其结晶度高达50%~53%,结晶尺寸较小,为3.7~4.1nm,取向度为92%~94%;而普通纺纤维的结晶度为41%,结晶尺寸为4.8nm,取向度为88%。

四、PPTA和PMIA纤维的主要用途

(一)PPTA纤维的主要用途

PPTA纤维是重要的国防军工材料。为了适应现代战争的需要,美、英等发达国家的防弹衣均为芳纶材质,芳纶防弹衣、头盔的轻量化,有效提高了军队的快速反应能力和杀伤力。除了军事上的应用外,PPTA现已作为一种高技术纤维材料,被广泛应用于航空航天、机电、建筑、汽车、体育用品等国民经济的各个领域。在航空航天方面,PPTA由于质量轻而强度高,节省了大量的动力燃料。国外资料显示,在宇宙飞船的发射过程中,每减轻1kg的质量,意味着降低100

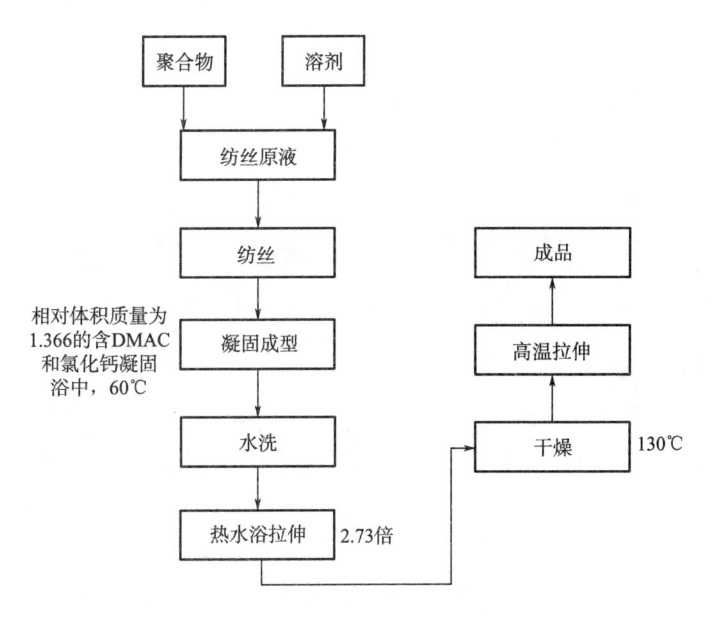

图 8-29　湿法纺丝工艺流程

万美元的成本。除此之外,科技的迅猛发展正在为 PPTA 开辟着更多新的民用空间。据报道,PPTA 产品用于防弹衣、头盔等材料占 7%~8%,用于航空航天材料、体育用材料约占 40%,用于轮胎骨架、传送带材料等方面约占 20%,还有高强绳索等方面约占 13%。轮胎业也开始大量使用芳纶帘子线来减轻重量,减小滚动阻力。总之,PPTA 应用领域已从军工航天方面发展到民用工业的各个领域,成为产业用纤维材料中产量最大、用途最广的高性能纤维之一。

(二) PMIA 纤维的主要用途

耐高温纤维中,PMIA 纤维是品质优良、发展最好的纤维,从耐高温纺织品、高温下使用的过滤材料、防火材料到高级大型运输工具内的结构材料,用途十分广泛。

用 PMIA 纤维制造的高温过滤袋和过滤毡,高温下长期使用仍可保持高强力、高耐磨性。因此在金属冶炼,水泥和石灰、石膏生产,炼焦、发电和化工等行业的除尘器中使用,有利于改善劳动环境,回收资源。

耐高温防护服、消防服和军服是 PMIA 纤维最重要的用途之一。它有优良的防火效果,当意外火灾发生时,可在短时间内不自燃或不熔融,因此能起到保护和协助逃生的作用。PMIA 纤维由于自身大分子固有的结构特性,具有很高的阻燃耐热性能,点火温度在 800℃ 以上,在火焰中燃烧时散发的烟雾极少,因此可作为防火隔热的防护服。用该纤维做成的面料,当其暴露于高热或靠近火焰时,纤维会稍稍膨胀,从而在面料与里层之间产生空气间隙,起到隔绝热量的作用。工业上耐高温产品的部件,如工业洗涤机衬垫、熨衣衬布等、复印机内的清洁毡条及耐高温电缆、橡胶管等均使用 PMIA 纤维。

PMIA 纺丝原液还可纺成浆粕纤维,和 5mm 的超短纤维混合打成纸浆,用普通造纸方法抄纸,可得到强度高、耐高温的工业用纸,用在电气绝缘纸材料上是高级的 H 级绝缘纸。这种纸制成的蜂窝芯,表层用纤维增强复合材料板粘贴后具有优良的防火性能,强度高、质量轻、表面光滑,是航空器内装饰用的高级板材。现在这种材料已扩展到高速列车的内部构件,降低了列车的总重量。随着社会的发展,PMIA 纤维还用于高层建筑的阻燃纺织装饰材料,以及老人、小孩的阻燃睡衣和床上用品,可见 PMIA 纤维的发展前景广阔。

第五节　超高分子量聚乙烯纤维

一、UHMWPE 纤维的发展概况

超高分子量聚乙烯纤维(ultra high molecular weight polyethylene fiber,UHMWPE),又称高强高模聚乙烯纤维,是目前世界上比强度和比模量最高的纤维,由分子量在 100 万~500 万的聚乙烯纺出。

通常条件下,聚乙烯、聚丙烯、聚乙烯醇、聚丙烯腈、脂肪族聚酰胺及聚酯等柔性成纤高聚物在熔融或溶液纺丝成型及后处理过程中,大分子多呈折叠结构,只能制成满足一般要求的化学纤维。如果采用特殊的纺丝及拉伸工艺使折叠的大分子伸直并结晶化,就有可能制成强度和模量较高的纤维。1975 年,荷兰 DSM 公司采用冻胶纺丝—超拉伸技术试制出具有优异抗拉性能的超高分子量聚乙烯(UHMWPE)纤维,打破了只能由刚性高分子制取高强高模纤维的传统局面。DSM 公司申请专利后,立即引起人们的极大重视。1985 年,美国联合信号(Allied Signal)公司购买了 DSM 公司的专利权,并对制造技术加以改进,生产出商品名为“Spectra”的高强度聚乙烯纤维,纤维强度和模量都超过了杜邦公司的 Kevlar。其后,日本东洋纺公司与 DSM 公司合作成立了 DyneemaVoF 公司,批量生产商品名为“Dyneema”的高强度聚乙烯纤维。2017 年,中国对于 UHMWPE 纤维的需求量在 1.5 万~1.8 万吨。目前,UHMWPE 纤维国内产能已超过 9000t,出口量已超过总产量的 50%,远远不能满足市场需求,所以发展 UHMWPE 纤维具有广阔的市场空间。

我国 UHMWPE 纤维已具备规模化生产技术,生产的产品质量已接近国际先进水平。目前世界上大约有 13 家 UHMWPE 纤维生产龙头企业,中国企业就占到一半以上。中石化仪征化纤公司是我国最早建设 UHMWPE 纤维干法纺丝生产线的公司,目前拥有两套 UHMWPE 纤维干法纺丝装置,产能为 1300t/年,相关干法纺丝技术填补了国内空白,打破了干法纺丝技术的国际垄断。

二、UHMWPE 纤维的结构与性能

采用冻胶纺丝的目的在于使大分子处于低缠结状态,纺丝后经高倍拉伸使折叠状的柔性大分子伸直,沿纤维轴方向高度取向和结晶。在适当温度环境下进行超拉伸是使 UHMWPE 大分子由折叠链结构向伸直链结构转变的关键。

以普通煤油为溶剂的凝胶纺丝、不同拉伸倍数 UHMWPE 纤维的 DSC 曲线如图 8-30 所示。对于拉伸倍数较低(20 倍以下)的纤维,随着拉伸倍数增大,纤维中折叠链结构向伸直链结构转变,纤维结晶的三维有序程度增强,结晶度增大,主转变峰明显向高温一侧漂移,但观察不到晶

型转变现象。当拉伸倍数超过 20 倍以后,DSC 曲线变得复杂,峰形变宽,出现肩峰,这种变化在拉伸 40 倍试样的 DSC 曲线上更为突出,表示在此阶段的拉伸过程中,不仅发生了由折叠链向伸直链的转变,而且 PE 晶型也发生了相应变化。

UHMWPE 纤维也存在一些缺点。例如,普通聚乙烯纤维的熔点约 134℃,而 UHMWPE 纤维的熔点虽提高 10~20℃,但仍大大低于其他高性能纤维,这限制了它在高温环境下的应用。此外,其轴向抗压性能优于 PPTA 纤维而劣于碳纤维,容易发生蠕变,与热固性树脂体系的黏结性差等。但这些不足可通过化学或物理的方法加以适当改进或克服。

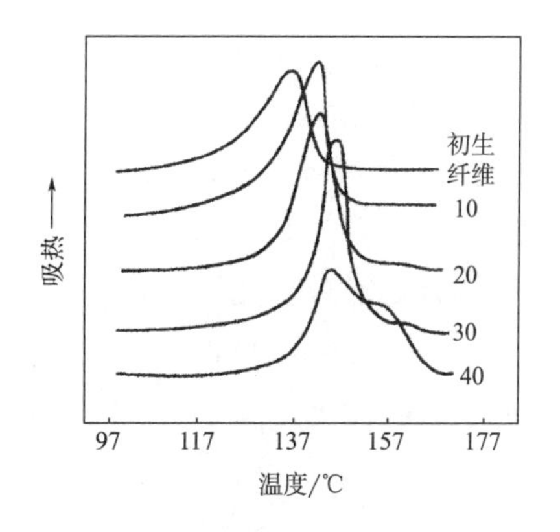

图 8-30　不同拉伸倍数 UHMWPE 纤维的 DSC 谱图

三、UHMWPE 纤维的生产工艺

为了制备高强度的聚乙烯纤维,最重要的是减少分子末端、分子之间、分子本身的缠结和折叠,使大分子处于伸直的单相结晶状态。但为了增加纤维的强度,应采用较高分子量的聚乙烯,而分子量的增加会使大分子的缠结和纠缠程度相应增大,因此,在纺丝过程中,熔体黏度很高,采用常规的熔融纺丝技术很难纺丝成型。现将有关高强度聚乙烯纤维研究比较深入的几种方法介绍如下。

(一)纤维状结晶生长法

将 UHMWPE 的稀溶液(浓度为 0.4%~0.6%)置于由两个同心圆筒构成的结晶化容器中,使溶液发生泊肃叶流动,在旋转着的内圆筒(转子)表面形成凝胶膜并与加入的晶种接触,同时以结晶生长速度连续卷绕成纤维状结晶。由于纤维的卷取与内圆筒的旋转方向相反,纤维状结晶的生长受到轴向张力作用,所得纤维具有串晶结构。若对卷取后的纤维状结晶进一步施以热拉伸,串晶中的折叠链片晶部分将向伸直链结构转化。该方法所得纤维的强度和模量可高达 48dN/tex 和 1200dN/tex 左右,但因纺丝溶液浓度低,结晶生长速度缓慢,工业实施价值不大。

(二)单晶片—超拉伸法

该方法在研究折叠链拉伸变形机理方面很早就为人们采用。使 UHMWPE 稀溶液(0.05%~0.2%)缓慢冷却或等温结晶化得到聚乙烯单晶。将单晶聚集并压制成片状物进行 200 倍以上的超拉伸,拉伸物的强度和模量可达 45dN/tex 和 2100dN/tex。使用 UHMWPE 稀溶液的目的是最大限度地减少大分子的缠结。在拉伸过程中,折叠链向伸直链转化的同时,大分子链或微原纤间还发生某种程度的滑移。通过选择分子量、浓度及拉伸条件等,可获得力学性能极佳的 UHMWPE 纤维。由于浓度过低,制造工艺复杂,该方法主要用于实验室规模的基础研究。

(三)凝胶挤压—超拉伸法

用作复合材料增强纤维的碳纤维、芳香族聚酰胺纤维以及凝胶纺丝—超拉伸法制成的高强度聚乙烯纤维等,通常随直径增大纤维强度有降低的趋势,不适于制作高线密度的高强度纤维。

凝胶挤压—超拉伸工艺就是为解决这一不足而开发的新方法。将 UHMWPE 溶液缓慢冷却制成凝胶状球晶,通过模口挤压成型并进行总拉伸倍数 150~200 的超拉伸,可制成直径约 1mm 的高强度聚乙烯纤维。该方法比较复杂,工业实施有一定难度,一般只在纺制高线密度纤维时才有意义。

(四)凝胶纺丝—超拉伸法

迄今为止,在这几种方法中,能够纺制 UHMWPE 纤维的唯一工业化方法是凝胶纺丝—超拉伸法。其制备原理如图 8-31 所示。

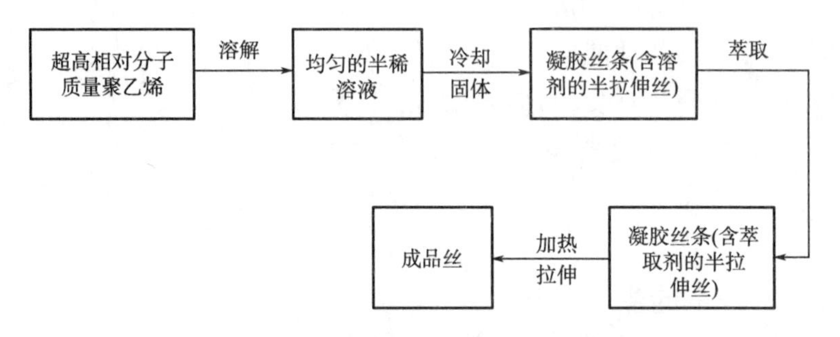

图 8-31　凝胶纺丝—超拉伸纺丝原理

具体过程是以十氢萘、石蜡油、矿物油等碳氢化合物为溶剂,将 UHMWPE 调制成半稀溶液(质量分数为 4%~12%),由喷丝孔挤出后,骤冷成为凝胶原丝,经萃取、干燥后进行 30 倍以上的热拉伸。通过超拉伸过程,使纤维的取向度和结晶度大大增加,从而改善纤维的力学性能,最终制成具有伸直链结构、高强度、高模量的 UHMWPE 纤维。图 8-32 为凝胶纺丝—超拉伸工艺示意图。

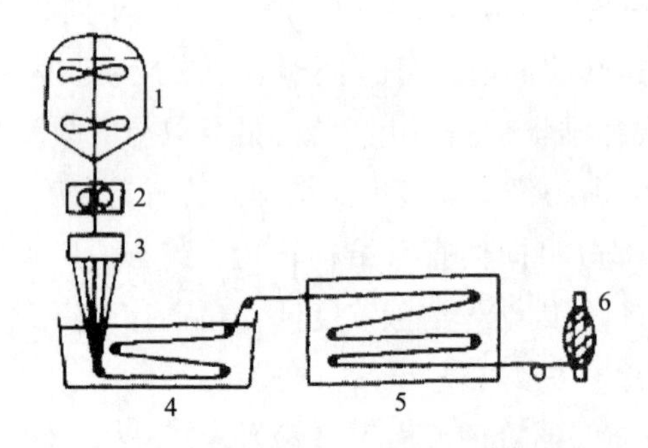

图 8-32　凝胶纺丝—超拉伸工艺示意图

1—溶解盆　2—计量泵　3—喷丝头组件　4—冷却/萃取浴　5—拉伸　6—卷绕

将 UHMWPE 调制成半稀溶液的过程实质上是大分子解缠的过程。凝胶原丝中大分子的缠结状态基本与半稀溶液相似,这就为在拉伸时大分子链的充分伸直提供了条件。

四、UHMWPE 纤维的主要用途

聚乙烯价廉易得,是生产高性能聚乙烯纤维的一大优点。由于目前生产技术方面的原因,纤维价格还比较高,随着生产技术不断改进,UHMWPE 纤维有可能成为高性能纤维中价格最低的。

UHMWPE 纤维的抗拉性能优异,适于制作各种绳、索、缆等。海洋作业中,由于传统使用的钢丝缆经海水长时间浸泡后容易生锈,而且自重断裂伸长率小等,现已部分地被 PPTA 纤维缆取代。而 Dyneema 纤维的自重断裂长度为 336km,为 PPTA 纤维的 1.7 倍、钢丝的 9 倍,其密度仅为 0.97g/cm^3,可在水中漂浮,使用长度不受限制,作为海洋用纤维材料非常有意义。

UHMWPE 纤维有良好的耐疲劳性、耐磨损性以及较高的勾接和打结强度,可织成 50~500g/m^2 的各种织物或非织造布,这些纤维材料可用于制作防弹衣、帆布、防水服、过滤材料、防护材料等。

UHMWPE 纤维在某些场合是一种比较理想的增强材料。美国联合信号公司开发出商品名为"Spectra-Shield"的防护材料,其制法是将上百条纤维束铺放在单向线形桁条上,再将桁条浸入热塑性树脂浴中,制成柔性预浸料,按要求尺寸切断、交叉叠铺、压制成单层片。用单层片可制成软质盔甲,或者将单层片层压制成硬质复合材料,用于雷达防护罩、头盔、装甲兵器壳体等。用 UHMWPE 纤维与热固性树脂如环氧树脂复合,所得复合材料具有质轻、力学性能好等特点,适于制作盾牌、耐压储罐、船体外壳、滑雪板、滑水板等。

思考题

1. 以 PVA 为原料生产聚乙烯醇纺丝原液要经过哪些工艺过程?
2. 凝固浴由哪些物质组成? 各有何作用? 其浓度、温度、酸度对纤维成型有何影响?
3. 试对比分析聚氨酯弹性纤维干法纺丝、湿法纺丝、熔体纺丝的特点。
4. 聚氨酯弹性纤维中的软链段和硬链段的作用分别是什么?
5. 试述聚氨酯结构及性能的不足,并分析对其改性的机理。
6. 聚乳酸的合成方法有哪些?
7. 为什么聚乳酸切片在纺丝之前需要干燥? 干燥需要达到什么要求?
8. PPTA 纤维和 PMIA 纤维的结构和性能有何不同?
9. 试述影响聚间苯二甲酰间苯二胺聚合反应的主要因素。
10. 试对比聚间苯二甲酰间苯二胺的干法纺丝、湿法纺丝及干湿法纺丝的特点。
11. 简述 UHMWPE 纤维的生产工艺。
12. 简述 UHMWPE 纤维的应用。

参考文献

[1]宋程龙. 弹性纤维用聚氨酯的耐热改性研究[D]. 广州:华南理工大学,2017.
[2]贺志鹏,杨萍. 弹性纤维及其发展趋势[J]. 国际纺织导报,2017,45(1):4-6,11.
[3]肖长发,尹翠玉. 化学纤维概论[M]. 北京:中国纺织出版社,2015.
[4]陈光瑜,王萍. 超高分子量聚乙烯纤维专利技术分析[J]. 上海塑料,2021,49(5):65-68.

[5]莫根林,刘静,金永喜,等. 超高分子量聚乙烯纤维防护机理研究综述[J]. 兵器装备工程学报,2021,42(10):23-28.

[6]俞凌晓. 超高分子量聚乙烯纤维加工中的结构演变及其抗菌改性研究[D]. 杭州:浙江理工大学,2021.

[7]胡逸伦,李志,洪尉,等. 超高分子量聚乙烯纤维表面改性研究进展[J]. 上海塑料,2020(4):1-9.

[8]展晓晴,李凤艳,赵健,等. 超高分子量聚乙烯纤维的热力学稳定性能[J]. 纺织学报,2020,41(8):9-14.

[9]李艺,周庆,贺思敏,等. 超高分子量聚乙烯高温环境抗冲击能力研究[J]. 火工品,2020(1):55-57.

[10]包剑峰,桂方云. 一种特高强超高分子量聚乙烯纤维的制备方法:中国,201910456607.3[P]. 2019-10-11.